D1697887

L'ENSEIGNEMENT
SECRET
AU-DELA DU YOGA

BIBLIOTHEQUE SCIENTIFIQUE

PAUL BRUNTON

L'ENSEIGNEMENT SECRET AU-DELA DU YOGA

TRADUIT DE L'ANGLAIS PAR RENÉ JOUAN

PAYOT, PARIS
106, Boulevard Saint-Germain

1986

TABLE DES MATIÈRES

CHAPITRE PREMIER

AU DELA DU YOGA

Plus j'erre de par le monde, mieux je me rends compte de ce que les principaux responsables de l'état lamentable de la race humaine — si hypnotisée par les inepties à la mode, si abusée par les fables traditionnelles ! — ne sont pas tant des individus, des organisations, des gouvernements, des peuples même, que l'ignorance commune relativement à trois questions fondamentales : *Que signifient l'univers et l'expérience? Que suis-je? Quel est le sens de la vie?* Je perçois avec une saisissante acuité que l'éclatement de cette carapace de vieille ignorance est la condition *sine qua non* de l'avènement d'une paix durable sur notre monde tourmenté.

Le nœud du problème mondial est trop simple pour être perçu par notre époque compliquée : tous les actes sont informés par la source cachée de l'esprit, et lorsque l'homme apprendra à penser juste, alors seulement il agira en conséquence. Ses actes ne peuvent jamais être plus grands que ses idées, car les décisions silencieuses de l'esprit modèlent les bruyantes démarches du corps. Les amers chagrins du monde et ses crimes ne sont que des symptômes d'une maladie dont la cause est la vieille ignorance, et qui ne peut être guérie que par une connaissance neuve. Il est du devoir impérieux de tout être humain doué d'intelligence et de raison, troublé par des aspirations à peine conscientes et encore moins formulées vers une vie meilleure, de ne pas croupir dans l'indolence spirituelle mais de poursuivre sans relâche la quête des réponses à ces trois questions, c'est-à-dire la lumière de la *Vérité*.

C'est un lieu commun de constater que nous vivons aujourd'hui dans une situation mondiale sans précédent. Nous sommes nés dans une conjoncture cruciale de l'histoire. Des courants nouveaux de pensée, de sentiment et d'activité, latents depuis plusieurs siècles, ont profondément remué le globe tout entier depuis cinquante ans. La guerre n'a fait que leur imprimer une plus grande violence et un dynamisme plus dramatique. La lente chronique des âges révolus s'enlise dans une insignifiance mesquine lorsqu'on la compare à la nôtre. Les multitudes aveugles demeurent hébétées devant ses transformations qui ne respectent aucune tradition, et chancelantes devant ses événements dévastateurs. Mars a mis notre planète sur un chevalet de torture ; Némésis a revêtu la sinistre perruque et repris en main la balance tombée en désuétude pour juger les nations. Et tous les peuples errent avec des bandeaux sur les yeux à travers l'une des plus formidables transitions que le temps ait jamais imposées à l'espèce humaine.

Parmi tous ces tourbillons de notre époque, le philosophe peut distinguer sept tendances nouvelles, sept caractères saillants capables de modeler l'univers de demain, et qui tous ont une incidence sur la publication de cet ouvrage.

Le premier est l'incroyable développement des moyens de transport mécaniques entre villages, villes, pays, continents, par l'application de la vapeur, de l'électricité, du pétrole aux transports ferroviaires et routiers, à la navigation maritime et aérienne. Ainsi la planète s'est rétrécie, et sans préméditation de sa part, l'humanité s'est trouvée pour ainsi dire condensée. Par choc en retour, des millions d'individus ont vu leur *sens spatial* considérablement développé : ils sont entrés en contact avec leurs voisins, avec des inconnus, des étrangers. Il en est résulté des brassages de cultures jusque-là particulières aux races, une multiplication des idées, une expansion des perspectives. Ainsi le monde est le théâtre d'un phénomène qui n'a aucun équivalent dans l'histoire. Les idées ne peuvent plus désormais être isolées, si ce n'est sous la pression de la force brutale, et ce, seulement pour un temps limité. En particulier — et ce corollaire a été sous-estimé — la voix de la sagesse asiatique est maintenant audible pour les oreilles européennes et américaines.

Le deuxième est l'élévation phénoménale du statut politique et du niveau économique de vie des classes laborieuses, en l'espace de deux ou trois générations. Cette ascension a développé chez ces classes un sens de la dignité qu'elles ignoraient lorsqu'elles étaient liées par les chaînes de la servitude héréditaire. *Aristos* a transmis son sceptre à *Demos* — de mauvaise grâce sans doute — et celui-ci le manie avec l'incertitude et la circonspection d'un apprenti, ou le brandit avec la décision d'un dictateur. Il adore les foules et baise la poussière devant le nombre. La populace gagne à tous coups ; son verdict est le dernier mot. Mais cette émancipation sans précédent a eu une autre conséquence, plus reluisante : le développement d'un intérêt pour la vie qui dépasse le simple et inévitable labeur du pain quotidien. Les masses ont commencé à « voir plus loin que leur nez » et à se libérer d'une perspective confinée aux bornes de la paroisse. Les questions plus vastes, et les développements ouverts à la discussion, que proposent la religion, la politique et la culture ne sont plus entièrement hors de leur portée.

Le troisième caractère est l'élimination de l'analphabétisme et la démocratisation de l'instruction. Le savoir n'est plus le monopole d'une minorité fortunée. L'instruction obligatoire et gratuite a produit, dans l'intervalle d'une siècle, des transformations inouïes dans les esprits de ceux qui précédemment étaient traités en enfants par des classes dirigeantes despotiques. La marée de l'instruction a envahi peu à peu le monde entier, entraînant une « sophistication » des masses telle qu'on ne l'avait jamais vue : elles ont largement dépassé les doctrines puériles dont elles avaient été nourries. Le montage des premières presses à imprimer a sonné le glas de toutes les époques anciennes de grossière ignorance. Songez qu'il y a seulement mille ans, le paysan et l'artisan européens ne savaient ni lire ni écrire. Aujourd'hui, en Europe et en Amérique, le dernier des manœuvres lit son journal comme vous et moi ; et ce progrès n'est pas limité à ces deux parties du monde : l'Asie et l'Afrique sont en marche à leur tour.

Mais ce serait une erreur vulgaire que de nous imaginer que ce progrès de l'instruction a grandement favorisé, chez l'homme, la capacité de penser juste. Il y a deux sortes d'éducations . celle qui propage les faits et aide les hommes à s'en souvenir — c'est l'instruction ; et puis il y a l'éducation proprement dite, qui les aide à se faire une opinion et à formuler un jugement au sujet de ces faits. L'instruction, qui tient la plus grande place dans l'éducation, ne fait appel qu'à l'intelligence et à la mémoire mais ce qu'elle ne couvre pas dépend d'une faculté supérieure : la raison. Cependant, l'élargissement général du domaine de la connaissance conduit indiscutablement à un certain élargissement du domaine de la recherche, et celui-ci à son tour à un réveil, plus modéré encore, de la raison. L'homme est plus disposé qu'il ne l'était jadis à introduire la raison dans son existence, mais il n'est pas encore suffisamment disposé à confier à cette faculté un rôle de premier plan. C'est pourquoi l'on peut raisonnablement espérer voir s'accroître le nombre des candidats à l'initiation philosophique lorsque ses doctrines seront débarrassées de leur voile opaque de phraséologie rébarbative et formulées en termes plus lucides.

Le quatrième caractère est la série des inventions retentissantes destinées à améliorer la transmission de la pensée, qui n'ont cessé de se succéder depuis qu'en Allemagne Gutenberg imprima les premiers caractères noirs sur du papier blanc et que William Caxton fabriqua à Londres une grinçante presse à main. L'imprimerie, la poste, le télégraphe électrique, le téléphone, le cinéma, la radio sont des instruments de civilisation qui se sont associés et relayés pour vulgariser la connaissance et la mettre rapidement à la disposition de tous. Il en résulte un échange continu, en tous sens, de faits, de pensées, d'idées et d'opinions. Le facteur temps se réduit à peu de chose lorsque le câble et la radio peuvent s'associer pour vous porter à domicile, en un éclair, les nouvelles de la planète entière, lorsque les journaux et périodiques communiquent aujourd'hui à un lecteur en Chine la découverte scientifique survenue la semaine dernière en Angleterre. Le *speaker* londonien peut entendre l'écho de sa propre voix au bout d'un septième de seconde, et dans cet intervalle elle a parcouru le globe et frappé l'oreille d'innombrables auditeurs. *Ainsi ces inventions ont également réussi à modifier et à dilater le sens temporel de la plupart des hommes.* En outre l'immense développement de la matière de l'histoire et de la préhistoire scientifiques de l'homme et de l'univers a commencé à habituer les gens cultivés à compter les années par puissances de dix.

L'ancien sens temporel qui concevait le temps comme une machine lente a été balayé par le vent du progrès. Nous vivons aujourd'hui dans un univers en mouvement, non dans un monde statique. Le rythme de la vie américaine s'est accéléré à un degré jamais rêvé par les Incas ou les Aztèques. L'organisation et les mécanismes d'un foyer européen font place à de nombreuses activités quotidiennes qui n'avaient jamais été envisagées dans le programme aéré des vieux Romains placides. Les habitudes de cent générations sont désintégrées sous nos yeux, mais ceux qui passent toute leur vie dans les cités occidentales risquent de ne pas remarquer et apprécier cette étonnante modification autant que ceux qui séjournent de temps à autre dans des villages orientaux où les jours coulent paisiblement, loin de tout signe de notre science et de notre temps. Il en résulte une évolution de l'esprit humain bien plus rapide qu'au cours des siècles révolus.

Le journal, produit au rythme de vingt mille à l'heure, est devenu une grande force d'information et de formation de la vie moderne. Alors que l'homme du moyen âge ne pouvait se procurer un seul livre en raison de sa rareté et de son prix élevé, son descendant d'aujourd'hui peut acheter un journal tous les jours et lire un livre à bon marché chaque semaine. La feuille imprimée a propagé la connaissance, préparé les voies à la science, publiquement proclamé celle-ci dans toutes les langues modernes ; elle peut maintenant déblayer une voie nouvelle, encore que plus étroite, à la philosophie en général. La naissance de l'imprimerie a sonné le glas de millénaires d'ésotérisme. L'heure est venue d'ouvrir plus largement au monde occidental la piste peu foulée d'une philosophie orientale cachée.

Le cinquième trait est l'apparition de la science dans le champ intellectuel de l'humanité. En bien ou en mal, elle influence l'esprit d'aujourd'hui. Sa naissance en Europe a introduit l'âge du fait, et contraint le monde à prendre congé de l'âge de la fable. L'homme répudie la loi primitive de la magie pour acclamer celle, plus évoluée, de la logique. Le progrès des facultés intellectuelles n'est peut-être pas énorme, mais il est incontestable, et ce progrès combat la superstition. L'ascension des unes entraîne le déclin de l'autre. Jadis les faits scientifiques étaient des visiteurs intimidés, reçus comme un chien dans un jeu de quilles, dans le forum où florissait la conjecture ; aujourd'hui ils dominent la scène du monde. Bacon ne fut qu'un précurseur de Darwin et de la guerre de l'enseignement rationnel contre la croyance dogmatique, qui laissa une marque si profonde sur la pensée du xixe siècle. Quel qu'ait été le rang de la foi dans les siècles révolus, les jours de son hégémonie sont comptés désormais dans une époque où la raison a si visiblement et si tangiblement manifesté ses triomphes tout autour de nous. Nous devenons adultes, et les puérils bavardages des esprits primitifs commencent à nous rebattre les oreilles.

Les exploits de la science sont des faits inséparables des temps où nous vivons. Ses merveilles remplissent nos maisons, encombrent nos rues, naviguent sur tous les océans et animent invisiblement tout l'espace. Elles ont démontré au monde entier la supériorité décisive de la raison appliquée. L'avènement de la nouvelle connaissance scientifique publiée *urbi et orbi* a commencé à déplacer les fondements de la vie humaine, à affecter l'esprit de notre temps et à modifier nos perspectives. Tout homme qui emboîte fidèlement le pas à ses découvertes a dû procéder à une réévaluation de toute existence, y compris la sienne.

L'instant historique de la naissance de l'ère scientifique nouvelle a sonné lorsque Galilée brisa le carcan de la tradition et procéda à sa célèbre expérience sur la Tour penchée de Pise.

Ce fut le signal d'une prodigieuse série de recherches dans tous les domaines, qui donna peu à peu à l'univers la figure d'un immense mécanisme gouverné par le principe de causalité. Dieu, en tant que créateur tâtillon, contrôleur capricieux et juge arbitraire, se trouva poliment évincé du vieux tableau médiéval. Ce fut la première révolution dans la perspective occidentale. La deuxième éclata lorsque Roentgen découvrit l'infrastructure électrique de l'atome. La recherche scientifique prit un rythme plus rapide encore — si rapide même que le tableau a dû une fois de plus être remanié. L'univers n'est plus une machine. Ce qu'il est devenu maintenant, nul ne le sait au juste. La nouvelle image est encore trouble, informe même, c'est parce qu'elle a glissé du domaine de la science dans celui de la philosophie. Car il y a eu un processus graduel d'abstraction, un glissement de l'observatoire empirique vers l'observatoire métaphysique, une tendance croissante de la science à se prendre elle-même pour objet, et à faire de la matière et du mécanisme des concepts. Tous les symptômes indiquent à présent non seulement un rapprochement entre la science et la philosophie, mais on dirait même que Mercure s'apprête à épouser Minerve ! Et ce qui est d'un intérêt capital, c'est que la science, à son insu, chasse sur les terres de la philosophie cachée, car certaines de ses doctrines les plus neuves, telles qu'elles sont formulées par Einstein, Planck, Heisenberg, Jeans et d'autres, avaient déjà été pressenties et affirmées par les Sages de l'Inde à une époque où la civilisation occidentale poussait ses premiers vagissements. Pour la première fois dans l'histoire, il est devenu possible de formuler les produits de la pensée orientale en termes occidentaux, c'est-à-dire en termes scientifiques, rationnels, et de les fondre dans la riche moisson des recherches scientifiques occidentales. L'Europe et l'Amérique ont établi des fondations neuves et plus larges pour la sagesse asiatique. Celle-ci peut-être exposée, avec une ampleur qui n'avait encore jamais trouvé d'expression. Ainsi l'ancien sage et le savant moderne se donnent inconsciemment la main, et il est devenu possible de construire une synthèse intellectuelle d'une formidable portée, *une idéologie universelle de la vérité, qui n'eût pas été possible auparavant.*

Le sixième caractère est l'accroissement relatif des loisirs dont peuvent disposer les gens de toutes classes, surtout des classes laborieuses, grâce à la révolution industrielle, qui a substitué la machine à la main dans tous les compartiments de la vie humaine.

Il est courant d'entendre les modernes se plaindre du manque de loisirs, mais la vérité est que l'homme des cavernes en avait encore bien moins. Il lui fallait, à toute heure et de toutes ses facultés, se mesurer avec la nature inclémente, la bête affamée et les autres hommes indomptés. Il devait se battre pour manger, pour satisfaire son moindre besoin, simplement pour vivre. Il ne lui fut donc possible de se tourner vers des occupations plus élevées et plus désintéressées qu'après avoir surmonté ces obstacles immédiats. A quelle autre époque de l'histoire l'homme a-t-il réalisé une conquête plus complète ? Il dispose aujourd'hui de plus de temps pour s'attaquer à sa propre ignorance. C'est pourquoi, si dans l'antiquité un petit nombre d'élus de la fortune pouvaient seuls s'adonner à la philosophie, aujourd'hui, grâce aux loisirs accrus, l'heure est venue où un plus grand nombre d'étudiants pourront sagement consacrer leur temps libre à se mettre à son école.

Enfin la septième caractéristique de notre époque est le fait historique que les périodes d'après-guerre sèment le doute religieux dans un grand nombre d'esprits, dont quelques uns récoltent la recherche d'une explication plus satisfaisante de la vie. Mais lorsque deux guerres ont déferlé sur une seule génération, que ces guerres sont les plus meurtrières que le monde ait jamais connues, et qu'elles ont battu tous les records historiques de dévastation, on ne risque guère de se tromper en prédisant que la foi subira une sérieuse éclipse après le choc du cataclysme. Le sentiment désespéré que la vie est sans but envahira toutes les classes de la société. Le pouvoir que détenait la religion du gouverner les hommes sur le plan éthique risque d'être considérablement affaibli, ce qui créera une situation de grave danger social. Le démantèlement des anciennes sanctions au milieu de l'inquiétude et du bouleversement général exige que ces sanctions soient renforcées ou remplacées par de nouvelles. Car la plupart des gens sont incapables de vivre confortablement avec le soupçon que l'existence n'a ni sens profond ni vaste dessein. Ils ne tarderont pas à se mettre en quête d'une foi, ou à échaufauder une théorie, qui donneront une orientation à l'existence. C'est pourquoi notre époque bouleversée et convulsée sera témoin d'une course vers de nouvelles doctrines comme aucune autre époque n'en aura jamais vue. Et parce que cette évolution est toujours plus marquée chez les classes les plus cultivées, les formes que cette quête revêtira seront probablement surtout mystiques, et occasionnellement philosophiques, plutôt que religieuses. Le mysticisme recevra probablement un plus grand nombre d'adhérents qu'il n'en avait eus depuis longtemps, car il offre une **paix** intérieure d'ordre émotionnel ardemment désirée après la **frénésie** et les horreurs de la guerre. Mais la philosophie elle aussi **devra** ouvrir plus largement ses portes pour accueillir un modeste contingent d'amateurs qui ont changé leur fusil d'épaule.

Si ces sept facteurs signifient quelque chose, c'est que l'histoire est dans l'angoisse du tournant le plus aigu qu'elle ait jamais eu à prendre, que le progrès culturel de l'humanité s'est considérablement accéléré, qu'une ère nouvelle et unique dans le savoir humain s'ouvre devant l'élite cultivée, que le champ de pénétration qui s'ouvre à la philosophie de la vérité est plus vaste et plus profond que jamais, que le secret devient inutile, enfin que pour la première fois, une propagation nouvelle, à l'échelle planétaire, de doctrines plus hautes est devenue possible. En outre la conjoncture politique et économique internationale est de nature à contraindre tout un chacun à considérer les choses et les événements individuels dans leurs relations avec l'ensemble, autrement dit, à commencer de philosopher. Dans aucun autre siècle que le xxe on ne saurait trouver rien de comparable à cet opportun phénomène. Cette période étonnante de transition sociale, de dissolution générale, de révolution technique et d'illumination mentale marque, en somme, une accélération continue du processus qui transforme l'homme d'un animal primitif en un animal scientifique. Mais cela ne suffit pas encore. L'homme doit vivre selon la manière qui lui est propre, et non à la manière du quadrupède, du reptile ou du parasite. L'heure est donc venue de révéler une doctrine qui, à l'inverse de la plupart des religions, ne contredit pas les découvertes de la science, mais en tire au contraire ses arguments. Il est vraiment opportun dans ces conditions de lever les anciennes restrictions et de libérer assez de l'ancien savoir *authentiquement* aryen pour aider les classes les plus cultivées à agir avec plus de sagesse, afin que puisse émerger quelque chose de plus noble, et que nous puissions tous progresser vers le façonnement d'un monde humain plus beau. Car c'est à ces classes que les masses grégaires demanderont toujours leurs directives ; ce sont leurs manières de penser qui sont érigées en modèles, ce sont leurs manières de vivre qui sont toujours le point de mire de l'ambition ou de l'imitation. Le progrès coule du haut vers le bas, des milieux dirigeants et des classes supérieures de toute collectivité vers les étages inférieurs, jusqu'à ce qu'il imprègne les masses. Les idées et les croyances qui ont cours dans les couches les plus éduquées et les plus éclairées parviennent lentement à s'infiltrer dans les couches inférieures. C'est l'attitude et les perspectives de ces élites qui ont le plus d'effet pour modeler le monde. En conséquence, c'est pour elles particulièrement que la philosophie cachée est maintenant dévoilée.

L'activité fébrile des savants européens peut maintenant s'harmoniser avec la calme contemplation des Sages orientaux. Avant longtemps le papillon de la vraie sagesse intégrale pourra briser le cocon dans lequel il s'abrite et mûrit depuis des siècles. Cette union présage la nouvelle civilisation à la fois orientale et occidentale — universelle — qui verra *peut-être* le jour lorsque l'aiguille du temps aura accompli plus de révolutions que nous ne pouvons en compter, que la primauté du matérialisme aura été renversée, et que la vérité sera montée sur le trône pour gouverner la vraie renaissance de toute vie et de tout labeur humains. L'âge adulte arrivera tôt ou tard pour l'humanité, et si cette noble conception d'une civilisation unifiée pouvait se répandre parmi les classes cultivées d'un monde enfin pacifié, de la Sibérie à l'Espagne et de Ceylan à la Californie, les conséquences en seraient remarquables. Malheureusement la réalisation d'un tel rêve paraît rien moins que prochaine. Néanmoins l'immense renaissance qui devra suivre l'écroulement gigantesque ne manquera pas d'amener sous les portiques de la philosophie un nombre croissant de candidats avides de voies nouvelles, de nouvelles connaissances et de nouvelles doctrines. La science et la souffrance de notre époque se sont donné la main pour devenir le promoteur irrésistible d'une orientation nouvelle de la pensée universelle. Non pas que le neuf doive être nécessairement considéré comme le meilleur absolument, mais comme ayant une occasion favorable de devenir le meilleur relativement. Telles sont les raisons qui font souhaiter que cette vieille sagesse chenue sorte de sa cachette dans l'esprit d'un nombre infime d'Asiatiques, pour devenir accessible à un cercle plus large, encore que limité. Son avènement est manifestement la conséquence d'une nécessité historique. Aucune autre culture intégrale ne saurait s'ajuster aussi exactement au sens spatio-temporel nouvellement dilaté de l'humanité.

Qui suis-je? Avec le présent traité nous gravirons les premiers gradins de la voie qui mène à cette pensée supérieure. L'ascension exigera un sérieux effort, mais la récompense sera plus grande encore, car cette démarche, lorsqu'elle aura été achevée dans un ouvrage ultérieur, résoudra définitivement tous les grands problèmes, dissipera les doutes les plus profonds et fournira pour la vie entière un appui inexpugnable et solide comme le roc. L'homme de science qui s'interroge lui-même et qui consentira à étudier ces pages sans prévention y trouvera peut-être les fils conducteurs dont il a besoin pour progresser vers les régions où la réalité se dévoile elle-même ; l'adepte de religion qui désire adorer le Dieu vivant plutôt qu'un dogme inanimé y découvrira peut-être la source secrète de sa propre foi ; le mystique y apprendra peut-être comment s'élever de son radieux concept de Dieu, qui n'est qu'image, à Dieu lui-même, enfin contemplé face à face. Quant au philosophe, tiraillé en tous sens par les diverses opinions qui prévalent en divers lieux ou à tour de rôle, il rencontrera peut-être ici une attitude d'esprit qui s'avèrera finalement infaillible et fera justice de toutes les critiques. Car les racines de cette sagesse plongent profondément dans le lointain passé de l'Asie, au temps où des astres spirituels de première grandeur apparurent au firmament de la pensée pour secouer les chaînes de la tradition hiératique et s'ouvrir de force un passage à travers les problèmes prométhéens. Il est inévitable autant que paradoxal que le monde occidental adolescent soit bientôt contraint de payer tribut à cette culture archaïque. Le temps lui-même ne pourra jamais avoir raison de l'antiquité d'une telle culture. C'est elle au contraire qui vaincra le temps, parce qu'elle jaillit de la réalité éternellement actuelle dans laquelle l'univers est enveloppé.

Je ne savais pas, la première fois que je débarquai sur les rivages écumeux de l'Inde, que je m'aventurais dans une quête qui m'emporterait en définitive au delà même des doctrines du mysticisme et de la pratique de la méditation pour elle-même, doctrines qui m'avaient toujours semblé définir le mode de vie le plus noble qui fût accessible à l'homme. Je ne savais pas, tandis que lentement mais sûrement je pénétrais jusqu'aux secrets les plus intimes du yoga orthodoxe de l'Inde, que l'entreprise de la conquête de la vérité ne se bornerait pas à me mener dans l'enceinte de ce yoga, mais que je serais conduit à la franchir à nouveau et à m'aventurer encore bien au delà. Je ne savais pas que j'avais engagé avec le Destin, une partie de dés qui ne devait pas s'achever de la manière que j'avais supputée — à savoir que j'adopterais une existence qui ferait de la retraite physique et mentale dans une profonde contemplation sa fin la plus haute et son plus sublime achèvement.

Pour les lecteurs qui ne sont pas familiarisés avec la terminologie, il est bon de rappeler ici que *Yoga* est un mot sanscrit

qui s'applique à diverses techniques d'auto-discipline faisant
appel à la concentration mentale et conduisant à des expériences
ou à des intuitions mystiques, techniques qui feront l'objet
d'une description dans un chapitre ultérieur, tandis que le
Yogi est l'adepte de ces méthodes.

Comme les yogis indiens à la robe jaune, je demeurai assis
en extase, mais plus tard je me levai, d'abord pour composer
une chronique de leur vie, et ensuite pour expliquer à mes
frères occidentaux comment trouver cette quiétude mentale
et quelle en était la valeur. Cependant, lorsque les satisfactions
intermittentes de la paix de l'esprit entrèrent en conflit avec
un rationalisme inné, toujours investigateur, de formidables
points d'interrogation commencèrent à s'imposer. Je m'aperçus
que, si le petit hâvre de lumière dans lequel je me trouvais
s'était incontestablement élargi, l'océan de ténèbres qui le cer-
nait de toutes parts était aussi impénétrable que jamais.

Tout naturellement, lorsque la réflexion, le temps et l'expérience soulevèrent certains problèmes fondamentaux, je me
tournai vers le *Maharichi* dans un premier espoir de trouver
un fil conducteur. Les lecteurs de mon ouvrage *L'Inde secrète* (1)
se souviendront que tel est le nom du célèbre yogi de l'Inde
méridionale avec lequel j'ai pratiqué la méditation il y a quelques
années. Mais aucun fil conducteur n'apparut. Je m'armai de
patience, dans l'espoir que le temps tirerait de lui ce fil. Mais
j'attendis en vain. Graduellement il se fit jour dans mon esprit,
tandis que cette question d'obtenir une connaissance plus haute
s'avançait au premier rang de mes préoccupations, que jusqu'à
présent le Maharichi n'avait instruit personne dans cette sagesse
supérieure. La raison s'en dégagea lentement de ma réflexion.
Notre longue amitié me permettait d'entrevoir que cette nouvelle démarche n'était pas sa voie et ne l'intéressait que médio-
crement. Ses immenses conquêtes se situaient dans le royaume
de l'ascétisme et de la méditation. Il possédait à un degré inouï
le pouvoir de s'absorber en lui-même et de se perdre dans l'extase
demeurant assis, calme et impassible comme un arbre. Mais
en dépit du profond respect et de la sincère affection que j'éprouve
pour lui, je dois avouer que l'histoire intérieure de son *ashram* (2)

---

(1) *L'Inde secrète*, trad. A. F. VOCHELLE, Payot 1949 (N. d. T.).
(2) Institution monastique indienne où les moines sont censés passer leur
vie dans la contemplation constante de Dieu (Note de l'auteur). — Un
ashram est une communauté groupée autour d'un instructeur, en vue de
vivre un certain idéal spirituel (...). La chose est authentiquement et essentiellement indienne (A. SIEGFRIED, *Le Figaro*, 16.XII.1950) (N. d. T.).

se révéla parfaitement décourageante. Le rôle de maître à penser n'était pas à sa mesure, car il était avant tout un mystique absorbé en soi-même. Cela expliquait pourquoi son dédain manifeste pour l'accomplissement pratique de la vie dans le service désintéressé d'autrui avait conduit à des conséquences aussi inévitables que décevantes dans son entourage immédiat. Il lui suffisait sans doute à lui-même, et il était évidemment plus que suffisant pour ses disciples prosternés, qu'il se fût discipliné lui-même jusqu'à la perfection dans l'indifférence aux attraits du monde et dans la maîtrise de l'esprit inquiet. Il n'en demandait pas plus. La question de la signification de l'univers dans lequel il vivait ne semblait pas le troubler. Ce qui l'intéressait, c'était la signification de l'être humain, et il lui avait trouvé une solution qui le satisfaisait.

Mais c'était la même solution qu'avaient trouvée tous les mystiques, qu'ils fussent de l'Asie ancienne ou de l'Europe médiévale. La méditation sur soi-même était une entreprise nécessaire et admirable, mais elle ne constituait pas à elle seule toute l'activité que la vie exigeait continuellement de l'homme. Elle était bonne, mais elle s'avérait insuffisante. Car un peu de temps m'avait révélé les limites des mystiques, et davantage de temps montrait que ces limites étaient imposées par le caractère borgne de leur perspective et l'inachèvement de leur expérience. Plus je les fréquentais dans toutes les parties du monde, plus je commençais à discerner que leurs insuffisances provenaient d'une satisfaction racornie, du complexe de supériorité inavoué, de l'attitude pharisaïque qu'ils avaient injustifiablement adopté à l'égard du reste du monde, et aussi de leur prétention prématurée à la possession de la vérité totale, alors qu'ils n'étaient parvenus qu'à une connaissance partielle. La conclusion s'imposa à moi en définitive, que la sagesse humaine parfaite ne serait jamais le produit d'aucun ermitage mystique, mais que seule une certaine culture complète synthétique pouvait prétendre à la développer.

Ainsi je parcourus un itinéraire de réflexion qui me fit percevoir que la formule classique de méditation du Maharichi, *Qui suis-je ?* — empruntée d'ailleurs, je le découvris par la suite à d'anciens auteurs sanscrits, n'était pas suffisante, si admirablement adaptée fût-elle à son rôle de jalon sur la voie de la maîtrise de soi. Pour cette raison je jugeai souhaitable, il y a quelques années, de modifier la formule, ce que je fis en effet en écrivant mes plus récents ouvrages, où j'offrais cette semence de méditation analytique sous cette variante nouvelle : *Que suis-je?* La différence littérale est mince sans doute, mais elle entraîne une divergence importante des perspectives. Le mot *qui* était un pronom personnel qui constituait un sujet de réflexion approprié à un mystique préoccupé de lui-même en tant qu'individu et entité distincte ; tandis que le mot *que* était un pronom interrogatif impersonnel qui avait une portée supérieure. *Qui suis-je?* posait une question qui, sur le plan émotionnel, présupposait que le « moi » final de l'homme se révèlerait un être personnel ; tandis que *Que suis-je?* élevait rationnellement le débat jusqu'à en faire une enquête scientifique impersonnelle sur la nature de cet ultime « moi ». Non pas que la première formule dût être abandonnée — elle était nécessaire et excellente à sa place, mais cette place était le banc des novices, tandis que la deuxième formule s'adressait aux initiés.

Les quelques dernières années qui se sont écoulées, avec la compréhension élargie qui m'est venue d'une recherche incessante, et la croissance progressive d'une expérience insolite, ne m'ont pas permis de m'estimer satisfait même de cet important développement. Les épisodes instructifs de la vie quotidienne me confrontaient, non sans une désillusion grandissante, avec les limites et les lacunes du mysticisme, avec les intolérances et les déficiences des mystiques, desquels je ne m'excluais pas moi-même, et mes efforts pour comprendre les problèmes qui se posaient en cours de route m'amenèrent à sentir les insuffisances de cette perspective élargie elle-même. Je compris, que de même que la foi religieuse abdiquée en faveur du simple dogmatisme était insuffisante pour le mystique, de même le sentiment intuitif propre au mystique était maintenant devenu insuffisant pour moi ; que cette intuition devait être remise à sa place, et ne pouvait être présumée accomplir des miracles. Le dogme et l'intuition avaient été mis à l'épreuve et trouvés défaillants.

Cependant, l'autre source de connaissance encore valable, l'intellect, si elle s'avérait meilleure, n'en était pas moins de toutes parts reconnue imparfaite, et inapte à subir l'épreuve de l'expérience. Elle pouvait devenir aussi fallacieuse que les autres. Car l'intellect c'est le raisonnement logique ; or l'archevêque Whateley s'est amusé jadis à prouver que la logique pure nous accréditait parfaitement à mettre en doute l'existence historique du grand Napoléon ! L'induction logique avait une valeur incontestable dans son domaine propre, mais elle était trop incomplète pour donner accès au définitif. Ses résultats étaient toujours sujets à révision avec les expériences ultérieures. La voie logique ne pouvait prétendre à supplanter les deux autres ; toutes trois fournissaient des éléments dont l'homme avait besoin pour construire une vie équilibrée. J'avais moi-même utilisé cette combinaison pendant des années, en prenant pour guide les paroles d'hommes réputés sages — c'est-à-dire l'autorité —, mon propre sentiment, fruit de la méditation et de l'extase — c'est-à-dire le mysticisme —, et le contrôle du doute méthodique et de l'auto-critique — autrement dit l'intellect. En vérité je m'étais glorifié d'être un mystique rationaliste, et de refuser de me laisser couler dans le moule conventionnel. Cependant, même cette combinaison exploitée dans sa totalité ne suffisait pas à dévoiler une vérité qui n'eût jamais besoin d'être révisée. Y avait-il une autre source totalement satisfaisante d'où l'on pût obtenir la connaissance ? Cette question à son tour demandait une réponse.

Aucun des disciples du Maharichi ne s'était jamais posé ces problèmes, à mon escient du moins, et dans ces conditions, ma propre incapacité d'obtenir de lui de nouveaux éclaircissements aurait probablement été imputée par eux à l'esprit insatiable de recherche engendré par ma « scientifique » éducation occidentale moderne. Je n'en éprouvais pas moins de respect et de vénération pour le Maharichi à cause de son rare talent en matière de quiétude mentale, car ceux qui avaient gravi avec succès ce sommet psychologique étaient peu nombreux, et cet unique exploit aurait peut-être suffi à me retenir auprès de lui jusqu'à ce jour, en ami sinon en disciple, portant en moi-même, dans un silence résigné, les interrogations lancinantes auxquelles il ne pouvait répondre. Mais au cours de mes deux derniers séjours dans l'Inde, il était devenu douloureusement évident que l'institution connue sous le nom d'ashram qui s'était développée autour de lui depuis quelques années, et sur laquelle son indifférence ascétique au monde ne le disposait pas à exercer le moindre contrôle, ne pouvait plus que gravement entraver mes propres efforts pour atteindre le but suprême, de sorte que je n'eus d'autre alternative que de lui dire un brusque et définitif adieu.

La renommée est la rançon inévitable du succès dans ma profession ; la jalousie à son tour est le déplorable revers de la renommée, et la haine suit dans son sillage. L'attitude vile s'abaisse aux vitupérations verbales, voire aux menaces de voies de fait. Je me rendis compte cependant que je devais me cramponner à ce précieux talisman du Bouddhiste Dhammapada : « En butte à la haine, demeurons exempts de haine », et que personne ne devrait être exclu du large rayonnement de la pitié. Néanmoins, ces amères expériences de la vie m'enseignèrent par la voie rocailleuse le prix exact qu'il faut attacher à ces choses fragiles que sont l'amitié des lèvres et l'ostentation de la sainteté. Ceux qui ne peuvent pas comprendre sont toujours enclins à mal interpréter. Mais la petite cohorte des fidèles qui, par distinction naturelle ou par expérience altruiste, tendent spontanément la main à travers les ténèbres du monde dédommagent largement pour les avanies subies de la part de l'ignorance malveillante et menteuse. Avec eux nous sommes membres d'une église invisible qui unit ceux qui sont nés *consacrés* en vue de laisser leur petit coin du monde un peu plus beau qu'ils ne l'avaient trouvé.

Quelle est la signification de l'Univers? Mais revenons à notre historique. La promotion de la formule de contemplation analytique *Qui suis-je?* à la formule *Que suis-je?* n'était pas un terme. Ces deux questions ressortaient encore au mysticisme, et la logique douloureuse de certains événements avait finalement et entièrement confirmé ce que celle de la réflexion critique avait laissé entrevoir. Je compris lumineusement que le mysticisme ne suffisait pas *à lui seul* à transformer ni même à discipliner le caractère humain et à exalter ses normes éthiques vers un idéal satisfaisant. Il était incapable de se solidariser complètement avec la vie dans le monde extérieur ! Cette lacune était trop grave pour être négligée. Même les exaltations émotionnelles de l'extase mystique — si merveilleusement satisfaisantes qu'elles fussent — étaient fugitives, tant dans l'aventure elle-même que dans leur effet, et se sont montrées insuffisantes à ennoblir l'homme d'une manière permanente. Le dédain de l'action pratique et la répugnance à endosser la responsabilité personnelle qui caractérisaient les prétendus mystiques les empêchaient de mettre à l'épreuve leur connaissance aussi bien que la valeur de leurs acquisitions, et les laissait, pour ainsi dire, suspendus entre ciel et terre. Sans la salubre opposition de la participation active aux affaires du monde, ils n'avaient aucun moyen de savoir s'ils habitaient ou non un royaume d'auto-hallucination stérilisée.

La méditation coupée de l'expérience était inévitablement déséquilibrée ; l'expérience coupée de la méditation n'était que vaine agitation. Un mysticisme monastique qui méprisait la vie et les responsabilités du monde actif se gaspillerait fréquemment à faire du vent sans aucun résultat. La vérité obtenue par la contemplation avait besoin d'être contrôlée, non pas par de pieux verbiages, mais par une expression active. Une soi-disant connaissance plus haute qui refusait de se commettre avec les humbles actions quotidiennes n'était qu'un vernis superficiel et risquait de n'être rien d'autre que vaine fantaisie. Le sage véritable ne pouvait se résigner à être un rêveur anémique, mais voudrait sans cesse transformer la semence de sa sagesse en plantes visibles et tangibles d'actes bien faits. Les exaltations émotionnelles fruit de la dévotion religieuse constituaient certes des satisfactions personnelles, mais risquaient de devenir de dangereuses illusions si elles ne parvenaient pas à trouver un contrepoids extérieur convenable. Le monde représentait pour le rêveur spirituel une occasion de contrôler la vérité de ses rêves et d'éprouver la solidité de ses châteaux en Espagne. Mais pour ce faire, il lui fallait modifier son attitude à l'égard de ce monde méprisé de l'activité, se dépouiller de temps à autre de son dangereux orgueil ascétique, élargir et équilibrer sa perspective par la culture intellectuelle.

Ainsi le temps, l'expérience et la réflexion avaient démontré incomplète et erronée la théorie qui m'avait été transmise par la tradition, à savoir qu'il existait un raccourci pour parvenir au royaume des Cieux ; en silence ils pointaient d'un autre côté et m'invitaient à poursuivre ma recherche ailleurs. Le mysticisme était un facteur important, nécessaire et généralement négligé de la vie humaine, mais ce n'était après tout qu'un facteur isolé et partiel, qui ne pourrait jamais assumer à lui seul le gouvernement de la vie entière. Le besoin se faisait sentir d'une culture plus intégrale, qui pourrait être entièrement pénétrée par la raison, et pourrait survivre à l'épreuve de l'expérience.

Une telle culture ne pourrait être que le fruit d'une attitude franche à l'égard du fait que l'homme a été mis au monde pour vivre activement non moins que pour méditer passivement. Le champ de son activité se trouvait inévitablement là, dans le monde extérieur, et non ici, dans le monde de l'extase. Si la pratique de la méditation conduisait incontestablement l'homme à un certain degré de connaissance de soi-même, dans la mesure où elle pénétrait les couches de plus en plus profondes de ses pensées et de ses sentiments jusqu'à leurs assises les plus paisibles, elle ne lui permettrait pas de se suffire à lui-même. Car le monde extérieur était toujours là à l'attendre à son retour, comme un chien fidèle sur son seuil, réclamant silencieusement que l'on s'occupe enfin de lui pour le connaître et le comprendre. De la sorte, à moins de pousser profondément ses investigations dans la nature véritable du monde extérieur et de faire une synthèse des résultats ainsi obtenus avec sa perception mystique, l'homme demeurerait dans une lumière crépusculaire et n'émergerait pas au grand soleil du matin, où se croyait déjà le mystique en extase. La plupart des mystiques, en s'efforçant de se connaître eux-mêmes par métaphores, fermaient les yeux à cette autre énigme plus profonde du monde extérieur, mais cette attitude ne suffisait pas à l'abolir.

Le dernier corollaire logique de cet argument conduisait à comprendre que la signification du moi deviendrait inévitablement plus claire lorsqu'elle serait perçue à sa juste place, dans l'unité organique de l'existence tout entière. Car de même qu'un notion absolument juste et complète d'une partie quelconque d'une machine ne peut être obtenue que du point de vue de la machine entière, de même une théorie parfaite de l'individu ne pouvait être qu'un fragment d'une doctrine de l'existence universelle, dans laquelle cet individu était inclus. Il fallait apprendre à discerner entre le frôlement fugitif du quart-de-vérité, le contact incertain de la demi-vérité, et la ferme étreinte de la vérité totale. La vieille fable asiatique des quatre aveugles était instructive : désirant savoir à quoi ressemblait un éléphant, ils demandèrent à son cornac la permission de le palper. Le premier toucha le ventre et s'écria : « On dirait une cuvette ronde. » Le deuxième toucha une jambe et répliqua : « Non, plutôt une haute colonne ! » Le troisième tâta une oreille et trouva que cela ressemblait plutôt à une corbeille. Enfin le quatrième eut en partage la trompe, et déclara l'objet semblable à un bâton courbé. Ainsi leurs perceptions limitées de l'animal conduisaient à un débat peu concluant. Le cornac régla finalement la controverse en riant : « Chacun de vous a pris une partie de l'éléphant pour le tout, et ainsi vous avez tous tort. »

Le mystique adorait la demi-vérité de son moi, tandis que la vérité totale qui réalisait la synthèse du moi intérieur et du monde extérieur devait attendre, négligée ou incomprise.

L'histoire contemporaine laissait clairement pressentir que le savant exclusivement préoccupé du monde extérieur et ignorant de son univers intérieur finirait pas être contraint — s'il avait la pénétration d'esprit suffisante et la force de caractère nécessaire — de tourner ses investigations vers lui-même. Ainsi, celui qui s'était mis en chasse avec la formule « Qu'est-ce que l'Univers ? » devait nécessairement revenir à son antipode « Que suis-je ? » Le plus récent ouvrage philosophique

d'Edington *Philosophie des Sciences physiques* n'était rien de
plus qu'un aveu public de la vérité de ces propositions. Mais la
réciproque n'était pas moins vraie, comme l'expérience me
l'avait enseigné. Le mystique qui commençait par s'interroger
sur lui-même serait contraint lui aussi, si la vérité lui tenait
plus à cœur que les états d'âme délectables, de finir par interroger
l'univers. Aussi longtemps qu'il éviterait ou négligerait la
question « Qu'est-ce que l'Univers ? » il demeurerait en déséquilibre, sur une connaissance incomplète.

Si nous parvenions à couper complètement, ne serait-ce
qu'une minute, un être vivant de toute activité sensorielle
externe, nous lui ferions perdre contact non seulement avec
l'univers, mais aussi avec son propre être conscient. Et si cette
aventure nous arrivait à nous-mêmes, nous serions immédiatement plongés dans un profond sommeil ou une syncope soudaine, où le moi nous échapperait totalement et définitivement.
Cela montre bien non seulement que l'être en question est une
partie constitutive de l'univers, mais que *le monde de la sensation est aussi une partie constitutive de l'être*, puisqu'il disparaît
en même temps que le moi. Ainsi la connaissance exacte du moi
dans sa plénitude dépend nécessairement d'une connaissance
exacte de cet univers spatio-temporel. La vérité ne peut être
atteinte que par une analyse compréhensive du Tout, qui in-
clut nécessairement l'analyse de l'univers et celle de l'individu.

Ce fut en grande partie le mérite de l'Allemand Hegel d'avoir
prévu par pure intuition ce même problème avec lequel j'étais
maintenant confronté sur la voie différente de l'expérience
mystique. Il faisait observer que l'expérience individuelle
était partielle et bornée, et que de ce fait elle ne pouvait embrasser la plénitude de la réalité. Aussi longtemps qu'elle demeurait ce qu'elle était, isolée de l'expérience universelle, elle
était remplie du tumulte des contradictions et des anomalies.
Mais celles-ci disparaissaient aussitôt que nous fondions l'individuel dans le Tout, dont l'existence était déjà présupposée et
toujours imminente. En somme Hegel perçut que l'individu
ne pouvait être adéquatement expliqué qu'en termes du tout,
et que lorsqu'on lui demandait de rendre compte de sa propre
signification, il répondait d'un geste centrifuge.

C'est ainsi que par une voie hétérodoxe je m'approchai du
point culminant de ces cogitations et que j'abordai les formules
définitives. Depuis « Que suis-je ? » je m'étais enfin élevé jusqu'à
« Quelle est la signification de cette expérience terrestre ? »
et à « Quelle est la finalité de toute existence ? ». J'en étais arrivé

à reconnaître que ces questions franchissaient les bornes du mysticisme avancé pour pénétrer dans le domaine de la philosophie pure.

Apprentissage du Yoga. — Il y a un temps pour tout, nous enseigne la Nature lorsque, selon un rite constant, elle nous montre chaque année successivement les quatre aspects de son visage. Quiconque désire profiter de son enseignement silencieux adoptera sa méthode antique et éprouvée qui consiste à ne faire qu'en temps opportun toute révélation sur soi-même. L'heure en est certainement venue pour moi. Il en résultera que les deux premiers chapitres de ce livre seront purement autobiographiques, ce qui paraîtra peut-être haïssable dans un ouvrage de caractère franchement philosophique. Néanmoins il est indispensable de les lire patiemment pour se préparer à la juste compréhension de ce qui semble être une nouvelle orientation de ma carrière. Du reste, le lecteur n'aura plus à subir cette note d'égocentrisme par la suite, car mon souci constant a été que rien de personnel ne se glisse plus dans le reste de ce volume, pour le détourner de son objectif.

Il me faut maintenant dire en termes plus clairs ce que j'ai à peine insinué dans le premier chapitre de *L'Inde secrète*, premier ouvrage dans lequel je me sois adressé à mes contemporains. J'y confessais que bien avant de rencontrer le premier Yogi indien à demi nu, «... j'avais toujours vécu d'une vie intérieure totalement détachée des contingences, j'avais consacré une grande partie de mes loisirs à l'étude des livres hermétiques et hardiment porté mes pas dans les sentiers les plus ardus de l'expérimentation psychologique. Je m'étais plongé par goût dans les sujets qu'a toujours enveloppé le voile du mystère cimmérien... » (1).

Je n'ai rien ajouté depuis à ces phrases peu explicites. Je me suis tu aussi longtemps que le silence servait mon propos, mais ce propos est maintenant dépassé. D'autre part des événements récents ont montré que, en face des malentendus tenaces du fait d'ignorants, et de contresens continuels émanant de certains ashrams soi-disant spirituels, non moins que du monde soi-disant matérialiste, le silence est devenu pernicieux.

Tout ceci n'est qu'un préambule à cet aveu nécessaire à ma défense, que la première fois que je me suis rendu dans l'Inde, je n'étais nullement novice dans la pratique du yoga — je n'étais pas un « blanc-bec » ébahi, cherchant à apprendre l'A B C d'un art étranger dans son pays d'origine. L'étroite matrice

(1) *Op. cit.*, p. 13.

dans laquelle l'hérédité avait tenté de mouler ma nature, je
l'avais de bonne heure brisée et rejetée, car mon tempérament
et ma tournure d'esprit étaient d'une autre trempe. Mes années
d'adolescence avaient été embrasées du désir ardent et terrible
de pénétrer le mystère du sens profond de la vie. Sans carte
pour débrouiller ses labyrinthes, sans guide pour montrer la
bonne route et signaler les écueils, enveloppé dans une civilisation qui méprisait cette tentative comme une futilité, je
partis néanmoins, en trébuchant à chaque pas, pour explorer
ce domaine crépusculaire. Ce qui effarouche la plupart des gens
et les écarte de l'investigation du mysticisme fut précisément
ce qui d'abord m'attira vers lui. La profondeur même de ses
énigmes me fit désirer ardemment de les explorer. Je n'émer-
geai pas indemne de corps et d'esprit de ces explorations dans
les dédales de mon cerveau et les abîmes de mon cœur à la
recherche de « l'âme ». Je commis des erreurs et dus les payer.
Soudain, cependant, la chance sembla me sourire. Avant même
d'avoir franchi le seuil de l'âge adulte, la faculté de la contemplation intérieure était moissonnée et engrangée, les ineffables
extases de la transe mystique étaient devenues une aventure
banale et quotidienne, les phénomènes mentaux anormaux qui
accompagnent les premières expériences du yoga étaient devenus communs et familiers, tandis que les labeurs arides de la
méditation s'étaient dissous dans une aisance dispensée d'effort.

La béatitude fugitive du mystique, qui fait paraître si vaine
et prétentieuse l'agitation profane, n'a pas manqué à quelques
élus, comme en témoigne la poésie mondiale. Au cours de ces
rêveries dégagées, où l'esprit, emmuré jusque-là dans la chair
opaque, franchissait les limites *qu'il s'était cru* imposées, l'univers physique était abandonné comme une chose lointaine et
étrangère, le corps physique, avec son inévitable accompagnement de problèmes difficiles, de soucis irritants, et de désirs
insatisfaits, prenait un aspect secondaire et subordonné, tandis
que toute l'attention et tout l'intérêt étaient concentrés à
l'intérieur, sur cette expérience incroyable et stupéfiante d'une
sérénité enchanteresse qui semblait soulever l'esprit bien au-
dessus des banalités de l'existence terrestre. Au plus profond
de la transe, il me semblait devenir un être désincarné, libéré
de ses limites spatiales. Lorsque, plus tard, je trouvai des traductions de livres indiens traitant du yoga, s'ajoutant à des
livres de l'Europe médiévale sur le mysticisme, je découvris
à ma vive surprise que les accents archaïques de leur phraséologie composaient des descriptions familières de mes propres

expériences capitales. Ainsi je m'étais inconsciemment fait citoyen du royaume du yoga, et embarqué à la recherche d'activités qui devaient me conduire bien au delà de ses frontières.

Mais en ce temps là il ne m'était pas venu à l'esprit que je pusse être autre chose qu'un néophyte ânonnant. J'avais commencé à comprendre l'homme par le biais de l'introspection, mais je ne pouvais commencr à comprendre la vie que par celui de la rétrospection. Je souffrais de ce défaut de la jeunesse inexpérimentée — le manque de confiance en soi. Mon imagination m'offrait des images colorées, que dis-je, fantastiques de ce que je pourrais accomplir moyennant encore vingt ou trente ans de pratique. J'avais en conséquence une haute considération pour tout yogi ou mystique ayant dépassé la quarantaine, quant aux octogénaires, ils étaient à mes yeux de véritables surhommes ! Ce sophisme que tout progrès devait se développer selon une ligne droite continue brouillait mon entendement, et je prenais pour argent comptant que quiconque avait pratiqué la méditation, mettons deux ans de plus que moi, était plus avancé d'autant, et avait de ce fait droit à tous mes égards.

Que ma propre évolution eût soudain pris la tangente, échappant à la contemplation constante de la vie extérieure représentée comme une parade d'ombres chinoises vacillantes, pour se plonger bientôt dans le travail extérieur intense sous la forte pression du cynisme des salles de rédaction et du matérialisme journalistique, ou que je ne pusse plus jamais, lorsque d'aventure je me livrais de nouveau à la méditation, franchir les bornes désormais familières que j'avais atteintes dans mes expériences antérieures, tout cela ne m'enseigna rien ; j'imputai à mes propres insuffisances personnelles ce changement inattendu et cette incapacité torturante, et je n'abandonnai jamais l'espoir qu'un jour une irruption joyeuse et soudaine dans un monde inexploré me rendrait courage. Si seulement je l'avais su, ces échecs furent plus silencieusement instructifs que des succès !

Vint le moment où je ne pus attendre plus longtemps. Sachant que l'Inde possédait une tradition du yoga—si corrompue fût-elle — plus vivante à ce jour qu'aucun autre pays, je m'y rendis finalement, à la recherche de cette tradition, et dans l'espoir de trouver ses principaux protagonistes et de parfaire ma technique. Je voyageai à travers les plaines grillées de l'Inde et consacrai bon nombre de mes jeunes années à ces recherches. En fin de compte, je trouvai cette tradition inscrite à profusion dans une foule de livres, et effectivement in-

carnée dans quelques hommes. Parmi ces derniers, je considé-
rai, et je considère encore le Maharichi comme le plus éminent
yogi de l'Inde méridionale. A ses côtés je revécus spontanément
et à neuf mes états d'âme extatiques de jadis. La vie d'absorption dans la contemplation intérieure redevint la seule qui comp-
tât vraiment. Sous son influence et celle de la torpeur du climat
indien, je revins brusquement de mes excursions tangentielles,
et n'éprouvai plus derechef que mépris pour les activités profanes et le service du monde, lesquels me semblaient n'être que
pures formalités et vains coups d'épée dans l'eau. Une fois de
plus la pensée s'orientait, dans une profonde concentration,
vers la négation d'elle-même. Une fois de plus je m'adonnai à
la pratique répétée du yoga, comme étant la fin la plus haute
de l'homme, tandis que le vieil espoir de trouver enfin la récompense d'une merveilleuse irruption dans une dimension entièrement nouvelle de la conscience demeurait vivace au fond
de mon cœur.

La description que j'ai donnée à la fin de *L'Inde secrète* relativement à mon expérience extatique la plus profonde lorsque
j'étais auprès du Maharichi est exacte quant à ce que j'ai
éprouvé, bien qu'à cette époque je n'eusse pas encore saisi la
distinction nette entre sentiment et connaissance. Ce que j'avais
omis de déclarer, et que je révèle maintenant, c'est que l'expérience n'était pas nouvelle, car bien des années avant d'avoir
rencontré le saint yogi d'Arunochala, j'avais éprouvé des extases
en tous points semblables — même sérénité intérieure et mêmes
intuitions lumineuses — lorsque je m'exerçais isolément à la
méditation. Ma dette envers ce mystique vraiment remarquable
provenait principalement de ce qu'il avait ravivé en moi ces
magnifiques expériences, dette que je reconnaissais bien volontiers, mais qui a été amplement acquittée par l'œuvre de
propagande que j'ai accomplie au bénéfice de lui-même et de
ses compatriotes. Le lecteur perspicace comprendra donc sans
peine que j'ai utilisé le nom de ce sage et ses talents comme une
patère pour y suspendre commodément un exposé de ce que la
méditation signifie pour moi. La raison principale de cette
méthode était qu'elle constituait un procédé littéraire commode
pour appeler l'attention et retenir l'intérêt des lecteurs occidentaux, qui tout naturellement accorderaient plus de crédit
à une telle relation de la « conversion » au yoga d'un journaliste
occidental non dépourvu, semblait-il, d'esprit positif et de sens
critique. Car le mobile général qui gouvernait mes recherches
se reflétait dans l'objectif principal que j'avais en vue en écri-

vant cet ouvrage, à savoir d'attirer les Européens et les Américains dans ce chemin presque tombé en désuétude vers la *paix intérieure*, autrement dit, de les servir. Or l'attitude générale de l'Occident manifestait qu'il n'avait que faire de la survivance d'un yoga moribond, ou d'autres superstitions d'une Inde sénile et stérile. Il me fallait donc montrer que le yoga du moins possédait une valeur vivante, et la démonstration reposait sur l'illustration de cette valeur par des personnes vivantes.

Les années passèrent, sans abattre mon ardeur à éclaircir les mystères les plus élevés du yoga, en sorte que dans l'intervalle j'écrivis sur les mystères plus modestes, qui étaient familiers et avaient cessé d'être mystérieux. Je découvris dans l'Inde la vérité sur le système du yoga, à savoir que, dans la pratique du xxe siècle, il n'était plus un système à proprement parler, car il s'y était mêlé tant de corps étrangers qu'il ressemblait désormais à un ragoût irlandais. Il était difficile de discerner ce qui était mythe de ce qui était mystique. Le yoga avait été jugé inutilisable pour le monde moderne parce qu'il était maintenu emprisonné par des fakirs extravagants dans l'étreinte déformante et paralysante de la superstition. Il était écartelé entre la religion dogmatique, qui l'avait pris par une manche pour le détourner de son objectif psychologique, et la magie primitive, qui s'était saisie de l'autre pour en faire un numéro de cirque. Je n'étais pas venu si loin pour déterrer de vieilles erreurs et faire cliqueter leurs os blanchis. Je fis des efforts surhumains pour sauver du yoga ce qui était utilisable et le rassembler en une pratique rationnelle explicitement formulée, pour ma propre gouverne d'abord, et celle du monde ensuite.

Mon pèlerinage se poursuivit avec son accompagnement inévitable d'efforts ardus et d'extases inoubliables, de désillusions intermittentes et de radieuses révélations. Ce pèlerinage, je ne l'accomplis pas seul. Un bataillon inconnu et invisible voyageait à mes côtés — foule cosmopolite et sans classes de compagnons d'exploration, éparpillée sur toute la surface du globe. Chaque fois que la demande extérieure l'emportait sur ma propre répugnance, je leurs communiquais mes découvertes. C'est ainsi que mes livres virent le jour. Les personnes qui étaient liées par le devoir professionnel à la roue de l'existence matérialiste moderne furent en mesure de profiter des découvertes de celle qui avait réussi à s'en évader. Il ne m'était pas facile d'écrire des mots susceptibles de retenir l'attention d'une époque pragmatique et positiviste. Parfois j'avais peine à comprendre pourquoi, alors que le marché était encombré de tant de livres plus objectifs et plus palpitants, c'était les miens qui faisaient prime. Et pourtant il y avait toute cette foule fourvoyée, qui manifestait une inclination si bizarre ! Je ne pouvais que remercier elle et mon étoile de l'encouragement qui m'était donné. Ce que cela signifiait, ma plume était en mesure d'y répondre mieux que moi-même. Qu'Allah accorde longue vie à tous ces braves gens !

Mais une fois de plus je me retrouvai dans la même situation, devant ce qui semblait une barrière infranchissable. Mes relations avec le Maharichi ne me servirent de rien en cette circonstance. Plusieurs Indiens m'enviaient d'avoir sondé les profondeurs du yoga, car ils ignoraient que je n'étais pas satisfait des résultat obtenus, mais quelques amis l'apprirent avec perplexité. Car mes satisfactions extatiques étaient ponctuées de questions embarrassantes. Certes l'aptitude à entrer en transe mystique n'était pas une médiocre affaire ; la faculté de concentrer à volonté la pensée pendant une certaine durée n'est pas commune ; le pouvoir de jouir d'une paix ineffable, même de courte durée, par une simple introversion de l'attention, n'est pas une acquisition futile. Tout cela, et d'autres caractéristiques du yoga, étaient en ma possession. Mais alors quel était le motif de cette insatisfaction ? A moins que cela ne soit expliqué au lecteur, lui aussi demeurera perplexe.

Lorsqu'on était sorti de l'état de transe ou de contemplation, l'exaltation s'éteignait peu à peu en ne laissant finalement qu'un écho rémanent. Ainsi il fallait répéter quotidiennement l'expérience si l'on voulait revivre le même état d'âme, de même qu'il faut déjeûner quotidiennement si l'on veut vivre sans faim. Un expert en la matière pouvait faire durer plus longtemps l'euphorie consécutive, mais il ne pouvait se livrer à aucune activité pratique sans la perdre en fin de compte. Ainsi les illuminations procurées par le yoga étaient-elles toujours temporaires. Elles devaient être renouvelées quotidiennement au prix de l'abandon temporaire des tâches pratiques et de la renonciation aux activités profanes.

Ce caractère fugace de l'état contemplatif devint un sérieux problème, qui absorba une grande part de mes veilles. Que ce problème avait fait achopper des yogis plus expérimentés que moi, je l'ai appris il y a quelques années au cours d'une visite au vaste ashram de Sri Aurobindo Ghose à Pondichéry. J'y pris connaissance d'un certain nombre de lettres adressées par ce sage à ses disciples, et l'une d'elles contenait le paragraphe suivant, dont la véracité me frappa si vivement que je le copiai

séance tenante. L'autorité de cette déclaration deviendra écla-
tante lorsque j'aurai ajouté que Sri Aurobindo est probablement le plus célèbre yogi vivant de l'Inde, et certainement le
plus cultivé. Voici ce qu'il écrivait :

« L'extase est un moyen d'évasion : le corps est mis au repos,
le cerveau (littéralement l'esprit physique) est dans un état
de torpeur, la conscience intérieure est rendue libre de poursuivre son expérience. *L'inconvénient, c'est que l'extase devient
indispensable et que le problème de l'éveil de la conscience n'est
pas résolu ; il demeure imparfait.* »

En outre, celui qui doit vivre et travailler en ce monde,
prendre sa part de ses activités, qui est emprisonné dans son
creuset de labeur, de plaisir et de peine, devra tôt cu tard se
détourner de sa méditation et reprendre son activité, comme
précédemment il s'était détourné du monde pour reprendre sa
méditation. « Prends ce que tu veux, mais paie le prix, » dit
quelque part Emerson en un aphorisme d'une coulée toute
grecque. Le prix du yoga était la renonciation au monde ; et
la preuve en était que les Orientaux qui commençaient à s'engager dans la voie de la méditation et cherchaient à y faire
quelque progrès, finissaient en général par se laisser séduire
par l'austère mélodie de l'ascétisme, et à renoncer à épouse, famille, foyer, biens et travail ; ils se réfugiaient dans des cavernes,
des ashrams, des monastères, la jungle ou la montagne, de sorte
que, le monde ayant été laissé loin derrière, plus rien ne viendrait interrompre la continuité de leur laborieuse progression
vers l'état d'âme contemplatif. Cherchant la jouissance ininterrompue de la paix yogique, ils devaient nécessairement sacrifier la besogne ininterrompue de vivre dans le monde.

Au surplus, la désadaptation de l'activité dans la sphère
profane de l'existence, qui résultait de *l'outrance* dans la pratique
quotidienne de la méditation, tendait à s'imposer à moi comme
une évidence troublante. En fait j'avais dû moi-même abandonner momentanément la carrière du journalisme, en partie
pour avoir dépassé la mesure dans la pratique de la méditation,
en partie parce qu'il en était résulté une hyper-sensibilité qui
faisait de toute contingence une torture. Il m'était bien plus
facile d'écrire des livres, parce que cette tâche pouvait s'accomplir, si besoin était, dans une tour d'ivoire, à l'abri de l'agitation
de la vie citadine. Néanmoins, je me rendais compte que 95 %
au moins de l'humanité occidentale était retenue involontairement prisonnière dans des tourbillons encombrés, sans aucun
espoir de s'en évader. On ne pouvait donc offrir à tout le monde

indistinctement un système complet de yoga comme solution
de ses difficultés. Et puis, comment une manière de vivre qui
n'offrait à ses adeptes qu'une paix intermittente pouvait-elle
constituer à elle seule cet idéal d'une vie parfaite, vraie et intégrale, que les penseurs n'avaient jamais cessé de chercher ?
Le partage entre la méditation et l'activité profane n'était
ordinairement valable que pour ceux qui acceptaient le compromis d'une méditation partielle aux effets imparfaits.

Il y avait une exception cependant. Le système jadis en
honneur chez les Bouddhistes zends de l'ancien Japon était
sensé et pratique. Les jeunes gens qui manifestaient du goût et
des dispositions pour la méditation étaient conduits aux monastères zends, où ils accomplissaient un stage d'instruction d'une
durée approximative de trois ans. Aucune distraction ne venait
les divertir, de sorte que la conquête de la maîtrise de soi pouvait se poursuivre sans interruption. Les maîtres japonais,
avec un sens pratique et réaliste que leurs confrères indiens
ne possédaient pas toujours, ne permettaient aucune outrance
dans la méditation ou l'extase, mais insistaient sur une stricte
modération. Contrairement à l'opinion commune, les capacités
des Japonais dépassaient largement l'imitation servile. Ce
peuple n'adhéra jamais aux coutumes originaires de l'Inde et
transmises par la Chine. Il utilisa ce qui s'adaptait à ses propres
besoin et rejeta le reste. L'objectif final du Zend médiéval était
de faire des hommes vifs et résolus, doués d'une mentalité
claire et nerveuse, qui apporteraient l'énergie, le sang-froid et
l'habileté et la concentration dans toutes leurs entreprises, et
feraient spontanément abnégation de leur moi dans le service
de leur pays. La terne léthargie, la mélancolie fantomatique et
la misanthropie de maint moine indien ne convenait pas à cette
race virile, optimiste et pratique. Les étudiants n'étaient pas
autorisés à passer leurs jours dans une existence molle, futile
ou parasite, mais se voyaient confier des fonctions actives pour
se tenir en haleine. L'objectif zend étant une vie équilibrée, ils
devaient travailler dur et méditer bien. Et au terme de ce
noviciat, à l'exception de ceux qui se sentaient une vocation
innée et irrésistible à la retraite monacale, ils étaient renvoyés
dans le siècle pour se marier, exercer une profession et réussir.
Dotés du pouvoir de concentration instantanée et soutenue,
équipés pour affronter les difficultés et les vicissitudes de la
vie active avec une équanimité imperturbable, universellement
respectés pour leur haute valeur, ils devançaient leurs concur-
rents dans la lutte pour la vie et honoraient les carrières qu'ils

avaient choisies. Le Zend a donné au Japon quelques-uns de ses plus célèbres soldats, hommes d'État, artistes, savants. Leur idéal était un équilibre parfait entre le dedans et le dehors, avec l'*efficience* comme critère pour l'un et l'autre. La qualité de leur méditation était telle qu'une demi-heure par jour leur suffisait, après leur sortie du monastère, pour préserver en eux la paix de l'esprit ; ainsi leur vie active n'en souffrait pas, mais en était enrichie.

Il semblait y avoir peu de place dans la vie moderne pour une semblable organisation, de sorte qu'il nous fallait accepter les conditions telles qu'elles se présentaient aujourd'hui.

L'attente de la Sagesse. — Telles furent les conclusions amères que je tirai après mes incursions, tant d'Occident que de l'Inde, dans le yoga *tel que je le connaissais alors*, incursions qui toutes deux me conduisirent jusqu'à une intense absorption intérieure, mais pas plus loin. Je n'ai pas besoin de dire que mes efforts n'avaient pas simplement un but personnel, mais jusqu'à un certain point altruiste. J'avais sincèrement espéré trouver dans le mysticisme un système capable de satisfaire intégralement les plus hautes aspirations de tous ceux qui, comme moi-même, considéraient l'expérience comme la pierre de touche définitive. J'avais même pensé, naguère, que le matérialisme contemporain pourrait trouver dans le mysticisme son propre antidote.

Cette compréhension ne me vint qu'après que j'eus commis l'erreur initiale de croire, et à l'occasion de soutenir, toutes les allégations traditionnelles qui circulaient concernant les exercices du yoga. Ce ne fut que plus tard, et à grand peine, que l'extension de mes recherches me permit de discerner le vrai du superstitieux dans ces allégations.

Que l'on me comprenne bien. La paix de l'esprit a été fortement prônée dans mes livres, et je ne regrette ni ne rétracte un seul instant ce plaidoyer. L'infiltration d'un peu de paix dans une vie affairée a une valeur incontestable, et même le souvenir d'une demi-heure matinale baignée dans cette quiétude bénie adoucit le plus rude labeur et discipline même les plaisirs de bas étage. J'ai déclaré à mainte reprise dans mes livres que je n'avais jamais eu l'intention de persuader les Occidentaux de s'évader dans des ashrams, mais seulement de se retirer un temps en eux-mêmes. Ces textes en montrent la manière ; la pratique des exercices qu'ils préconisent apporte la récompense promise, et cette récompense peut bien être jugée suffisante par la plupart des intéressés. Les autres profits de la méditation — *si elle est pratiquée correctement*, ce qui est rare

— constituent également un acquis de valeur, qui exerce une influence pratique sur la vie et le comportement. Ce sont principalement : la faculté de concentrer la pensée à volonté ; la faculté d'apaiser l'émotion et la passion ; un pouvoir accru de tenir en respect les influences indésirables et fauteurs de troubles et enfin une meilleure compréhension de soi-même. De tels bénéfices ne sont évidemment pas à dédaigner, et sont des plus utiles même au milieu des distractions ordinaires de la vie quotidienne. A ma connaissance, plusieurs hommes d'action bien connus, tels que le maréchal Lord Kitchener et le Gouverneur du Bengale Lord Brabourne, s'intéressaient dans l'intimité à ces pratiques.

Mais pour le petit nombre de ceux qui, comme moi encore, cherchaient à comprendre le sens de la vie et à débrouiller les problèmes impérieux de la vérité, la paix de l'esprit ou l'auto-discipline ne pouvaient à elles seules, et quelle que fût leur valeur propre, apaiser à jamais la soif de l'esprit. En bref, je tendais vers la réalisation de ces promesses d'une connaissance totale et définitive, que les vieux livres sanscrits formulaient comme inséparables des plus hauts mystères du yoga.

Je devrais interrompre mon récit pour éclaircir ce que j'entends par « les plus hauts mystères du yoga ». Ils représentent la différence entre *connaître* et *sentir*. Dans les profondeurs de la méditation, au delà des exaltations émotionnelles fugitives, on sentait le monde semblable à un rêve passager, le corps comme un boulet aux pieds du moi véritable, seule valeur permanente demeurant au fond de l'abîme ineffable du cœur. Par de longs exercices pratiques j'avais sondé les profondeurs du yoga, du moins celui des mystiques et des yogis que je connaissais, et j'avais trouvé les limites de son utilité ; certes le yoga ne renvoyait pas son adepte les mains vides : il donnait le *sentiment* nébuleux d'avoir atteint la vérité, mais il ne conférait pas la *connaissance* irréfutable de la vérité. Ces vagues sentiments qu'il inspirait, il était impuissant à les transformer en formules définies ; en outre il n'était en mesure de convertir ces expériences intermittentes en états permanents que si l'on était disposé à demeurer soi-même, indéfiniment, dans l'attitude méditative. Cela était non seulement impraticable pour la plupart des hommes, mais, je le sais maintenant, impossible pour tous.

Ma déconvenue avait été intense jusqu'à ce que l'idée me vint à l'esprit que cette permanence ne pouvait être que le fruit d'un équilibre entre la connaissance et le sentiment. Lorsque

l'intellect aurait découvert ce que l'émotion avait entrevu,
lorsqu'il aurait fondé cette découverte sur une base irréfutable
de faits définitivement prouvés, et que la raison et le sentiment
se seraient parfaitement fondus dans l'action spontanée, alors
l'être humain serait harmonisé dans son intégrité, sa perspective serait définitivement tracée, et sa paix intérieure, telle un
lingot d'acier, serait coulée en un bloc unique et indestructible.
Il serait indifférent désormais que l'homme fût actif dans le
monde bruyant, ou reclus dans l'extase silencieuse, car sa vie
serait une *unité intégrale*. On trouvait bien, dans les vieux
textes indiens, des passages qui corroboraient ces vues. Si cette
compréhension de la nature intime du monde, cette intuition
des sens les plus subtils de la vie, ne pouvaient quitter le domaine de la théorie pour entrer dans celui de la réalité *que dans
la mesure où chacun les faisait siennes*, il était également vrai
que quelque ancien Sage avait dû émerger de l'obscurité pour
en montrer la voie. Ainsi, de savoir qu'il y avait apparemment
des sommets encore vierges, et qu'aucun chemin y conduisant
n'était aujourd'hui discernable, me remplissait, quand j'y
songeais, d'une insatisfaction aiguë.

Ce besoin de mieux comprendre la nature de l'univers et ses
rapports avec le sens mystique de l'homme — autrement dit
la Vérité dans sa plénitude — me fit chercher alentour et examiner où ce besoin aurait la plus de chances d'être satisfait. Je
connaissais plusieurs des réponses de l'Occident ; je savais aussi
qu'elles étaient souvent excellentes dans les limites de leur
portée, mais que cette portée était un peu courte. La science
confessait franchement sa propre insuffisance, et des savants éminents tels que Jeans, Eddington et Planck avaient commencé,
poussés par une logique inéluctable, à tendre leurs mains de
pionniers vers la philosophie. J'avais quelques clartés des philosophies occidentales, dont j'admirais la rigueur logique et la
sincérité dans l'effort constructif, mais le formidable conflit
d'opinion qui jaillissait de leur diversité faisait peser une lourde
hypothèque sur la valeur de chacune d'elles, et laissait l'étudiant
désemparé. Je savais aussi que les grands penseurs asiatiques
avaient longuement ruminé ce problème bien avant que les
précurseurs de la philosophie grecque en aient soupçonné l'existence. Et enfin il y avait cette différence capitale dans les deux
attitudes : alors que les penseurs occidentaux proclamaient
généralement que nul n'avait découvert la vérité définitive,
et que les limites de l'esprit humain laissaient peu d'espoir
qu'elle fût jamais découverte, les auteurs des vieux livres asia-

tiques proclamaient que l'ultime vérité était certainement
accessible, et qu'un petit nombre de sages y étaient bel et bien
parvenus.

Je me souvenais de l'enthousiasme avec lequel, dans ma jeunesse, je m'étais fait l'avocat de cette thèse auprès d'un artiste
français sceptique, au cours de nos promenades nocturnes au
bord de la Seine. Mais hélas, en ce temps-là, j'employais indifféremment les termes « sage » et « mystique » ! Depuis, j'ai reconnu
mon erreur. Je sentais donc que s'il demeurait quelque part un
espoir, ce devait être en Asie, ce continent où étaient nés les
plus célèbres prophètes de religion, mystique ou philosophie,
depuis Jésus-Christ jusqu'à Confucius. Un examen un peu plus
approfondi me permit de circonscrire la zone à prospecter à
l'Inde, car mes études extensives et mes voyages antérieurs
m'avaient montré que toutes les terres d'Asie, telles que le Thibet, la Chine et le Japon, avaient directement ou indirectement
emprunté leurs connaissances philosophiques, leurs systèmes de
yoga et leurs spéculations scientifiques à cette unique source.
Le courant de la pensée philosophique avait des chances d'être
plus pur s'il était capté à la source même ; il ne s'agissait donc
plus que d'en déterminer l'emplacement dans l'Inde d'aujour-
d'hui.

A première vue, il apparaissait évident à quiconque n'avait
pas l'esprit enseveli sous la poussière et les toiles d'araignées que
le pêle-mêle d'opinions contradictoires et la stérilité en résultats
utilisables qui affligeaient la philosophie occidentale régnaient
également dans l'Inde. Il y avait six systèmes classiques prétendant expliquer rationnellement l'univers, tous partant de
postulats totalement différents, et s'appuyant sur des faits
totalement différents. En conséquence ils aboutissaient à des
conclusions inconciliables quant à l'essence de la Vérité. Il y
avait aussi d'innombrales systèmes théologiques et scolastiques
qui se travestissaient en philosophies, masquant leur appel en
dernier ressort à la foi sous un appel immédiat à la raison, ou
se glorifiant de la splendeur rationnelle de leur structure, alors
qu'ils se fondaient sur le plus pur de tous les dogmes, celui
de l'existence d'un Dieu personnel. Il y avait une kyrielle de
voyants et de prophètes, que la populace avait coiffés du nimbe
de la sainteté, qui prétendaient chacun être à tu et à toi avec
le Créateur suprême, et qui répétaient à qui voulait entendre
que la signification de l'univers était conforme aux explications que ledit Créateur leur avait personnellement confiées. Ici
encore il y avait tant de doctrines contradictoires qu'on en

était réduit à conclure que le plan divin changeait tous les mois, selon l'humeur de son auteur ! Il y avait également une foule de soi-disant professeurs qui offraient le maximum de verbiage pour le minimum de sens. Partout où l'on portait ses pas dans ce pays bavard, on trouvait des orateurs à l'esprit délié qui exécutaient des tours suffocants de prestidigitation logique, et qui à la moindre provocation étaient disposés à dégoiser un flot de grands mots, souvent dénués de sens, parfois cryptiques, et généralement associés de manière à composer des affirmations sans preuves ou indémontrables. Mais ce que signifiait l'expérience en ce monde demeurait aussi insaisissable que jamais. Je voulais une philosophie affranchie de dogme, dont la vérité pût être démontrée aussi irréfutablement qu'un théorème scientifique. Bref je voulais fouler un sol ferme.

La plupart des hommes, à ma place, se seraient sans doute déclarés stisfaits de leurs acquisitions yogiques et se seraient contentés de jouir de la paix quotidienne de la méditation, se retirant en leur for intérieur et laissant aux touche-à-tout intellectuels le soin de se tracasser sur la signification de l'univers. Malheureusement mon tempérament était d'un autre métal. Les astres du froid rationalisme et de l'étrangeté romanesque étaient en conjonction à ma naissance. J'avais eu assez d'expérience de la société et de son effroyable aridité pour savoir combien transitoires et médiocres étaient les satisfactions extérieures qu'elle offrait, en comparaison des accomplissements intérieurs. La misère s'était traînée vers moi sur ses minables béquilles, alors que je visais la plénitude d'une existence aisée, et je l'avais prise en horreur. La fortune était venue me lécher les pieds à une époque où mon idéal était la vie la plus simple, et je l'avais chassée. A présent je me souciais aussi peu de l'une que de l'autre, parce que ma vie personnelle avait été engagée dans une destinée plus haute, et que je pouvais accepter indifféremment tout ce qui me viendrait. J'étais parvenu à l'âge mûr où prolifèrent les cheveux gris, et mon esprit s'était suffisamment développé pour me faire sentir que toute tentative d'esquiver ses insistantes interrogations ferait violence à l'intégrité de la conscience. Le sort m'avait jeté au milieu d'une époque frémissante dans l'attente de conséquences fatales, où le monde entier était ébloui et frappé de stupeur par une série invraisemblable d'expériences fantastiques, et emprisonné dans un réseau inextricable d'événements d'où il n'émergerait que détruit ou renié. C'était une époque qui avait tout fait pour s'équiper en vue du suicide. Appartenant à la confrérie de la plume, je m'inquiétais naturellement du sort de mes compagnons de voyage sur cette infortunée planète. Le désir de servir la minorité des chercheurs sincères parmi l'humanité ignorante et souffrante par l'offrande charitable, si humble et si imparfaite fût-elle, de la Vérité, comme j'avais jadis essayé de la servir par l'offrande de la Paix, me consumait d'un feu intérieur. Il ne restait plus beaucoup d'années à mon corps surmené, et je ne pouvais m'offrir le luxe d'attendre placidement la tombe alors que toutes ces questions demeuraient sans réponse.

Mais j'étais engagé dans un cul-de-sac mental, d'où il semblait n'y avoir nulle issue, lorsque je me rappelai que s'il n'y avait personne pour m'aider dans l'Inde vivante d'aujourd'hui, il y avait peut-être eu quelqu'un dans son passé mort. Ses réflexions les plus sérieuses sur le sens de l'existence demeuraient ensevelies dans une multitude de manuscrits jaunissants. Peut-être parmi toutes ces voix réduites au silence serait-il possible d'en trouver une ou deux qui pourraient me parler avec sympathie et compréhension par dessus les siècles. C'est ainsi que je résolus de chercher dans les livres.

CHAPITRE II

LA VOIE DÉFINITIVE

« Avons confiance que vous proposerez comme objectif au Congrès la vérité de la philosophie indienne, l'accès de tous les êtres au bonheur, tel qu'il est enchâssé dans les grands adages sanscrits : « Sarve Janah Sukhino Bhavantu » (Que toute l'huma nité soit heureuse) et « Sarve Salwa Sukho Hitah » (Ce qui accomplit le bien-être de tout ce qui existe). » Message télégra-phique de feu Son Altesse le Maharajah de Mysore au Délégué de l'Inde au Congrès international de Philosophie, Paris, 1937.

« Ne t'assieds pas avec quelqu'un qui discute du destin, et n'engage pas la conversation avec lui », tel était le sage avertis-sement du Prophète Mahomet, qui grâce à son sens pratique écarta ainsi la question d'un seul coup, et épargna certainement à ses fidèles disciples beaucoup de temps perdu et d'intermi-nables discours. Si ce n'est le Destin lui-même, ce fut sans doute son frère, qui ne m'avait pas ménagé les signes d'amitié dans le passé lorsque j'appelais son attention par un effort résolu, qui apparut maintenant, et entra dans le jeu céleste.

Je fouille dans l'obscurité croissante de ma mémoire pour retrouver l'historique de cet incident. Je m'étais réfugié dans les collines couvertes de jungle pour échapper momentanément à la société de mes semblables et pour mettre en forme un amas confus de notes de recherche qui s'était accumulé autour de moi. Les servitudes d'un tempérament hyper-sensible rendaient impérative cette retraite de la société à intervalles réguliers. Na-guère j'avais caressé l'espoir que dans la société prétendûment spirituelle d'un certain ashram, équivalent indien d'un ermi-tage fraternel ou d'une institution monastique, je pourrais trouver l'harmonie d'une pensée élevée et de mœurs paisibles, qui conviendraient à ces périodes d'évasion hors de l'activité profane. Cet espoir se réduisit finalement à une illusion risible, tandis que l'ashram en question se révélait être une miniature du monde imparfait que je désertais. A ceux qui ressentent le même besoin intérieur, je recommanderais donc vivement, d'après mon expérience personnelle, la seule ambiance parfaite-ment adaptée à leur cas : retourner aux solitudes pittoresques de la nature, et devenir les soupirants de sa beauté enchanteresse. Dans l'ombre silencieuse des forêts ou sur les cimes tourmentées, au bord des paisibles rivières ou sur les rivages déserts et battus des flots, dans le calme de la campagne, la couleur du ciel et la pureté des montagnes, ils trouveront toujours le baume qui panse les blessures causées par le rude contact de la laideur du monde.

Le nouveau gîte que je m'étais arrangé grâce à la généreuse hospitalité de Son Altesse le Maharaja de Mysore était l'un de ces coins bénis. Tandis que le regard parcourait le cercle entier de cet horizon enchanteur et inspirant du sud-ouest de l'Inde, pas le moindre village ne se laissait deviner, aucune ville n'étendait ses cruelles tentacules comme une pieuvre géante pour s'emparer du paysage verdoyant. La nature était une compagne, sa grandeur sauvage et solitaire était une joie. En sa présence pleine de charme, dans ses aurores couleur de promesse et de fleur de pêcher, et ses couchers de soleil d'un vermeil de pastel, je savais que je ne tarderais pas à recouvrer ce que j'avais perdu parmi les hommes à l'esprit étriqué, tout en me livrant, l'esprit clair et dispos, à la tâche pressante.

Trois semaines inspirées s'étaient écoulées, lorsque survint un événement inattendu. Mon serviteur apparut un après-midi, porteur d'une lettre qui lui avait été remise par un étranger. Ce n'était que la requête d'un gentleman indien, me demandant quelques instants d'entretien ; il était familiarisé avec mes livres et étant venu en congé dans les environs, il avait découvert que je m'y trouvais. Si j'avais su, la phase suivante de mon tortueux destin était inscrite sur ce bout de papier. Je ne pus m'empêcher d'être intrigué par cette visite inattendue, car je croyais avoir bel et bien trouvé la solitude dans ce coin retiré. J'éprouvai, toutes proportions gardées, une surprise semblable à celle que dut ressentir le célèbre missionnaire-explorateur perdu depuis des années dans les jungles de l'Afrique centrale, lorsqu'il s'entendit soudain interpellé par un Blanc apparemment tombé du ciel, qui le salua civilement chapeau bas en disant : « Monsieur Livingstone, je présume ? »

Bientôt le signataire lui-même apparut, un vieux Brahmane à turban blanc et à lunettes, à la mine paisible et à la courte stature, portant trois livres sous le bras. Dix minutes plus tard je l'écoutais avidement, tandis qu'il parlait avec flamme de ce même problème qui m'avait tant troublé l'esprit ! Ainsi les circonvolutions du destin commençaient à se dérouler une fois de plus d'une manière pleine d'imprévu et de promesse.

Puis il se mit à feuilleter l'un de ses livres, le fameux classique *Bhagavad Gita*, expliquant avec enthousiasme passage après passage, à l'appui de ses propres thèses peu conventionnelles, à savoir que la position orthodoxe du yoga était généralement inexacte et certainement insuffisante, que la pratique de la méditation constituait une excellente préparation mentale pour la quête de la vérité, mais qu'à elle seule elle ne pourrait jamais procurer la vérité ; que 99 % des yogis indiens pratiquaient des disciplines préparatoires avec la conviction, très répandue mais erronée, qu'elles conduisaient toutes directement au même but suprême ; enfin que pour ainsi dire aucun yogi contemporain ne connaissait ni ne suivait l'unique voie capable de conduire l'homme à la vision de l'ultime vérité, voie qui se nommait *grana yoga* (« le yoga du discernement philosophique »), et dont l'étape culminante était *asparsa yoga* (« le yoga de l'irréfutable »).

Prenant sur la table le deuxième volume qu'il avait apporté, il dit : « Permettez-moi de vous présenter un ouvrage qui est à peine connu, très négligé et rarement lu, soit que son contenu passe l'entendement des étudiants ordinaires, soit qu'il dérange les notions préconçues des pandits ordinaires. Il s'appelle *Asthavakra Samhita* (« le chant du Sage Ashtavakra »). Il n'a certainement pas moins de trois mille ans d'âge et en a peut-être quelques milliers de plus, car nos lointains aïeux ne s'encombraient pas de dates. Voilà le livre mystérieux que Sri Ramakrishna, l'illustre sage et yogi vénéré du Bengale qui vivait il y a plus d'un demi-siècle, cachait sous son oreiller et n'exhibait que lorsqu'il était seul avec son disciple favori, le célèbre Swami Vivekananda. Aucun autre de ses fièles n'a jamais été instruit de ces sublimes doctrines, car elles auraient bouleversé leurs croyances les plus chères. Par là vous comprendrez que ce n'est pas un ouvrage pour débutants. Il contient l'enseignement d'avant-garde donné par le sage Ashtavakra, lequel avait lui-même atteint le dernier terme de la sagesse indienne, au roi Janaka, qui était un ardent chercheur de la vérité, mais qui n'en demeura pas moins fidèle à ses obligations concrètes de conducteur d'une nation. Les derniers chapitres insistent sur le fait que le vrai sage ne se réfugie pas dans des cavernes, ni ne demeure assis à ne rien faire dans un ashram, mais travaille sans cesse au bien-être d'autrui. Ils ajoutent même que le vrai sage ne fera rien pour se distinguer extérieurement des autres hommes, de peur d'être placé par eux sur un piédestal. Mais l'article sur lequel je désire particulièrement attirer votre attention est condensé dans le verset quinzième du chapitre premier : « Ceci est ta loi, que tu pratiques la méditation ! » Le sens de ce passage est que la méditation constitue une pratique destinée à développer la quiétude de l'esprit, la subtilité dans l'abstraction, l'acuité dans la concentration de l'attention, et que le chercheur sincère ne doit pas se laisser captiver par la paix mentale qui en résulte pour s'attarder à cette phase purement disciplinaire, mais doit s'en faire un tremplin pour chercher une vérité plus haute. Ashtavakra avertit son royal disciple de ne pas se contenter du mysticisme, du yoga ordinaire ou de la religion ordinaire seuls, mais d'entreprendre la démarche nécessaire pour acquérir la connaissance de la philosophie de la religion. Cette démarche est contenue dans un système plus avancé appelé « discernement philosophique », pour lequel ce pouvoir d'apaiser et de libérer la pensée, qui est conféré par le yoga ordinaire, constitue un préliminaire indispensable certes, mais néanmoins accessoire. Vous comprendrez maintenant pourquoi des doctrines aussi révolutionnaires sont indigestes pour les estomacs ordinaires. »

Le visiteur reposa le livre, s'interrompit dans son discours et me regarda à travers ses grosses lunettes rondes. J'étais de plus en plus intéressé. L'assurant de ma vive attention, je le priai de poursuivre.

Il produisit alors le troisième livre de sa petite collection, le manipulant avec tendresse et en vantant les mérites avec enthousiasme. Ce volume consistait en un texte très court intitulé *Mandukya Upanishad* (« La doctrine secrète du Sage Mandukya »), contenant seulement douze paragraphes laconiques, suivi d'un traité intitulé *Gaudapada's Karika* (« Les stances concises de Gaudapada ») composé de 215 courts paragraphes, et enfin d'un commentaire plus long du célèbre Shankara sur le texte et le traité. « Quiconque, me dit mon hôte, possède complètement ces deux textes et le commentaire s'est rendu maître du plus sublime exposé de la vérité dont l'Inde est demeurée l'unique gardienne depuis des millénaires, et dont des fragments ont été empruntés par le reste de l'Asie. Cet ouvrage contient la maîtresse-clef de ces mystères plus élevés situés au-delà du yoga, dont vous avez entendu parler et que vous avez cherchés, mystères qui portent le nom de « yoga du discernement philosophique », lequel à son tour culmine dans l'ultime démarche appelée « yoga de l'irréfutable ». Ces méthodes commencent où finit la méditation, car elles constituent en réalité des disciplines philosophiques qui mettent en œuvre l'intense concentration mentale engendrée par la pratique du yoga ordinaire, afin de libérer l'esprit de son ignorance congénitale et de son erreur habituelle. Si elles sont dures à comprendre pour nous, les Orientaux, que dire de vous autres Occidentaux ? Ces yogas supérieurs sont ignorés de la plupart de nos yogis indiens, et habituellement mal compris de la plupart de nos pandits. Mais lorsque vous connaîtrez ces systèmes tombés dans l'oubli, vous n'aurez pas besoin d'en connaître d'autres. Si dans l'Inde même, son pays natal, ce texte est si peu estimé et connu moins encore, ce serait vraiment une gageure que d'en espérer une interprétation correcte de la part de vous autres orientalistes de l'Ouest !

Or, parmi tous les mobiles de mes voyages en tous sens à travers l'Inde, celui qui m'avait principalement conduit à me rendre à Mysore en réponse à la généreuse invitation de son souverain, était la renommée unique dont jouissait dans l'Inde entière feu Son Altesse le Maharajah. Sa réputation irréprochable, sa sincère dévotion à la culture et son effort infatigable pour améliorer le bien-être de son peuple pendant son long règne de plus de quarante ans avaient fait de lui le plus universellement respecté et aimé de tous les souverains autochtones. Gandhi, qui l'admirait, l'avait acclamé du titre unique de *Rajarichi*, c'est-à-dire roi-sage. Lorsqu'il me fut donné de connaître Son Altesse plus intimement, je découvris que le secret de sa grandeur résidait dans la philosophie avec laquelle il s'était identifié, et que je vais m'efforcer d'expliquer dans cet ouvrage.

Du rivage battu des flots du Cap Comorin aux cîmes altières de l'Himalaya, il avait voyagé pour rencontrer les savants et les saints hommes les plus renommés de l'Inde ; du Cachemire à Bénarès il avait conversé avec les premiers parmi les pandits et les yogis ; il avait même franchi les chaînes neigeuses jusque dans le mystérieux Thibet en quête de mystique. Il avait sondé l'âme de tous ces hommes. Il était donc plus qualifié que la plupart des Indiens pour juger de ce qui avait le plus de valeur dans la culture de son pays. Et cela, il le trouva finalement dans la philosophie cachée, dont il incarna la vraie interprétation tant dans sa vie privée que dans sa vie publique.

Le regretté Maharajah résuma la valeur pratique de ce qu'il avait appris dans le Message au Congrès philosophique international cité en tête de ce chapitre, message recommandant que l'humanité entière soit traitée comme une seule famille. Aucun message plus élevé ni plus valable n'aurait pu être adressé au monde à une époque aussi affolante. Aucune religion organisée, ni aucune philosophie exotérique n'a encore professé l'équivalent exacte de ce message, car toute religion, et toute philosophie, par le seul acte de se définir elles-mêmes, ont jusqu'à présent exclu de leurs bercails les adeptes d'autres fois et d'autres enseignements. L'Europe, ignorant sans doute que les concepts de la philosophie authentique, loin d'être purement spéculatifs, entraînaient des corollaires qui constituaient eux-même des principes de direction morale, n'écouta pas cet appel, et moins de deux ans plus tard éclatait la plus terrible guerre de l'histoire.

Les deux versets sanscrits cités dans ce message étaient psalmodiés quotidiennement dans le palais de Mysore. Son Altesse prouva dans son propre État que la philosophie pouvait trouver une application pratique, pour le plus grand profit du peuple. Mysore a bien mérité son épithète d' « État modèle », et sa réputation d'État le plus progressif de toute l'Inde. La renommée de son Maharajah s'était répandue au loin, et à sa mort, le *Times*, le plus grand journal de Londres, fit son panégyrique en déclarant qu'il avait « érigé un modèle » pour le reste de l'Inde. Tel était le fruit tangible de la vraie philosophie.

Qu'il me soit encore permis de mentionner ici que le regretté Maharajah s'était personnellement intéressé de très près à mes progrès philosophiques et littéraires, et que, quelques années avant sa mort, il m'avait dit ceci : « Vous avez étudié le yoga et l'avez apporté aux peuples occidentaux ; étudiez maintenant, et emportez ce que l'Inde a de *meilleur* à donner, notre plus haute philosophie ! » L'heure est enfin venue de m'acquitter de la seconde partie de la mission qui me fut alors confiée. Son Altesse était tellement préoccupée de la réhabilitation de la vérité qu'elle encouragea chaleureusement l'élaboration du présent ouvrage, et je suis navré qu'elle n'ait pas vécu pour en voir la publication.

Les sages disparus proclamaient du haut de leur tour de sapience l'existence d'une *ultima via* qui seule conduisait l'esprit chercheur de l'homme jusqu'au repos final dans la sagesse parfaite et la puissance cachée, le beauté éthique et la bienfaisance universelle de l'ultime vision face à face. Dans cette sublime conscience, même au milieu du rythme trépidant de la vie moderne, toute chose et toute personne était connue pour être non-différente *en essence* du moi. Voilà quel était en vérité l'objectif de la recherche.

Après une si longue période de recherche, j'étais parvenu à mieux connaître le yoga ; à distinguer ce qui était préliminaire et liminaire des phases plus avancées et moins connues, en vue desquelles cette recherche avait été en réalité une préparation.

Les trois degrés du Yoga. — Nous pouvons désormais prendre une vue cavalière des relations qui existent entre cette doctrine ésotérique, qui prétend être l'accomplissement et le couronnement du yoga, et les yogas inférieurs, plus populaires. Cela nécessitera de notre part un examen sommaire préalable de quelques matériaux qui appartiennent en propre à des études plus avancées.

Ces relations apparaîtront plus clairement si nous divisons la pratique du yoga en trois degrés successifs, par lesquels on s'élève à une conscience plus vaste et plus éclairée. Le degré élémentaire est consacré exclusivement à des exercices *physiques* de concentration de l'attention, parce qu'ils sont les plus accessibles aux sujets — toujours les plus nombreux — dont l'intellect est inculte. De même que le débutant en mathématiques serait quelque peu ahuri si on lui présentait, pour commencer, la formule du binôme — que l'on réservera donc de préférence pour plus tard —, de même le novice en yoga, que son tempérament et son éducation n'ont encore préparé à rien de plus subtil, est astreint pour commencer à l'un ou à l'autre de ces exercices physiques. Mais quelques-uns de ces exercices visent plus loin que la simple éducation de la concentration, et sont destinés à améliorer la santé, à accroître les forces de l'aspirant, et à coopérer à la guérison de ses déficiences corporelles. Il est reconnu qu'un corps maladif handicape l'esprit et enchaîne la pensée à la souffrance elle-même. C'est pourquoi ces exercices élémentaires sont fréquemment prescrits comme traitement préliminaire même à ceux qui sont assez cultivés pour aborder immédiatement un degré supérieur. Les méthodes employées paraissent bizarres à des esprits occidentaux, mais il faut bien reconnaître qu'elles sont remarquablement efficaces pour les buts qu'elles poursuivent. La première consiste à placer le corps dans une posture inhabituelle, spécifique, et à l'y maintenir immobile pendant un certain temps. La deuxième comporte divers exercices spéciaux, d'une durée définie, de discipline de la respiration — inhalation, rétention, expiration. La troisième consiste à fixer du regard, sans cligner des yeux, un point déterminé, pendant un temps déterminé, chaque jour. La quatrième consiste à murmurer mille et une fois chaque jour l'un des noms rituels de Dieu. La cinquième enfin consiste à psalmodier certaines syllabes spécifiques, au rythme de la respiration.

Le deuxième degré, ou degré intermédiaire, des pratiques du yoga s'élève, au-dessus du grossier dressage du corps, au niveau supérieur de l'éducation des *sentiments* à la dévotion, et de la discipline de la concentration de la *pensée*. Il comprend divers exercices mystiques de méditation, dont l'objectif final est la conquête de la paix émotionnelle et mentale ; il peut également faire place à l'inculcation du désir constant de la présence de Dieu. Le caractère générique de cette série d'exercices sera indiqué au chapitre suivant. Ses rêveries méditatives et ses transes extatiques ouvrent à l'aspirant un aperçu fugitif de l'immatérialité du fondement de l'univers, et de son unité harmonieuse sous-jacente, mais ces intuitions ne sont rien de plus, en fin de compte, que des *sentiments*, exaltés certes, mais passagers. Il lui reste à apprendre à les convertir en compréhension permanente, ce qu'il ne pourra faire qu'en les interprétant à la lumière plus haute de la raison, opération qui relève d'un degré supérieur. Le succès dans ce deuxième degré se solde par la faculté de parvenir à la rêverie prolongée et de s'y maintenir avec une concentration parfaite, l'attention étant complètement détachée des contingences extérieures. Devenu, par l'exercice assidu de ces deux premières séries de méthodes, expert en auto-discipline, le yogi s'élève au troisième degré, le yoga du discernement philosophique.

C'est le groupe le plus élevé de la famille du yoga ; purement intellectuel et rationnel au début, il vire à l'ultra-mysticisme. C'est la doctrine cachée. Une partie de cette doctrine est exposée dans le présent ouvrage, mais *avant* de franchir le seuil de ce degré supérieur, qui nous conduira finalement à des révélations étonnantes — le yoga de l'irréfutable — il nous faut de toute nécessité marquer un temps d'arrêt. Au cours de ce troisième degré l'étudiant s'efforce, avec ses sentiments et ses pensées disciplinés et concentrés, d'aiguiser son intelligence et sa raison, et d'appliquer ces outils ainsi améliorés à une étude philosophique dirigée de la signification et de la nature de l'univers et de l'être. Jusqu'à présent il s'était préoccupé exclusivement de *lui-même*, de son propre moi ; maintenant il élargit d'un coup l'horizon de sa perspective, et son problème devient le problème de l'univers. Il doit se discipliner rigoureusement, et imprimer ces idées nouvelles sur chaque atome de son être. Il doit penser profondément et réfléchir intensément aux vérités subtiles qu'il apprend jusqu'à ce que la pensée s'incarne, si l'on peut dire, en une *vue intérieure* ou connaissance intuitive. Lorsqu'enfin ses efforts mûrissent et portent le fruit du succès, il pratique les exercices de contemplation ultra-mystiques et s'efforce, par la seule puissance de son intelligence désormais illuminée, de sonder le mystère final de toutes choses, la relation qui existe entre la suprême réalité de l'univers et lui-même. Il a atteint le point culminant d'une aventure où son esprit tout entier et son corps doivent désormais chercher, et lutter, et peiner à l'unisson. Cet itinéraire de crête est le yoga de l'irréfutable. Celui-ci commence par prouver sa propre doctrine ultime de l'identité *secrète* de l'homme et de la réalité universelle, puis enseigne à l'homme à réaliser cette unité dans la vie pratique.

Plus haut que cela son esprit ne saurait aller ; les années qui lui restent à vivre seront consacrées à instaurer sans relâche la vérité dans sa propre conscience, à vivre en contact avec elle à chaque instant et chaque jour, à l'exprimer d'une manière pratique, avec intégrité et sans compromissions, à habiter continuellement dans son esprit et son climat, jusqu'à ce qu'elle perde jusqu'au dernier vestige d'étrangeté et devienne une connaissance de première main, constatée, éprouvée. La connaissance doit devenir dynamique par la pratique, jusqu'à ce que la pratique elle-même se perde dans l'accomplissement intégral. Le yogi en a alors terminé avec les formalités de la religion, avec les visions de la méditation, avec les raisonnements de la philosophie. De même que l'échafaudage n'est soigneusement dressé et ne demeure en place pendant toute la durée de la construction que pour être impitoyablement démoli pour finir, ainsi la religion d'abord, puis le yoga, et enfin la philosophie n'apparaissent ici que comme des échafaudages pour lui permettre de bâtir la structure de la vérité. A la fin, lorsqu'ils ont servi leur objectif, ils sont rejetés à leur tour. Mais ce rejet ne s'applique qu'à leur prétention de conférer la possession de la vérité par leurs propres moyens isolés, et non pas à leurs usages secondaires. Une fois établi dans la permanence, le maître peut, s'il le désire, demeurer simultanément dans tous ces domaines différents, et être également à l'aise dans chacun. Il peut encore poursuivre l'étude de la philosophie aux fins de guider les courants spirituels de son temps ; il peut se conformer aux rites et aux prescriptions de la religion orthodoxe aux fins d'encourager ceux qui ne pourront s'élever plus haut ; il pourra même se livrer à la méditation et entrer en transe pour se détendre lui-même ; mais il ne se laissera plus jamais leurrer à considérer mysticisme, religion ou philosophie comme la voie unique et définitive de la vérité. Au mieux, ils peuvent faire apparaître son reflet dans la *pensée* ; c'est à lui seul qu'il appartient de prendre conscience de sa *substance*, et nulle sorcellerie ne se substituera à lui dans cet office. Le lecteur se méprendra sur ces explications s'il n'a pas saisi ce point important que ceux qui né se sont pas rendus maîtres du yoga du deuxième degré ne seront jamais capables de pénétrer dans le yoga du degré supérieur. Car la pratique de la méditation est indispensable pour assurer le succès de l'étude de la philosophie. La quête de la vérité est le contenu qui doit remplir l'extase méditative. Les disciplines ascétiques de la volonté, du corps et du moi doivent avancer pas à pas avec l'étude, et mettre en œuvre dans le concret les trouvailles théoriques de la philosophie. En conséquence, le yoga, tel qu'il est ordinairement compris, ne doit pas être rejeté, à condition qu'il soit bien entendu qu'il n'est pas une fin en soi, mais seulement un moyen d'atteindre une fin. L'aptitude à la pratique du yoga est essentielle non seulement à l'entrée dans l'ultime voie, mais aussi à son terminus. C'est la parfaite combinaison de l'enquête froidement rationnelle intimement mêlée à la profonde rêverie méditative, et révélant ses conséquences logiques dans la vie quotidienne pratique, qui donne en fin de compte le fruit de l'ultime vision face à face. La compréhension purement intellectuelle de l'enseignement caché, sans l'aptitude yogique parallèle à maintenir inflexiblement cette compréhension, est aussi partielle, aussi incomplète et aussi peu satisfaisante que la simple faculté yogique de détacher l'attention des contingences et de la maintenir dans des modes abstraits, vides d'effort philosophique. Ni le sec intellectualisme académique, ni la pratique non éclairée du yoga ne sauraient conduire à la vérité, ni même la combinaison de l'un et de l'autre si elle n'est pas vivifiée par l'action.

Ainsi le novice est promu de degré en degré, de la discipline corporelle à la discipline émotionnelle, et de là à la discipline intellectuelle. Les trois systèmes se conjuguent pour assurer un développement progressif de ses capacités. Il est important d'observer que ce sont des degrés, des marches, non des stations. La vérité qui est inculquée à l'étudiant est toujours adaptée à son niveau de compréhension.

La confusion entre les deuxième et troisième yogas est à peu près générale dans tous les milieux religieux et cultivés de l'Inde d'aujourd'hui. On cite souvent Patanjali, mais ce demi-sage ne mentionne que le but intermédiaire — maîtrise de l'esprit et des sens — et non l'union de l'âme avec l'ultime Réalité. Il fait bien une allusion à Ishwara (Dieu), mais seulement pour indiquer une méthode d'exercices. Ceux qui verraient dans le yoga de la concentration mentale l'ultime voie font absolument fausse route. Le *Bhagavad Gita* déclare nettement, au chapitre xv, qu'il n'y a rien d'égal au yoga de la connaissance, et au

chapitre XIII que ce yoga est le moyen suprême de parvenir à
la pleine possession de la vérité. A nous donc de ne pas faire de
confusions, de maintenir dans notre esprit une distinction nette
entre religion et mysticisme, et entre mysticisme et philosophie. Si par sentiment, par habitude ou par erreur, nous prenons
l'un pour l'autre, nous perdrons la voie et nous nous égarerons
dans la confusion. On voit que les diverses méthodes yogiques
sont articulées en série et non en parallèle : elles conduisent l'une
à l'autre et doivent être toutes parcourues dans un ordre déterminé ; ce ne sont absolument *pas* des voies convergentes vers
un pôle commun, et que l'on puisse emprunter indifféremment,
comme on l'enseigne communément et à tort dans l'Inde d'aujourd'hui. Atmarama Swami lui-même, l'auteur du manuel
normal classique sur le yoga de la discipline corporelle intitulé
Hatha Yoga Pradipika, n'a-t-il pas avoué avoir composé cet
ouvrage pour aider ceux qui éprouvaient des difficultés insur-
montables à pratiquer le yoga de la concentration mentale ?
« Ce n'est que comme introduction au yoga de la concentration,
que le yoga de la discipline corporelle a été institué », écrivait-
il. Les yogas inférieurs sont absolument inadéquats à la vision
suprême ; au mieux, ils procurent une connaissance médiate
ou indirecte de la vérité, jamais la vérité elle-même. Ce ne sont
que des termes d'une progression, les marches successives d'un
escalier, et nous devons les gravir une à une afin de nous élever ; une seule nous conduit au sommet, et elle est elle-même
au-dessus de toutes les autres, et accessible seulement par elles.
De même, aucun yoga isolé ne se suffit à lui-même, et aucun
ne conférera la possession définitive de la vérité, si ce n'est le
yoga culminant, celui de l'irréfutable. Le terme yoga est un
vaste parasol qui abrite une foule d'idées et de pratiques diverses. Il couvre de la même ombre l'ascète assis à la turque
sur une natte hérissée de pointes, et le philosophe qui applique
sa sagesse à la vie pratique. C'est pourquoi ceux qui voudraient
borner le yoga à la pratique de la méditation et en exclure la
recherche philosophique adoptent une attitude injustifiée.

Néanmoins la valeur *pratique* de chaque série d'exercices
prise en soi demeure entière, en valeur absolue. Mais pour le
petit nombre de ceux qui abordent initialement le yoga dans
l'espoir qu'il les conduira à la vérité par dessus toute chose,
qui pratiquent les degrés inférieur et moyen avec une certaine
moisson de résultats satisfaisants, il reste toujours l'invitation
muette à explorer le degré supérieur. S'ils répondent à cette
invitation à compléter le yoga de l'expérience par celui de la

connaissance, ils ne s'écartent pas du système yogique, mais plutôt l'accomplissent dans son intégralité. Car l'œuvre du yoga complet n'est pas achevée par la méditation, pas plus que la dévotion n'en épuise les possibilités. Le passage d'un degré à l'autre peut être effectué par le sage sans aucun dommage pour son intégrité intellectuelle, tandis que l'imbécile ne verra que danger et incohérence dans le degré supérieur. Le danger est illusoire, car il consiste simplement à reléguer désormais au second plan l'expérience béatifique de la méditation, que l'habitude avait jusqu'à présent mise au premier rang. Quant à la rupture qu'il craint, elle réside dans la soumission du sentiment intuitif au contrôle supérieur de la certitude rationnelle. Il peut conserver ses méditations et ses intuitions ; on n'exige pas de lui qu'il perde ou abandonne quoi que ce soit ; si ce n'est que les prétentions excessives de la méditation à la suprématie, et l'extravagante obstination de l'intuition à demeurer au premier rang, doivent être rejetées lorsqu'elles entrent en conflit avec la raison disciplinée par la philosophie. En fait, l'inaptitude à se livrer à la méditation avec succès, et l'incapacité de se perdre à volonté dans la rêverie prolongée rendraient tout à fait impossible la vision suprême de la vérité. Il faut donc choisir entre la conquête d'une paix momentanée, et celle d'une paix durable. L'œuvre du yoga ne s'achève pas avec la méditation, ni avec la dévotion, ni avec des postures extravagantes ou des exercices respiratoires compliqués ; elle ne s'achève que dans la possession définitive de la vérité, qui seule assure, même dans l'intervalle des transes, la permanence de la paix mentale.

Ainsi la réalité peut être perçue de quatre observatoires différents, échelonnés le long d'une voie qui doit être parcourue par étapes. Elle peut d'abord être adorée religieusement, comme entité indépendante de nous-mêmes. Elle peut ensuite faire l'objet d'une méditation mystique, dans laquelle elle est conçue comme étant en nous-mêmes. Troisièmement elle peut être étudiée philosophiquement, en rejetant toutes conceptions fausses à son sujet. Enfin elle peut être connue face à face, consciemment et par des processus ultra-mystiques, pour ce qu'elle est *en elle-même.*

Quelle est ma propre position? Sans la faculté d'entrer en transe mystique, et sans la ré-orientation émotionnelle que cette faculté détermine, la philosophie ne saurait aboutir qu'à un intellectualisme stérile et décevant. La vie est un produit de l'homme intégral, et lorsque la pensée philosophique a parcouru toute sa carrière et a procuré la vérité théorique qui est le fruit à terme de la pensée parvenue au bout de son rouleau, le yoga doit intervenir à nouveau pour mettre en œuvre les conclusions philosophiques par son pouvoir propre et unique d'absorber le concept de l'univers dans le moi. Ce n'est nullement par suite d'une estimation outrecuidante de ma propre perspicacité que j'offre ce livre à d'autres ; mais plutôt avec le désir de leur communiquer une attitude mentale qui m'a précieusement aidé à résoudre des énigmes criantes. C'est le meilleur service que je puisse leur rendre.

Qu'il n'y ait aucun malentendu au sujet de ma position actuelle relativement à ces questions. Je marche seul, sur un chemin désert. Il est parfaitement exact que j'ai cessé de rechercher des yogis et des instructeurs au sens conventionnel, et de m'intégrer à leurs ashrams. La cause en est d'abord que j'ai épuisé, en ce qui me concerne, les profits possibles de telles recherches, ensuite qu'une longue expérience de certains ashrams et de certains ascètes m'a fatalement désenchanté. Naguère je confondais sages avec yogis et compagnie — comme nous le faisons couramment — mais maintenant je ne commets plus pareille erreur. Je considère encore mes expériences mystiques passées comme ayant été irremplaçables à la place qu'elles ont occupée, et des expériences similaires ne cesseront jamais d'être également indispensables à d'autres que moi. Le changement survenu en moi consiste non pas dans le reniement de ces expériences, mais dans leur interprétation. Une recherche plus approfondie et une meilleure gouverne m'ont aidé à estimer leur valeur précise et à les mettre à leur vraie place. Néanmoins ce sont des phases essentielles de l'expérience mystique, qui doivent être parcourues par tous ceux qui cherchent. Bien plus, je ne songerais pas à passer une seule journée sans quelque interlude, si bref soit-il, de détachement mental des affaires personnelles et de l'activité profane dans cette quiétude sereine et béatifique de méditation profonde, qu'une longue habitude et une pratique constante m'ont permis d'atteindre à volonté, en tout temps et en tout lieu. Je n'ai pas renoncé à la méditation ; je la retiens au contraire comme un article bref, attrayant et essentiel du programme quotidien. Mais je me refuse désormais à toute confusion. Les visions, extases et intuitions sont maintenant de simples accidents de la méditation, et en constituent des sous-produits accessoires. Il n'existe pas d'étalon universel permettant de jauger leur validité, de sorte que je sais qu'il vaut mieux n'avoir en vue que l'objectif essentiel de la méditation.

Dans deux ouvrages antérieurs j'avais promis de livrer en fin de compte l'exposé intellectuel complet de ces vérités ultimes qui à la fois accomplissent et dépassent le yoga dans son acception courante. Le présent volume, attendu depuis longtemps par un public international, élabore la formation de ces vérités mais ne l'achève pas, et n'épuise pas le capital philosophique complet que le monde a encore à recevoir. Cette tâche exigera encore un autre ouvrage. Ce qui est présenté ici constitue *une partie* mais non la totalité du seul yoga du discernement philosophique. Le reste, ainsi que la clef de l'arc de la vérité que je m'efforce de construire, n'a pu être abordé. Si ces pages suscitent autre chose qu'un intérêt de curiosité, alors les doctrines disparues, et le yoga de l'irréfutable, qui est la pierre angulaire, seront intégrés dans l'édifice, et ma tâche sera achevée. L'entreprise de cette tâche finale sera extrêmement difficile, et il est indispensable de la différer. Car le présent volume non seulement jette un pont sur l'hiatus existant entre mes travaux antérieurs sur le mysticisme et mes travaux actuels de philosophie pure, mais aussi il ré-oriente l'esprit du lecteur, et devrait le préparer utilement à l'étude très avancée qui pourra clore son enquête rationnelle.

Le langage commun est un véhicule déficient quand il s'agit de communiquer des concepts abstraits ; d'où le besoin habituellement éprouvé d'inventer un jargon philosophique spécial. Je me suis efforcé cependant de me rappeler à qui je m'adressais — assurément pas aux pédants cloîtrés ou aux métaphysiciens académiques, mais à l'homme de la rue qui accorde cependant une certaine dose de réflexion aux problèmes du sens de la vie — ; de sorte que je me suis refusé à regret à faire usage de cette terminologie abstruse et peu familière, sauf lorsqu'elle sera absolument inévitable et aisément compréhensible. Dans toute la mesure du possible, mes recherches dans ces abstractions complexes ont été traduites, sans rien sacrifier de leur exactitude et de leur profondeur, dans le registre du langage non-technique, compréhensible à toute personne intelligente. Les vérités étourdissantes qu'elles contiennent étaient jadis réservées à un cercle étroit d'élite intellectuelle ; cependant, bien que je n'aie pas écrit pour des bûches, ces vérités sont exprimées ici en termes assez simples pour être comprises de tous ceux qui peuvent lire un journal de bonne tenue. Néanmoins, ceux qui n'ont jamais pratiqué la méditation ou la concentration de pensée, ni étudié la philosophie, trouveront sans doute peu de goût à des pensées de cette sorte, tandis que ceux qui suivent le sentier étroit de la rigide orthodoxie religieuse en seront effarouchés. Et tout lecteur s'apercevra que, bien que ces pages soient accessibles à quiconque prend la peine de les feuilleter, cependant leur sens profond demeurera hermétique à tous ceux qui ne sont pas disposés à faire un petit effort mental. Il fera bien en conséquence d'en lire peu à la fois et de s'arrêter souvent pour ruminer le fruit philosophique qu'il vient de cueillir.

Il n'y a peut-être pas d'inconvénient à répondre d'avance par écrit à certaines critiques que j'ai déjà entendues oralement, et mêmes lues dans un journal indien de la plus basse classe, servant de porte-parole à quelques pauvres diables qui ont entrepris la tâche vaine et ingrate de l'inimitié personnelle. Ces critiques ne manqueront pas de se développer et de se condenser à l'occasion de la publication du présent volume. On m'accusera d'abord de grave inconséquence ; on me reprochera de m'être conduit en iconoclaste en mettant en pièces des définitions et des doctrines antérieures, modifiant une position adoptée, corrigeant des estimations antérieures relativement à des hommes et des expériences ; pour tous ces motifs on me taxera d'instabilité de caractère et d'inconstance de jugement. Des amis personnels se divertiront sans doute beaucoup de l'injustice de ce dernier chef, alors que l'acte dans son ensemble trahit une incompréhension foncière relativement à ma perspective actuelle. Je n'ai pas abjuré d'anciennes opinions ; je les ai simplement élargies. Néanmoins, l'intégrité de mon intention me contraint d'avouer franchement que l'immutabilité n'est pas mon talisman. Je ne m'en suis soucié que dans la mesure où elle me maintenait sur la voie de la recherche de la vérité ; si les résultats de cette démarche se modifient et varient à mesure que j'avance, ainsi soit-il ! je ne me déroberai pas devant la reconnaissance du fait. La droiture de mes intentions passées m'en donne le courage. Pour un auteur qui a fondé sa réputation sur ses recherches en vue de réhabiliter le yoga, l'aveu public des imperfections de son « client » n'est pas chose aisée. Il devrait être évident qu'il a fallu rien de moins qu'une très longue expérience et des raisons majeures pour m'imposer cette apparente volte-face. Je suis perpétuellement en train d'apprendre et de contrôler des faits nouveaux, et de mûrir mon jugement. Dans de telles circonstances, il est inévitable que l'on puisse être conduit à modifier ses conclusions antérieures et les interprétations antérieures de ses expériences — celui qui s'y refuserait ne serait qu'un aveugle, croyant aveuglément ce que d'autres lui racontent, et acceptant aveuglément tout ce qui lui arrive à lui-même.

Cette quête est semblable à l'ascension d'une montagne inconnue, un voyage qui comporte une succession de changements de perspective. Au départ on aperçoit, très loin et très haut dans le ciel, ce qui semble être le sommet. Après bien des efforts pénibles et des années de labeur, on atteint la crête. Hélas ! à l'instant où l'on croyait tenir la victoire, on découvre que le sommet véritable est encore plus loin, et plus haut, et qu'on n'est pas encore au bout de ses peines. Visions mystiques, expériences yogiques, croyances religieuses, théories scientifiques sont autant de crêtes que l'on rencontre et franchit sur la voie escarpée, et que l'on prend à chaque instant pour le sommet absolu. A mesure que l'on s'élève et que les anciens jalons disparaissent, on découvre ses perspectives nouvelles et jusqu'à présent insoupçonnées sur la vérité. Le sommet absolu, l'ultime vérité existe, n'en doutons pas, mais si les annales historiques ne nous trompent pas, seuls pourront la trouver ceux qui ont le courage d'être inconséquents. Bouddha lui-même, lorsqu'il aperçut une voie plus élevée, n'hésita pas à rejeter les formes plus élémentaires de yoga qu'il pratiquait depuis six ans.

Un deuxième chef d'accusation, formulé par des lèvres ignorantes, est que je suis un renégat. Ceci est une absurdité, car je n'ai jamais épousé d'autre cause que celle de la vérité, à laquelle je suis encore fidèlement attaché. Si quelques esprits superficiels et peu curieux m'ont considéré jusqu'à présent, je ne l'ignore pas, comme un converti à l'hindouisme, ou comme un prosélyte de tel ou tel ashram indien, c'est une pure et vaine invention dont je ne suis nullement responsable, car je n'ai jamais adopté une semblable attitude. Mais si le passage sincère d'une position inférieure à une position supérieure constitue une apostasie, alors c'est bien volontiers que je plaide coupable.

Quant au troisième grief, celui d'avoir désavoué le yoga, il ne tient pas davantage debout. Je n'ai pas renoncé à mes propres formules. Je ne les combats pas, je continue au contraire, comme auparavant, à les tenir en haute estime, à leur juste place ; mais je me refuse désormais à y concentrer toutes mes facultés. Je m'efforce plutôt de les juger, de les critiquer, de les comprendre plus équitablement à la lumière plus intense et mieux diffusée de l'ultime vérité. En outre, j'ai cessé d'accepter toutes les revendications grossièrement exagérées que ne cessent de formuler, pour le compte des degrés yogiques *inférieurs*, des yogis irresponsables et dénués de sens critique, et

je considère maintenant ces méthodes comme conduisant en
fin de compte à une région où elles se perdent. Je ne récuse pas
le yoga, je le développe et le dépasse. Comme auxiliaire de la
philosophie, le yoga contribue à la découverte de la vérité,
c'est entendu ; isolément, il ne saurait procurer que la paix.
La culture de l'intuition mystique, l'apprentissage de la quiétude mentale et les exercices de méditation sont absolument
indispensables à tous ceux qui en sont encore au stade de la
recherche.

Tout chercheur de vérité, tout homme qui a osé penser sincèrement et accepter les résultats de sa pensée — qu'ils soient
aussi amers que le fiel ou aussi doux que le miel — a été un vaga-
bond spirituel. Ses opinions n'ont jamais été sculptées dans
l'irrévocabilité du marbre. Il sait que la sagesse n'est pas le
premier produit, mais le dernier résidu au processus de distil-
lation que l'agitation de la vie ne cesse de poursuivre. La quête
dans laquelle il est engagé est dynamique, et non statique. Il
ne peut s'ensevelir lui-même dans un tombeau intellectuel et
y ériger le monument d'une attitude pétrifiée. C'est pourquoi
je ne souhaite comme lecteurs que ceux qui sont prêts à entrer
avec moi dans les solitudes rébarbatives. L'effort pour découvrir
la vérité est une noble aventure, une progression sans fin,
d'âge en âge, dans la découverte de l'inconnu, et non une mesquine promenade dans l'ornière casanière. Le pionnier doit
peiner et souffrir pour apprendre comme vérité nouvelle ce que
ses successeurs enseigneront comme vérité ancienne. La cons-
tance doit être portée comme un vêtement neuf et seyant lorsqu'elle aide à la poursuite de la vérité, pour être quittée comme
une vieille nippe lorsqu'elle y met obstacle. La plupart des questions ne sont pas immuablement délimitées, circonscrites, et
présentent des faces et des prolongements multiples. Si le navi-
gateur a gouverné jusqu'à présent avec le vent par tribord,
et qu'il se décide à changer d'amures, ma foi tant mieux pour
le dégagement de sa vision.

Le temps m'a certainement rendu un peu plus avisé en ces
matières, un peu plus critique de moi-même et de mes expériences, ainsi que des ashrams renommés et des mystiques réputés
connus de moi. J'ai creusé plus profondément dans leurs fondations pour mieux les comprendre. Dans cet effort, j'ai emprunté aux découvertes des psychologues les plus compétents de
l'Occident moderne et de l'Inde ancienne. Il eût été plus flat-
teur pour ma vanité de suivre la longue théorie de mes confrères en mysticisme, qu'ils fussent de l'obscure antiquité ou

de l'actualité illuminée, du jeune Occident ou du vieil Orient, dans l'acceptation aveugle de ces visions extraordinaires et de ces expériences ineffables que j'avais contemplées jadis dans la perspective la plus souriante, et d'en demeurer là. Mais le Destin a été moins cruel, et en blessant mon amour-propre il m'a introduit dans un climat plus pur de vérité. Succès délectables et dramatiques déconvenues furent des maîtres mineurs, qui préparèrent la voie. Par dessus tout j'apprécie la faveur de la philosophie, qui m'enseigna à évaluer les visions mystiques à la lumière de cette Vérité suprême, que peu d'hommes se soucient de chercher, car elle bouscule tout désir égoïste et mortifie tout mobile personnel.

Ainsi, quiconque tiendra ce livre pour le symbole du péché d'inconséquence sera dans l'erreur. Je n'ai que faire de plaider coupable devant le tribunal de la raison. Quelques-uns des nouveaux enseignements présentés ici ne sont pas entièrement incompatibles avec mes exposés antérieurs. J'en connaissais la substance dès l'époque où j'écrivais *La Recherche du Moi suprême* (1), dans lequel je déclarais nettement, dès le premier chapitre, que le dernier mot n'était pas encore dit :

« Tout auteur ou professeur doit nécessairement adopter une position différente selon le degré de développement de l'esprit auquel il s'adresse... L'objectif de ces pages ne doit pas être mal interprété. Elles sont destinées à monter une voie yogique adaptée aux Occidentaux... elles montrent comment obtenir certaines satisfactions, mais elles ne prétendent pas, au stade actuel, résoudre le mystère de l'univers... Lorsque la paix de l'esprit et la concentration de la pensée seront choses acquises, alors seulement viendra l'heure de partir à la recherche de l'ultime Vérité. Nous sommes encore à la phase qui consiste à dévoiler une sagesse subtile et étonnante qui n'a pas été saisie par une personne sur mille. »

Bien que mon adhésion au mysticisme, dans les limites de sa portée, fût demeurée inébranlable, je savais qu'il était incomplet et insuffisant. J'avais commencé à comprendre que la vérité dépassait d'autant le mysticisme que celui-ci dépassait la religion. Dans le volume suivant *Réalité intérieure* (2), je proclamais hardiment et à plusieurs reprises que le mysticisme ne suffisait pas, et que par delà le mysticisme et il y avait une ultime voie. Mais ce n'est qu'avec le présent ouvrage que l'heure est venue de m'expliquer clairement sur les rai-

(1) *The Quest of the Over-self.*
(2) *Inner Reality.*

sons de cette progression d'une vue fragmentaire à une vue élargie.

Chacun des volumes que j'ai réussi à matérialiser représente donc un point géodésique par lequel je suis passé, une oasis où j'ai campé quelque temps au cours de mon voyage à travers le désert de ce monde, à la recherche d'une explication valable de la vie et de la réalité. Je ne vivrai peut-être pas assez longtemps pour écrire un dernier testament philosophique, un credo final, mais dans le présent volume le lecteur trouvera certainement cette quête amenée plus près de son terme. Qu'il n'en conclue pas hâtivement qu'il peut désormais négliger les ouvrages antérieurs. Une telle erreur serait fatale à sa propre progression. Les enseignements précédents demeurent, mais ils sont complétés. Ces écrits vivront et seront utiles aussi long-temps que des hommes devront peiner pour gravir marche après marche à la conquête de la vérité, aussi longtemps que l'esprit humain devra mûrir comme le fruit sur l'arbre : ils décrivent des portes qui ne peuvent être évitées, qui doivent être abordées et franchies une à une. Il n'y a pas de transition soudaine et miraculeuse, à l'usage des gens pressés, pour accé-der du soir au matin à l'ultime vérité. Ainsi ces livres de jeu-nesse, en représentant avec toute la fidélité et la lucidité dont ma plume était capable, ce que je pensais, sentais et éprouvais à l'époque où ils furent écrits, constituent des constats de faits, qui représentent également ce que bien d'autres devront for-cément penser et éprouver en progressant selon le même itiné-raire.

Einstein a découvert qu'un rayon de lumière traçait dans l'espace une trajectoire courbe. Tous les savants antérieurs avaient cru de bonne foi que cette trajectoire était droite. Erreur ou mensonge ? La théorie de la Relativité esquive le dilemme ; elle démontre que les explications antérieures étaient parfaitement correctes lorsqu'on les considérait du point de vue où l'observateur s'était lui-même placé. J'étais semblable au savant inquiet cherchant laborieusement sa voie d'expé-rience en expérience, vers une compréhension plus intégrale de tous les faits observés. Même en mathématiques les principes admis doivent être considérés comme ne possédant qu'une va-leur relative. La soif de la connaissance absolue me préserva de la léthargie qui procède de la satisfaction en ce qui concerne les découvertes existantes. Je conviens que j'ai écrit avec une forte conviction et une certaine apparence de dogmatisme ; mon excuse est qu'ayant pratiqué la méditation pendant un quart de siècle et en ayant éprouvé le bienfait, je désirais naturellement le communiquer à autrui. Je jugeais nécessaire de plaider une cause, et d'attirer énergiquement l'attention de mes frères occidentaux sur le fait qu'une semblable série d'expériences s'ouvrait également devant eux s'ils voulaient seulement se donner.la peine d'y entrer.

L'effort auquel je me livre actuellement est bien autre chose qu'une simple excursion dans la production littéraire. C'est une synthèse, adaptée à notre temps, de la pensée orientale et de la pensée occidentale. C'est une interprétation, en style du xxᵉ siècle, d'une antique sagesse onctueuse et patinée, qui rallia le loyalisme de graves et vénérables Sages qui vivaient bien avant Jésus-Christ. C'est une contribution, écrite en réponse à la pression croissante de la fatalité et de la facilité, à la compréhension du thème le plus obscur, et paradoxalement le plus important, de la vie. Je considérerai sincèrement sa réalisation présente et son achèvement futur comme l'œuvre la plus haute et la plus sacrée, jusqu'à présent, de ma carrière. Dans un âge qui vénère l'autorité de la science et rejette tout ce qui n'est pas susceptible de démonstration logique, ce n'est pas une mince tâche que d'entreprendre d'ordonner la pensée à l'inexprimable et transcendante réalité, et de la faire progresser par sa seule et inflexible logique interne. Nous savons démontrer que 2 et 2 font 4, que la terre est ronde, que l'eau n'est que la combinaison de deux gaz ; mais comment prouver la réalité de ce qui transcende la pensée formulée, de ce qui est absolument inaudible et à jamais invisible, et qui ne peut être connu avant que toute controverse soit éteinte ? Il y a certes un paradoxe irritant, lorsque ce qui est est semblable à ce qui n'est pas ! Nous pouvons parvenir à la dimension ineffable de l'ultime en parcourant une série de pensées et d'expériences, mais l'ultime lui-même n'est ni une pensée ni une expérience. La vérité dans sa nature absolue ne peut jamais s'incarner dans des mots ; cependant elle ne peut être transmise autrement que par des mots. D'où le mystérieux silence du Christ, de Bouddha et du Sphynx.

Mais la voie solitaire vers l'auguste vérité peut être tracée par le langage humain, le sentier raboteux au bout duquel s'ouvre la vision face à face peut être délimité par lui, et l'homme peut être conduit par un processus de raisonnement serré jusqu'à un observatoire d'où il verra comment l'investir pour son propre compte. Une fois le fil secret d'Ariane mis entre ses mains, le raisonnement analytique conjugué avec le yoga pourra le conduire aux portes mêmes de la réalité. Cependant le raisonnement ne pourra jamais franchir lui-même ces portes, car alors le raisonneur laissera choir à terre son instrument, en contemplant enfin ce qu'il est lui-même réellement. Lui qui se tenait dans sa propre lumière en s'abusant lui-même avec la notion de n'être qu'une personne limitée, liée à quelques pieds de misérable terre, sera réveillé par la force interne de sa propre intuition ultra-mystique lorsqu'elle sera devenue suffisante pour affecter et imprégner sa volonté et ses sentiments, et il dépouillera à tout jamais la vieille illusion. A ce moment il franchira les portes et son pèlerinage sera parvenu à son terme. Je ne voudrais pas perdre mon temps et celui du lecteur en demandant à celui-ci de se surmener pour atteindre des altitudes inaccessibles, mais ce que je lui demande, c'est de rechercher la signification de toute existence terrestre d'une part et de découvrir le dessein de sa propre incarnation d'autre part, jusqu'à ce qu'il puisse dorénavant vivre en harmonie avec l'une et l'autre.

CHAPITRE III

LES DEGRÉS RELIGIEUX ET MYSTIQUES

Quelques questions, vieilles comme le monde, n'ont jamais cessé de harceler le genre humain. La vie n'est-elle rien d'autre qu'une énorme mystification jouée à l'homme par le Créateur, comique sans doute pour l'auteur, cependant que pathétiquement tragique pour la victime ? Ce vaste panorama d'étoiles scintillantes semées dans un espace insondable a-t-il ou non une signification ? Sommes-nous autre chose que des accidents biologiques défilant vainement à travers le temps ? L'homme n'est-il qu'une chandelle vacillante qui émet son petit rayon de lumière au milieu des ombres pendant quelques instants, puis s'évanouit à jamais ?...

Les réponses primitives à ces questions furent concrétisées par les hommes dans les premières religions, aujourd'hui perdues dans les abîmes obscurs de la préhistoire, mais dont les échos nous sont parvenus, véhiculés par celles qui leur ont succédé. Il ne faut pas être grand clerc pour découvrir qu'aucune croyance n'est entièrement originale, que peu de dogmes sont particuliers à une religion, mais que tous ont une ascendance mêlée. De même qu'en linguistique les mots sanscrit, *bhrater*, latin *frater*, français *frère*, allemand *bruder* et anglais *brother* trahissent une origine aryenne commune, de même la similitude de plusieurs doctrines religieuses révèle l'influence de contacts plus anciens. Les résultats obtenus en matière de religions comparées et les découvertes de la mythologie comparée ont déjà fortement ébranlé la notion étroite selon laquelle une croyance unique quelconque contiendrait tout ce que Dieu, quel qu'il soit, aurait révélé de lui-même. Toutes les religions rendent plus ou moins les mêmes sons : crainte de l'autre monde ténébreux, étonnement devant le spectacle de la Nature, louange adressée à un Etre suprême merveilleux, qui a créé le connu et l'inconnu, supplications en vue d'obtenir des faveurs personnelles ou nationales, consolations pour ceux qui sont dans la détresse, murmures étouffés de profondes doctrines philosophiques et faibles ébauches de haute vérité, tout cela curieusement entremêlé, et tout cela se résolvant en injonctions morales bienfaisantes.

La Religion peut être succinctement définie comme la croyance en un Etre ou une pluralité d'Etres surnaturels. Chaque religion, à son origine, était certainement fondée à s'appeler une

révélation, car elle faisait appel à la foï et à l'imagination plutôt qu'à la raison critique de l'homme.

Le fait capital pour chaque religion, qui a eu le plus d'influence sur son développement et son avenir, a été l'entreprise de
quelque vrai grand sage, transfiguré ultérieurement par l'histoire en fondateur en titre de ladite religion, de partager son
savoir avec les masses illettrées de la seule manière dont celles-
ci pussent saisir ses enseignements, c'est-à-dire en les nourris-
sant de croyances symboliques et de fables anodines, plutôt
que de vérités énoncées sans détours. De tels hommes n'ont
que rarement traversé l'orbite de la notoriété universelle. Nous
n'avons que faire de les transformer par l'imagination en êtres
surhumains, comme le font habituellement leurs sectateurs ;
nous devons cependant reconnaître que le destin a dévolu une
importance exceptionnelle à leur vie personnelle et à leurs paroles. Macaulay lui-même, tout sceptique qu'il fût, ne put s'empêcher d'écrire que « donner à l'esprit humain une direction qu'il
conservera pendant des siècles est la rare prérogative de quelques âmes supérieures. Ce sont de telles âmes qui meuvent les
hommes qui meuvent le monde ».

Ce parrain d'une foi nouvelle authentiquement inspirée apparaissait avec une torche à la main pour dissiper un peu des
ténèbres éthiques de son temps et de son milieu, pour déchiffrer
le sens élémentaire de la vie au bénéfice des masses léthargiques,
et ouvrir la première porte du salut final au petit nombre des
chercheurs. Mû par une vaste compassion et une noble sympathie, il désirait livrer une petite part de sa sagesse à ceux qui
étaient mentalement inaptes à en comprendre la lumineuse
totalité, mais il n'osait passer outre au fait psychologique que
cette sagesse ne pouvait être communiquée dans sa plénitude
intégrale qu'à ceux qui avaient atteint un niveau les qualifiant
pleinement à la comprendre. Pour tous les autres elle ne serait
qu'ennuyeusement inintelligible.

Car les ultimes vérités de la vie étaient lointaines et abstraites.
Elles appartenaient au domaine de la philosophie, qu'il ne faut
pas confondre ici avec la métaphysique. Celle-ci a maintenant
pris le sens de *spéculation* au sujet de la vérité, tandis que philosophie signifie ici la *vérification* de la vérité. De telles vues ne
pouvaient être mises à la portée d'esprits insuffisamment mûris,
sans qu'elles fussent au préalable transposées en des formes
concrètes. Et cela ne pourrait se faire qu'en les convertissant
en symboles populaires ; l'assemblage et l'articulation de tels
symboles en un système constituerait une religion historique.

Le symbolisme devrait apparaître sous forme de rites, de légendes, de mythe, de pseudo-histoire, de dogme élémentaire, etc. ; mais quelque forme qu'il prît il se traduirait nécessairement par la disparition de concepts profondément abstraits et la substitution de notions grossièrement concrètes. Ainsi la philosophie ne mourrait apparemment que pour renaître sous le déguisement rétréci de la religion. Le métaphysicien déplorerait peut-être cette transformation, mais le vrai sage s'en garderait bien. Il saurait que les masses, pour lesquelles la philosophie était inaccessible et indigeste, y trouveraient une assistance utilisable, et ne seraient pas abandonnées dans l'obscurité absolue. Il saurait aussi que la populace s'élèverait très lentement mais très certainement de ces vagues ébauches émotionnelles à une compréhension intellectuelle de ses origines qui mûrirait avec le temps.

Un Dieu qui ne serait pas partial et personnel, qui ne s'intéresserait pas vivement à la vie individuelle de ses fidèles serviteurs, leur eût semblé glacialement indifférent. Leurs esprits étaient trop peu éduqués, trop peu développés pour se mesurer avec succès aux concepts abstraits ; leur intelligence était trop obtuse pour concevoir un esprit impersonnel, indifférent à leurs intérêts mesquins. Psychologue expert, le fondateur de religion se rendait compte de tout cela. Il ne désirait pas stupéfier les masses, mais les aider. Il considérait donc comme une erreur de donner à la foule grossière ce qui ne convenait qu'à l'élite raffinée. Il comprenait pleinement que la manière de présenter la vérité philosophique devait nécessairement être déterminée par les limites de l'intelligence de ses disciples, et qu'il devait s'écouler beaucoup de temps avant que cette vérité ne devint accessible dans toute sa pureté à la foule.

Il n'avait donc pas d'autre alternative que d'exposer sa doctrine d'une manière quelque peu simpliste, en faisant appel au voile de l'anecdote mythologique pour revêtir ses vérités trop subtiles, en offrant comme objet d'adoration, comme foyer de convergence des prières du peuple, l'ultime réalité sous le masque grossier d'une divinité personnelle, haussant enfin cette foule jusqu'à un code de préceptes moraux plus raffiné que celui qui avait cours jusque-là. Il était contraint de traduire la connaissance en termes symboliques, de se rabattre sur ce qui était le plus immédiat et le plus présent à son peuple, les phénomènes de la nature, et de les peupler d'êtres invisibles faciles à imaginer, dont le pouvoir serait plus extraordinaire que celui des êtres humains ; d'enrober sa sagesse dans des contes semi-his-

toriques et des allégories faciles à retenir ; de faire appel au
sens pittoresque des esprits non encore mûris et de capter leur
imagination en dramatisant les faits dans des formes rituelles ;
de suggérer une réalité plus haute en l'exprimant sous une forme
humaine immensément exagérée, c'est-à-dire un Dieu personnel,
et de coordonner le tout à son objectif pratique immédiat en
dressant un tableau des récompenses et des châtiments qui
sanctionneraient respectivement la vertu et le vice. Que pouvait-il faire de mieux, alors qu'il avait affaire à des enfants,
intellectuellement parlant ? Les enfants, en tous temps et en
tous lieux, ne raffolent-ils pas de contes de fées et ne se repaissent-
ils pas de fables ? C'est pourquoi une religion créée par un sage
authentique était toujours une vaste fable assortie de moralités,
une immense parabole, dont le but ultime était d'orienter la
pensée des masses vers des idées plus hautes et des idéaux
plus nobles, et dont l'objectif immédiat était d'inculquer dans
la vie personnelle des individus, par le truchement de la crainte
et de l'espérance, une certaine dose de responsabilité morale.

Quelle était la signification pratique d'une telle religion ?
Elle fournissait un credo pour satisfaire la curiosité des esprits
des masses laborieuses ignorantes, qui n'avaient ni loisirs ni
capacités pour lancer des sondes à longue portée dans le fleuve
de la vie. Elle offrait une foi pour satisfaire leur extrême besoin
de consolation dans la détresse, et pour apporter un réconfort
au milieu de la misère. Elle érigeait un code moral salutaire
pour guider leurs pas parmi les perplexités du comportement
humain, pour les protéger eux-mêmes de leurs pires instincts,
et pour proposer à leurs aspirations un idéal capable de les
élever. Elle constituait une autorité habilitée à donner des
directives pratiques pour le façonnement de formes sociales et
l'agrégation des individus en nations ; une force esthétique capable d'inspirer et de nourrir les beaux arts. Elle était enfin
une première allusion à une existence plus noble que ce perpétuel ballottage, cette continuelle lutte corps à corps avec les
circonstances, cette interminable douche écossaise de peines
imprévues et de joies éphémères, ce combat sans fin contre le
malheur extérieur et la faiblesse intérieure, ce fastidieux cata-
logue d'agitations matérielles, pour aboutir à la poussière et
à la disparition... une existence promise à l'homme pour l'éternité, dans toute sa bienfaisance et sa sérénité.

Ainsi tout cet échafaudage de dogme religieux et de doctrine
formulée, de cérémonial compliqué et de miracles légendaires,
n'était à l'origine rien de plus que l'*emblème* de choses plus

élevées. Ceux qui allaient à l'église ou au temple pour adorer
Dieu ne perdaient pas absolument leur temps, ne s'adonnaient
pas au luxe d'un vain soliloque. Ils avaient délibérément fait
un premier pas — mal assuré certes, mais un pas quand même
— vers la reconnaissance du fait que le monde matériel n'épui-
sait pas la réalité. La terreur sacrée et muette qu'ils éprouvaient
dans ce lieu qu'ils croyaient être la demeure même de la divinité était une nébuleuse reconnaissance de cette vérité que
l'homme était capable de discerner la présence de cette ultime
réalité. Le sentiment de sécurité qu'ils puisaient dans les écritures, les traditions, les figures peintes ou sculptées qui postu-
laient l'existence éternelle d'une divinité constituait pour eux
l'introduction élémentaire à l'appréciation philosophique du
concept d'une existence éternelle sous-jacente au monde perpétuellement changeant. Le symbolisme conceptuel de la religion était habituellement anthropomorphique, ce qui le rendait
intelligible à l'esprit des masses. Leur adoration avait donc bien
pour objet un Etre imaginaire, mais il n'y avait pas d'autre
manière pour eux d'adorer ce qu'ils croyaient être la vérité.
Lorsque, au long cours de l'évolution, leurs capacités intellectuelles se développeraient suffisamment, il s'élèverait infailliblement des doutes, qui les inciteraient à chercher un concept
plus satisfaisant. Cela les conduirait en fin de compte à percer
la carapace du symbole et à serrer de plus près sa véritable
signification. Ils s'efforceraient de dévoiler Dieu tel qu'Il était
vraiment et non pas tel qu'on l'avait imaginé. Ainsi, l'instinct
primitif de l'adoration était valable, mais la manière dont les
hommes obéissaient à cet instinct devait nécessairement varier
selon leurs divers degrés de culture.

De cela nous pouvons conclure légitimement que la masse
de l'humanité a toujours besoin d'une religion estimable comme
introduction élémentaire et lointaine à la philosophie, mais que
les symboles scripturaux et les emblèmes historiques de cette
religion, ses enseignements dogmatiques et ses doctrines traditionnelles ne sont pas éternels mais seulement provisoires et
approximatifs, et sont susceptibles d'être modifiés et améliorés
sans compromettre les vrais objectifs de la religion.

Tels sont la nature, les valeurs, les opérations et les services
d'une religion *estimable*. Mais les rationalistes méprisants nous
rebattent les oreilles de sauvages terrifiés sculptant dans le
bois un affreux fétiche grimaçant pour représenter leur Dieu,
de peuples primitifs personnifiant les forces impersonnelles de
la nature pour en faire des Esprits dans les bonnes grâces des-

quels il convient d'entrer par des sacrifices rituels et des céré-
monies propitiatoires, de rites sacrés qui constituent une adoration phallique non déguisée. A la notion sceptique que toute
croyance prit naissance dans les terreurs nocturnes d'ancêtres
indistincts, ou les superstitions animistes de l'homme primitif
et ignorant, s'oppose le concept pieux d'un Dieu anthropomorphique envoyant un messager spécial muni d'un livre sacré,
à une collectivité arbitrairement choisie d'heureux mortels
dont Il fit son peuple élu. L'une et l'autre sont trop partiales
pour percevoir correctement pourquoi les religions apparaissent,
et quelle est leur place légitime dans la société.

Chaque religion constitue un cas particulier. Telle est le fruit
du désir éprouvé par un personnage ambitieux, agressif et peu
scrupuleux, de dominer sur des esprits plus faibles. Telle autre
provient de la conviction, sincère mais illusoire, d'un homme
plein de bonnes intentions et plus encore d'imagination, qu'il
était investi de la mission sacrée de « sauver » ses semblables.
Si l'une n'était qu'une tentative d'amadouer les forces de la
nature, une autre procédait de l'effort sincère, de la part d'un
homme profondément bienveillant, d'élever ses congénères
moins disciplinés moralement en leur inculquant des idées plus
hautes du bien et du mal, et d'imposer des contraintes sociales
codifiées.

Qu'une religion même valable puisse dégénérer avec le temps
et apporter le malheur à l'humanité, il faut bien, à regret,
l'admettre ; que des croyants sincères et de bonne foi se soient
persécutés mutuellement, et même martyrisés, toute l'histoire
en fait foi ; que des charlatans, des scélérats et des monstres
se soient sevis de la religion pour satisfaire leurs intérêts égoïstes
et leurs passions personnelles est également vrai, et que le
progrès du monde ait périodiquement été entravé par des sectateurs ignorants et fanatiques doit être concédé. Des crimes
énormes maculent les pages de l'histoire religieuse. Dans un
exposé complet de ce sujet, de telles critiques doivent être
traitées avec franchise mais d'une manière constructive, à la
lumière de la philosophie. Ici je me borne à situer la place occupée par la religion en regard de l'enseignement ésotérique de
l'Inde. La religion n'est que la tentative initiale de comprendre
la vie, et s'adresse aux hommes qui sont au premier stade de
l'évolution mentale. L'heure viendra où des doutes au sujet
de la vérité et de la valeur de la religion assiégeront l'esprit des
hommes les plus réfléchis, qui ne souhaitent sans doute ni le
salut offert par la religion populaire, ni l'anéantissement

prédit par l'athéisme orthodoxe, trouvant l'un d'un goût douteux, l'autre effroyable. Où chercher alors ? La philosophie
cachée, outre qu'elle est bien cachée et difficile à trouver, est
le plus souvent hors de sa portée et de ses capacités. Et l'obstacle entre la religion simple et la subtile philosophie est infranchissable. Nul ne peut y parvenir directement. La vie est une
progression, non un bond. Il s'agit de trouver un moyen terme,
un tremplin intermédiaire qui sera plus accessible. Cela, on pourra
le trouver dans le mysticisme, qui constitue précisément le
deuxième degré.

Ce qu'est la méditation. — Le mysticisme est un phénomène
qui est apparu dans toutes les parties du monde et dans toutes
les communautés religieuses. Ce n'est pas ici le lieu de traiter
de sa filiation historique ; mainte plume compétente a déjà
tracé son histoire primitive. En le dépouillant de ses particularités adventices issues de l'ignorance dogmatique, des différences géographiques, du climat religieux et de l'attitude ra-
ciale, le mysticisme occidental peut à juste titre être assimilé
au degré moyen du yoga asiatique dans ses deux branches :
Yoga de la Dévotion *(Bhakti Yoga)*, et Yoga de la Discipline
mentale *(Raja Yoga)*. Le lecteur est donc averti que dans les
pages qui suivent, ainsi d'ailleurs que dans tout cet ouvrage,
le terme « mysticisme » couvre à la fois ces deux yogas, et le
terme « mystique » prétend couvrir également le yogi. La com-
modité littéraire de cette pratique l'emporte de beaucoup sur
le souci de constater, dans cette étude succincte, les différences minimes qui les séparent. En outre, le mot « Yoga »
est maintenant devenu aussi équivoque dans son pays natal
que le mot « mysticisme » en Europe ou en Amérique.

Nous pouvons légitimement considérer le mysticisme, avec
sa tentative de pénétrer sous la surface grossière de la religion,
et sa recherche de satisfactions nées du sujet lui-même plutôt
que de celles qui proviennent de rites extérieurs, comme une
phase inévitable du développement de l'esprit humain lorsqu'il
se dégoûte de l'étroitesse de la foi orthodoxe. Ce virage se fait
par un développement habituellement lent, mais parfois soudain, à partir du culte déiste ordinaire. Il peut survenir de
trois manières différentes. Dans le premier cas, le chercheur se
trouve déçu des résultats effectifs de la religion, ou dégoûté
des vieilles hypocrisies qui sont commises en son nom, ou mécontent des contradictions et conflits théologiques, ou désenchanté
de l'apparente impuissance de Dieu à secourir le monde déchiré
par la guerre. Les symboles naguère vénérés perdent leur pres-

tige historique et cessent d'être sacrosaints. L'homme désemparé traverse une période d'âpre doute et d'agnosticisme transi, voire d'athéisme militant, où il vogue quelque temps à la dérive. Mais bientôt, s'il n'a pas abandonné sa recherche, survient l'intéressante découverte qu'une poignée d'hommes ont réussi à prendre du recul par rapport à la religion, recul qui leur permet de se dégager de la peu satisfaisante orthodoxie et de ses organisations sacerdotales, et de se rapprocher du climat original d'une vraie religion. Autant il se souciait naguère de demeurer dans l'ornière de la littérature de l'étroite orthodoxie, autant désormais il s'intéresse à l'étude de celle de ce nouvel aspect élargi. Puis il ne tarde pas à être informé de l'existence d'une méthode pratique — la contemplation mystique — qui lui permettra d'éprouver par lui-même la beauté et la sérénité d'un esprit divin toujours présent, auquel il pouvait croire auparavant, mais qu'il ne pouvait jamais connaître. Tout ce qu'exigent de lui ceux qui témoignent de telles expériences est qu'il commence par les exercices préliminaires. De telles promesses ne peuvent manquer d'allécher un certain nombre de personnes à une époque notoirement pauvre en résultats décisifs.

Dans le deuxième cas, le virage peut se produire, sans phase préalable de scepticisme, par la seule vertu de l'intensité, de l'ardeur et de la sincérité des aspirations religieuses du sujet, qui conduisent graduellement de la prière verbale conventionnelle, formaliste et matérialiste, à l'aspiration silencieuse spontanée, qui mûrit lentement et de son plein gré en concentration intérieure et apaisement de l'esprit, autrement dit en la méditation. Les prières ne sont plus désormais des suppliques personnelles, mais des offrandes de soi en holocauste. Le dévot religieux qui trouve sa satisfaction dans la prière ordinaire doit nécessairement se rendre dans un temple ou une église, soit pour louer la Divinité qui l'habite, se la rendre propice ou obtenir son assistance, soit pour chercher consolation auprès de quelque image sacrée se trouvant dans le sanctuaire ; tandis que le mystique qui s'adonne à la méditation n'a nul besoin de tout cela. Il lui suffit de se retirer en lui-même, pour découvrir que son cœur est déjà un sanctuaire habité par la Divinité. Il remplace l'image matérielle qu'il adorait récemment encore dans un temple par une image mentale qu'il adore maintenant en esprit. A la pierre il substitue son propre cœur, à l'écriture son propre esprit, au prêtre sa propre pensée. Ainsi la méditation est supérieure à la prière dans ce sens que celui qui est capable de la pratiquer possède nécessairement une capacité mentale supérieure, puisqu'il s'est affranchi des objets matériels et du lieu. Il peut emporter avec lui, partout où il va, son objet et son lieu de concentration, sous la forme d'une image mentale ou d'un concept. Il découvre que la prière verbale n'est qu'une parabole, tandis que du silence sacré de l'humble concentration s'élève une oraison muette qui n'a nul besoin de paroles. Les effets moraux de cette conquête sont également importants. L'homme cesse de sacrifier ses bœufs ou ses moutons ou leur équivalent sur des autels sacerdotaux, et commence à sacrifier une plus ou moins grande portion de son propre matérialisme excessif, de ses activités anarchiques, de sa poursuite à courte vue du plaisir physique, sur l'autel de son propre cœur.

Enfin la troisième voie par laquelle cette évolution peut se produire est la voie d'accès de l'émotion esthétique, ouverte par les ouvrages de main d'homme, tels que la belle musique, ou par l'œuvre de la nature, telle que les beaux paysages. Du point de vue pratique, les formes plastiques sous lesquelles le Beau est trouvé ou modelé possèdent leur valeur intrinsèque propre, mais d'un point de vue plus élevé, cette jouissance esthétique est une activité qui existe non seulement pour elle-même, mais davantage encore comme moyen vers une fin plus haute. Quiconque aime à s'abandonner aux impressions reçues par des voies telles que les beaux arts ou les spectacles de la nature, éprouvera un jour spontanément le sentiment d'être perdu à soi-même, comme lorsqu'il écoute une belle phrase musicale, ou contemple la grandiose perspective des cimes neigeuses escaladant le ciel, ou lorsqu'il s'abandonne au fulgurant coucher de soleil qui achève la splendeur du jour. Ce sentiment délicat bouillonne doucement comme une fontaine qui jaillit on ne sait d'où, et emporte au loin les pensées égocentriques. Toute objection soulevée par le souci, toute résistance opposée par le moi sont balayées. Le sentiment peut croître imperceptiblement jusqu'à une extase inoubliable. L'esprit s'est glissé, pour ainsi dire, hors des chaînes du temps. Une quiétude suprême prend possession du cœur et enveloppe les émotions. Il est difficile de faire une description adéquate d'un tel état d'âme. Nietzsche l'éprouva momentanément dans sa retraite montagneuse et écrivit : « Les plus grands Événements — il ne s'agit pas de nos heures les plus bruyantes, mais au contraire des plus silencieuses. L'univers ne gravite pas autour de l'inventeur de nouveaux bruits, mais autour de celui qui a découvert de nouvelles valeurs ; et sa propre révolution est silencieuse. » Cette allusion

du philosophe allemand au changement de valeurs se rapporte
à la nouvelle perspective sur la vie qui est ouverte par l'intense
sérénité de la pensée, perspective qui fait paraître l'existence
matérielle éphémère et irréelle ; mais hélas cette lueur elle-même
n'est qu'une vision fugitive. Néanmoins ce sentiment exquis
a révélé les plus hautes possibilités. Désormais, celui qui l'a
éprouvé sera hanté par le souvenir de ce rivage jusqu'à ce qu'il
apprenne que par la discipline mystique, la joie esthétique pure
peut sans adjuvants extérieurs être recouvrée délibérément et
renouvelée à volonté. Il commence ainsi à comprendre combien
subjective est la base de ce sentiment, si la contemplation pure
peut évoquer, comme avec une baguette magique, tous les
degrés de telles inspirations, depuis le plaisir modéré jusqu'à
l'extase échevelée. De tels effets ne sont nullement une caractéristique exclusive du mystique pur ou du pur esthète ; ils leur
sont communs. Ces propositions ne sont pas moins vraies pour
le créateur d'art que pour l'amateur : l'état d'âme créateur
transporte l'artiste à travers le même genre d'impressions, de
rythmes, de rêveries, de silences, d'immobilités, d'extases et
d'autres émotions qui approfondissent l'être.

Le principe fondamental de toute pratique mystique est
l'abstraction mentale, qui peut être illustrée de deux manières :
quiconque « se perd » en poursuivant avec ardeur un enchaîne-
ment de pensées, ou en s'abandonnant complètement aux caprices de la rêverie, devient de moins en moins conscient des
contingences physiques et finit par ne plus les remarquer. Ainsi
l'estropié oublie presque sa difformité, le promeneur prend à
peine conscience de la foule qui le croise sur le trottoir, l'écrivain néglige son entourage domestique, etc. De tels exemples
montrent que la conscience est capable de se libérer temporairement de la convention implicite selon laquelle elle est bornée
aux limites matérielles du cerveau et du corps. Ce sont autant
d'indices que l'esprit possède des virtualités plus vastes, susceptibles de se réaliser lorsqu'il est libéré de son universelle et acca-
blante sujétion à l'égard des sens, sujétion qui l'empêche de
prendre conscience de sa propre nature immatérielle, et qui
inconsciemment convertit l'existence physique en sa propre
prison à perpétuité.

Ou encore nous pouvons nous représenter la fièvre de l'esprit
humain moyen comme la surface d'un lac, agitée à chaque instant par une rafale ou une tempête. S'il se trouve sur ce lac une
barque dépourvue de gouvernail et de rames, elle sera ballottée
de-ci de-là sur les vagues, sans considération du bien-être du

batelier, si bien que celui-ci sera constamment préoccupé de son salut. De même nos sens sollicitent continuellement notre attention en tous sens, en réponse purement mécanique à l'existence physique, et sans égard au bien-être véritable et à la paix de l'esprit, lequel est la seule « âme » dont l'homme *connaisse* véritablement l'existence.

Les méthodes employées par les yogis et les mystiques varient considérablement, mais elles consistent généralement en un programme prescrit d'exercices sévères d'ascétisme physique et de détachement des contingences, assorti de tentatives de provoquer un certain état d'âme contemplatif en disciplinant pendant des périodes fixées les filets multiples et confus de pensées et de sentiments qui composent la vie intérieure. Cet état d'âme est réalisé lorsque tous les filets centrifuges ont été expulsés de l'esprit et que seul y est maintenu avec persévérance le courant convergent choisi. La clef du succès est double : pratique assidue et aide experte. Cet effort doit être renouvelé quotidiennement, et la volonté doit s'exercer à dominer les divagations extérieures de l'esprit, les cogitations agitées de la pensée. Ce n'est point là tâche aisée, et plus d'un novice se décourage, car la marée de la pensée flue et reflue selon un rythme anarchique. La faculté d'attention doit être si bien disciplinée, et soustraite aux appels de dehors, que se réalise un état d'abstraction absolument exempt de perturbation. Elle doit être ensuite maintenue aussi tendue dans l'immobilité qu'un lézard guettant sa proie. Cet effort peut être associé en imagination au concept purement religieux de la découverte de la présence de Dieu, ou à celui purement psychologique de la découverte du véritable moi, ou encore avec la notion purement magique de pénétrer dans un monde invisible. Le succès n'est pas immédiat mais vient progressivement, tandis que l'effort exigé décroît, et que le rythme de la pensée s'amortit jusqu'à l'immobilité ; le sujet entre alors graduellement dans un état d'intense absorption intérieure, que ne trouble ni ne distrait le spectacle de la vie du monde. Le mystique expert n'a plus aucun effort conscient à fournir pour exclure les pensées importunes, car la fermeté de son intention les tient en respect. En se livrant périodiquement à cette opération d'oubli temporaire du monde extérieur et de ses affaires et de retour sur soi-même avec une attention fortement concentrée, il peut à volonté pénétrer dans une zone de paix mentale et de calme émotionnel profondément satisfaisants. Parfois même les sens corporels peuvent tomber temporairement dans le coma. La transe extatique, en divers degrés de profondeur, peut également survenir. Ces deux états sont habituellement sans danger, mais parfois terrifiants pour ceux qui n'y sont pas accoutumés.

L'expérience mystique s'accompagne parfois d'accessoires transitoires et subjectifs. Le dévot religieux peut avoir des visions d'une illumination environnante, ou du « Guide spirituel » bien-aimé — vivant ou depuis longtemps disparu — qu'il a invoqué dans sa tentative. D'autres mystiques peuvent s'imaginer eux-mêmes flottant en dehors de leurs corps, ou conversant avec des esprits, ou recevant des commandements de quelque être angélique. Bien que de tels phénomènes mentaux diffèrent considérablement, il y a toutefois certains facteurs communs à la plupart des expériences mystiques avancées, tels que : a) un sentiment de sereine exultation, de calme béni ; b) l'impression d'éloignement de l'entourage matériel ; et plus rarement c) une exaltation extatique au-dessus de l'existence corporelle et personnelle. Ces facteurs interviennent après que la conscience et la volonté ont commencé à repousser les vagues d'assaut de la pensée.

Le mystique tire en général une extrême satisfaction de ces expériences, et lorsqu'il parvient à l'état extatique, il considère que sa quête est consommée, et qu'il est entré en union avec Dieu, ou a trouvé sa propre âme immortelle. La qualité subtile et raffinée de cet état ne peut être appréciée que par ceux qui l'ont réalisé en eux-mêmes. Néanmoins la sève vitale qui nourrit l'arbre du mysticisme ne monte des racines que par les canaux du sentiment.

Les bienfaits essentiels qui dérivent de la saine pratique du yoga existent incontestablement, quoi que les critiques puissent légitimement dire à l'encontre des visions et intuitions religieuses qui ne lui sont qu'accidentelles. Il semblerait que la malédiction de Babel ait frappé les hommes dès qu'ils commencèrent à penser. Leurs esprits sont maintenant normalement dans un tel état de mouvement perpétuel que le pouvoir de les arrêter et de les faire reposer a été perdu. Lorsque le cerveau est las de penser sans cesse, que le cœur est excédé de ses perpétuels changements d'humeur, lorsque l'agitation du monde épuise le cerveau et le cœur et que les nerfs sont à bout, notre grand besoin de repos mental et de paix intérieure se manifeste, et peut être partiellement satisfait par l'habitude de la calme méditation. Un certain système d'éducation de la mémoire connut une grande vogue dans le monde entier pendant et après la guerre de 1914-1918. Aujourd'hui les gens en détresse, accablés de soucis, se précipiteraient en foule sur un système qui enseignerait l'art d'oublier ! Le Comte Keyserling a prédit que le matérialisme même de la civilisation occidentale la pousserait à la réaction du mysticisme, et peu d'observateurs compétents seront en désaccord avec lui.

Nous sommes emprisonnés dans ce monde comme des écureuils dans leur cage. Nous escaladons les barreaux de cette cage tournante, le cœur battant de l'illusion d'une activité incessante. De temps à autre, les plus avisés interrompent cet exercice, se reposent intérieurement et ménagent leurs forces. Ils vont plus loin que les autres, car ils atteignent du moins un certain degré de paix ; et nous ?...

La discipline de la quiétude mentale a été découverte il y a des milliers d'années, et elle est encore valable à ce jour dans notre monde de merveilles mécaniques et de rues tumultueuses. Elle n'a pas d'égale pour montrer à l'homme comment faire travailler sa faculté d'attention pour lui et non contre lui.

Ces avantages psychologiques n'ont rien à voir avec le côté religieux de la méditation, quoi qu'en disent la plupart des mystiques — lesquels ne peuvent faire autrement, car leur point de vue est préconçu, partial, peu scientifique. Néanmoins l'enquêteur impartial découvrira pour lui-même que la méditation peut être pratiquée même par un athée, voire un agnostique, avec les mêmes profits.

Indubitablement l'enseignement, comme complément d'un mode de vie irréprochable ; d'une technique de méditation soigneusement étudiée, simplifiée, non-religieuse et impeccable, se révèlerait extrêmement avantageux pour le monde moderne, en particulier pour le monde occidental. Un tel système devrait être purement rationnel et purgé de toutes les absurdes superstitions qui s'attachent souvent au yoga de l'Inde. Le profond besoin en devient plus urgent d'année en année. Dans la tension fébrile et l'âpre lutte de la vie européenne et américaine, la méditation, comme méthode pour développer l'aptitude à repousser les pensées perturbatrices, acquérir un meilleur équilibre émotionnel, calmer les inquiétudes corrosives et atteindre une paix intérieure délectable, semblerait être une nécessité de premier ordre. Son introduction comme partie intégrante de la vie quotidienne mérite d'être ardemment plaidée. Ses exercices pourraient et devraient être introduits à un âge convenable dans les programmes de l'enseignement secondaire et supérieur pour discipliner les esprits et concentrer les pensées de la jeunesse studieuse. Mais les préjugés ignorants des parents, l'attitude ombrageuse des ecclésiastiques et l'inexpérience totale des intéressés eux-mêmes dressent des barrières quasi-infranchissables à la réalisation de cet important projet.

Sommaire du mysticisme. — Tel est le deuxième degré de l'ascension de l'homme vers la vérité. Le mysticisme pourrait être décrit à mots couverts comme un mode de vie qui prétend, sans longues et louangeuses célébrations de Dieu, nous rapprocher de Lui plus que ne le font les méthodes religieuses ordinaires ; comme une conception de la vie qui rejette le Dieu trop humain fait par l'homme à sa propre image et selon sa propre imagination, et le remplace par une divinité sans forme ni limites ; comme une technique psychologique enfin, qui cherche à établir une communication directe avec cet esprit, par le canal de la contemplation intérieure.

Certaines doctrines collectives du mysticisme ne sont pas particulières à telle ou telle croyance, à tel pays ou à tel peuple, mais sont à peu près universelles. Ces positions-clefs de la pensée mystique sont au nombre de cinq et peuvent être succinctement dégagées et présentées comme suit : Les mystiques professent en premier lieu que Dieu ne peut être situé en aucun lieu particulier, église ou temple, mais que son esprit est partout présent dans la nature, et que la nature elle-même demeure en lui. Le concept orthodoxe selon lequel Dieu est une personne particulière parmi une foule d'autres personnes, beaucoup plus puissante sans doute, mais cependant grevée de sympathies et d'antipathies, de colère et de jalousie, est rejeté comme puéril. Ainsi mysticisme rime d'abord avec panthéisme. C'est la pensée du sujet et non le caractère de l'objet qui fait qu'un lieu est sacré ou profane, et le caractère sacré réside exclusivement dans l'esprit. Ensuite ils professent, comme corollaire du premier article, que Dieu demeure dans le cœur de tout individu, comme le soleil dans chacun de ses innombrables rayons. L'homme n'est pas en effet un simple corps physique, comme le croient les matérialistes, ni un corps habité par une âme invisible qui s'en échappe après la mort, comme le croient les religieux ; mais il est *hic et nunc* divin dans sa chair même. C'est de notre vivant même, ou jamais, que nous devons trouver le royaume des cieux. Celui-ci n'est pas une récompense qui nous est décernée au tribunal nébuleux de la mort. La conséquence pratique de cette doctrine est formulée dans l'article trois du mysticisme, qui affirme qu'il est parfaitement à la portée de tout homme disposé à se soumettre à la discipline ascétique préalable, d'entrer en communication directe avec l'esprit de

Dieu, par la contemplation et la méditation, sans recourir à l'intermédiaire d'un prêtre ou pontife, et sans prononcer de prière formelle. Il est donc parfaitement inutile de joindre des mains suppliantes pour adjurer un Etre suprême. L'aspiration silencieuse remplace ainsi la récitation mécanique. L'article quatre n'est pas moins incompatible avec la religion officielle que le précédent, car il déclare que les événements, incidents, histoires et fables qui composent une écriture sainte ne sont qu'un mélange d'allégories imaginées et de faits réels, une concoction littéraire par laquelle les vérités mystiques sont habilement communiquées par le truchement du mythe symbolique, de la personnification légendaire et du fait historique exact ; que le xxe siècle pourrait tout à fait légitimement, s'il le voulait, récrire ses nouvelles Bibles, ses nouveaux Corans, ses nouveaux Védas, car l'inspiration divine peut agir de nouveau, à toute heure. Enfin, cinquièmement, les mystiques professent que leurs pratiques favorisent en fin de compte le développement de facultés superlatives et de pouvoirs spirituels extraordinaires, voire d'étranges pouvoirs physiques, soit comme effets de la grâce divine, soit comme fruit de leurs propres efforts.

On ne sera pas surpris d'apprendre que lorsque l'extase mystique est intense, elle doit logiquement conduire le sujet à se considérer comme porteur de la divinité, et dans les cas extrêmes comme son incarnation même. C'est ainsi qu'il y a mille ans, un mystique musulman soufi proclama devant le peuple stupéfait de Bagdad : « Je suis Dieu ! » Malheureusement le Calife ne fut pas de cet avis, et châtia son blasphème de tortures renouvelées de Néron, pour finalement jeter son corps dans le Tigre. Tel fut le sort déplorable du célèbre Hallaj.

L'effet élargissant du mysticisme sur la perspective religieuse de l'homme est un encouragement à la tolérance, et de ce fait un apport positif indiscutable dans ce monde intolérant. Prendre la Bible, par exemple, comme seul fondement authentique de la foi religieuse, en écartant résolument l'hypothèse que d'autres races, telles que les Hindous ou les Chinois, aient produit des écritures méritant au moins un égal respect, est une vue étroite. Le sectarisme religieux qui ne peut tolérer d'autre croyance que la sienne propre est déplacé à notre époque de largeur d'esprit, où l'étude des religions comparées met en évidence l'existence de liens de parenté entre les diverses croyances du monde. La supériorité religieuse n'appartient en propre à aucun homme, ni à aucune secte, ni à aucune race. Le mystique accompli comprend que Dieu rayonne sa lumière sur tous également, et qu'il est lui-même libre d'adhérer à n'importe quelle croyance, ou à aucune. Ce qu'il cherche, il doit le découvrir pour lui-même, et en lui-même, dans le recueillement de la méditation.

L'inspirateur ou le fondateur d'un culte religieux qui connaît vraiment son métier sait comment promouvoir ses disciples et fidèles, quand ouvrir à la foule l'entrée du premier degré, et quand faire monter au second degré ceux qui ont les aptitudes mystiques suffisantes. Nous pouvons prendre comme exemple de cette science ces paroles de Jésus à ses disciples de choix. « A vous il a été donné de connaître les mystères du royaume de de Dieu, mais à eux cela n'a pas été donné... c'est pourquoi je leur parle en paraboles ; de sorte que... en écoutant ils n'entendent point, ni ne comprennent. » Dans ce texte le mot *mystère* signifie « auparavant caché mais désormais révélé », alors que dans sa traduction du Nouveau Testament, Moffat (1) n'a pas hésité à le rendre par « vérité secrète ». Mais de tels mystères n'ont rien à voir avec la philosophie. Que Jésus ait instruit quelques-uns des ses disciples directs, et par leur entremise ses apôtres ultérieurs, dans les doctrines et les pratiques du deuxième degré, c'est-à-dire yoga et mysticisme, il y a abondance de preuve dans la vie et les écrits de ses premiers disciples, témoin les transes mystiques de saint Jean et les formules mystiques de saint Paul.

Cette manière purement mystique qu'ils eurent de comprendre la vérité introduisit plus tard certains vices dans leurs propres enseignements, ainsi que certaines méprises sur la nature véritable de la personnalité de Jésus, vices que plus tard les philosophes gnostiques perçurent jusqu'à un certain point, et auxquels ils s'efforcèrent de remédier. Mais si l'histoire et le mystère de Jésus déconcertèrent ses propres contemporains, il n'est pas surprenant qu'ils aient, depuis lors, confondu le monde entier.

Une étude attentive des textes du Nouveau-Testament fait apparaître que, si la plupart d'entre eux peuvent aisément être classés dans le premier degré, c'est-à-dire comme matière purement religieuse, ils sont cependant parcourus d'une fine veine de mysticisme, alias deuxième degré. Par exemple la proposition « Le Royaume des Cieux est en vous » n'a absolument aucun lien avec la religion officielle, et se réfère entièrement aux expériences des yogis et des mystiques. A l'existence de ce mélange de concepts il y a deux explications. *Primo* la compilation de ces textes en un seul volume n'est intervenue que

(1) Robert Moffat (1795-1883), écrivain et missionnaire écossais, beau-père de Livingstone (N. d. T.).

plusieurs siècles après l'époque probable de la vie et de la mort de Jésus. Le pâle Concile de Nicée, lorsqu'il s'attabla à cet ouvrage, se trouva en présence d'une collection hétérogène d'évangiles existants, livres religieux destinés aux masses et livres mystiques réservés à l'élite. L'assemblée des évêques qui constituait le concile faillit en venir aux mains au sujet de la *nature* du Christ ; ils opérèrent naturellement leurs sélections et leurs éliminations chacun selon son tempérament et ses opinions (1). D'où il résulta ce choix quelque peu inégal d'évangiles authentiques, et cette élimination injustifiable de certains apocryphes. *Secundo* Jésus était en révolte contre l'orthodoxie rigide des prêtres juifs, dont la plupart non seulement ignoraient le deuxième degré, mais même persécutaient délibérément ceux qui manifestaient des tendances mystiques. Son indignation s'exprime dans cette phrase : « Malheur à vous ! vous n'êtes pas entrés vous-mêmes, et ceux qui entraient, vous les en avez empêchés. » Il est évident que sa sympathie pour les masses ignorantes et impuissantes était si vive et si débordante qu'elle l'entraîna à leur entr'ouvrir délibérément les portes de l'enseignement mystique supérieur, cependant que seuls ses disciples proches furent pleinement initiés. Bouddha fut indubitablement mû par les mêmes sentiments, et il ouvrit ces mêmes portes un peu plus largement encore que Jésus.

Il n'est pour ainsi dire aucun peuple ancien qui n'entretienne jalousement ses doctrines mystiques. Lorsque nous dépouillons leurs archives les plus secrètes, nous trouvons que presque tous proclament avec Epicure : « Les Dieux existent, mais ils ne sont pas ce que le vulgaire imagine. » Des conceptions similaires ont, aujourd'hui même, cours clandestinement dans les sphères dirigeantes de plus d'une religion mondiale, mais en général on ne le crie pas sur les toits. Le Vatican sait garder ses secrets historiques et conserver son rare trésor de manuscrits et de livres mystiques. D'aucuns ne furent pas peu surpris de la franchise et de la portée de l'aveu prononcé récemment en public par un ci-devant Doyen de la Cathédrale Saint-Paul de Londres, dans les termes suivants : « Quant à abroger des dogmes surannés, c'est très difficile. Nous n'avons pas le droit d'offenser ces humbles qui croient... Il est absolument vain de prétendre composer un crédo qui satisfasse à la fois le docteur et sa cuisinière. »

(1) La version officielle selon laquelle les livres se mirent en mouvement et se classèrent eux-mêmes miraculeusement pendant la nuit peut être tenue pour ce qu'elle est : une fable puérile destinée à en imposer aux ignorants.

Le mysticisme ne suffit pas. — Mais la loi de la vie est le mouvement. L'homme ne peut demeurer immobile, comme une marmotte en hiver, dans une extase prolongée. Il lui faut en sortir à un moment quelconque. Il lui faut s'associer avec ses confrères mystiques, avec sa famille, avec le monde en général, Ou bien il doit satisfaire quelque besoin physique. En outre, tôt ou tard il se heurtera aux limites variées du mysticisme et aux défauts caractéristiques des mystiques. Certains sont sérieux et importants. Le chercheur qui ne les a jamais rencontrés ou qui, les ayant rencontrés, n'a jamais eu le courage de les affronter résolument, ne s'élèvera jamais au-dessus du deuxième degré, mais mettra fin prématurément à sa quête et demeurera un étudiant suranné et satisfait de soi-même. Le présent chapitre ne traitant que de la valeur pratique du mysticisme et non de sa valeur philosophique ou valeur de vérité, tout examen de problèmes touchant cette dernière valeur sera remis à plus tard.

Ainsi le chercheur parviendra un jour au mur qui limite le domaine du mysticisme. Il verra que, malgré tout le bien que le mysticisme peut faire, il reste beaucoup de choses qu'il ne peut pas faire, en dépit de ses prétentions. Il verra aussi que la valeur sociale du mysticisme historique est aussi mince que sa valeur individuelle est grande, et que de ce fait le mysticisme ne peut constituer une solution complète du problème de l'existence humaine, ni offrir une panacée universelle pour cette malformation congénitale qu'est la souffrance humaine. Le chercheur se détournera avec déception ou dégoût de l'exploitation camouflée de l'ignorance, de la crédulité, des ressources financières, des maladies, des anxiétés ou des désirs de leurs disciples par la plupart de ceux qui font profession d'enseigner ce sujet ou qui proclament leur aptitude à guider les néophytes. Il se demandera pourquoi de si malfaisantes charlataneries et de si grossières superstitions ont obscurci le ciel de l'histoire mystique. Et sa conclusion inévitable sera que la possibilité même de ces défauts révèle l'insuffisance et le caractère limité du mysticisme. Il n'est pas dénué de mérites, tant s'en faut, mais il n'est pas parfait ; il lui manque quelque chose. Et l'élément absent est précisément le même qui manque à la religion. Celle-ci fait appel directement à la foi émotionnelle ; l'autre à l'expérience émotionnelle. *Aucun d'eux ne fait appel au critère de la vérité supérieure.* L'un et l'autre manquent d'un fondement rationnel, et se glorifient même de cette lacune. Pour celui qui respire l'atmosphère purifiée de la vérité, aucune charlatanerie, aucune superstition, aucune exploitation ne seront jamais possibles. Il ne permettra pas à l'illusion de l'atteindre, et ne trompera certainement jamais sciemment autrui. Les variations et les contradictions de l'expérience mystique indiquent nécessairement que l'*ultime* vérité doit se trouver hors de son ressort. Car il doit exister une telle vérité, et une seule. Les échecs des mystiques et des occultistes sur le plan éthique doivent être imputés au fait qu'ils ont échoué à titre personnel à découvrir et à posséder cette suprême vérité, et qu'ils puisaient à une source instable et incertaine d'inspiration, à savoir le sentiment, lequel est notoirement versatile, à quelque niveau d'exaltation qu'il parvienne momentanément dans la contemplation. Leurs difficultés intellectuelles sont la conséquence logique de leur dédain de la logique et de leur partialité à l'égard des processus intuitifs récusables, au détriment des processus rationnels éprouvés. Il est clair que celui qui vise le sommet devra un jour ou l'autre se décider à dépasser le mysticisme, quels que soient les services qu'il lui a rendus, et qu'il continuera à lui rendre, comme étape nécessaire de son ascension.

Le même phénomène que nous avions observé à l'étape précédente va se reproduire : lorsqu'il avait faussé compagnie aux contradictions internes de la religion dogmatique, le chercheur avait pénétré dans une lande de doute, de désespoir et de scepticisme. Le même chercheur devenu mystique, mais dont l'esprit est demeuré réfléchi et curieux, et ne s'est pas installé dans la vaniteuse suffisance et la quiétude conservatrice, va se trouver devant l'impossibilité d'obtenir des réponses satisfaisantes et convaincantes au genre de questions que soulèveront tôt ou tard la plénitude de l'expérience et l'amour du savoir : derechef il va s'avancer, seul et désorienté, dans un nouveau *no man's land* de confusion. Ce changement de régime, de l'abandon au sentiment mystique à l'âpre auto-critique de la raison, n'est ni aisé ni immédiat pour quiconque est demeuré plusieurs années dans le premier état. Il faudra ménager une transition, et le principe de progressivité sera valable dans ce cas. Si on le savait seulement, l'inquiétude même qui a pénétré dans l'esprit est un signe annonciateur que la frontière invisible d'une région plus élevée de la pensée est proche. Cependant cette frontière demeurera fermée au pionnier, à moins qu'il ne poursuive son exploration solitaire et ne refuse de se laisser retenir par de vieilles habitudes ou par une opinion différente. Le courage dont il a besoin maintenant n'est pas moindre que celui dont il a fait preuve naguère, à l'instant solennel où s'évader de la religion ou de l'agnosticisme vers le mysticisme. Ses compagnons n'étaient pas nombreux alors, mais ils seront infiniment plus rares cette fois, à pénétrer avec lui dans cet affreux désert. Mais s'il conserve à l'esprit la gravité de son entreprise, il ne faiblira pas. Il percevra peu à peu, confusément, que la nécessité· intérieure qui le pousse impérieusement doit être respectée avant tout, car son caractère indiciblement sacré dépasse de loin la sainteté alléguée de la foi religieuse ou de l'intuition mystique.

Ainsi la position subordonnée de tous systèmes religieux ou mystiques devient manifeste lorsque ces systèmes sont hiérarchisés dans les conceptions plus vastes de la philosophie. Ce qu'ils peuvent contenir de vérité n'est que la traduction symbolique de subtiles doctrines philosophiques. Les représentations pieuses d'un Dieu anthropomorphique fournissent un aliment au peuple vulgaire ; les paisibles rêveries de la méditation sont des bénédictions pour les esprits plus évolués ; mais l'une et l'autre classes ne sauraient goûter la nourriture de choix, réservée à une élite morale, émotionnelle ou intellectuelle.

Ainsi le mystique qui a choisi pour devise « Excelsior ! » doit souffrir et lutter même au milieu des intervalles fréquents et passagers de paix contemplative qui sont à sa disposition désormais. Viendra le moment où il se tiendra devant la barrière même de la frontière. Quelques pas encore, et il l'aura franchie. Au delà s'étend une terre nouvelle, suprêmement mystérieuse et à peine défrichée. C'est le domaine du troisième degré, l'empire de la plus haute sagesse ouverte à l'homme. Cependant, il ne saura pas combien il en est proche, à moins qu'un guide n'apparaisse pour le lui révéler et pour l'escorter un bout de chemin. Ce guide pourra être un ancêtre, parlant par-dessus des générations, par le truchement des pages d'un livre ou d'un manuscrit, ou bien ce peut être un contemporain, qui parle face à face. Le premier est semblable à une carte, qui propose un itinéraire, avec l'indication des tronçons de ramifications non explorées ; le second est un guide en chair et en os, qui vous prend par la main, et vous conduira plus loin et plus vite. Mais une fois la frontière laissée en arrière et la nouvelle étape commencée, le chercheur ne connaîtra plus jamais le goût du repos satisfait et de l'égoïste facilité. Car le nouveau disciple de l'Absolu doit désormais lutter sans relâche, d'abord pour conquérir sa propre position définitive, ensuite pour la bienfaisante libération d'*autrui*, sous le commandement impérieux d'une puissance supérieure, la VÉRITÉ.

CHAPITRE IV

LA PHILOSOPHIE CACHÉE DE L'ASIE

Les lecteurs qui nous ont suivi jusqu'ici avec une attitude bienveillante abordent les chapitres qui suivent sans préparation. Il est à craindre que certaines propositions les aient surpris, que d'autres les aient alarmés. Mais les enseignements qui vont suivre surprendront ceux qui se sont délectés des récits de l'auteur relativement à l'aventure yogique ou de ses exposés sur l'expérience mystique. Qu'ils s'arment de patience cependant, car ils découvriront en fin de compte que tout l'or fin que contiennent la religion et le mysticisme ne sera pas perdu, mais qu'ils en retrouveront intégralement la valeur pour prix de leur patience. Tout ce qu'il y a d'admirable dans la religion, tout ce qui sert fidèlement l'humanité laborieuse sera ici traité avec respect ; tout ce qui fait du mysticisme une bénédiction pour les militants sera apprécié selon ses mérites. Notre balance est juste, mais elle ne s'en laisse pas conter. Elle ne saurait accepter le faux avec le vrai, ni le fictif avec l'authentique. Elle ne laissera pas non plus le malfaisant encombrer ses plateaux sous le couvert du bienfaisant.

Bien que ces pages ne s'adressent qu'à l'intelligence rationnelle, et non à la foi ou à la crédulité sentimentales, ni même à l'imagination trop prompte à s'exciter, l'envergure caractéristique de la vérité est telle qu'elle couvre toutes choses de ses ailes. Une unité ineffable, une sublime synthèse où se fondent le Réel, le Vrai, le Bien et le Beau, les attend toutes au terme. Les inépuisables querelles doctrinales et les haines bestiales entre hommes trouvent ici leur tombeau.

Les rapports de la philosophie et de la religion ont été examinés, et ceux de la philosophie et du mysticisme ont été librement évoqués. Les interconnexions entre mysticisme, religion et philosophie sont telles que si l'on considère la religion comme le vestibule du mysticisme, celui-ci à son tour occupe la même position par rapport à la philosophie. Cependant il est nécessaire ici de mettre plus en lumière les rapports entre la philosophie cachée et ce qu'on appelle couramment, mais souvent à tort, philosophie aussi bien en Occident qu'en Orient. Cela demande quelques réflexions préliminaires sur la signification générale de ce terme.

Nul animal torturé n'a jamais demandé, avec le débonnaire Bouddha, le pourquoi de la souffrance universelle ; nul non plus n'a contourné les apparences momentanées pour demander quelle signification plus large sous-tendait l'énigme de la vie. Seul de toutes les espèces vivantes, l'homme a posé ces points d'interrogation.

Le singe est l'animal le plus voisin de l'homme ; cependant les conflits éthiques de la religion, les appréciations esthétiques de l'art ou les torturantes questions de la philosophie n'ont jamais pénétré dans son cerveau. Quelle est donc la différence la plus notable entre l'esprit de l'homme et celui du singe ? La plupart des animaux ont sans doute une certaine faculté de penser et de se souvenir, et plus d'un possède incontestablement de l'intelligence. Certains, tels que l'éléphant d'Asie, possèdent même un haut degré d'intelligence. Mais il est une chose qu'aucun animal ne pourra jamais faire, c'est de se servir de son intelligence dans l'abstrait. Il ne peut raisonner spéculativement ni amener la réflexion à transcender les contingences physiques. Ses actes sont invariablement déterminés par les circonstances concrètes qui l'entourent.

Une autre activité mentale qui dépasse les capacités de l'animal le plus intelligent du monde est la pensée impersonnelle. Aucun animal n'a jamais été observé cherchant à communiquer avec un autre animal demeurant sur un continent éloigné, parce qu'aucun n'éprouve le besoin de se faire du souci au sujet de ceux qui n'affectent pas son entourage immédiat, ou qui ne sont pas présumés être en mesure de l'affecter à un moment quelconque. Cela démontre que l'animal ne peut pas sortir de l'individuel pour s'élever à l'impersonnel, pour la raison qu'il est incapable d'ordonner correctement un élément isolé de son expérience par rapport à l'univers. Il ne peut s'abstraire de son propre corps et considérer d'une manière totalement objective la nature, la personnalité, la vie d'un autre animal qui le côtoie à chaque instant, pour ne rien dire de celui qui n'est pas du même bercail, et moins encore des astres qui animent la nuit. Pour tout animal les besoins primordiaux de son corps sont le souci dominant ; le pivot de son univers est et demeurera toujours lui-même, et il réagit à l'égard de toute autre créature selon que celle-ci affecte ses propres désirs, craintes, etc. Pour un tel être la vie est un fait simple, tandis que l'homme, doué d'intelligence, est voué à créer des problèmes, puis à se torturer pour essayer de les résoudre.

L'homme seul a estimé qu'il valait la peine de se troubler les méninges pour faire tout cela. Lui seul est sommé par l'univers de poser des questions puis d'en chercher les réponses, ce qui prouve qu'il possède des facultés mentales distinctives, qui n'appartiennent pas à l'animal. Et la somme de ces facultés n'est rien de plus que la *pensée* humaine, présentant avec la pensée animale non seulement une différence de degré mais une différence de nature. L'intellect humain est capable de s'élever jusqu'à l'activité purement spéculative ; il peut se livrer aux études les plus désintéressées, telles que l'astronomie, et calculer le mouvement des astres les plus lointains ; il peut dédaigner le carcan des contingences matérielles et prendre son essor vers les questions intéressant les causes et le mécanisme de toute la structure de l'univers ; il peut également partir des faits et des résultats expérimentaux, et par la seule puissance de la réflexion les associer en groupements rationnels pour les tisser enfin en une vaste tapisserie qui couvre l'univers entier d'une explication systématique. Si nous cherchons la signification de tout cela, nous sommes amenés à conclure qu'à l'homme seul a été octroyée la capacité de s'intéresser, d'interroger, de réfléchir, et peut-être en fin de compte de comprendre la vérité au sujet de sa propre existence et de l'univers qui l'enveloppe. Aucun insecte, plante ou quadrupède ne possède cet unique et noble privilège de chercher la vérité et d'y réfléchir. Vasishta, un ancien Sage de l'Inde, s'écria : « Mieux vaut le crapaud englué dans la vase, mieux vaut le ver de terre rampant, mieux vaut l'orvet aveugle, que l'homme sans inquiétude ! » Cette inquiétude, cette interrogation s'appelle la philosophie.

Mais que personne ne s'avise de croire que la philosophie est un objet que l'homme choisit quand cela lui plaît ; *c'est au contraire la philosophie qui choisit l'homme* — tous les hommes en fait : puisque la nature ne leur a pas donné à choisir d'être des humains ou des animaux, ils n'ont pas l'option d'être ou de ne pas être des philosophes, conscients ou non. Certes, ils n'ont pas sollicité cette distinction, mais ils ne peuvent l'esquiver ! Les premières idées frustes et mal assorties au sujet de leur entourage, qui voguèrent à travers l'esprit des premiers sauvages, les premiers lambeaux disparates de connaissance de soi-même et d'autrui qu'ils ramassèrent au cours de leurs brèves incursions dans le domaine nébuleux de la réflexion, l'étonnement et l'adoration que l'avènement du soleil matinal ne manquait jamais de leur inspirer, tels furent les modestes débuts d'une vie de l'esprit qui distinguait l'homme de la bête, les premiers pas qui engageaient inconsciemment l'homme dans cette quête de la sagesse, quête dont il prendra conscience un jour, lorsqu'il sera déjà fort avancé, et à laquelle il donnera le nom de philosophie. Désormais son attitude devient consciente et raisonnée ; elle devient une activité supérieure de l'esprit. Ses évolutions ne sont plus lentes, tâtonnantes, trébuchantes, mais deviennent rapides et directes. En posant des questions abstraites, en poussant profondément son enquête dans l'existence universelle, il montre de combien il a transcendé la bête. Mais cette séparation en deux étapes distinctes, si elle est légitime, est purement artificielle, en réalité il n'y a qu'une seule démarche, une seule quête.

Ainsi chaque homme est un philosophe *de facto*, si incomplet, inarticulé, imparfait soit-il. Nous avons déjà expliqué comment la religion était une initiation élémentaire à une forme inférieure de la philosophie, et comment de ce fait toute personne qui la pratique s'inscrit dans une catégorie de philosophes. Toutefois elle préfère la parabole, alors que des esprits plus évolués réclament des explications rationnelles. L'homme d'affaires, trop occupé pour se tracasser des spéculations intellectuelles artificielles et gratuites que représente pour lui la philosophie, n'en possède pas moins sa perspective propre sur la vie, son opinion propre sur ce qu'il est venu faire en ce monde et sur la réalité de la matière. Il peut penser que la mascarade cosmique n'a aucun sens, que l'objet essentiel de sa propre incarnation est d'ordre purement économique. Il peut estimer que son fauteuil possède une matérialité qui défie toute discussion. Que ces opinions soient ou non conformes à la vérité, là n'est pas la question, car le simple fait de les tenir prouve que lui aussi, comme le métaphysicien académique qu'il dédaigne ou méprise, possède une philosophie. Et cette philosophie qu'il le veuille ou non, oriente sa conduite et exerce une influence pratique sur sa vie, tout autant que dans le cas du philosophe professionnel.

Nous notons donc au passage cette vérité peu connue, à savoir que le reproche fait par l'homme de la rue à la réflexion philosophique d'être totalement inutile, en ce sens que les problèmes sur lesquels les philosophes discutent sont oiseux et dépourvus de signification, *ce reproche est lui-même le produit d'une réflexion philosophique !* Le censeur fait exactement, encore que grossièrement, ce qu'il condamne. La stérilité en résultats pratiques et le manque de conclusions décisives dont il se plaint sont partiellement dûs au fait que les philosophes sont beaucoup plus circonspects que lui dans leur approche, beaucoup moins expéditifs dans leur procédure, beaucoup trop clairvoyants d'esprit pour être disposés à formuler les conclusions préma-

turées dont il fait sa pâture. La formulation même de sa propre
critique constitue une conclusion obtenue par induction logique
à partir de faits donnés — ce qui est la méthode même de la
philosophie. C'est pourquoi son jugement qui condamne la
philosophie est invalidé par ses attendus eux-mêmes ! D'ailleurs,
que cela lui plaise ou non, qu'il le veuille ou non, il est bien
obligé de penser à la vie, parce que les faits les plus communs
et les circonstances les plus courantes de son existence personnelle réclament, pour eux-mêmes et leur signification, une certaine dose de pensée, si faible soit-elle. La différence entre l'homme
de la rue et le philosophe de métier est que l'un réfléchit for-
tuitement et superficiellement, tandis que l'autre réfléchit délibérément et profondément, ne cessant jamais de poser des questions, tant que tout n'est pas parfaitement clair.

On se plaint souvent que la philosophie ne donne pas à
manger ; l'on entend de nos jours des phrases telles que celle-ci :
« Mettons de l'ordre dans notre maison économique, ou dans
notre maison politique ; ensuite nous aurons le loisir de philosopher. » C'est une variation sur le vieux proverbe latin :
Primum vivere, deinde philosophari. Le même son de cloche
résonnait dans l'étouffante Babylone de Nabuchodonosor ; et
il se fera encore entendre dans ce qui succèdera aux ruines des
gratte-ciel de New-York.

Ainsi donc chacun est parfaitement libre de dédaigner le
formidable problème que la vie lui pose, et nul ne se souciera
de lui tenir rigueur de le négliger. La vie au xxᵉ siècle est assez
difficile par elle-même, avec ses contraintes, son surmenage et
ses luttes, pour justifier que l'on ne s'occupe que de ses besoins
immédiats et que l'on ajourne toute considération de problèmes
apparemment lointains tels qu'en pose la philosophie. C'est
précisément ce que fait « on », l'homme de la rue : il renvoie
l'ensemble du sujet à la commission compétente — un petit
nombre d'ermites académiques qui n'ont rien de mieux à faire
que de se livrer à ce genre de spéculations abstruses sur une
ultime abstraction. Telle est du moins la première idée superficielle qu'il se fait de la place revenant à la philosophie. Mais
comme beaucoup d'idées à priori, elle est tout à fait discu-
table, et susceptible d'être révisée avec le temps.

L'opinion courante est que le monde peut parfaitement tourner sans philosophie. Il ne vient pas à l'esprit du public que
celui qui, avant de mettre le pied à l'étrier, décide où il veut
aller, a plus de chances d'arriver à bon port que celui qui bondit
en selle et démarre à bride abattue sans savoir où il va. Selon

tous les témoignages, le monde est encore en train d'essayer de se désembourber des inextricables difficultés où l'a plongé cette méthode « pratique » mais irréfléchie. Sa détresse est l'attestation mélancolique de l'absence de philosophie à la clef.

L'observation particulière qu'il est plus facile à un riche qu'à un pauvre, à un homme libre qu'à un esclave, de se livrer à cette étude, est certainement judicieuse. Mais la loi de compensation trouve ici à s'appliquer, en ce sens qu'il est plus facile au pauvre qu'au riche de *pratiquer* la philosophie. Cette vérité se manifestera par la suite.

Il est également raisonnable de faire observer que la poursuite de cette étude suppose quelques loisirs, alors que la réflexion sur ces problèmes et leur compréhension demandent une certaine culture. Pour ce qui est de ce dernier point, l'histoire fourmille d'exemples d'hommes peu fortunés qui se sont pratiquement cultivés eux-mêmes plutôt que de s'avouer vaincus par la culture. Quant au premier argument, ceux qui se plaignent de ne pas trouver le temps d'étudier n'ont qu'à le prendre sur leur sommeil. Qu'est-ce qu'une heure par jour ? Ils n'en souffriront aucunement, et elle sera donnée à une bonne cause. Et puis il y en a beaucoup d'autres qui pourraient trouver le temps plus facilement encore. Ils ont trop de chats à fouetter : qu'ils en laissent aller quelques-uns. On ne leur demande pas de négliger leurs devoirs essentiels, ni de rompre des relations existantes pour procéder à cet ajustement. Mais lorsqu'ils auront trouvé le moyen de caser cette période d'étude, ils y trouveront leur compte. La vérité en cette matière, c'est qu'il y aura toujours des ardents et des ambitieux qui prendront de la peine, et des mous qui gémiront.

Ainsi donc, si nul de nous ne peut se dispenser d'être philosophe, il n'y a rien de ridicule, semble-t-il, à demander que nous apprenions à philosopher correctement, les yeux ouverts, d'une manière consciente et méthodique, plutôt qu'en somnolant, d'une manière aveugle et défectueuse — autrement dit que nous soyons des philosophes véritables et non des imbéciles à la dérive. Toute tentative de nier la suprématie de cette pensée généralisée et dirigée, simplement en la refusant, sera toujours vaine. Ce ne peut être une entreprise stupide ou futile que celle, indispensable, qui vise à élever l'ensemble de notre activité vitale du niveau d'une besogne fastidieuse et tâtonnante à celui d'un effort clairvoyant et délibéré. La vie nous offre son propre programme d'éducation sous forme d'expériences pénibles ou agréables, mais la quête *consciente* de la vérité est un article que nous devons y introduire nous-mêmes.

Les pensées qui sont habituelles sont suivies d'effet dans l'action. Pour l'homme ordinaire comme pour le philosophe, c'est toujours sa perspective générale qui déterminera le cours de ses actes. Mais l'un est plus ou moins le jouet des circonstances, qui le ballottent en tous sens et confèrent à ce cours une certaine incertitude, tandis que l'autre possède l'avantage d'avoir longuement réfléchi et d'avoir choisi et explicité quelques *principes* d'action. Celui qui ne s'est jamais posé de questions fondamentales, qui n'a jamais élaboré une attitude raisonnée, se trouvera plongé dans les affres du doute et de l'obscurité lorsque surviendra la première grande crise de sa vie. Celui au contraire qui s'est rendu maître de la vraie philosophie sera calmement prêt à toute éventualité. Le manque de principes préordonnés conduit l'homme irréfléchi à des actes préjudiciables non seulement à son propre bien mais également à celui d'autrui. Et pourtant l'homme du monde n'endure pas les philosophes !

Le seul nom de philosophe fait le vide devant lui. Dans ses *Vies Parallèles*, Plutarque lui-même n'a pu faire le panégyrique que d'hommes d'Etat, de guerriers, de politiciens ; c'est ainsi qu'il glorifie Lycurgue et raille Platon, sous prétexte que « l'un a créé de la stabilité et laissé après lui une constitution, tandis que l'autre n'a laissé que des mots et des livres. » La Philosophie a cependant joué un rôle dominant dans l'ancienne culture corinthienne. Les Grecs avaient une certaine estime pour la justesse de pensée, tandis qu'à notre époque où le jazz tourne toutes les cervelles, l'attitude commune est : « Pourquoi nous tracasser les méninges avec de tels problèmes ? » La plupart des hommes et des femmes de notre temps préfèrent le bavardage informe qui se pare du nom de conversation, et sont satisfaits de se laisser glisser les yeux fermés du berceau à la tombe. Ces incapables intellectuels n'ont que faire d'une ascension vers les cîmes de la pensée, ni d'un monologue intérieur dans cette atmosphère raréfiée. Dans l'imagination de l'homme moyen, la spéculation abstraite est un arbre desséché, stérile, mort, un terme et monotone tricotage de pensées. Et il faut bien avouer qu'une telle opinion n'est pas absolument dénuée de fondement, car bien des substances douteuses passent pour philosophie, qui n'en sont nullement ; mais si nous creusons un peu plus profondément autour de la source de cette répugnance et de cette méfiance, nous trouverons le plus souvent

qu'elles proviennent de l'ignorance et de la prévention plutôt
que d'un excès de clairvoyance ou de sens critique. L'homme
moyen n'a pas tort de penser, toutefois, que cette philosophie
va élever son esprit du plan familier des réalités concrètes vers
les altitudes peu familières de la vie, et comme beaucoup de
personnes âgées avant leur baptême de l'air, il en a peur. Et
s'il lui arrive de rencontrer un être humain desséché qui se
donne pour philosophe, la peur se nuance d'irritation, parce
que cet homme semble errer au hasard dans un désert, qui ne
produit rien de potable ni de comestible.

Quant aux gens de science, ils ajoutent leur timbre particulier
à ce lugubre concert de récriminations. Ils mettent en balance,
avec une malice qui se pare d'un semblant d'équité, les maigres
résultats de trois mille ans de philosophie cataloguée, avec
l'immense encyclopédie de faits certains et incontestés que la
science a compilée en moins de trois cents ans. Ils répètent inlas-
sablement la vieille épigramme au sujet du philosophe semblable à un aveugle cherchant dans un lieu obscur un chat noir
qui n'y est pas — et s'empressent d'ajouter que le xxe siècle a
mis le proverbe à la page en adjoignant au philosophe un théologien — lequel réussit à trouver le chat. Quiconque a l'audace de
parler d'une philosophie de la vérité ne peut être qu'un ignare,
qui ne connaît rien à l'histoire de la philosophie, et qui fait
naître chez lui-même et chez autrui des espérances condamnées
d'avance.

Ces critiques ne sont pas dépourvues de justesse. Les annales
de l'exploration philosophique sont un récit fascinant d'aven-
tures peu concluantes et d'enlisements dans la futilité. Toute
l'histoire montre que les philosophes n'ont pas encore réussi à
trouver ou à construire une plateforme de départ, faite de
certitude, sur laquelle ils puissent se tenir tous à l'unisson ;
que lorsqu'il s'agit d'interpréter la signification du monde, ils
sont encore dans les landes de la conjecture.

Ce que l'un d'eux a échafaudé d'une manière si convaincante,
le suivant l'a jeté bas avec autant de conviction ; ce que le
xviiie siècle a présenté comme une magnifique découverte, le
xixe l'a rejeté avec mépris ; les systèmes en honneur chez un
peuple ont été relégués par un autre au magasin de bric-à-
brac. Des flots d'encre ont coulé de plumes ardentes et convain-
cues, et pourtant la silhouette de la vérité n'apparaît pas encore.
Sans doute ces graves discussions sur les fins dernières — la
tombe ou l'au-delà — sont-elles aussi vertigineusement béantes
que jamais. Les réponses des philosophes à leurs propres inter-

rogations ont été aussi différentes et aussi opposées que le pôle nord et le pôle sud. La nécessité d'être frivole s'impose d'elle-même au lecteur toutes les fois qu'il se plonge dans ces pages guindées et pontifiantes, et il lui revient aux lèvres les mots ironiques et désinvoltes d'Anatole France : « Les choses ont des apparences diverses, et nous ne savons même pas ce qu'elles sont... mon opinion est de n'en point avoir ! »

On a déjà observé que ce même démon de la contradiction interne hante également les demeures du mysticisme et de la religion. N'y a-t-il donc aucun moyen de leur échapper ? Faut-il affirmer avec Herbert Spencer que la vérité absolue doit être reléguée dans le domaine de l'inaccessible ? Le pionnier religieux, mystique ou philosophe est-il condamné à arpenter un obscur et interminable dédale, qui n'a ni commencement discernable ni fin accessible ?

Ce qui est étonnant, c'est que les hommes n'aient pas purement et simplement cessé de philosopher. Qu'y a-t-il donc qui les presse de construire, de critiquer, de détruire, de reconstruire encore les thèmes de leurs prédécesseurs et les spéculations de leurs contemporains ? Pourquoi n'abandonnent-ils pas, exaspérés, cette vaine entreprise, suivant ainsi l'exemple du poète persan Omar Khayyam, qui dit de lui-même :

« Dans ma jeunesse, je fréquentai avidement docteurs et saints et entendis grandes controverses sur ceci et sur cela... cependant j'ai repassé la porte par où j'étais entré. »

Le fait est qu'ils cessent bel et bien de philosopher, et cela avec un empressement croissant. Celle qui jadis trônait sur les sciences empiriques n'est plus aujourd'hui qu'une Cendrillon délaissée. Ceux qui demeurent fidèles à l'étude de la philosophie pour la recherche de la vérité ne forment plus qu'un dernier carré. Ce processus de déclin de prestige et de perte d'intérêt se poursuit dans le monde entier. L'Allemagne qui, il y a un siècle seulement, pouvait se glorifier d'être le foyer de la philosophie européenne, n'a plus que mépris pour ce sujet devenu inutile, et que dérision pour cette sorte de jeu de billes intellectuel. L'Inde qui, il y a mille ans, entretenait des universités comme celle de Nalanda, où nul ne pouvait être admis s'il n'avait répondu aux questions métaphysiques les plus abstruses, et où dix mille étudiants se pressaient en dépit de cette sévère sélection ; l'Inde, qui a nourri de sa pensée toutes les autres terres d'Asie, ne peut plus aujourd'hui trouver assez d'étudiants pour garnir quelques classes squelettiques. Il est de notoriété publique en effet que plusieurs universités ont dû supprimer

la chaire de philosophie. En fait, la philosophie est en plein
déclin, et dans le monde entier ses systèmes sont devenus une
collection d'antiquités poudreuses, et ses professeurs les mélan-
coliques gardiens de ce musée métaphysique. L'humeur moderne s'irrite de toute tentative de l'attirer dans les parloirs
poussiéreux de la spéculation métaphysique.

La Philosophie de la Vérité. — Une telle critique n'est justifiable qu'à l'égard d'une pseudo-philosophie qui détourne de
l'action au lieu d'y conduire, tourne indéfiniment dans ce même
cercle vicieux sans parvenir à des conclusions, ou s'appuie sur
des postulats fantaisistes au lieu de faits certains — même dans
ce cas elle peut avoir une utilité pour ceux qui aiment le stimulus
intellectuel de la gymnastique mentale. Mais tout cela n'a rien
à voir avec la philosophie cachée.

L'erreur universelle qui a toujours confondu la fantaisie personnelle avec la philosophie, ou la théorie conjecturale avec la
métaphysique, rend nécessaire de formuler l'avertissement que
la philosophie de la vérité telle qu'on peut la découvrir dans
l'Inde ne doit pas être confondue avec une telle *spéculation*
philosophique sur la vérité. Si la demi-philosophie, ou pseudo-
philosophie, a fait son temps et est maintenant destituée, la
voie est désormais ouverte à la vraie philosophie. L'une s'élance
dans l'azur de la fantaisie comme un oiseau en liberté, l'autre
est strictement enchaînée aux faits. Elle s'appuie sur eux dès
le départ et aussi loin qu'ils sont connus, et se refuse à les dépasser. Elle ne prend rien pour argent comptant, ne part d'aucun
postulat, d'aucun dogme, d'aucune présomption *quelle qu'elle
soit.* Elle procède exclusivement par raisonnement sur ces faits
— le raisonnement le plus aigu et le plus rigoureux qui ait jamais
été pratiqué par l'esprit humain —, et conclut par l'application
de l'épreuve de toute l'expérience humaine. Maint métaphysicien réputé a épuisé son ingéniosité à *imaginer*, par exemple,
un Noumène, une Substance, un Esprit, un Absolu hypothé-
tiques, sous-jacents aux apparences accidentelles ; mais la philosophie de la vérité n'autorise ses professeurs et ses étudiants
ni à recourir à une fiction, ni à l'accepter sans examen. Il se
peut par exemple que l'esprit existe, mais cette existence devra
être reconnue et démontrée par l'investigation, et non pas pos-
tulée au départ. Le fait est le seul fondement de cette philosophie, comme il en est aussi le couronnement.

Si la philosophie académique présente un tableau d'opinions
discordantes, c'est principalement à cause des points de vue
divers choisis par ses adeptes. Or il n'y a qu'un point de vue

possible pour le vrai philosophe, le sommet absolu. Ce belvédère
doit être fondé sur les faits de toute expérience. C'est pourquoi
tout postulat, tout dogme, toute foi aveugle, toute abdication
en faveur du sentiment, tout rêve de l'invisible et de l'inconnu
sont à écarter sans barguigner. Toutes les fois que la philosophie
a échoué, la faillite était au moins partiellement imputable à
la violation de cette règle. Nous ne pourrons jamais interpréter
la vie d'une manière satisfaisante en substituant nos fictions à
ses faits.

A ce stade, donc, la philosophie, authentique doit embrasser
la science, prendre le départ, avec elle, marcher avec elle la
main dans la main, même si, plus tard, elle doit la distancer,
étant plus aventureuse. La science fait en effet partie intégrante,
encore que préliminaire, de la philosophie de la vérité. Et par
science nous entendons principalement la méthode scientifique,
le cheminement scientifique, la vaste collection de faits con-
trôlés, mais non les conjectures, opinions, intuitions fluctuantes
des savants individuels.

Pour une foule d'Occidentaux, la spéculation métaphysique
est un passe-temps ou un jeu de dilettantes, ou au mieux une
partie de chasse aux fantômes intellectuels. La philosophie
authentique est une occupation infiniment plus sérieuse et plus
fructueuse que cela. Elle considère cette vie qui nous est octroyée
comme une précieuse occasion d'obtenir de son passage apparemment éphémère un gain éternel. Elle ne peut en conséquence s'offrir le luxe de perdre du temps à de vains efforts,
condamnés d'avance à sombrer dans l'inanité. Elle applique
la méthode de l'enquête philosophique non à trouver des excuses
à une vie plus étriquée, mais au contraire à trouver une gouverne
pour vivre plus pleinement, non à la dissolution des intérêts
humains mais à leur expansion, non à la poursuite de fantômes
inconsistants mais à la recherche du Réel durable.

Nous examinerons dans un chapitre ultérieur une autre caractéristique propre à la philosophie supérieure, par laquelle elle
justifie effectivement — ce à quoi les autres philosophies ne
peuvent parvenir — sa prétention de livrer une vue d'ensemble
totale de l'univers et de formuler une théorie synoptique cohérente de la Vie. Son monopole dans ce domaine explique pourquoi les Sages indiens auraient pleinement réussi à éclairer les
ténèbres universelles, alors que les esprits occidentaux considèrent cette tâche soit comme définitivement impossible, soit
comme accessible seulement dans un avenir lointain.

Nous avons déjà vu que les explications de la religion étaient

excellentes pour les esprits simples ou timorés, mais trop élémentaires et trop choquantes pour la conscience et le bon sens
des esprits cultivés. Nous avons également appris que les doctrines et les pratiques du mysticisme étaient plus satisfaisantes
et plus amples, mais qu'elles aussi étaient insuffisantes parce
qu'elles ne donnaient qu'une vue partielle de la vie. La philosophie cachée de la vérité — que nous appellerons désormais
du simple nom de « philosophie » — se glorifie d'être la seule
à scruter toutes les phases de l'existence universelle totale, sans
en rien laisser en dehors de son exploration, la seule à en obtenir
l'explication complète et définitive, la seule enfin à pousser
son enquête avec une inflexible résolution, jusqu'à ce qu'elle
en atteigne le terme.

D'après ce manifeste, il apparaîtra que la vraie philosophie
n'est pas un monochrome, mais qu'elle est tellement riche et
nuancée qu'après avoir intégré les méthodes mises en œuvre
par la religion, le mysticisme, la science et l'art, par exemple,
ainsi que les résultats obtenus par ces méthodes ; après avoir
pris dans son champ d'observation des matières aussi diverses
que le commerce, l'industrie, la guerre, le mariage et la mater-
nité, les rêves enchanteurs et la besogne sordide, parce que tout
cela fait partie de la vie humaine ; après avoir pris en compte
le vaste déploiement de la nature, avec ses animaux et ses
plantes, ses rivières et ses montagnes, parce que tout cela res-
sortit à l'existence universelle ; après tout cela, dis-je, sa tâche
n'est pas achevée : elle doit encore retourner sur elle-même un
regard critique, car après tout, toute enquête, qu'elle soit religieuse, mystique, scientifique ou philosophique, est une activité de l'esprit. Il appartient donc à la philosophie de découvrir
pourquoi l'esprit désire connaître toutes ces choses, pourquoi
il entreprend la quête de la vérité, quelle est la nature de cet
esprit, quelles sont les limites de sa capacité relativement à la
connaissance de la vérité, comment il procède pour s'informer,
et quelle est enfin l'ultime vérité de toutes les vérités que
nous connaissons déjà. Elle exige la vérité dans son intégralité,
et non des demi-vérités, ou des quarts de vérité.

La philosophie apprécie à leur valeur les contributions du
secteur des faits et de celui de la foi, et aussi de tous les autres,
tout en dominant leur spécialisation étriquée, parce qu'elle
refuse de s'arrêter à aucun d'eux en particulier et d'y borner
son enquête. La science, incontestablement valable quand il
s'agit d'ouvrir une voie d'accès à la vie et d'organiser notre
connaissance de l'univers, est manifestement limitée ; ses

rayons ne contiennent que des fragments. On ne peut exiger
de l'homme de science moyen qu'il comprenne par exemple la
signification de la musique. Comme tout spécialiste, il travaille
avec des œillères, car il se meut dans une galerie et doit en
accepter les parois et l'étroite perspective. Tout spécialiste est
inconsciemment influencé par le relief qui prend l'aspect particulier de la vie auquel il s'intéresse. La conséquence en est qu'il
modèle sa conception de la vérité jusqu'à ce qu'elle s'ajuste
entre les parois de sa galerie, et méconnaît l'objectif d'ensemble
tel qu'il se présente lorsqu'il est affranchi de ces cloisonnements
— la vérité totale. C'est une méthode valable en vue d'objectifs pratiques et limités, certes, mais aussi une entrave lorsqu'on
se propose d'embrasser l'objectif total, l'ultime vérité, universelle et irréfutable.

Il est difficile de situer dans l'évolution l'attitude mentale
que nous prônons, trop à la page pour être ancienne, trop rationnelle pour être médiévale, trop historique pour être moderne.
Tel est le paradoxe de la sagesse la plus archaïque du monde,
qui est encore tellement en avance sur le savoir contemporain
que nous ne faisons que commencer à la rejoindre ! Tel est le
caractère unique d'une philosophie qui est une courageuse tentative d'atteindre la signification de l'existence, d'ordonner la faculté la plus noble de l'intelligence au plus noble but imaginable,
et de découvrir un critère adéquat de l'éthique, un canon irréfutable de vérité et de sagesse pour le soutien de l'action sociale.
Seuls les esprits superficiels osent contester sa valeur pratique
et sa supériorité. Mais il est bien entendu qu'une telle entreprise
ne s'inscrit pas dans la vie quotidienne de la foule nivelée ;
elle ne peut se développer que sur les chemins escarpés des cimes.
L'habitant des plaines peut refuser de renoncer à ses aises et
d'explorer ces régions peu familières, il en a le droit, mais du
moins qu'il s'abstienne de mépriser ceux qui foulent aux pieds
la peur et tentent l'ascension. Ceux-ci ne trouveront rien de
médiocre dans cette entreprise, mais au contraire une aventure
stimulante et fascinante. Elle est vraiment enrichissante; et
lorsque son incidence pratique se révèlera pleinement sur le plan
de l'étude, on ne pourra plus douter de son intérêt humain
vital. Dès lors, les épisodes de la vie quotidienne de ces pionniers
apparaîtront sur un fond de croissante grandeur.

Nous avons vu comment la progression vers la vérité s'orga-
nise en une série de démarches échelonnées, et nous l'avons
suivie jusqu'à la fin du deuxième degré. Cela concorde avec
l'ancien enseignement indien, qui définit trois étapes de déve-

loppement que l'esprit humain doit parcourir, trois attitudes successives et progressives à l'égard de la vie. La première est la religion, fondée sur la foi ; la deuxième est le mysticisme, régi par le sentiment ; la troisième enfin est la philosophie (comprenant également la science), disciplinée par la raison. Et il ne peut en être autrement, car la compréhension humaine de l'univers ne peut s'élargir que proportionnellement à la capacité de l'esprit humain. La perspective de l'homme est inéluctablement et indissolublement conditionnée par le niveau de son intelligence. Il est donc impossible que tous les hommes répondent de la même manière aux interrogations de la vie.

Nous sommes maintenant à la porte du troisième degré dans le sanctuaire archaïque de la sagesse, et nous frappons avec confiance. Si nous voulons parvenir à notre développement optimum, nous devons franchir ce seuil et apprendre ce qui se trouve au delà. Sur le fronton nous lisons ces quatre mots profondément gravés : *Philosophie de la Vérité* surmontés de la silhouette de la chouette de Minerve, qui nous fixe de ses grands yeux ronds. Car cet oiseau s'éveille à l'activité lorsque descendent les ombres de la nuit, et il voit clairement les objets variés là où l'homme ne voit que ténèbres opaques.

Mais qui a jamais entendu parler de cette philosophie non cataloguée ? Nous connaissons la philosophie allemande, la philosophie grecque, la philosophie indienne ; nous nous rappelons, comme d'un lointain passé, quelques-uns des volumes les plus inintelligibles du monde, composés par les hommes les plus intelligents du monde, qui ont troublé nos années de collège avec les émotions corrosives de la confusion, du désespoir et finalement de la déconvenue ; nous nous souvenons de nous être mis l'esprit à la torture en lisant une marée de bouquins fastidieux, mais au lieu de nous faire progresser vers la lumière, leurs théories et spéculations contradictoires n'ont fait que nous renfoncer dans les ténèbres. Nous adoptions ironiquement ce qui semblait être une règle générale du débat philosophique, à savoir que plus mince est l'objet du litige, plus grave devient la discussion ; nous avons collectionné un peu du jargon du système de Spinoza, du système d'Anaxagore, du système de Kant ; mais nous n'avons jamais trouvé, et nous ne connaissons personne qui ait jamais trouvé, une philosophie qui représentât autre chose que les vues d'un homme isolé, ou d'une école isolée.

Il existe cependant un petit nombre d'hommes qui ont exploré *à fond* les terres crépusculaires de la religion, du mysticisme et de la métaphysique, ne se bornant pas à en reconnaître sommai-

rement les rivages ; qui savent aussi ce que la science a à dire
de l'univers, et qui n'y ont pas trouvé de semblables motifs
de pessimisme. Leur étonnement initial s'est commué en désir
de savoir, celui-ci à son tour en passion de comprendre, laquelle
a finalement abouti à la quête de la réalité. Ils sentent
que cette quête qui les absorbe entièrement dans son effort
de progression et d'ascension répond elle-même à un objet qui
existe. Un espoir inexpugnable les attire. Car ce qu'ils avaient
cru à moitié avec la religion, pleinement senti avec le mysticisme, rationnellement pressenti avec la science et spéculativement analysé avec la métaphysique, est l'existence d'une
ultime essence qui serait la nature véritable des choses et des
hommes, et que cette essence, universellement présente en tous
temps et en tous lieux, conférait à l'univers sa plus haute signification possible, en sorte que le premier et le plus sacré devoir
personnel de tout homme était de la *connaître*. Mais ils conçoivent
qu'avant que cette essence puisse être connue avec certitude et
d'une manière définitive, elle doit d'abord être connue intellectuellement et d'une manière spéculative pour ce qu'elle est, et certainement pour ce qu'elle n'est pas. Ils en concluent à la nécessité d'une philosophie appropriée — non de la philosophie de
telle ou telle école, de telle ou telle personne ou de tel ou tel pays,
mais de l'unique philosophie de la *vérité*. Une telle philosophie,
si elle était découverte, serait l'indispensable carte avec laquelle
l'explorateur pourrait désormais s'embarquer pour son propre
compte à la découverte de la vérité.

Mais pourquoi l'espoir partagé par cette petite troupe de
francs-tireurs serait-il autre chose qu'un leurre, une illusion
engendrée par un simple désir personnel qui se travestit en intuition profonde ? Il n'y a qu'une réponse possible à cet argument valable, et cette réponse provoquera surprise, incrédulité,
sarcasmes dans les milieux occidentaux qui souffrent de complexes de supériorité, justifiés peut-être par la seule ignorance
de ce que d'autres hommes font et pensent dans l'autre hémis-
phère depuis plusieurs milliers d'années. Ceux-ci ont cependant
autant que quiconque le droit de se faire entendre, comme ce
livre le démontrera amplement. Or, ils proclament hardiment
que l'espoir d'une minorité s'est transformé — de loin en loin
sans doute — en réalisation pour quelques-uns et que, quoi qu'en
puissent témoigner les archives de la pensée mondiale, les traditions écrites et non écrites de l'Inde attestent que cette
vérité que l'Occident estime inaccessible a déjà été atteinte
dans le passé par de tels individus, et peut aujourd'hui

même être atteinte par quiconque est disposé à en payer le prix.

Après avoir contemplé les merveilles que l'esprit humain a réalisées en changeant la face du monde, devons-nous désespérer au point de croire que la Nature tout entière redoute la découverte de la vérité, et qu'elle a sournoisement tramé d'interdire à l'homme de jamais comprendre l'ultime signification de sa propre vie et de son univers ? Et quiconque affirme que cette signification est définitivement inconnaissable prétend inconsciemment savoir d'avance ce que les générations futures réussiront ou ne réussiront pas à connaître — ce qui constitue, on en conviendra, un postulat injustifiable et indémontrable. Mais pourquoi ne pourrions-nous pas condescendre à apprendre des anciens ce que nous ne pouvons apprendre des modernes ?

La doctrine secrète de l'Inde. — Une doctrine indienne ésotérique, qui constitue cette philosophie de la vérité, et qui se situe à un niveau plus élevé que la religion et le mysticisme, a existé pendant une période que les savants estiment ne pouvoir être inférieure à cinq mille ans, mais qui en fait est beaucoup plus longue, car ses origines se dissolvent dans des âges dont l'histoire perd le compte. Elle était traditionnellement la propriété de quelques initiés qui formaient une petite société fermée, et qui la conservaient avec grand soin, comme la fine fleur de la sagesse de leur pays, et n'en ouvraient l'accès qu'à des aspirants qualifiés. (En fait, jusqu'à l'aube des temps modernes, un Brahmane qui aurait osé publier que la vérité, latente dans la religion, ne devient réelle que dans la philosophie, aurait été châtié.) Ils la transmettaient de génération en génération, mais en en sauvegardant le caractère secret avec tant de soin, que les échos vagabonds qui parvenaient accidentellement ou clandestinement au monde se trouvaient rapidement et bizarrement déformés. Plus tard des autodidactes qui avaient recueilli ou dérobé quelques bribes de pure philosophie, et dont les intentions étaient meilleures que la compétence, se crurent investis d'une mission apostolique, et convertirent leur trésor en scolasticisme religieux ou en mysticisme théologique, selon le cas. La mutilation vint dans le sillage de la compréhension incomplète et erronée, et métamorphosa finalement une vérité noblement universelle en une vérité étriquée à la dimension de la tribu. Néanmoins cette philosophie ne fut pas irrémédiablement perdue, car même après l'extinction ou la disparition de ses derniers gardiens fidèles, elle poursuivit une existence immortelle dans quelques rares écrits abstrus et négligés, et aussi, d'une manière fragmentaire, dans plusieurs ouvrages plus répandus. Mais l'explication appropriée, fournie par un maître compétent, est indispensable sous peine d'erreur d'interprétation.

On peut donc présumer que plusieurs des explications qui seront données dans ces pages seront démenties comme non authentiques par la plupart des lettrés de l'Inde contemporaine, ou dénigrées comme des travestissements par la généralité de ses mystiques et yogis orthodoxes, ou dénoncées comme athées par la majorité de ses autorités religieuses. Et quand cela serait? Ce n'est pas à eux que nous nous adressons, ni à leurs nombreux fidèles, mais aux esprits qui recherchent uniquement la vérité. Cette vérité peut demeurer dissimulée à la vue pendant des siècles innombrables, car elle dépend des suffrages secrets du petit nombre ; mais elle est immortelle. Comme le vaste océan, elle survivra au bouillonnement de *l'opinion* mortelle, et à l'écume des préjugés et des intérêts partiaux. Bien que notre manière peu conventionnelle de présenter cette connaissance soit moderne et occidentale, sa source originelle est ancienne et indienne. Les textes inaltérables et les voix vivantes qui ont informé nos écrits sont indiens pour la plupart, avec l'appoint de quelques documents thibétains et d'une instruction ésotérique personnelle d'origine mongole. Le premier venu pourra déclarer indéfendables les doctrines exposées ici ; mais nul ne pourra, sans solliciter en sa faveur les documents anciens les plus péremptoires, nier le fait que ce sont des doctrines indiennes, encore que peu connues. Si nous ne citons pas ces textes, ici même c'est parce que nos lecteurs sont en majorité des Occidentaux, et que nous n'avons nul désir de les mettre dans l'obligation d'explorer d'encombrants glossaires de noms sanscrits peu familiers. En vérité, à tous les chefs d'accusation contre ce livre, on ajoutera celui de n'avoir utilisé que deux termes philosophiques sanscrits, sous prétexte que certaine idées philosophiques indiennes sont réputées non seulement inintelligibles à l'Occident, mais encore inexprimables en aucune langue occidentale traditionnelle. Je reconnais bien volontiers que nous avons affaire ici à des idées qui s'expriment en sanscrit d'un seul mot, alors qu'il nous faudra souvent toute une périphrase pour écrire le second terme de l'équation. Mais la vérité existait avant son expression en langue sanscrite, et elle survivra longtemps après la disparition de cet idiôme. Dès avant sa naissance des hommes avaient dû trouver ou inventer des termes expressifs et sous la pression du besoin, peut-être pourront-ils encore faire de même ?

Il s'élèvera aussi des protestations véhémentes et des antagonismes personnels en provenance de ces cercles fermés, tant d'Orient que d'Occident, qui se parent du titre d' « ésotériques » et revendiquent la possession d'une sagesse « occulte ». La confusion et la méprise sont pardonnables chez ces gens à demi informés. Ils croient, à juste raison, que quelques-uns des maîtres universellement renommés ont enseigné une doctrine secrète à leurs plus proches disciples. Ils croient également, mais à tort cette fois, que cette doctrine consistait principalement en magie, thaumaturgie et théologie. Ces grands maîtres avaient mieux à faire que cela. L'ultime fin de l'ésotérisme indien était de conduire l'homme à la découverte de la signification essentielle de la vie humaine, de l'aider à acquérir une connaissance intime — co-naissance — de la structure véritable de l'univers et de dévoiler le grand soleil de la vérité absolue illuminant l'horizon de toute existence.

Avant même que la victorieuse campagne d'Alexandre eût établi un fructueux contact entre la pensée orientale et la pensée hellénique, des fragments de cette doctrine avaient été rapportés en Europe par de hardis voyageurs tels qu'Apollonius de Tyana et Pythagore. A notre époque, des preuves fragmentaires de l'existence de cet enseignement caché ont filtré dans le monde extérieur à mesure qu'une cohorte de plus en plus nombreuse d'orientalistes occidentaux offrait au monde la moisson de leurs recherches séculaires parmi les trésors culturels de l'Inde. Ils ont abattu les murailles de secret qui conservaient les ouvrages les plus importants en la possession exclusive d'un petit nombre de Brahmanes. Quiconque voudra fureter lui-même dans ces trésors pourra y trouver de nombreuses références à un enseignement confidentiel, exclusivement réservé à ceux qui remplissaient certaines conditions difficiles et qui possédaient certaines rares qualifications d'âme et d'esprit ; il y trouvera aussi des allusions répétées au fait que la connaissance plénière ne pouvait être acquise qu'*à titre personnel* d'un instructeur compétent. A cet effet on pourra se référer notamment à l'ancienne règle des Brahmanes qui prescrivait que tout Brahmane initié qui révèlerait sa science à des profanes non qualifiés serait passible de châtiment, et aussi aux traductions occidentales actuellement existantes de textes sanscrits tels que *Upanishads, Bhagavad Gita*, les *Commentaires de Shankara* sur les textes précités, *Vivekachudamani, Brahma Sutras, Panchadasi*, etc.

A cela nous pouvons associer les paroles suivantes de Bouddha, empruntées au *Saddharma Pundarika;*

« Les hommes supérieurs d'une sagesse accomplie conservent la doctrine, gardent le mystère et ne le révèlent point... Cette science est difficile à comprendre ; le simple, s'il l'entendait sans préparation suffisante, serait plongé dans la perplexité... Je m'exprime selon leur portée et leur capacité ; au moyen de symboles divers j'accommode ma doctrine à leur entendement. »

Nous avons déjà vu comment, selon cette doctrine cachée, il y a des étapes de développement que doit franchir successivement celui qui est à la recherche de la réalité. Ceci apparaît clairement dans la déclaration suivante du sage Gaudapada, qui figure dans son très ancien livre déjà mentionné :

« Il y a trois phases de la vie correspondant aux trois degrés de compréhension : l'inférieure, la moyenne et la supérieure... Il (le Yoga de l'irréfutable) est difficile à atteindre pour les yogis qui ne sont pas pourvus du savoir prescrit dans la philosophie supérieure... ceux-là qui sont aussi sur la voie, mais qui ne possèdent que les degrés inférieur ou moyen de la compréhension. »

Commentant ces paroles, le grand maître Shankara observe : « Les ordres de l'humanité sont également au nombre de trois. Comment cela se fait-il ? C'est qu'ils sont dotés de trois degrés de compréhension, à savoir inférieur, moyen et supérieur. »

Pythagore, qui se rendit jusque dans l'Inde et réussit à y obtenir l'initiation à la sagesse secrète des Brahmanes, classait l'humanité en trois catégories, rangeant dans la plus haute ceux qui aimaient la philosophie. C'est d'ailleurs dans ce contexte qu'il forgea et utilisa le mot *Philosophie*, qu'il introduisit ainsi en Europe. Ammonius, qui fonda à Alexandrie une importante école mystique et philosophique, divisait également ses disciples en trois classes, leur faisant prêter serment de ne pas divulguer les enseignements philosophiques supérieurs. Ses règles étaient calquées sur celles de l'institution grecque plus ancienne des Mystères d'Orphée, lesquelles, selon l'historien Hérodote, étaient importées de l'Inde.

Il ne faudrait pas croire que le secret rigoureux qui enveloppait jadis cet enseignement fût entièrement prémédité. Il se développa plus ou moins spontanément à partir de quatre facteurs principaux. *Primo*, il fut clairement compris que si l'ultime vérité de la religion était divulguée, l'édifice tout entier de la moralité publique serait ébranlé. La divulgation sans discernement d'un enseignement qui décrivait Dieu tel qu'il est en vérité et répudiait Dieu tel qu'il est communément imaginé, et qui réduisait tous rites, sacrifices et sacerdoces à ce qu'ils sont véritablement, à savoir des auxiliaires purement provisoire ne tarderait pas à détruire l'influence de la religion instituées sur ceux qui en ont besoin, et cette destruction entraînerait la chute des contraintes éthiques et des disciplines morales vassales de la religion. Les masses confuses du peuple sans éducation brûleraient alors ce qu'elles avaient adoré, mais ne pourraient, en échange, prendre possession des bienfaits incontestables de la philosophie supérieure, car celle-ci serait rejetée par elles comme étant trop lointaine. Elles seraient abandonnées à elles-mêmes, les mains et l'esprit vides, ou au mieux avec une interprétation fausse et trompeuse, de sorte que finalement la société serait jetée dans le chaos, et la vie sociale risquerait de retourner à la loi impitoyable de la jungle. Il serait dangereux de troubler l'esprit des masses mentalement adolescentes en leur ôtant leur foi en la religion traditionnelle, sans rien leur offrir d'assimilable en échange. Les sages conservèrent donc soigneusement et prudemment leur sagesse et la confièrent exclusivement à une élite qui y était préparée, que ne satisfaisait plus la religion orthodoxe, et qui voulait quelque chose de plus rationnel. Outre ceux qui avaient atteint la maturité mentale nécessaire, l'initiation était également conférée aux rois, aux hommes d'Etat, aux généraux, aux grands-prêtres brahmanes et aux autres responsables de la conduite des peuples ; ils étaient ainsi mieux équipés pour s'acquitter de leurs tâches avec sagesse et efficacité.

Secundo, le deuxième facteur résidait dans le caractère aristocratique de cette philosophie. Elle ne convenait pas indifféremment aux moutons et aux lions. Elle ne pouvait être annoncée dans les cavernes et les huttes des illettrés et y espérer un accueil compréhensif. Elle était si abstruse intellectuellement, et si révolutionnaire quant à l'éthique, qu'elle échappait entièrement à la portée du peuple. Si elle avait été facilement acceptable, elle eût été acceptée peu après avoir été formulée. Elle se condamnait elle-même à l'hermétisme en vertu de la loi qui stipule qu'il est inutile d'imposer à la foule des idéaux qui ne conviennent qu'à l'élite. Ses doctrines ne pouvaient être assimilées que par de puissantes intelligences et de nobles caractères ; elles étaient trop subtiles, partant trop incompréhensibles pour les esprits insuffisamment mûris, les intelligences obtuses ou stupides, les âmes mesquines ou égoïstes. Les populations primitives se composaient principalement de paysans qui peinaient du matin au soir dans leurs champs, ou de pasteurs qui suivaient machinalement leurs troupeaux. Aucune de ces deux classes ne pouvait aisément développer des esprits capables et désireux de méditer longuement sur les sujets les plus abstraits et les plus impersonnels, apparemment tout à fait étrangers à la campagne et à la maison ; ces gens simples pouvaient en revanche donner créance à des fables simples. Ils se satisfaisaient donc parfaitement de prendre le chemin facile de croire tout ce que leurs parents avaient cru. Les masses étaient généralement illettrées et inéduquées, et vivaient dans un monde où le souci du pain quotidien et des besoins physiques immédiats était une occupation suffisante, où la pieuvre géante de l'activité personnelle et des responsabilités familiales les maintenait étroitement dans ses tentacules, si étroitement qu'elles n'avaient ni le vouloir ni le pouvoir d'explorer la signification plus subtile de leur propre existence, pour ne rien dire de l'ultime connaissance de l'existence universelle, plus lointaine encore. Travailler, souffrir, propager l'espèce, mourir, tel était leur horizon borné. Elles soupçonnaient à peine ce pour quoi elles étaient venues au monde, leurs fins dernières, et s'en souciaient moins encore. Comment dès lors pourrait-on espérer qu'elles comprendraient des doctrines et apprécieraient des valeurs qui transcendaient leur orbite autant qu'une conférence de doctorat transcende celui du certificat d'études ? Il faut laisser au jeune esprit populaire le temps de croître, et ne pas s'attendre à ce qu'à une époque où il est encore dans l'enfance, il soit en mesure de juger d'affaires qui dépassent souvent les capacités des plus habiles.

Au surplus l'axiome : « beaucoup d'appelés mais peu d'élus » du Nouveau Testament a un équivalent hindou dans ce texte du *Bhagavad Gita* : « Parmi les milliers, un seul, peut-être, lutte pour conquérir la vérité. » Il ne s'agit pas ici d'une exclusion arbitraire mais d'une sélection basée sur l'inégalité des capacités humaines, car le même texte dit aussi : « Je ne me révèle pas moi-même à tous sans distinction, car la plupart ont une vision obscurcie par l'illusion. »

Tertio, les rares sages qui s'étaient rendus maîtres de cette doctrine habitaient ordinairement de petits ermitages dans la forêt ou d'obscures retraites dans la montagne. Ce mode d'existence à l'écart de la multitude ne fut pas choisi en fonction de leur besoin personnel, car ils avaient acquis une imperméabilité absolue d'esprit et d'âme, qui pouvait traverser sans se mouiller les activités complexes des cités populeuses, comme ce fut le cas de Shankara (1), ou demeurer sans corruption au milieu

(1) Philosophe ancien qui parvint à l'illumination suprême à un âge excep-

du faste somptueux des cours royales, comme ce fut celui de
Janaka (1). Cette réclusion fut choisie pour l'avantage de ceux
qui en avaient besoin, c'est-à-dire pour la poignée de disciples
qui étaient mûrs pour cette instruction spéciale. La concentration soutenue et la profonde réflexion exigées de ses fidèles
pendant plusieurs années par la déesse de la sagesse cachée
trouvaient la moindre opposition et la moindre interruption
dans ses derniers retranchements parmi les solitudes sauvages
des splendides forêts ou l'impressionnante majesté des montagnes solitaires. Ce penchant pour la retraite dans de tels lieux
en vue de l'étude était si bien reconnu que les anciens textes
utilisés par ces maîtres pour leur enseignement s'appelaient et
s'appellent encore *Doctrines de la Forêt*. Ce serait une grave
erreur cependant, de confondre cette retraite délibérée de
quelques-uns, en vue de mieux s'équiper, par une étude austère, pour comprendre d'abord et servir ensuite le genre humain,
avec l'ascétisme à bon marché qui prévaut actuellement dans
la plupart des vastes et populeux monastères, qui ne sont que des
caricatures de ces minuscules monastères disparus. Une stérile
léthargie et une spéculation superstitieuse ont aujourd'hui pris
la place de l'effort mental et de l'étude disciplinée. Les anciens
étudiants du troisième degré étaient des hommes qui se rendaient compte que trop longtemps ils s'étaient affairés comme
des fourmis sans comprendre de quoi il s'agissait, et que trop
longtemps ils avaient dansé avec une hâte fébrile sur la scène
du monde, comme des pantins désarticulés, sur un air joué par
d'autres. Ils étaient parvenus au point où ils désiraient savoir
ce que tout cela signifiait, pourquoi ils étaient venus sur cette
terre, et où les conduisait, eux et les autres, la contrainte fatale
de la vie. Ils sentaient qu'il leur fallait trouver une place dans
leur programme pour l'étude de la philosophie. Une vie totalement vide de pensée plus profonde était estimée indigne de
l'homme, puisqu'elle le rendait semblable à la bête. En bref,
ils voulaient connaître la vérité. Ils se retirèrent donc pour un
temps du monde affairé et jouèrent les déserteurs, non par décep-

tionnellement juvénile, puis parcourut l'Inde en tous sens pour aider les
masses ignorantes et éclairer l'élite cultivée, chaque classe selon ses propres
manières d'être.
(1) Roi qui gouverna un vaste État du nord-est de l'Inde, tout en étudiant
la doctrine cachée sous la direction du sage Ashtavakra, tant et si bien
qu'il découvrit pour lui-même l'ultime essence des choses. Il était également
à l'aise assis dans une forêt avec le sage impassible, ou dans la salle d'au-
dience du palais, prêtant l'oreille à l'appel au secours d'un sujet dans la
détresse, ou encore à la tête d'une armée en campagne.

tion émotionnelle, mais pour se consacrer à une tâche intellectuelle sérieuse. Cette absence prolongée de la société, bien que
prévue comme moyen temporaire et non comme fin permanente,
eut pour effet, graduel mais inévitable, de soustraire à la
tradition culturelle commune la connaissance philosophique
acquise, tant et si bien que le même mot qui en sanscrit désigne
la « Doctrine de la Forêt » en vint à signifier également « la
Doctrine cachée ». Non point que les sages se tinssent toujours
cachés, mais lorsqu'ils se montraient en public, ils n'enseignaient
au peuple que ce qui lui convenait, c'est-à-dire la religion pure
dans la majorité des cas, le mysticisme pur dans les autres.

Quarto, le quatrième facteur a déjà été mentionné : à savoir
le danger que les textes traditionnels fussent mal compris et
mal interprétés, en sorte que le faux passât peu à peu pour le
vrai et fût effectivement enregistré comme tel par les générations ultérieures. Ceux qui n'étaient ni préparés ni disciplinés
moralement et intellectuellement prêteraient leurs propres interprétations aux textes, imagineraient des interprétations conformes à leurs goûts ou à leur tempérament personnels. Et ce
danger était d'autant plus réel que les textes étaient plus con-
densés et nécessitaient de longues explications.

Ainsi l'ésotérisme apparut d'abord comme un phénomène
naturel, mais avec les méfaits du temps, il fut plus tard poussé
à ses extrêmes limites par l'égoïsme humain de la part de l'élite,
et par l'indifférence humaine de la part de la masse. Les matériaux d'une histoire de ce lent déclin ne manqueraient pas d'intérêt dans bien d'autres domaines que celui de la philosophie,
si seulement on pouvait se les procurer.

Deux questions vont maintenant venir naturellement aux
lèvres du critique occidental. *Primo*, si une telle philosophie
existe dans l'Inde depuis si longtemps, comment n'a-t-elle pas
réussi à élever la culture indienne au pinacle de l'estime mondiale ? La réponse est que, comme on l'a déjà expliqué, les
Indiens qui possédaient cette sagesse étaient trop peu nombreux
à une époque quelconque, et quasiment non-existants à l'époque
contemporaine, pour marquer profondément la culture d'un
immense territoire. Cependant, si leur influence immédiate fut
limitée à une élite triée sur le volet, néanmoins *leur influence
ultime et indirecte a été immense.*

Les difficultés matérielles et linguistiques des communications culturelles entre l'Inde et l'Europe jusqu'au siècle dernier,
conjuguées avec le caractère ésotérique de cette philosophie,
expliquent qu'elle n'ait pas exercé une influence mondiale, alors

que dans le reste de l'Asie, avec lequel les communications étaient bien plus actives, la sagesse indienne fut toujours tenue dans la plus haute estime. Néanmoins il est significatif que le premier homme qui introduisit le mot « Philosophie » dans le vocabulaire européen fut également le premier Grec notable qui se fût aventuré jusque dans l'Inde en quête de la sagesse. Pythagore fut bien payé des risques de son long voyage ; il rapporta en Occident de nouvelles et plus hautes conceptions de la Vérité.

Secundo : Pourquoi, si cette doctrine fut si scrupuleusement maintenue cachée aux masses pendant tant de siècles, devrait-elle maintenant être si largement publiée et rendue accessible à la foule ? A cela on peut apporter une triple réponse : la révélation n'est pas tellement nouvelle, puisqu'elle a commencé au xviiie siècle, lorsque les armées britanniques défrichèrent la voie aux hommes de science britanniques, français et allemands. Texte après texte tombèrent successivement entre leurs mains, comme butin de guerre aux premiers jours de la conquête, puis par transactions régulières avec les confréries brahmaniques très fermées, qui avaient jusque-là jalousement conservé les ouvrages. Ceux-ci sont maintenant à la disposition de milieux plus larges. De nombreux villages ont été passés au crible par des agents compétents, et une foule de manuscrits cachés depuis des siècles par crainte des conquérants musulmans, ou négligés par pure incapacité de les comprendre, ont été ramenés au jour. Quelques-uns de ces textes ont été traduits en langues européennes et sont accessibles à tout le monde, tandis que la plupart ont été soigneusement rassemblés et conservés dans leur état original dans d'excellentes bibliothèques, telles que celles du Secrétariat d'État pour l'Inde, des Collections orientales de Mysore, Baroda et Travancore, de la Société Royale Asiatique, etc, où ils sont maintenant à la disposition des érudits. Il y a deux cents ans, peu de ces ouvrages pouvaient tomber entre les mains de quiconque n'appartenant pas à une petite élite de l'*Intelligentsia* indienne. Aujourd'hui plusieurs centaines d'ouvrages philosophiques divers sont librement accessibles aux étudiants européens et américains. Il ne s'agit donc pas ici d'une révélation nouvelle, mais d'une révélation qui a commencé il y a près de deux siècles et qui se poursuit. Cependant la présentation qui en est faite ici sera probablement considérée par la plupart des lecteurs comme un exposé nouveau, essentiellement moderne, et certainement peu conventionnel. En fait, ce qui constitue la nouveauté de ce livre, c'est que ses principes sont fondés en partie sur un petit nombre d'ouvrages qui ont été négligés ou rejetés par le flot de l'orientalisme occidental parce que leur importance exceptionnelle et leur subtilité n'avaient pas été comprises, et en partie sur une compétence personnelle qui est peut-être unique dans toute l'Inde d'aujourd'hui.

D'autre part, le principal motif de l'interdiction de révéler la philosophie cachée résidait jadis dans le danger qu'elle faisait courir à l'autorité de la religion orthodoxe, et par suite à la morale. Depuis ce temps-là, tant de facteurs divers ont contribué à saper cette autorité qu'elle n'est pratiquement plus en mesure de s'acquitter de ses fonctions. Les circonstances ont changé depuis le temps où Socrate pouvait être mis à mort sous l'inculpation d'affaiblir la foi religieuse. Aujourd'hui les esprits sont indécis et leurs assises religieuses sont ébranlées. La situation est bouleversée au point d'être paradoxale, si bien que la philosophie cachée, au lieu de détruire ce qui reste de religion, pourrait la restaurer par le biais de son exégèse symbolique, et en plaidant auprès des esprits cultivés la légitimité du rôle et du prestige de la religion en tant qu'institution. Quant aux masses, elles seraient à peine affectées par la révélation de cette philosophie cachée, car elles l'ignoreraient comme elles ignorent toute philosophie abstraite, ou en admettant qu'elles s'y intéressent, elles ne sauraient en pénétrer les subtilités.

Enfin le troisième facteur qui fait naître l'occasion d'une publication de la philosophie supérieure, plus franche, plus hardie, plus complète et plus libre que jamais auparavant, est tout à fait exceptionnel et le plus important de tous : Depuis le jour où ses enseignements ont été pour la première fois formulés et mis sous le boisseau, le monde a grandement changé, et avec lui l'humanité. Les changements qui affectent la situation de la philosophie ont été amplement détaillés dans les premières pages de ce livre.

CHAPITRE V

LA DISCIPLINE DE LA PENSÉE

Le simple fait qu'une personne ordinaire, quel que soit son désir de connaître, se laisse intimider par un sentiment de crainte devant l'abstrait ou rebuter par une impression superficielle de la philosophie, la rend impropre à poursuivre cette étude. Chaque homme doit posséder en effet certaines qualités essentielles rien que pour être autorisé à en franchir le seuil. Personne ne peut espérer pratiquer avec succès la philosophie s'il ne possède sept qualités psychologiques. Elles sont indispensables parce qu'elles constituent les moyens permettant d'atteindre heureusement le but. Un explorateur qui désire s'enfoncer dans des régions inconnues et dangereuses, qui aura à franchir des montagnes, des fleuves, des déserts, doit en premier lieu, s'il a de l'expérience, se préparer en s'équipant de façon adéquate. De même, celui qui veut explorer la philosophie cachée et pénétrer dans la région inconnue de la vérité, doit se préoccuper de la nature et de la qualité de son équipement personnel avant que son esprit puisse s'aventurer dans une activité où ses capacités seront soumises à la plus rude épreuve.

Une pareille exploration n'est pas à la portée de quiconque. Seuls ceux qui répondent aux conditions préliminaires peuvent espérer le succès final. Ces conditions ne s'imposent pas extérieurement, elles sont inhérentes à la nature même de l'intelligence de la vérité, et doivent donc inéluctablement être remplies. Elles n'ont pas non plus été formulées arbitrairement par quelque maître exigeant. Elles sont imposées par la Nature elle-même et acceptées par une longue tradition. Personne n'a cependant besoin de s'en soucier s'il n'appartient à la petite élite qui cherche à connaître à tout prix le secret final de l'existence. Tous les autres peuvent tranquillement les ignorer et jouir de la vie à leur guise. Comme l'a fort bien dit Emerson : « Prends ce que tu veux, mais paies-en le prix. » Ces mots s'appliquent parfaitement en ce point de notre recherche.

Dans les pays d'Occident, il a toujours été loisible à n'importe qui d'entreprendre une étude philosophique, mais, en Asie, on réclamait un bagage élémentaire. On refusait d'instruire quiconque ne présentait pas à la fois des aptitudes et une attitude convenables. Peu importait aux gardiens de la sagesse que l'aspirant à la science philosophique possédât ou non quelque croyance religieuse, qu'il fût athée, chrétien ou musulman, ce qui importait c'était qu'il fût psychologiquement apte. Cette différence est très importante, elle explique en partie la supériorité des résultats et les succès notoires obtenus par les Asiatiques. Fichte a dû entrevoir la nécessité de la discipline d'une préparation, car il a écrit : « Le genre de philosophie choisi par un homme dépend essentiellement de la nature de cet homme. » La possibilité de s'assimiler les hautes vérités dépend directement des aptitudes personnelles.

Après avoir lu le présent chapitre, l'étudiant devra s'examiner à loisir d'une manière parfaitement objective pour vérifier jusqu'à quel point son esprit possède les aptitudes désirables. Cet examen devra être de la plus entière franchise. Les résultats pourront le surprendre s'il est sincère, l'humilier s'il est impressionnable, ou l'éclairer s'il est ardemment désireux de se connaître soi-même. L'une des premières choses qu'il apprendra c'est jusqu'à quel point il est sensible aux instincts pernicieux, aux préjugés vulgaires, aux préventions ignorées, aux craintes cachées, aux espoirs irraisonnés, aux fausses attitudes, aux hallucinations puissantes ou aux illusions profondément enracinées ; dans quelle mesure il avance à tâtons dans un brouillard de raisons contradictoires et de puissantes influences subconscientes. Il découvrira ainsi ce qu'il est vraiment ! Cette révélation ne sera pas agréable. S'il est réellement impropre à la philosophie un moment crucial viendra où, irrité, il rejettera le livre et renoncera définitivement. Mais s'il possède l'étoffe nécessaire, il acceptera la discipline indispensable et effectuera graduellement en lui-même les changements désirables.

Le premier soin d'un guide philosophique est d'abattre les idoles aux pieds d'argile adorées par le disciple, ou de lui dire sans fard ce qu'il fait en les adorant. Ce guide se trouve en effet dans la situation désagréable d'un psychiatre parfois obligé de complaire aux fous qui se prennent pour quelqu'un d'autre, pour Napoléon par exemple, en abondant dans leur sens, mais qui quand il estime le moment venu, leur déclare brusquement qu'ils ne sont pas ce qu'ils s'imaginent. En un tel moment, le médecin devient invariablement l'être le plus haï de l'établissement !

La conscience de se trouver dans une situation analogue — car peu de gens aiment à s'entendre dire qu'ils ne sont pas aptes à recevoir la vérité — est une raison supplémentaire expliquant pourquoi les maîtres de la philosophie cachée en ont conservé le secret pendant tant de siècles. En fait, du point de vue philosophique, peu d'individus sont suffisamment équilibrés et vraiment normaux, c'est donc un axiome que l'aspirant à la connaissance doive être au préalable corrigé de ce déséquilibre qu'il partage avec des millions d'autres humains. La philosophie cherche en effet à mettre ses disciples en mesure d'apercevoir sous son angle véritable le spectacle de l'existence cosmique *telle qu'elle est réellement*, débarrassée de ce qu'elle a de fallacieux et de trompeur. Ce n'est possible que lorsque l'intellect a été bien épuré et débarrassé de tous ses complexes ignorés. L'élimination de tous les éléments faux ou insanes est capable de laisser un certain vide derrière elle.

Il est essentiel de découvrir le jeu de forces qui agissent dans un esprit, affectant ses raisonnements et ses conceptions. Tant que le disciple n'a pas percé à jour les véritables bases de ses actes et de ses attitudes, il ne peut entrer librement dans le domaine de la philosophie. Il lui faut impitoyablement les démasquer en recherchant par une critique sans faiblesse ses motifs cachés, ses désirs inconscients, ses préventions souterraines. Les complexes qui constituent le substratum de l'esprit humain, qu'il ignore et ne sait désigner, sont en partie responsables de son incapacité à comprendre la vérité. Une fraction importante de l'activité préliminaire consiste donc à sarcler ces mauvaises herbes mentales et à les présenter à la claire lumière de la conscience.

Dès que l'étudiant aura compris le fonctionnement secret de son esprit, la formation cachée de ses désirs, il découvrira que bien des fausses croyances, bien des déformations sentimentales, s'attachent à lui depuis son plus lointain passé, constituant de puissants obstacles sur la voie d'une conduite correcte et l'empêchant d'apercevoir clairement la vérité. Il constatera qu'il traîne un lourd fardeau d'illusions et de systématisations qui s'oppose à la pénétration de la véritable connaissance. C'est seulement quand il aura psychologiquement compris ce qui se passe à l'arrière-plan de sa vie consciente qu'il pourra se libérer, se préparer à accomplir de nouveaux pas dans la voie définitive. Il lui faut mettre à nu ses caractères les plus intimes, n'admettre aucun faux-fuyant, aucune excuse, mais essayer froidement de comprendre les vérités les plus amères le concernant. Il lui faut se connaître tel qu'il est réellement, en opposant lui-même à soi-même. Telle est la délicate opération psychologique nécessaire pour découvrir, afin de les éliminer de ses façons d'agir et de penser, toutes ces tendances, ces complexes, ces illusions, ces systématisations qui empêchent la vérité de pénétrer l'esprit et conduisent celui-ci le long de faux chemins. Tant que ces influences n'auront pas été décelées par l'analyse et disséquées par la critique, elles continueront de s'exercer pernicieusement. Ces complexes finissent par dominer l'homme et le gênent dans le libre exercice de sa raison. Il lui faut s'humilier dès le début en n'hésitant pas à admettre que son caractère, sous ses aspects à la fois apparents et secrets, est déformé, estropié, déséquilibré. Bref, il lui faut étudier un peu de psychologie avant de pouvoir aborder la philosophie avec profit. Il lui faut analyser ses émotions, étudier l'interréaction de ses sentiments et de sa raison, comprendre comment il forme ses conceptions des idées et des choses, et aborder le problème de la détermination inconsciente.

Lorsqu'une idée particulière, par exemple, revient constamment et irrésistiblement à l'esprit pour devenir finalement une obsession bien enracinée, elle interdit le libre jeu du raisonnement et, par conséquent, la réflexion philosophique précise. Lorsqu'un homme formule une réserve mentale en faveur de certaines croyances dans un domaine particulier ou dans un champ d'intérêt spécial et ne permet pas ainsi à ses facultés de jouer pleinement à cet égard, son esprit se partage en deux ou plusieurs compartiments qui ne peuvent jamais réagir logiquement les uns sur les autres. On peut alors se trouver devant l'existence d'une crédulité totale dans un de ces compartiments alors que le raisonnement critique subsiste dans un autre. Il y a déséquilibre dans l'un, équilibre dans l'autre. La qualité de celui-ci dissimule le défaut de celui-là. Le point défectueux ce n'est pas l'incapacité de penser correctement mais un complexe particulier qui interfère à un certain moment. De même, quand il faut faire une concession à la raison par respect envers soi-même ou envers les autres, nous constatons que la personne trouve pour ses conclusions une base consciente très écartée de la véritable. Elle se trompe ainsi elle-même et peut-être aussi les autres, en rationalisant des désirs égoïstes et des préjugés injustifiés. D'autres difficultés proviennent des illusions qui prennent un tel caractère de fixité qu'elles deviennent imperméables à la raison. Elles se manifestent ordinairement dans le domaine de la croyance politique, religieuse, sociale ou économique.

Toutes peuvent être considérées comme des maladies de l'esprit et tant que celui-ci n'en a pas été guéri, elles empêchent un fonctionnement sain des facultés qui entrent en jeu lorsque nous cherchons la vérité. Elles déterminent en effet les façons d'agir et de penser.

Il est difficile d'arriver à s'analyser très exactement soi-même, c'est pourquoi il est précieux de se faire aider par un philosophe expérimenté, c'est-à-dire par un sage, si l'on peut en trouver un, mais ces hommes sont extrêmement rares. Le philosophe possédant une certaine compétence perçoit très rapidement les complexes agissants chez un individu après avoir un peu causé avec lui, sans avoir besoin de recourir aux procédés toujours très longs et parfois fallacieux de la psychanalyse. Il les distingue en outre beaucoup plus clairement que le psychanalyste parce que celui-ci souffre également de complexes de nature différente tant qu'il ne s'est pas soumis à la discipline philosophique. Un tel examen ne peut être mené à bien que par quelqu'un qui soit, lui-même, mentalement « libre ».

Toutefois les présentes pages aideront le lecteur sincère à s'examiner jusqu'à un certain point, et la poursuite permanente de l'idéal de vérité agira généralement d'une manière assez efficace pour guérir des complexes. Aucun maître ne peut réaliser pour le disciple la victoire définitive sur soi-même ; cette victoire ne peut être atteinte que par la volonté et l'effort inlassable de chacun, cependant la critique constructive d'un maître apporte très souvent la clarté et sa présence est toujours un inappréciable stimulant.

Cette introspection du caractère et des capacités doit être entreprise d'une manière hardie et positive. Elle se heurtera inévitablement à des résistances foncières, à des oppositions instinctives, à des obstacles sentimentaux qui naissent tout naturellement des tendances innées aussi bien que de l'ambiance, de l'éducation ou des circonstances. Ce sont pour la plupart des faiblesses cachées ou des refoulements psychologiques. Néanmoins l'étudiant, en les découvrant par une auto-critique sereine se sentira justement incité — s'il a l'esprit philosophique— à s'en corriger pour s'adapter plus correctement à l'existence. Il faut une très grande honnêteté intellectuelle pour ne pas se dérober devant les réalités et un courage moral plus grand encore pour vaincre l'obscurantisme ; c'est donc une besogne de héros spirituel n'ayant pas honte d'apprendre qu'il a besoin de se transformer, ni peur de réaliser volontairement ces transformations. C'est un processus métabolique interne qui cause une souffrance temporaire mais qui conduit à la santé définitive. C'est en tout cas la seule façon de se préparer à acquérir la philosophie cachée.

Il est extraordinairement difficile d'inciter ou d'amener les gens à changer leurs habitudes, car la nature humaine est fon-

cièrement conservatrice. Et ces habitudes reparaissent obstinément à toute occasion. Cependant, si un homme pense que ces
qualités psychologiques sont bien au delà de son atteinte et
que ce niveau de la vie intellectuelle est bien trop élevé pour
lui, il ne doit pas se décourager. Les remarquables résultats
obtenus par les traitements psycho-thérapeutiques montrent
qu'il existe à l'état latent dans l'esprit humain des pouvoirs
insoupçonnés de l'améliorer. Aucun de nous n'a atteint la limite de ses capacités. La perspicacité s'accroît quand on explore
de nouveaux horizons. Bien des gens pourraient devenir des
philosophes s'ils voulaient s'en donner la peine, payer le prix
par un effort inlassable en vue de rompre l'envoûtement des
vieilles chimères, et prendre fermement appui sur une foi vivante et agissants dans ses propres possibilités de progrès.

Nous pensions naguère que chacun naissait avec un caractère
déterminé, des aptitudes bien définies, une capacité limitée de
pouvoir mental et qu'il ne pouvait jamais en franchir les frontières. Aujourd'hui la pénétrante analyse de la psychologie a
reculé ce mythe dans les limbes où il doit demeurer. De même
que l'on admet maintenant d'une manière universelle le pouvoir
de la culture physique, de même que nous savons qu'un exercice
quotidien peut durcir nos muscles et accélérer la circulation
sanguine, nous connaissons désormais que nous pouvons développer notre capacité intellectuelle et nos caractères naturels
selon des lignes précises, à condition de savoir comment nous y
prendre.

« Un voyage de dix mille kilomètres commence par un premier pas », dit un proverbe chinois.

Aucun homme avisé ne doit donc désespérer devant les perplexités et les difficultés que présente l'étude de cette philosophie. Personne n'a définitivement échoué tant qu'il n'a pas renoncé. Pourquoi ne ferions-nous pas aujourd'hui ce que d'autres
comptent faire demain ? Ou, en déformant Milton : ceux qui
se contentent d'attendre ne sont pas servis. Nous pouvons re-
modeler notre intellect si nous le voulons. Les théories de la
psychologie et les faits d'expérience démontrent clairement
que la capacité de l'esprit est extrêmement souple et susceptible
de s'accroître ; elle peut se développer au delà de toute attente
quand l'effort patient de comprendre ce qui paraît incompréhensible s'allie à l'espérance qui est l'ultime possession humaine,
comme la sagesse en est la plus précieuse. Il faut donc impitoyablement nous discipliner intellectuellement et nous modeler du
point de vue éthique afin de nous mettre dans les dispositions

qui conviennent pour affronter le dur voyage que nous avons à accomplir. C'est le pas préliminaire.

Si ce livre présente au monde une doctrine réclamant, rien que pour être suivie, une attention exceptionnellement soutenue, une concentration intensive de la pensée telle que peu d'hommes en sont capables et qui expose un idéal de désintéressement que beaucoup jugeront inaccessible, sans doute suffira-t-il de dire avec Thoreau : « Ce n'est pas parce que la foule n'atteint pas aux sommets qu'il faut renoncer à les gravir. »

Cela ne signifie pas non plus que nous devons posséder les caractères qu'exige la perfection, mais bien plutôt que nous devons accomplir un effort intérieur afin de les développer dans une mesure suffisante pour nous permettre au moins de comprendre les principes élémentaires de la philosophie et de garder constamment sous nos yeux les sept qualités comme un idéal personnel. La faible lueur de la lumière intellectuelle pourra alors prendre graduellement de l'éclat jusqu'à devenir un puissant faisceau, illuminant la plupart des choses demeurées jusque-là indistinctes. Un début très simple peut suffire, car lorsque nous aurons acquis la maîtrise de la plupart de ces principes nous aurons la connaissance de ce charme subtil et de cette fascination extraordinaire que contient l'âme en les dissimulant sous le visage rébarbatif de la philosophie. Nous céderons alors très volontiers aux exigences d'une nouvelle amélioration de nos qualités, même si nous comprenons qu'elle ne sera ni rapide ni facile. Il faudra procéder par étapes et non d'un seul bond.

La plupart d'entre nous commencent en pécheurs, nous pouvons seulement espérer de finir un jour en sages. Mais il existe une différence immense entre l'homme qui se vautre complaisamment dans ses péchés et celui qui se relève, insatisfait et mécontent, après chaque occasion de pécher. Le premier est enlisé et sans but, alors que le second non seulement avance mais progresse dans la bonne direction. Car la joie pure d'ennoblir le caractère, d'aiguiser l'intelligence et d'acquérir de la force en progressant est l'un des innombrables profits que procure la philosophie. Il suffit de considérer les qualités nécessaires à cette répression des passions pour se rendre compte qu'elles ne peuvent être uniquement un vernis pour une mise en valeur de l'esprit ou un ornement moral, elles exigent beaucoup d'un homme mais c'est pour lui rendre plus encore à la fin, car elles réagissent considérablement sur le façonnement à la fois de son existence matérielle et de sa vie éternelle. Elles conduisent à une compréhension équilibrée de l'ensemble de la vie, permettant non pas une simple vue théorique mais une action efficace et tangible. Il a déjà été montré que la justification pratique de la religion c'est qu'elle préconise la vie honnête, nous montrerons plus tard que la justification pratique de la philosophie est qu'elle préconise la vie parfaite. Même si cette recherche n'aboutissait à aucun autre résultat, les buts pratiques et psychologiques qu'elle place devant nos yeux poseront les solides bases intellectuelles et morales d'une personnalité exceptionnelle, assurée d'être, tôt ou tard, désignée pour acquérir la supériorité dans un domaine ou dans un autre. Elle deviendra un guide sûr pour agir justement et donnera satisfaction aux aspirations les plus pures et les plus élevées. Nous subirons une transformation profonde qui améliorera notre attitude, nos conceptions et nos habitudes. Les heures consacrées à la discipline ou à l'étude philosophique ne sont pas vainement sacrifiées. La divinité, ainsi adorée, récompense largement ses fidèles.

Il sera facile à ceux qui manquent d'expérience de mésestimer la nécessité de ces sept qualités psychologiques, mais le véritable philosophe sait qu'elles constituent son bien le plus précieux. Elles le préparent à recevoir la connaissance suprême, avec elles il peut espérer atteindre le but ultime de la vie, sans elles il ne le pourra jamais !

La vérité au-dessus de tout. — La première qualité n'est autre qu'un ardent désir de trouver la vérité. L'étudiant doit apprendre à se traîner sur les genoux de l'ignorance à la liberté. Aucun sage asiatique de l'antiquité n'aurait consenti à exposer même l'A B C de la philosophie à quelqu'un chez qui ce désir eût été inexistant ou extrêmement faible. On ne peut pas enflammer du bois mouillé, il faut le laisser sécher, semblablement un maître honnête ne peut prendre un profane qui ne se pose aucune question au sujet du monde et que ce monde satisfait tel qu'il l'est, pour l'élever aux sommets de la connaissance. Ce désir est d'un octave plus élevé que l'aspiration à atteindre au cœur caché de la vie, appelée par les mystiques « la manifestation de la grâce », on passe de l'impulsion émotive à la pensée sereine, la forme est plus évoluée et le but est la vérité définitive plutôt qu'une satisfaction temporaire. Peu d'hommes naissent avec cet amour de la vérité pour elle-même, et, à l'ordinaire, l'esprit n'éprouve pas le besoin de la rechercher. Ceux qui l'acquièrent dans le cours de leur vie y sont habituellement poussés parce qu'ils ont été plongés dans des abimes de souffrance, qu'ils ont connu quelque perte tragique ou ont éprouvé des déceptions du fait de la religion ou du mysticisme. Le désir peut naître aussi d'un contact avec un sage véritable, lorsque la démonstration extérieure de ses *bénéfices*, particulièrement dans les périodes critiques, peut devenir à la fois évidente et moralement séduisante.

Le désir de la vérité est en réalité le désir d'échapper à l'ignorance. Aucun homme qui pense réellement ne peut se satisfaire uniquement à la manière d'un animal poussé par l'instinct ; après un premier étonnement ou un doute éprouvés au spectacle du monde, il lui faut, à un moment ou à l'autre, essayer de tirer le rideau qui lui cache la signification de la vie. Il doit s'efforcer de faire disparaître son ignorance ; s'il pose en principe que la vérité est inaccessible, il se disqualifie par le fait même. Il lui faut faire un effort vers la connaissance et ne jamais ralentir cet effort s'il veut dogmatiser à ce sujet.

Celui qui n'éprouve qu'une simple curiosité, pouvant n'être que passagère, se disqualifie également, car lui aussi ne tardera pas à s'arrêter en chemin. La sagesse ne veut que des disciples qui se donnent tout à elle. Celui qu'une brûlante passion pour la vérité attire vers la philosophie est plus qualifié que celui qui y vient à cause d'un répugnance ascétique pour le monde. La vérité demande a être profondément adorée avant de se révéler. Une telle dévotion est fort rare. La plupart des hommes et des femmes peuvent s'y intéresser comme Ingres à son violon, ou en vue de nourrir une conversation d'intellectualisme raffiné, mais ils se refusent à la laisser influencer leur existence. Aussi sont-ils aveuglés et lui donnent-ils des substituts de pacotille ; exactement comme dans leurs achats quotidiens de choses matérielles, la valeur de ce qu'ils obtiennent est directement fonction du prix payé. En tout cas, leur recherche les met bien vite à l'épreuve. Ceux qui ne sont pas entièrement sincères au fond d'eux-mêmes, dont les motifs sont très médiocres ou dont les buts sont limités, laisseront bientôt leur amour des choses moins importantes mais tangibles l'emporter sur leur amour de la vérité intangible. Car ils seront amenés à considérer délibérément et profondément, soit par le temps, soit par leur maître, non seulement s'ils désirent la vérité suprême mais s'ils la désirent telle quelle est, agréable ou désagréable. Le véritable chercheur ira jusqu'à bout, acceptant le résultat quelle que soit sa saveur, poison ou nectar, car il a compris la portée et la force des paroles de Bacon : « Aucun plaisir n'est comparable à celui de se sentir sur le terrain avantageux de la vérité. » Quiconque désire entendre l'appel de la déesse voilée et la suivre jusqu'où elle le mènera, même vers des terres ou des pensées inconnues, devient son adorateur bien-aimé.

Persister et espérer. — Mais la déesse ne se présentera pas à lui sous la forme d'une apparition, il faut se lancer à sa recherche. Quiconque éprouve donc l'ardent désir de la vérité devra tout naturellement posséder la seconde qualité qui est une inflexible résolution d'en poursuivre la quête et de persévérer quoi qu'il arrive, jusqu'à ce que le but soit atteint. Cette quête sera inévitablement une côte escarpée et longue qu'on ne pourra escalader qu'au prix d'un effort continu et patient, et non pas une belle route plate où l'on avance aisément et en calculant ses étapes. Cette endurance invincible parmi tant d'obscurité et de confusion, est absolument essentielle pour que l'aspirant ne se laisse pas abattre par le découragement et ne renonce pas à sa recherche. Elle est essentielle parce qu'elle lui procure la force propulsive qui le poussera à travers toutes les difficultés, à travers tous les désavantages, à travers tous les obstacles, et le rendra assez résistant pour aller jusqu'au bout. Celui que meut le profond désir de la vérité doit prendre bien garde de le conserver, car il nage contre le courant de l'ambiance quotidienne, action extrêmement difficile mais réalisable parce que le chercheur sincère est animé d'un courage indomptable né du désespoir.

Un vent de pessimisme soufflera inéluctablement dans sa tête et dans son cœur, mais il lui faudra maintenir sa résolution de poursuivre. Les caméléons intellectuels qui changent chaque année la couleur de leur but, ne peuvent suivre cette voie. Le chercheur doit être assez patient pour endurer stoïquement les épreuves et les tentations, les ennuis et les joies, et rester toujours aussi froidement résolu. Les disgrâces et les tribulations l'accompagneront tout au long de la route sans jamais laisser son esprit en repos.

Revenons à la comparaison avec un explorateur et supposons que celui-ci veuille traverser l'Afrique du Nord d'une côte à l'autre. S'il se laisse arrêter en un point quelconque par le manque d'eau, par l'environnement hostile, par les attaques des serpents ou des moustiques, s'il bat en retraite, il n'atteindra jamais son but. Le chercheur de la vérité ne doit pas être moins persévérant dans son exploration intellectuelle et doit refuser de s'écarter de la direction qui le conduira à sa fin. Il doit continuer des études dont il ne tirera aucun résultat immédiat et savoir attendre le moment heureux de l'illumination. Aucun de nous n'est entièrement son maître, il nous faut tous attendre le bon moment, l'heure où nous atteindrons une connaissance plus haute, mais l'attente ne doit pas nous conduire à relâcher notre effort. Le temps est un élément dont il faut, en conséquence, tenir compte. Le bond du colonel Lindbergh par dessus l'Atlantique fut à son époque un exploit qui fut porté jusqu'aux nues qu'il avait traversées. Mais il ne l'effectua qu'après avoir accompli sept mille vols moins importants. L'éclat d'un triomphe philosophique pare de vives couleurs un nom historique, mais en-dessous de cette brillante apparence existe un travail persévérant et patient, jour après jour. La révélation de la vérité s'opérera petit à petit à mesure que l'esprit se transfigurera, bien qu'elle puisse, à la fin, survenir avec la brusquerie d'un éclair.

Il faut combattre notre faiblesse d'intention. La véritable lutte de la vie est la lutte de l'homme contre lui-même. Très peu de gens l'entreprennent tant elle est pénible. C'est pourtant la seule qui soit digne d'être entreprise. La simple expectation ne peut rien obtenir de grand. Pour recevoir il faut être prêt à donner... soi-même ! Il y avait une fois un maître qui parcourait la Galilée, et qui remarqua la tendance à la faiblesse de ses disciples. Il leur dit : « Ceux qui accomplissent mes paroles connaîtront seuls ma doctrine. »

C'est l'esprit résolu qui réalise le plus. Quand la soupape de sureté d'une machine à vapeur se soulève, une grosse quantité d'énergie se met à en sortir. Quand les fils où ne passait qu'un faible courant électrique sont soumis à une haute tension, l'énergie qu'ils distribuent s'accroît considérablement. Ce sont là des paraboles qu'il convient de méditer.

Enfin la résolution philosophique d'atteindre la vérité se refuse à confondre la défaite avec l'échec définitif. Elle sait tirer des leçons, des avantages, des avertissements de celle-là, elle n'admet jamais celui-ci.

Penser. — La troisième qualité est la puissance de pensée, une intelligence suffisamment vigoureuse pour peser exactement et non conventionnellement l'importance relative des choses ou la validité des jugements. La philosophie réclame de la perspective. Elle cherche à voir les choses telles qu'elles sont. Cela suppose un esprit assez alerte, imbu de la constatation banale mais exacte que les choses ne sont pas toujours ce qu'elles paraissent. Le faux semble souvent vrai ou est présenté comme tel. Le raisonnement doit être assez indépendant pour refuser obstinément d'accepter une opinion simplement parce que c'est celle de tout le monde. Le troupeau se laisse emporter par le courant des opinions et des théories générales parce qu'il est imbu de fausses croyances, de réalités fallacieuses ou d'apparences trompeuses, mais le penseur sait résister. Pour s'affranchir de cette servitude il fait une réflexion saine, une analyse perspicace, un examen perpétuel se combinant dans la recherche de la vérité. Il faut des façons de penser nouvelles, nullement faciles, notre génération peut être incapable de se les assimiler mais l'esprit de certains pionniers le peut certainement. Une intense intelligence est nécessaire. Nous devons penser, nous devons agir, non pas pour nous-mêmes mais pour la vérité. Cette culture de la pénétration rationnelle facilitera la compréhension de la philosophie.

Ce n'est pas tout. Il est également important de posséder la faculté de distinguer entre ce qui est éphémère et ce qui est éternel, entre ce qui ne dure qu'un jour et ce qui dure la vie entière, entre le spectacle transitoire de l'existence matérielle et les éléments moraux relativement plus permanents. On pourrait dire qu'il s'agit d'un sixième sens sachant reconnaître ce qui est vraiment fondamental dans le jeu de la vie. Cette faculté doit fonctionner de manière à discerner constamment les valeurs qui subsistent de celles qui sont seulement temporaires. Elle doit préférer le fait nu à l'illusion agréable afin que la résolution de séparer le réel de l'illusoire, essentielle dans l'étude et la pratique de la philosophie, devienne prépondérante.

Pour devenir intelligible la philosophie réclame un effort intellectuel considérable, elle est difficile à suivre, si difficile qu'on pourrait évoquer l'image d'un danseur de corde avançant sans balancier ; ceux qui sont incapables de fournir cet effort, ou non disposés à le fournir trouveront forcément incompréhensibles certains passages du présent livre, quelque clair que soit leur langage. Les gens à l'esprit timide ou faible s'excusent souvent en déclarant que de telles recherches sont inutiles. C'est parce qu'ils ignorent la place qu'occupe la pensée véridique dans la vie ; aussi ne comprennent-ils pas qu'il est aussi nécessaire de stimuler cette pensée que de l'alimenter.

Jouer avec quelques problèmes de manière à pouvoir formuler quelques remarques spirituelles devant une société qui les admire, ce n'est nullement être philosophe. Seul celui dont la pensée suit les choses jusqu'à leur fin, qui creuse chaque question jusqu'à obtenir la réponse essentielle et n'hésite pas quand il aboutit à une notion opposée à la conception couramment admise, celui qui, sans compromission, applique à sa vie les conclusions qu'il découvre, celui-là seul mérite le nom de chercheur de la vérité. Quiconque se refuse à examiner une doctrine pour voir si elle est vraie ou fausse, simplement parce que, dans son étrangeté, elle ne lui est pas familière, n'a aucun droit à recevoir la vérité. Ceux qui renoncent à étudier une opinion parce qu'elle n'est pas professée dans leur pays et par leurs compatriotes mais qu'elle provient d'une autre nation et de gens de caractère différent, sont également indignes de ce don précieux. La raison ne connaît pas les frontières géographiques. Dans le domaine de la recherche philosophique l'introduction de la prévention politique ou du préjugé racial contre une doctrine ou un maître, interdit fatalement le succès.

L'homme ordinaire ne supporte pas la longue réflexion et se laisse dominer par les impressions du moment, il saute trop rapidement sur des conclusions, les basant le plus souvent sur des apparences artificielles et tendancieuses. Il reste ainsi plongé dans l'ignorance. C'est là un défaut qui peut être vaincu par la discipline. Un tel esprit a besoin de s'approfondir, de s'aiguiser, de s'accoutumer à plonger au-dessous de la surface. Celui qui s'y refuse est incapable de s'engager dans la voie de la philosophie qui est la recherche de la vérité. Il faut une intelligence très aiguë pour écarter toutes les erreurs, les illusions, pour sortir de la confusion. On le verra encore mieux lorsque dans notre nouveau volume nous étudierons la signification du sommeil et du rêve.

L'idéal suprême est de posséder un esprit effilé comme une lame de Tolède, dont la pensée sûre transperce efficacement les erreurs, les imaginations, les sentiments et les superstitions. Les conceptions les plus chères et les plus réconfortantes peuvent disparaître quand elles sont disséquées par une lame aussi fine, car on s'apercevra, à mesure que se poursuivra cette étude, qu'à peu près tous les hommes se nourrissent d'illusions parce que leur esprit n'est pas assez pénétrant et actif, parce que la pointe en est émoussée.

Le détachement intérieur. — Lorsque l'esprit aura été ainsi aiguisé il sera plus apte à acquérir la quatrième qualité. Celleci est une attitude très ferme de détachement intérieur envers les événements désagréables et envers les plaisirs qui constituent le nadir et le zénith de toute vie humaine. En face des épreuves que lui apporte la roue constamment en mouvement du destin, l'aspirant philosophe doit cultiver une indifférence profonde, et quel que soit le plaisir, le charme de l'heure, il ne doit pas y être attaché au point de ne pouvoir s'en dégager immédiatement si c'est nécessaire. Pour acquérir la perspective philosophique il doit se tenir sur le terrain de cette indif-

férence parce que tout attachement crée un favoritisme intellectuel qui empêche d'atteindre une impartialité absolue en
soupesant les témoignages, en poursuivant l'enquête, en formu-
lant le jugement. C'est également nécessaire pour que le chercheur ne soit pas distrait de sa quête par des séductions passa-
gères. S'il est attaché aux faits du monde au point qu'ils représentent tout pour lui, il n'a vraiment aucune raison de se
lancer dans la recherche philosophique.

Une intelligence non obnubilée par les conventions sociales,
le souci du rang personnel, l'ambition désordonnée, l'hédonisme rieur, les désirs insatisfaits, ne peut pas ne pas constater que sur notre globe mouvant les événements favorables
ou défavorables se succèdent en un flux et reflux *qui n'épargne
personne.* Et si cette intelligence est suffisamment aiguë elle
percevra également que toute chose, y compris elle-même, est
périssable, éphémère. Toutes les séductions du monde, tous les
biens terrestres, toutes les relations humaines, tous les plaisirs
sensoriels aussi bien que ce qui les cause, peuvent mourir ou
disparaître demain. L'aspirant philosophe doit donc adopter
à l'égard de leur éclat séducteur une attitude convenable qui
ne peut être ni un engouement aveugle, ni une répulsion complète. Il lui faut attribuer une valeur précise à ce panorama
changeant des jours qui passent, s'il ne veut pas s'illusionner.
Il comprendra, en constatant que tout est relatif et éphémère,
qu'il ne peut obtenir, au mieux, qu'un bonheur relatif et éphémère, qu'il ne saurait considérer quelque chose d'aussi mouvant
comme le but suprême de son incarnation. Il lui faut prendre
assez de conscience pour utiliser son intelligence de manière
à avancer dans une direction inhabituelle : la recherche de ce
qui ne meurt pas et ne passe pas. Que cela existe ou non c'est
une autre question, mais la philosophie est en quête d'une réalité qui dure, d'une vérité absolue existant au delà de l'opinion
des hommes. Il faut non seulement de l'intelligence pour faire
ces constatations mais aussi du courage pour les accepter.
Quand on arrive à ce point — et très peu le peuvent — on se
trouve prêt à adopter l'attitude préconisée ici, c'est-à-dire un
certain détachement stoïque envers les fluctuations du destin
individuel et une égalité d'âme ascétique envers le plaisir.

Certains esprits peuvent ne pas posséder l'acuité suffisante
pour reconnaître la nécessité de cette attitude mais ils y aboutissent cependant en vertu de certaines épreuves qu'ils ont
subies. La cause peut être une grande souffrance, une perte
cruelle, un choc brutal, de profondes déceptions ou un grave dan-

ger. Ces personnes ont ordinairement une riche expérience de la vie terrestre. Lorsqu'elles sont lasses de courir après l'accidentel sans se soucier du fondamental, de se faire du souci pendant les années sombres et de s'en donner à cœur joie pendant les années brillantes, elles arrivent à se former inconsciemment ce caractère philosophique. Les blessures causées au cœur des femmes par des hommes mauvais ou infidèles non moins que le vide produit dans le cœur des hommes par des femmes inconstantes, peuvent produire ce même résultat. Les grandes douleurs injectent en quelque sorte de l'indifférence dans le sang humain.

Les soucis et les souffrances que notre siècle a connus à l'échelle mondiale ont conduit également à adopter une telle attitude. Quand les gens constatent que rien n'est plus sûr, ni leur personne, ni leurs biens, que tout peut disparaître du jour au lendemain, quand ils ont éprouvé les angoisses causées par la perte de leur fortune ou d'être bien-aimés, ils tendent à se détacher plus ou moins complètement de la vie terrestre. Ils comprennent combien celle-ci est éphémère et précaire, et les jours du chaos et de l'insécurité permanente perdent toute séduction à leurs yeux. Le chagrin conduit donc à la compréhension. Chaque larme versée dissipe un peu le voile.

Cette qualité est de nature à être facilement méconnue par ceux qui ne l'ont jamais ressentie, qui ne l'ont jamais vue en action, ou qui, l'ayant vue agir, l'ont prise pour ce qu'elle n'est pas. Ce n'est pas une évasion ascétique de la vie humaine, un renoncement à toute activité personnelle, un éloignement des plaisirs ordinaires, mais quelque chose de tout à fait différent. Un dégoût passager dû à une souffrance éphémère ne suffit pas à la créer. Elle nécessite quelque chose de plus profond, une véritable rupture de chaînes invisibles. En fait, celui qui la possède peut, en apparence, suivre comme les autres l'existence routinière des obligations familiales, des travaux et des amusements, mais dans le fond de son cœur il l'estimera à sa juste valeur comme quelque chose d'essentiellement éphémère.

Il ne s'éloignera pas de la vie pratique et personnelle — il en remplira scrupuleusement toutes les obligations et conservera toutes ses relations extérieures — mais il en aura une opinion complètement différente de celle du vulgaire. Il pourra agir exactement comme les autres mais ne se trompera pas sur ses actes. Il pourra apprécier le plaisir d'une ambiance agréable et des satisfactions analogues, il saura en jouir autant que les autres. Néanmoins, il n'échafaudera pas ses espoirs de bonheur sur de pareilles bases, car il aura la conscience bien nette de la nature transitoire de toute chose. C'est uniquement en ce sens qu'on peut dire qu'il s'impose une restriction mentale.

Cette qualité n'entraîne pas non plus une diminution des aptitudes profanes. On l'interprète correctement en plaçant l'accent sur l'arrière-plan de l'esprit et non sur le premier. Dans son action pratique celui qui la possède peut être aussi ferme, aussi positif que n'importe qui, mais il sera mû beaucoup plus par ses devoirs que par ses désirs.

S'il n'y a pas de place ici pour un facile optimisme de la vie, il n'y en a pas non plus pour un sombre pessimisme. Le but est bien trop élevé. Les gens ordinaires peuvent dissimuler une déception amère ou une souffrance secrète derrière un sourire poli ou un cynisme caustique ; le philosophe n'a pas besoin d'un tel masque et alors même qu'il poursuit un but extrêmement important, il sait qu'il peut être grave sans être solennel. Il peut même aimer à rire. Il conservera l'espérance de ne jamais se trouver dans l'incapacité de rire de soi-même. Si une telle infortune lui advenait et qu'il soit un véritable philosophe, il demanderait aussitôt à ses amis de l'envelopper dans un linceul et de le porter sur le champ au four crématoire le plus proche ! Il refuserait en effet d'affliger le monde en se faisant de lui-même une idée si haute qu'elle lui ferait oublier qu'il n'est qu'un être entre des millions d'autres, en se faisant une idée si médiocre de la réalité qu'il ne puisse jouer avec sa vie superficielle aussi légèrement qu'un enfant joue avec un toton. Si, en recherchant la vérité par le seul pouvoir de la raison, il venait à tuer toute la poésie de son âme, à ne plus éprouver tous les sentiments nuancés qu'inspirent les arts et la Nature, il serait perdu. S'il en arrive au point qu'une forêt n'est plus pour lui qu'une collection d'arbres, qu'elle ait perdu toute paix et toute beauté, il est également perdu. Il l'est encore s'il est incapable de distraire chaque soir quelques minutes à ses occupations pour contempler l'admirable jeu des couleurs au soleil couchant. Le désir de juger exactement et logiquement ne doit pas étouffer dans le cœur tout pouvoir de goûter le charme d'une atmosphère, la vie est assez vaste pour les contenir tous les deux.

Il est donc à la fois possible et souhaitable que la pénétration philosophique qui produit le détachement suive constamment la voie de la culture et de l'activité humaines. Ce n'est pas la perte de tout sentiment ou la diminution du goût pour la vie qu'il faut désirer mais la persistance d'un profond détachement aux moments où se manifestent ce sentiment ou ce goût pour la vie.

La concentration, le calme, la rêverie. — Nous avons déjà mentionné, dans un précédent chapitre, la nécessité d'acquérir ces pouvoirs. Ils consistent essentiellement dans la mise en pratique de la technique de la méditation. Les aspects généraux de cette technique ont été pleinement exposés dans nos précédents ouvrages, il nous suffira ici de signaler les trois points sur lesquels on doit particulièrement insister en poursuivant la recherche philosophique. Il ne faut pas s'occuper ici des autres conséquences du yoga. En fait, les expériences occultes, les visions extraordinaires, les faits anormaux ne peuvent que gêner les progrès en philosophie si on leur accorde trop d'attention. Ils n'ont ici aucune importance, quelque encourageants qu'ils puissent être parfois dans la voie mystique. Le premier point est de contrôler ses pensées, d'être maître de son attention et dès lors de se concentrer dans le sens désiré. L'esprit possède une tendance naturelle à s'éparpiller dans diverses directions, à sauter d'un sujet à un autre, sous l'effet des émotions, de l'ambiance ou d'une éducation insuffisante. Cette tendance peut être corrigée par la discipline psychologique et par la méditation. On peut alors acquérir le pouvoir de s'absorber complètement sur le sujet en cause. La concentration est une attention extrêmement intense sur ce sujet, ne se relâchant à aucun moment ni sous l'effet de la paresse, ni sous l'effet de la fatigue. L'esprit doit se diriger uniquement dans le sens imposé par la volonté. Ce pouvoir de se concentrer peut à lui seul obtenir de grands résultats. C'est une force puissante capable de vaincre n'importe quelle résistance. On peut excellemment la comparer au jet d'acétylène enflammé qui fond l'acier le plus dur. La faculté de fixer son attention à volonté et de l'y maintenir sans relâchement est semblablement capable de faire fondre les problèmes intellectuels les plus revêches.

Le second élément important, du point de vue de la philosophie, à rechercher dans la discipline mystique c'est la sérénité, une disposition d'esprit calme et tranquille résistant à tous les chocs. L'homme dévoré par la passion, sujet à de fréquentes flambées de colère ou qui se laisse submerger par le désir, est déséquilibré. Quand des raisons adéquates s'opposent à de puissants complexes émotionnels, quand des ennuis domestiques ou des soucis d'affaires distraient invinciblement son attention, quand le caractère est instable et vacillant, incapable de se fixer d'une manière durable, des conflits intellectuels surgissent inévitablement et harcèlent un homme. Dans tous ces cas l'esprit peut être calmé par la pratique de la méditation. Grâce à elle il est possible de ramener un certain équilibre entre les sentiments et les pensées, entre les pensées elles-mêmes, entre la passion et la raison, et de donner un caractère stable à cet équilibre. Mais on ne peut le rendre permanent qu'en parvenant à une complète discipline philosophique. Quoi qu'il en soit, la méditation même chez quelqu'un qui n'en possède qu'incomplètement la technique, peut rapidement faire disparaître la violence et l'agitation de l'esprit, aussi bien que pacifier les conflits de celui-ci. Les sentiments de surexcitation peuvent être apaisés, la force de la colère réduite, et la puissance du désir qui déforme l'existence devenir inopérante quand on a recours à la discipline de la méditation. L'esprit se calme et retrouve son équilibre, tout au moins pour un certain temps. Les yogis indiens appellent cette résistance aux flambées de passion et la maîtrise générale de soi-même, la « pondération ». Peut-être préférera-t-on dire « la paix intérieure ».

La rêverie constitue le troisième point. Elle est de la plus haute importance et de la plus grande valeur lorsque, aux stades plus avancés, l'étudiant essaye de cueillir les derniers fruits de son effort de pensée, de comprendre la vérité suprême. C'est elle qui se manifeste dans la préoccupation constante du mystique de cesser toute activité extérieure, de se fermer aux distractions de son environnement, d'arrêter le fonctionnement des cinq sens, et de créer un état d'introversion totale. Cette introversion s'apparente aux périodes d'abstraction et aux dispositions créatrices signalées dans la vie des hommes de génie. Cette contemplation intérieure peut se consumer elle-même en extase mais son élément essentiel est le pouvoir de détacher à volonté l'attention du domaine des choses concrètes pour l'orienter vers le champ des pensées abstraites. Beaucoup d'hommes d'affaires ou d'industriels à la tournure d'esprit pratique possèdent une vive intelligence mais sont incapables de se mouvoir au milieu des idées abstraites, leur attention ne pouvant s'attacher qu'aux objets concrets. Ce subtil pouvoir d'introspection est très rare.

C'est le moment de donner une explication en rapport avec le mysticisme et le yoga qui n'a pas trouvé place dans les développements antérieurs et qui jettera quelque clarté sur le problème de formule soulevé au premier chapitre. Tout philosophe doit posséder ces trois facultés : la concentration, la sérénité, la rêverie. Il sera alors un mystique mais la plupart des mystiques ne sont pas des philosophes. Le mysticisme peut maintenant être considéré comme un stade intermédiaire par lequel l'aspirant philosophe doit passer, si, comme beaucoup, il estime ne pas posséder suffisamment ces facultés. On sait fort bien comme il est difficile de concentrer complètement ses pensées dans la vie courante, si familière et si personnelle, aussi comprend-on combien cela doit-être plus difficile dans la recherche philosophique, si lointaine et si impersonnelle ! Cette difficulté ne tarde pas à rebuter l'esprit rétif à moins qu'il n'ait au préalable développé sa force en se disciplinant. Sans la concentration totale qui mobilise la pensée vers un but bien précis et unique, en lui interdisant toute déviation, l'effort pour comprendre les problèmes philosophiques et pour faire un pas dans la voie de leur solution, sera hérissé de difficultés. Les longues chaînes d'idées que l'aspirant philosophe est obligé de suivre, réclament impérieusement l'existence de cette faculté. Son esprit doit être en mesure de les aborder sans se laisser détourner de son but par des pensées étrangères ou des distractions extérieures.

En outre, la quiétude que procure la paix spirituelle constitue un prélude essentiel à la recherche de la vérité. Celui qui ne peut bannir de son cerveau les conflits et les inquiétudes, ne saurait fixer son attention sans défaillance sur les questions philosophiques. La sérénité indispensable à cette réflexion peut être obtenue par la méditation et aidera à interdire les interférences émotionnelles, à faire disparaître les obstacles idéologiques, à aborder les problèmes avec un esprit dégagé. C'est un lieu commun de dire que l'émotion obscurcit l'intelligence, qu'un esprit plein de colère ne peut formuler de jugemënt sain et équilibré, l'influence apaisante du yoga peut jouer dans les deux cas. Même si quelqu'un possède une compréhension très vive, il en diminue la valeur philosophique en s'en servant quand il est en colère. Pour penser d'une manière féconde l'esprit doit être libre de toute émotion. S'il est plein de ressentiment, de rancune, de mécontentement, il est fatalement distrait, et à cause de cela, incapable de réfléchir profondément.

Il deviendra nécessaire dans le cours ultérieur de cette recherche de s'affranchir des naïfs rapports des sens physiques pour pénétrer dans une région où ils n'atteignent pas. C'est une tâche extrêmement difficile parce que l'homme ordinaire croit plus ou moins que son esprit est prisonnier de son corps et il se crée inconsciemment un obstacle à lui-même par cette croyance qui,

nous le verrons, est erronée. Pour y parvenir il faut avant tout
libérer l'esprit de sa geôle artificielle et lui donner assez de souplesse pour parvenir à cette libération. Les habitudes d'introspection et d'abstraction engendrées par la méditation, se révèlent ici des conditions indispensables. La valeur qui s'attache
à cette finesse, à cette subtilité de l'esprit se comprendra
encore mieux quand nous étudierons la signification du sommeil.
En outre, toute la pensée métaphysique devient beaucoup plus
facile quand on possède l'expérience de la méditation. Quand
l'esprit doit se mouvoir rapidement du monde physique dans
la considération des principes suprêmes et des thèmes abstraits,
l'intensité d'attention du yogi lui permet d'y parvenir au prix
d'un effort beaucoup moins grand.

Ces remarques montrent que, du point de vue de la philosophie, le yoga de concentration est un entraînement psychologique d'une valeur incalculable et qu'il s'impose à celui
qui se lance à la poursuite de la vérité. Ce yoga aide à la compréhension du monde en ce sens qu'il aide à forger l'instrument
intellectuel permettant d'accéder à cette compréhension. Le
mystique qui acquiert les facultés de rêverie et de. sérénité
par la méditation et *qui ne va pas plus avant*, tout entier absorbé
par la joie de la paix et de l'extase, demeurera dans l'ignorance
de la vérité suprême au sujet de la vie, bien qu'il se soit plus
avancé que d'autres dans la connaissance de soi-même. Il peut
être heureux, mais il n'atteindra pas la sagesse. Bref, le yoga
du discernement philosophique est la conséquence nécessaire
du yoga de la concentration mentale. L'un est indispensable
pour préparer l'instrument dont se servira l'autre.

Mais, répétons-le, c'est seulement quand elle est *correctement*
pratiquée que la méditation peut être utile dans cette recherche
comme dans n'importe quelle autre. Si elle est faussée ou portée
à l'excès, elle devient un obstacle à l'activité philosophique,
faisant naître des caprices, des fantaisies qu'il faut ensuite
éliminer et qui n'existeraient pas autrement. Il faut la pratiquer
dans des limites raisonnables. Lorsque l'on perd de vue cette
fin purifiante et disciplinante du mysticisme et qu'on l'exalte
à l'exclusion de tout le reste, non seulement on ne réussit pas
à se débarrasser de ses complexes mais on en augmente le
nombre et la force.

Discipliner les émotions et purifier le caractère. — La sixième
des facultés psychologiques qui caractérise le chercheur qualifié
est susceptible de n'être pas du goût de tout le monde. A tous
les stades de la recherche philosophique il faut supprimer ses

émotions et ses sentiments dès qu'ils entrent en conflit avec la raison. Chaque fois qu'on a pu repérer le processus psychologique on a constaté, surtout quand il s'agit de problèmes complexes, que les esprits sans discipline ont une tendance invétérée à masquer la pensée par une sorte de brouillard émotif. C'est à travers ce brouillard qu'ils voient ordinairement le monde et interprètent les expériences de la vie. L'aspirant philosophe doit s'employer à le dissiper.

La personnalité humaine renferme un amas de désirs et d'impulsions contradictoires. Elle abrite des passions instinctives et d'anciens besoins dont on ne soupçonne pas toujours le caractère profond jusqu'à ce qu'ils se manifestent à la surface dans les moments critiques. Ces éléments sont si puissants qu'on peut affirmer à juste titre que les hommes vivent beaucoup plus par le sentiment que par la pensée. Il en résulte qu'ils colorent la plupart de leurs idées de désirs et de souhaits conscients ou inconscients, avec des peurs neurotiques irrationnelles et d'autres complexes émotifs. On sait de reste qu'ils se mettent fréquemment des boulets aux pieds sous la forme de besoins personnels pernicieux, essentiellement nuisibles à leur propre intérêt. Le flux et le reflux de ces sentiments et de ces impulsions les meut indépendamment de leur volonté et leur rend difficile de baser leur attitude générale envers la vie sur des faits patents ou des raisonnements solides.

On le constate encore plus clairement en observant l'action des émotions incontrôlables dans des domaines plus vastes que le domaine individuel. La passion envahit les peuples dans les jours ardents de la guerre et atteint souvent un degré extrême. Une nation peut alors être conduite, comme un mouton à l'abattoir, vers des décisions fatales à ses intérêts véritables. Au cours des élections les foules tombent dans une grande excitation émotive et il devient facile aux démagogues de les entraîner, il est évident que les esprits sont alors obnubilés, qu'il ne peut plus être question de raisonner sainement. Tous les médecins des asiles d'aliénés savent que lorsque l'excitation émotive d'une foule atteint un degré où elle devient incontrôlable, elle manifeste certains symptômes de folie qui leur sont parfaitement familiers. De fortes poussées d'émotionalisme créent donc une barricade contre laquelle viennent se briser tous les assauts de la raison. Les émotions qui échappent au contrôle de la raison sont parmi les grands fléaux de l'humanité. Deux des plus puissantes : la haine et la cupidité, sont responsables de la plupart des crimes de l'Histoire. Les passions engendrées par l'instinct sexuel sont à la base d'événements effroyables. C'est l'une des raisons qui motivent les restrictions et les tabous imposés par la société à la manifestation franche et totale des émotions dans les relations du monde policé.

L'aspirant philosophe, plus particulièrement, ne peut évidemment s'accorder le luxe de ces émotions. Il sait que lorsque le sentiment imprègne la vie d'un homme ce ne peut être qu'au détriment de sa nature intellectuelle. Comme l'instrument principal de sa pénétration dans le domaine de la vérité n'est autre que son esprit, convenablement aiguisé, il lui faut, tôt ou tard, opérer un choix définitif entre l'exercice permanent de sa raison et l'assouvissement continuel de ses passions et de ses émotions. Plus que d'autres il doit être en garde contre les duperies nées du sentiment, contre l'abdication d'un jugement sain devant un enthousiasme communicatif, contre le sacrifice des faits nus à l'imagination surchauffée, contre le franchissement de la porte attirante conduisant à toutes les illusions nées du sentiment ou du désir sexuel. Il ne peut découvrir la vérité s'il n'est pas prêt à abandonner une position fausse dès qu'elle le commande. Ce n'est pas la peine ou le plaisir que lui causent une idée ou un fait qui déterminent la vérité ou la valeur de ceux-ci, *car ces émotions lui apportent uniquement des révélations sur son propre caractère mais absolument rien sur la vraie nature de l'idée ou du fait en eux-mêmes.*

Les sentiments embrouillent très facilement la faculté de penser et l'empêchent de jouer normalement. L'élément irrationnel de l'âme humaine ne cesse de rechercher le sentiment de la satisfaction et d'éviter celui de la frustration, simplement parce que le premier cause du plaisir et le second de la peine. Les primitifs chez qui la puissance du raisonnement n'a pas encore été développée, illustrent ce principe plus clairement que les hommes civilisés. Qui peut ignorer que les jugements proférés dans la colère sont presque toujours éphémères, alors que ceux de la raison restent toujours valables ?

Les questions que l'on a à examiner en philosophie sont parfois si délicates que l'émotion peut très aisément imposer sa solution par préférence à celle de la froide raison et empêcher ainsi le chercheur de percevoir la vérité. Les difficultés sont d'autant plus grandes que les sentiments humains savent admirablement se camoufler. Les désirs, en particulier, sont extrêmement habiles pour surprendre la raison. Peu de gens comprennent les véritables motifs de certaines de leurs plus importantes actions. Beaucoup de barrières, artificielles ou innées, s'opposent à cette compréhension. Beaucoup s'enveloppent des bandelettes de tel ou tel complexe émotif, et il faut péniblement les dérouler avant de voir la vérité. Ils déforment fréquemment la connaissance pour l'obliger à s'adapter à ces complexes. Un aspirant philosophe peut avoir un esprit extrêmement développé et néanmoins les liens créés par le désir peuvent le conduire à préférer sa foi dans la matérialité finale du monde physique, alors que tout semblerait prouver que sa nature ultime est essentiellement spirituelle.

Il peut aussi ne pas aimer telle ou telle personne et cependant, pour la comprendre, il lui faut bannir tout sentiment de cette sorte susceptible de troubler son jugement et d'aveugler sa pénétration.

Le fait d'aimer ou de détester certains faits ou certaines expériences n'a absolument rien à voir avec leur vérité ou leur réalité. Si le chercheur s'obstine à prendre pour guides ces attractions ou ces répulsions, comme le fond la plupart des gens, il ne parvient jamais à découvrir ni la vérité, ni la réalité. La surface d'un lac ne peut refléter une image sans la distordre que si elle est exempte de la moindre ride soulevée par le vent, semblablement l'esprit ne peut pénétrer la vérité que s'il est absolument exempt de toute déformation sentimentale. Penser en fonction de ses désirs est toujours agréable mais rarement profitable.

L'espoir de la philosophie est de suivre la raison et non de déformer celle-ci en obéissant à des désirs immodérés ou des fantaisies émotives. L'ambition désordonnée et la vanité troublent également la pensée et empêchent d'acquérir la véritable science. La colère et la haine sont, on le sait, de mauvaises conseillères. Si on ne les maîtrise pas, toutes ces émotions envahissent l'esprit de leurs mensonges tout en proclamant qu'elles disent la vérité. Ceux qui persistent à méconnaître la raison dans l'intérêt de leurs sentiments, se disqualifient donc pour la recherche philosophique, de même que ceux qui préfèrent conserver une mentalité faussée, des passions non maîtrisées et des répulsions instinctives sans contrôle, ne pourront jamais comprendre la véritable signification de la vie. Ils se lanceront en effet dans la tentative vaine et irréalisable de coucher la vérité sur le lit de Procuste de leurs contraintes involontaires et internes.

Seule la fidélité objective au fait, absolument indépendante de tout sentiment personnel, peut conduire la recherche à une heureuse issue. Lorsque la faculté de raisonner est alourdie de sentiments puissants et de préférences étroites, elle ne tarde pas à se pervertir inconsciemment. Toute émotion devient un danger potentiel dès qu'elle assume la tâche de guider la raison au lieu de se laisser guider par elle. Pour penser correctement, le néophyte doit donc s'imposer courageusement une auto-discipline. Tel est le dur sacrifice qu'il est appelé à consentir, la sainte offrande de ses désirs sur le sublime autel de ce qui *est*.

Une manifestation sentimentale particulièrement apte à mettre en danger le chercheur sans grande expérience est constituée par l'enthousiasme injustifié et *illégitime*. C'est une étoile qui brille souvent d'un très vif éclat pendant un certain temps, pour sombrer ultérieurement à l'horizon de la déception. Certains enthousiastes fameux prennent leur essor à partir de faits avérés vers un empyrée purement théorique, assez souvent ils manquent de discernement et toujours de détachement. Leurs jugements sont donc fréquemment déformés. Le chercheur doit soigneusement se garder de se laisser emporter par quelque enthousiasme que ce soit *quand il étudie des faits ou se forme un jugement*. Il doit constamment être en défiance quand il se trouve en présence, directement ou littérairement, d'un doctrinaire surchauffé, aussi bien que d'un sectaire qui a fermé son esprit. Il doit refuser de se prononcer sur tout sujet qu'il n'a pas étudié d'après des témoignages plus sûrs que ses préférences personnelles et déformantes. S'il se départit de cette prudence, il risque d'ouvrir la porte à des imaginations ou à des raisonnements spécieux et trompeurs qui le fourvoieront. En philosophie, le novice doit s'entraîner soigneusement à bannir à la fois les aversions et les attractions sentimentales pendant qu'il travaille. Il lui faut affranchir son esprit des distortions innées et acquises, ne pas se laisser abuser par des imaginations réelles ou des émotions visionnaires. Toutes ces manifestations de sa pensée doivent être amenées par l'analyse au premier plan de son esprit et soumises à la critique la plus impartiale. S'il ne s'y astreint pas et ne sait pas se protéger contre ces interférences — comme il est susceptible de le faire aux premiers stades — il retarde le moment où il pourra toucher la vérité. Nous aboutissons ainsi au principe de sagesse séculaire selon lequel si l'émotion règne momentanément dans le royaume de l'homme, c'est la raison qui règnera à la fin.

Nous venons de formuler des constatations biens évères. Elles sont susceptibles d'être mal comprises. Nous avertissons donc pour la seconde fois dans ce chapitre qu'on ne demande pas à l'étudiant de tuer toutes ses émotions intimes, de détruire toute la chaleur du sentiment en lui, c'est d'ailleurs absolument impossible. Ce qu'on lui demande c'est uniquement de les subordonner à la raison et de les écarter quand elles l'empêchent de s'élever jusqu'aux sommets de son être. Il peut à juste titre *et utilement* faire appel à l'émotion quand elle est appuyée par la raison. Son but ne doit pas être de détruire ses sentiments et ses sensations mais de les diriger et de les contrôler. L'émotion fait partie de la nature humaine, on ne peut donc l'éliminer, il faut lui donner la place qui lui revient dans l'existence, mais c'est la raison qui doit l'emporter chaque fois qu'elles entrent en conflit. Rien ne doit être étouffé de ce qui mérite d'être conservé, mais tout doit être ramené à sa juste proportion.

Il ne faut pas non plus mésestimer la valeur de l'enthousiasme raisonnable, correctement dirigé. Il donne une impulsion précieuse au novice, le protégeant contre des critiques tendancieuses et une opposition sans fondement. En fait, le sentiment est l'élément propulseur dans la personnalité humaine et il conduit plus que tout autre à l'action, d'où le triste spectacle offert par les dévoreurs insensibles de livres philosophiques qui sont incapables de s'élever jusqu'à la noblesse de leurs raisonnements.

Cependant, l'aspirant aura certainement à mater les passions destructrices de la colère et à combler l'abîme profond de la haine, parce que c'est uniquement par l'exercice de l'auto-critique qu'il sera capable d'atteindre la vérité. Cette résolution doit être appliquée rigoureusement chaque fois qu'il y a conflit.

Il doit exiger de lui-même la franchise la plus absolue. Ne pas désirer affronter un problème, ce n'est pas une excuse pour l'écarter. Il ne sera pas toujours en mesure de maîtriser la marée de sentiments ou de maîtriser les contraintes irrationnelles qui surgiront en lui-même, mais en ces occasions, il devra au moins essayer de les comprendre et de les jauger à leur véritable valeur. C'est un progrès considérable pour un novice sincère que de parvenir à ce point.

Ses désirs diminueront certainement à l'épreuve de la froide analyse, ce qui donnera la paix à son esprit. Et quand il sera parvenu à cette maîtrise de ses sentiments, il aboutira inévitablement à une maîtrise mieux organisée et plus disciplinée de sa conduite. Il commencera à vivre comme un homme meilleur et plus sage.

On ne sera pas surpris d'entendre, après ces réflexions, que la philosophie est beaucoup plus le fait du sexe masculin que de l'autre, et de la maturité que de l'adolescence. Il est généralement plus facile aux hommes qu'aux femmes de suivre cette voie, quoique la Nature offre aux femmes la consolation de leur ouvrir plus largement la voie mystique. Les femmes sont naturellement beaucoup plus enclines que les hommes à laisser la raison mordre à l'hameçon de l'émotion sentimentale et à permettre à celle-ci d'obscurcir le ciel de la pensée. Pour des raisons sociales les femmes occidentales sont plus intellectuelles que leurs sœurs orientales, mais elles sont plus attachées qu'elles à l'égoïsme. Aussi ne sont-elles pas très aptes à cette recherche de la vérité. Toutefois c'est toujours un axiome qu'une femme exceptionnelle puisse s'affranchir de ces faiblesses, faire front contre les motifs inconscients qui l'animent, et réclamer le plus haut héritage de la Nature. Nous pensons finalement que la philosophie convient mieux à ceux qui approchent de l'âge moyen qu'aux jeunes. Ces derniers se laissent plus facilement émouvoir et passionner que ceux-là qui, possédant une plus riche expérience de la discipline non écrite de la vie, ont plus de pondération. Mais ici encore la magnifique loi des compensations s'applique. Car c'est le privilège de la jeunesse que d'aborder les nouveaux chemins de la pensée avec l'audace admirable qui manque à leurs aînés.

Abandonner le Moi. — De toutes ces luttes se dégagera lentement d'elle-même, la septième et dernière qualité. L'aspirant devra dès lors poursuivre sa culture dans la complète conscience de ce qu'il fait et après en avoir pleinement délibéré. Il lui faut désormais regarder directement la vie à travers une lentille bien claire et non pas teintée par les préférences et les préconceptions de son Moi. L'acquisition de cette impersonnalité est peut-être la plus difficile de ses tâches préliminaires, mais on ne pourrait en exagérer l'importance. Tout homme qui ne s'est pas soumis à la discipline philosophique incline à accorder à ses jugements une valeur bien supérieure à celle qu'ils méritent. Il essaye ordinairement d'aboutir à des conclusions qui concordent avec ses préjugés, qui satisfont ses penchants innés. Il est très courant de le voir, dans une discussion, accepter seulement les faits qui confirment ses partis-pris. Aussi arrive-t-il fréquemment à repousser ce dont il a le plus grand besoin, exactement comme un malade qui refuse d'avaler un médicament amer capable de lui faire autrement plus de bien que le sirop qu'il réclame.

Chaque fois qu'on fait intervenir le Moi dans une chaîne de pensées on en rompt l'équilibre et on en altère la vérité. Si l'on veut juger tous les faits uniquement en fonction de son expérience antérieure on empêche la naissance de la connaissance nouvelle. Il semble dès lors que le fonctionnement de l'esprit dans la parole et dans les actes soit, d'une façon générale quoique inconsciente, le suivant : « Ceci concorde avec ce que *je* crois, ce doit donc être vrai ; ceci s'accorde avec *mes* vues, ce doit donc être vrai ; ce fait n'est pas en contradiction avec ceux dont *j*'ai connaissance, je l'accepte donc ; cette constatation est tout à fait contraire à *mes* croyances, elle doit donc être fausse ; ce fait ne *m*'intéresse pas, il n'a donc aucune valeur ; il *m*'est difficile de comprendre cette explication, je la rejette donc pour lui préférer celle-ci que je comprends et qui doit donc être vraie !

Celui qui désire s'initier à la véritable philosophie doit commencer par s'affranchir complètement de ces points de vue égocentriques. Ils font seulement ressortir sa suffisance et sa vanité, ce qu'il cherche c'est la corroboration de ses idées préconçues et de ses préjugés mais non la vérité, il n'étudie que pour confirmer des conclusions formulées d'avance, il ne s'adresse à un maître que pour l'entendre approuver ses anciennes croyances et non pour acquérir de lui un nouveau savoir. En conservant le « Moi » au premier plan de sa pensée, il est inconsciemment entraîné vers des sophismes divers et pernicieux. Les sympathies et les antipathies engendrées par ces vues personnelles constituent des obstacles sur le chemin conduisant à découvrir ce qu'une idée ou un objet sont réellement par eux-mêmes. Elles conduisent fréquemment à voir des choses qui n'ont pas d'existence véritable mais qu'on s'imagine par association d'idées. C'est un fait pathologique que les diverses formes de folies et de désordres mentaux plongent leurs racines dans le Moi, que toutes les obsessions et les complexes sont pareillement en relation avec le *Je*.

Celui qui ne s'est pas soumis à la discipline philosophique est fréquemment infatué de lui-même, son esprit est limité dans toutes les directions par ce pronom « Je ». Ce Je lui dérobe la vérité, car il déforme ses perceptions. Il préjuge inconsciemment des arguments ou décide sur des croyances pré-admises, il ne peut donc jamais avoir la garantie qu'il aboutit bien à des conclusions justes, alors qu'il retourne tout simplement par des justifications et des systématisations à son point de départ mental. Il est comme une araignée engluée dans la toile tissée par elle-même. Quand un tel égocentrisme préside à la pensée, la raison demeure impuissante. Il met l'esprit sous le boisseau, l'empêche d'être accessible aux idées nouvelles. Lorsque le Moi est au centre d'états d'obsession on rencontre des esprits rétrécis par la bigoterie religieuse, obscurcis par des sophismes métaphysiques, paralysés par un matérialisme irraisonné ou bien déséquilibrés par des croyances traditionnelles ou plus récentes, qui refusent tous d'examiner ce qui ne leur est pas familier, qui ne leur plaît pas ou qu'ils ignorent, et le rejettent a priori. Ils croient volontiers tout ce qui touche une corde en eux et écartent tout le reste, inventant après coup des raisonnements pour justifier leurs préférences, mais ne se posant jamais indépendamment de celles-ci la question : « Est-ce vrai ? », n'acceptant jamais le résultat s'il ne leur plaît pas.

Il en découle que les gens les plus difficiles à conduire à la vérité sont ceux qui possèdent la personnalité la plus forte. Il leur faudrait se pénétrer de la parole de Jésus : « Vous n'entrerez dans le royaume des cieux que si vous êtes semblables à de petits enfants. » On a souvent mal compris l'humilité que suggère cette phrase. C'est d'un esprit analogue à celui des enfants et non d'un esprit enfantin qu'elle veut parler. Elle ne signifie pas qu'on doive lâchement céder devant les méchants et les fous, mais bien qu'il faut mettre de côté tous les préjugés nés de l'expérience, toutes les idées préconçues, pour ne pas être ligoté ou embarrassé par eux devant le problème de la vérité. Elle veut dire qu'on doit s'affranchir de toute prévention personnelle, ne pas se laisser influencer par le « moi » et par le « mien », qu'on doit renoncer à employer comme argument des mots comme « C'est ce que je pense » ou « je n'en démords pas », qu'on doit cesser d'estimer que ses propres croyances sont forcément vraies. De telles façons de raisonner conduisent à une opinion non à la vérité. Les croyances personnelles peuvent être fausses, les prétendues connaissances fallacieuses. C'est avec humilité qu'il faut pénétrer dans le domaine de la philosophie. Il est exact que les bons maîtres sont rares, mais les bons étudiants le sont autant !

La philosophie est une étude purement désintéressée, elle demande d'être abordée sans la moindre réserve mentale. Mais les préventions sont bien souvent enracinées si profondément et si bien dissimulées que les étudiants n'en soupçonnent pas la présence, et encore moins les décèlent. Beaucoup de prétendus philosophes de grande réputation ont la résolution subconsciente de ne rien admettre qui soit différent de ce à quoi ils s'attendent; sous l'effet de cette auto-suggestion, ils permettent à la prévention d'obnubiler leur jugement et aux idées préconçues d'enchaîner la raison. L'étudiant sincère doit donc délibérément arracher ces aimables subterfuges derrière lesquels il dissimule son manque de franchise et son hypocrisie de pensée, ses faiblesses et ses égoïsmes. Chaque fois qu'il aborde un problème au cours de ses études, il doit essayer de s'affranchir de toutes ses préférences individuelles. Une telle indépendance est fort rare et ne peut être obtenue que par une volonté inflexible. L'étudiant se rappellera constamment qu'il doit d'abord reconnaître honnêtement et examiner ensuite un cas donné avec précaution et sous toutes ses faces avant de pouvoir formuler un jugement. La vérité n'a rien à craindre de la rigueur avec laquelle on effectue une étude, elle en dépend directement au contraire. S'il découvre qu'il était dans l'erreur il doit saluer avec joie cette découverte et non se dérober devant elle parce qu'il souffre dans son amour-propre de cette humiliation imprévue. Il a besoin d'une souplesse d'esprit totale pour se libérer de l'esclavage des préjugés, pour atteindre une parfaite intégrité intérieure et une parfaite santé mentale.

Bertrand Russell a souligné quelque part que « l'essence de la conception scientifique est le refus de considérer nos désirs, nos goûts et nos intérêts comme la clef de la compréhension du monde ». C'est une définition excellente de la qualité que nous réclamons ici : la dé-personnalisation de toute recherche, l'obligation de voir les choses telles qu'elles sont réellement et non telles que nous les désirons, l'étude de chaque problème d'une façon complètement désintéressée.

L'étudiant ne doit jamais se dérober devant une question. Il ne doit pas hésiter à lutter contre ses propres complexes. Il n'a pas d'autre choix que de les affronter inflexiblement. Il lui faut au moins être sincère envers lui-même, essayer de s'élever au-dessus de ses conceptions personnelles, car c'est la seule façon d'apercevoir les choses sous leur véritable perspective. Il doit s'attacher à la vérité d'une façon aussi incorruptible et aussi admirable que Socrate. C'est une objectivité intellectuelle résolue et non la lâche satisfaction d'un désir qui émancipera son esprit de la servitude du Moi et lui permettra d'atteindre à la vérité sans rencontrer d'obstacle infranchissable. Il s'élèvera ainsi au plan de l'impartialité et de l'impersonnalité, et acquerra la manière de penser indépendante qui seule peut lui donner la pénétration indispensable .Même ceux qui considèrent cet idéal comme trop difficile à atteindre dans la vie courante, doivent s'efforcer de s'y hausser pendant les minutes ou les heures consacrées à ces études.

L'aspirant philosophe doit suivre la vérité partout où elle le conduit. S'il trahit sa pénétration rationnelle, s'il se montre infidèle à son haut idéal pour succomber à des idées préconçues et séduisantes qui réclament de lui un vil conformisme, il se condamne à demeurer à tout jamais prisonnier de l'ignorance vulgaire.

En résumé, dans sa recherche de la vérité, l'étudiant commence par dépendre d'une autorité extérieure, s'élève à l'emploi de la logique et ultérieurement de la raison, progresse dans la culture de l'intuition et de l'expérience mystique, et culmine dans le développement de la pénétration ultra-mystique. La haute philosophie est si harmonieusement équilibrée et si admirablement intégrée qu'elle ne dédaigne aucun de ces moyens de connaître mais les emploie chacun à la place qui leur revient. Aussi, bien que le mot « philosophie » ait été quelquefois utilisé ici avec sa signification académique, au sens de système métaphysique, il l'a été beaucoup plus souvent sous sa signification plus ancienne et plus adéquate, au sens de sagesse unique qui complète la métaphysique par le mysticisme et intègre la religion dans l'action.

Il est indispensable d'avertir ici que le présent livre ne tente pas de fournir des instructions pour la préparation morale à la Recherche. C'est une omission volontaire parce que ces instructions ont été abondamment et fréquemment données à l'humanité par les professeurs de morale, les écrivains religieux, les prédicateurs et les prophètes. Quoique nous n'ayons pas traité le sujet parce qu'il l'a été dans d'innombrables ouvrages, son importance ne doit pas être mésestimée. Bien au contraire chaque aspirant philosophe le considérera comme une des nécessités primordiales de la discipline philosophique. Il comprendra que, du fait qu'il pratique lui aussi la méditation, il doit remplir les mêmes conditions d'auto-purification imposées à l'aspirant mystique. Pour protéger sa pratique de la méditation des dangers qu'elle recèle, il lui faut constamment chercher à éviter de léser le prochain, à ennoblir son caractère, à gouverner ses passions, à cultiver les vertus, les hautes vertus enseignées par les prophètes de toutes les grandes religions.

CHAPITRE VI

LE CULTE DES MOTS

Cette étude s'est poursuivie jusqu'ici dans la supposition tacite que les mots utilisés, étant d'usage courant, avaient bien la même signification pour l'auteur et pour le lecteur. Mais la philosophie cachée, fidèle, à son principe de ne rien considérer comme allant de soi, s'insurge contre cette supposition complaisante, réclamant de nous une connaissance plus précise de ce dont nous parlons. En fait, elle attache une importance considérable à l'analyse du langage, considérant qu'une définition exacte constitue la base essentielle du raisonnement rigoureux dont elle a besoin.

La nécessité de cette précision verbale n'est pas ressentie uniquement en Asie, quoique celle-ci y ait satisfait non seulement dans une mesure beaucoup plus grande que le reste du monde, mais l'ait poussée jusqu'à son extrémité inexorable et logique. Il y a peu de temps, un distingué professeur de l'Université de Londres, faisait l'étonnante confession que voici :

« Lorsque j'entrepris de traduire ma propre philosophie en langage non philosophique, je constatai, à ma très grande surprise, que je n'avais qu'une intelligence très vague de la véritable signification des termes techniques employés habituellement par moi avec énormément de précision. L'effort fait pour découvrir cette signification constitua la première discipline de la pensée à laquelle je me fusse soumis jusque-là, et se révéla, pour la compréhension de la philosophie, d'une valeur beaucoup plus grande que toute étude scolaire des textes classiques (1). »

Si un philosophe de renom en vient à faire une constatation aussi déconcertante — équivalant à avouer qu'il ne savait pas parfaitement bien ce dont il parlait — nous pouvons nous attendre à des surprises encore plus grandes en examinant de quelle façon les gens ordinaires utilisent le langage. Cet examen constitue une partie essentielle de notre cours parce que nous ne saurions nous passer des mots, eux seuls permettant de communiquer, de penser, d'étudier et de comprendre. Ce sont nos instruments. Ce que nous allons révéler dans ce chapitre est susceptible de surprendre voire d'effrayer les gens timides. L'étudiant qui a surmonté les humiliations infligées dans le précédent chapitre et qui est toujours désireux de continuer, peut se préparer

(1) Professeur John MACMURRAY, dans *Freedom in the Modern World.*

à voir jeter bas d'autres idoles personnelles. Mais ici ce sont les mots que nous viserons !

Nous sommes donc prévenus qu'il faut accorder la plus grande attention à la façon de s'exprimer. Il est indispensable d'être extrêmement circonspect dans le domaine du langage écrit ou parlé, car l'esprit tout entier se traduit par des mots. Notre processus mental en dépend dans une très large mesure. Il nous est impossible d'exprimer une conception sans eux. La plus grande partie de la *pensée* humaine, en la distinguant de la perception, se fait en mots beaucoup plus qu'en images. Ils donnent sa forme à l'idée et fournissent les instruments dont se sert la raison. En dernière analyse les mots ne sont cependant que les serviteurs de la pensée et, comme tous les serviteurs, doivent être tenus à leur véritable place. Il nous faut donc être plus prudents et plus hésitants dans l'emploi que nous en faisons, mais nous en recueillerons un profit certain, même si nos voisins sont perdants.

Il y avait une fois un membre du parti travailliste britannique qui, monté sur une tribune, pouvait parler longuement et facilement sur n'importe quel sujet. Il fut envoyé faire deux ans d'études au Collège Ruskin où l'on donnait aux hommes de son parti et de sa classe l'équivalent de l'instruction universitaire. Quand il en sortit, il était transformé. Il ne parlait plus que lentement et en hésitant. Pourquoi ? Le développement de son bagage intellectuel lui avait fait perdre son ancienne facilité et son assurance : il était devenu plus économe de ses paroles.

Il faut encore échapper à la tentation de se donner l'apparence de dire beaucoup de choses tout en en disant effectivement très peu. Les gens dissimulent souvent le vide de leur cerveau sous l'abondance d'un langage fleuri. Sankara Acharya, un sage indien du ixᵉ siècle, disait de ses contemporains aux paroles exubérantes qu'ils se perdaient dans une forêt de mots. Hamlet fut très éloquent en répondant à Polonius qui lui demandait ce qu'il lisait : « Des mots, des mots, des mots ! » Abuser du langage à la manière du perroquet c'est lier la pensée, la ligoter dans des nœuds très compliqués qu'il faut finalement dénouer pour penser correctement, ou c'est disposer d'une fallacieuse facilité qui donne l'illusion de progresser dans la connaissance. Ceux qui confondent la verbosité et la sagesse, la quantité et la vérité, ne font que s'enivrer de paroles prétentieuses, mais ceux qui savent combien la sagesse et la vérité sont fuyantes n'emploient les mots qu'à bon escient. Les premiers parlent avant de penser, embrouillant constamment leur cheminement, les seconds, au contraire, pensent avant de parler.

D'un autre côté il est également dangereux pour la connaissance précise de dire trop peu. Deux écoliers lisent le mot *crayon*. Le premier est pauvre et le mot éveille aussitôt en lui l'idée d'un bout de bois contenant une mine de plomb. L'autre est riche et pense immédiatement à un stylomine en or. Celui qui avait écrit le mot n'avait en vue aucune de ces deux acceptions, il pensait à l'instrument permettant d'écrire avec une mine de plomb. Ainsi le manque de précision, les indications fragmentaires, ne peuvent conduire à une compréhension totale dans la communication de l'expérience. Le langage doit s'adapter à ce que l'on veut dire, s'il n'en est pas ainsi nous sommes voués à errer à l'aveuglette dans une demi-obscurité mentale, ou à donner aux mots des significations inventées par nous qui peuvent se montrer erronées.

On commet communément l'erreur d'admettre que la signification de la plupart des mots est évidente. Beaucoup d'eux, en réalité, admettent plusieurs nuances. L'imprécision de l'expression est un obstacle à la véritable compréhension. On dit par exemple qu'une mesure publique, passée en loi, constitue un grand *bien*. Mais ce qui est un bien pour certains peut parfaitement être un mal pour d'autres. S'il s'agit de faire passer une voie ferrée à travers les terres d'un paysan, ce peut être un bien pour le public mais un mal pour ce paysan. Semblablement il est parfaitement vain de déclarer que le monde est en progrès constant, sans plus de précision. Les horreurs que l'humanité a connues au cours des deux gandes guerres mondiales de ce siècle, signalent bien un progrès technique mais n'indiquent aucun progrès moral chez ceux qui se sont rendus coupables de ces horreurs, ce serait plutôt l'inverse. Il est donc indispensable de préciser quand on emploie des mots d'une signification aussi vague. Faute de cette précision ces termes sont complètement inutiles du point de vue de celui qui cherche à pénétrer la vérité d'un sujet, quoiqu'ils soient de nature à produire des effets oratoires et à impressionner un auditoire qui ne réfléchit pas.

Un mot qu'on ne comprend pas parfaitement est mort. Tant que le langage parlé ou écrit n'est pas entièrement intelligible, il n'est d'aucun profit pour l'esprit. Il faut donc accorder une scrupuleuse attention aux mots employés dans une étude importante ou dans une discussion sérieuse.

Ce manque de précision constitue la source de bien des controverses inutiles et la véritable cause de bien des disputes stériles. Maintes discussions au sujet de prétendus « faits » tournent en réalité autour de la juste signification des mots sans qu'il soit question des choses elles-mêmes, et sont aussi vaines que celle qui chercherait à déterminer si c'est la partie concave ou la partie convexe d'une circonférence qui constitue un cercle. En nous mouvant à travers des mots ambigus nous sommes parmi des traîtres dont il faut constamment se méfier. Certaines querelles séculaires n'ont pas d'autre origine. Des mots nébuleux donnent depuis trois mille ans des maux de tête à des métaphysiciens désorientés. Comment deux hommes pourraient-ils s'entendre parfaitement alors qu'ils mettent deux pensées différentes dans le même mot ou emploient deux mots différents pour exprimer la même pensée ? Combien de querelles évitables, combien de discussions parfaitement infécondes, n'ont eu d'autre cause ?

Supposons qu'au cours d'une conversation entre six personnes l'une d'elles prononce le mot *homme*. Supposons encore qu'elle pensait à un moine indien aux traits minces, à la peau brune et à la tête rasée. Quelle image s'éveille dans l'esprit des auditeurs ? Pour le premier il s'agit d'un homme de très haute taille, aux traits accusés, à la peau colorée. Pour le second c'est un homme tout petit, aux traits épais et au teint olivâtre. Le troisième imagine un homme de taille moyenne et à la peau blanche. Le quatrième se représente un vieillard à cheveux blancs et le cinquième un jeune homme à la chevelure brune. Aucune de ces cinq représentations ne correspond à celle que l'orateur avait à l'esprit. Aucune des six personnes ne donne donc la même signification à ce mot si simple et si banal : *homme.* Il est susceptible de recevoir une multitude d'acceptions. Si des auditeurs réagissent d'une manière si différente à l'audition d'un mot aussi courant, s'ils ne manifestent pas d'unanimité dans un cas aussi simple, il est clair que beaucoup de significations contradictoires sont données à un mot par ceux qui l'entendent, significations qui n'existaient nullement dans l'esprit de celui qui l'a prononcé. De telles ambiguités ne sont pas d'ailleurs complètement évitables. Pour éveiller la même idée dans de nombreux cerveaux en proférant le mot *homme*, il faut immédiatement en limiter l'application à un seul des millions d'êtres humains qui peuplent notre globe, et renoncer du même coup à nommer tous les autres ! Une telle façon de faire est impraticable. Dans la vie courante il suffit ordinairement d'accepter pour ce mot n'importe quelle définition valable,

mais c'est un grave danger dès qu'on entre dans le plus haut
domaine de la pensée et de la réflexion justes. La seule solution est de réclamer ou de fournir une description plus complète
de l'homme dont nous voulons parler.

Ce n'est là qu'un faible exemple des incompréhensions qui
résultent de l'emploi d'un mot mal défini. Si un seul terme fait
naître diverses images dans l'esprit de personnes différentes,
que peut-il se produire lorsque plusieurs mots à signification
ambiguë sont assemblés pour constituer des phrases ?

Il n'y a communication que lorsqu'un texte est entendu et
compris exactement de la même façon par son auteur et par
son lecteur ou auditeur.

Les services rendus par un mot dépendent de la signification
que lui donnent ceux qui l'emploient. S'il ne possède pas une signification d'ordre général, il cesse d'avoir une valeur d'ordre
général. Quand il est utilisé de façon assez vague pour admettre
plusieurs acceptions, il devient dangereux. Combien de malentendus, créant d'âpres disputes ou des discussions stériles, proviennent de ce que les mêmes mots ont des significations différentes pour ceux qui en usent ! S'il est donc beaucoup plus
difficile qu'on ne l'imagine communément de dégager le langage
de ses embûches d'interprétation et de communiquer avec exactitude d'un esprit à l'autre, la difficulté doit être infiniment
plus grande quand il s'agit d'une recherche philosophique !
Socrate fut probablement le premier en dehors de l'Asie à s'inquiéter de cette signification des mots. Nous comprenons maintenant le sens des questions qu'il posait aux professeurs et
de ses demandes constantes pour qu'on précisât les définitions.

Il ne suffit pas toujours de bien définir un mot, il faut souvent
préciser dans quel cas il s'applique. On risque, autrement, en
parlant ou en écrivant, d'avoir une signification à l'esprit et
d'en éveiller une autre. Ce qui semble la richesse à un pauvre
peut être considéré comme la pauvreté pour le propriétaire
d'un important compte en banque. En pareil cas il est nécessaire de restreindre le mot « richesse » à une application particulière pour qu'il soit pleinement compris. Bien que ce soit plus
ordinaireemnt l'affaire des enfants que celle des hommes mûrs
de parler de choses dont ils n'ont pas une idée précise, une rapide
enquête montre que les gens se meuvent habituellement dans
un brouillard de pensée vague et de notions indistinctes, uniquo-
ment parce qu'ils ne prennent jamais la peine de s'inquiéter
de la véritable signification des mots qu'ils emploient.

Donc, une fois de plus, le sens d'un mot varie pour chaque

homme. Il ne peut l'apercevoir qu'à travers son expérience passée et ses capacités présentes. Le même mot peut signifier beaucoup pour l'un, très peu pour l'autre. Ne restons pas aveugles devant ces restrictions du langage. Pour un pauvre paysan d'Italie le mot *Amérique* peut avoir éveillé jadis l'image d'un pays où l'on pouvait faire facilement fortune et où il désirait émigrer à cette fin. Le même mot éveille une idée bien différente dans l'esprit d'un ouvrier italien en chômage à Chicago aujourd'hui. Il évoque un pays où se livre une impitoyable lutte pour l'existence et où la pauvreté est plus dure à supporter que dans son pays natal.

La signification dérivée d'un mot importe peu. Quelle que soit celle qu'une société ou un individu lui affecte, elle devient son interprétation admise. Seul l'usage compte. Une signification peut même varier d'un siècle à l'autre et avec les auteurs. Un dictionnaire moderne reprend rarement les définitions données par un plus vieux. La pensée tombe inévitablement dans des erreurs quand elle est inconsistante dans l'emploi des termes et assigne tantôt une interprétation, tantôt une autre au même mot. Loin de nous l'idée de suggérer que les mots ne doivent avoir qu'une interprétation fixée pour l'éternité et qu'ils ne doivent jamais être employés qu'avec le même sens. Ce serait évidemment impossible. Ce l'est même aujourd'hui, en dépit de tous nos dictionnaires. Le langage est éternellement mouvant. Il ne cesse de s'adapter et suit l'évolution du temps avec un retard constant. Il n'est pas, n'a jamais été et ne sera jamais statique. Il s'est constitué uniquement parce qu'il peut changer, s'étendre ou se restreindre. Il est soumis aux lois de la naissance et de la mort comme toutes les autres formes de l'activité humaine. Mais ce qui est désirable c'est que sa signification soit avant tout clairement établie par définition mutuelle et strictement respectée, quelle qu'elle soit, quand elle joue un rôle important dans l'enseignement ou la discussion. C'est se mettre des œillères intellectuelles que d'admettre sans plus que nous connaissons cette signification.

Aucun mot n'est véritablement propre ou impropre. Il ne le devient que par l'usage correct ou incorrect qu'on en fait. Il n'est impropre que lorsque nous l'interprétons improprement. Pour l'usage courant aucun mot n'est tout à fait sans signification parce que chacun en reçoit une de celui qui l'utilise ou de celui qui on adresse. Pour communiquer correctement il faut donc distinguer entre la signification qu'on veut donner à un mot et sa signification acceptée. Mais de très graves difficultés surgissent quand nous passons au langage philosophique, nous nous trouvons dans les ténèbres là où le monde extérieur se considère comme en plein soleil.

La psycho-pathologie des mots. — Aucun mathématicien n'a le droit de faire intervenir une préférence, une prévention émotive, un intérêt personnel dans l'emploi ou la compréhension d'un signe algébrique ou d'un symbole géométrique. L'étudiant tirera une leçon précieuse de ce spécialiste et l'appliquera à son propre usage des signes et des symboles linguistiques, autrement dit des mots. Beaucoup de gens disent par exemple : « Ce thé est excellent », alors qu'il serait plus exact de dire : « Je considère ce thé comme excellent. » La différence entre ces deux modes d'expression peut n'avoir aucune importance quand il est seulement question de thé mais elle en reçoit une capitale quand il s'agit de la vérité philosophique, du fait qu'il existe une différence radicale entre le fait objectif et l'appréciation inconsciente de ce fait par quelqu'un. Beaucoup d'erreurs extrêmement répandues ne sont en fait que la conséquence de confusions de ce genre.

Les éléments psycho-pathologiques ressortent dans chaque phrase prononcée par un esprit non discipliné. Quand un sujet ou un fait sont désagréables à un individu il emploie pour les désigner un terme différent de celui qu'il emploierait s'ils lui étaient agréables. Comme, dans les deux cas, ce sont des impressions personnelles, et non le sujet ou le fait par eux-mêmes, qui ont dicté l'adoption du terme particulier, celui-ci ne peut constituer une indication précise. Il est très dangereux de croire que nous connaissons la signification d'un mot parce qu'il éveille de puissantes impressions en nous. Il en résulte que le chercheur de la vérité doit se montrer extrême ment prudent quand il pénètre dans ce domaine du langage.

Les gens adoptent les significations qui leur plaisent. Lorsqu'un homme réussit à renverser un gouvernement par la violence, il se proclame le chef du nouveau et déclare que ses prédécesseurs étaient des *traîtres*. Au cours de la lutte, cependant, c'était lui qui était accusé de trahison. S'il était alors un traître il ne peut cesser de l'être après la révolution, s'il ne l'était pas l'ancien gouvernement employait donc le mot dans un sens tout à fait impropre ou, en langage vulgaire, mentait. Un traître n'atteint donc jamais au succès, parce que s'il réussit, il cesse d'en être un, en droit et en fait. Seuls restent qualifiés de traîtres ceux qui ne réussissent pas ! Dans les deux cas le mot représente une confusion entre la pensée et le désir, et prend une valeur purement relative.

Nous colorons l'interprétation des mots avec nos impressions personnelles et en faussons ainsi le sens. Les dirigeants syndicalistes sont souvent traités « d'agitateurs » par des patrons qui les détestent, alors que des ouvriers extrémistes les appellent « bourgeois conservateurs ». Si nous écoutons ces deux sons de cloche sans prendre la peine de procéder à une analyse nous apprendrons qu'un dirigeant syndicaliste est à la fois un révolutionnaire et un réactionnaire ! L'importance capitale de l'analyse verbale est ainsi mise en lumière, seule elle permet de dégager le fait brut de l'opinion affectée par des idées préconçues.

Lorsque la propagande religieuse ou la querelle politique emploient des mots comme *athée* ou *socialiste* en leur attachant une signification haineuse qui en font un verdict avant toute discussion rationnelle, il est bien évident qu'elles ne cherchent pas à découvrir le sens véritable de ces mots mais simplement à impressionner et émouvoir leur auditoire pour les lui faire accepter. Quand un terme inoffensif est proféré sur le ton du mépris ou du dégoût comme si c'était une injure, la foule, moralement non protégée, prend rarement le temps d'examiner l'idée qu'il recouvre mais tombe victime de cette subtile suggestion psychologique.

Les affirmations répétées et les slogans sont les moyens favoris des politiciens sans scrupules, des démagogues sans principes, des faiseurs de réclame sans morale, de tous ceux pour qui le gain importe plus que la vérité. Ils utilisent ces phrases pour déclencher dans l'esprit de la masse des émotions outrancières, des mensonges cachés, des demi-vérités délibérées, ou des images déformées qui constituent autant d'obstacles pour juger sainement. Les gens les répètent en s'imaginant qu'ils pensent. Quelle que soit l'habileté mise par ces propagandistes à employer ces slogans, il convient d'étudier plus étroitement leur signification avant de les accepter, de même qu'il faut regarder au delà des fleurs de rhétorique pour découvrir la substance d'un discours.

Les conceptions artificielles se sont tellement enracinées dans notre langage qu'on ne peut les remplacer par des conceptions plus justes qu'après une lutte extrêmement pénible. L'homme qui parle beaucoup, ordinairement sans réfléchir, n'est pas disposé à entreprendre cette lutte, il incombe donc au philosophe de la mener à bien tout seul. Le langage — le choix des mots et la structure des phrases — peut considérablement faciliter ou

embrouiller la recherche philosophique, c'est pourquoi le chercheur doit plus que d'autres y porter attention. L'insouciance
inconséquente de l'homme ordinaire devient absolument impar-
donnable chez lui.

La science moderne n'a obtenu ses succès que parce qu'elle
traite exclusivement de faits. L'échec de la logique et de la
scolastique du moyen-âge vint de ce qu'elles traitaient exclusivement de mots. Le succès obtenu par la philosophie cachée
dans la solution du problème de vérité vient de ce qu'elle traite
à la fois de faits et de mots. La théologie ou la scolastique médié-
vales sont remplies de questions oiseuses comme de savoir
combien d'anges peuvent tenir sur la pointe d'une aiguille,
parce qu'elles ne se donnèrent jamais la peine de se demander
ce que cela signifiait en réalité. « Mieux vaut être un ignorant
qu'un théologien et connaître tant de choses fausses » disait un
homme d'affaires américain qui était un croyant dans son mysticisme personnel et sut mourir noblement et pieusement quand
le *Lusitania* fut coulé.

On reconnaît beaucoup mieux le danger des phrases méta-
phoriques que celui des phrases littérales. Lorsque nous arriverons à l'étude de l'esprit nous verrons comment la conjonction d'un petit adverbe avec une figure de langage anatomique
peut fausser nos conceptions. Quand nous disons que nous avons
une idée « dans la tête » nous reléguons inconsciemment l'esprit
dans l'enveloppe osseuse de la boîte crânienne. Nous lui attri-
buons donc des dimensions limitées dans l'espace sans nous
être jamais souciés de savoir s'il en était réellement ainsi. Nous
découvrirons à la fin de notre étude que ce n'est pas un fait
et que l'emploi de cette dangereuse métaphore nous conduit
à des confusions et à des erreurs.

Le langage ordinaire est négligent. Il tolère des illogismes,
des ambiguïtés, des irréalités, des illusions et des tromperies.
Les mots, les formules et les définitions ont d'importantes conséquences pour la solution des problèmes philosophiques. Le
vulgaire se satisfait pleinement de dire « Je vois un arbre. »
Ce genre d'affirmation est parfaitement admissible dans la vie
courante mais pas en philosophie. L'étudiant doit apprendre
à se demander : « Quelle est la signification véritable de la déclaration selon laquelle je vois un arbre ? » En disséquant la phrase
et les mots il obtient l'inappréciable avantage de séparer le
fait de l'affirmation et la vérité de l'hypothèse. C'est livrer en
pleine lumière l'éternel combat entre ce qui est certain et ce qui
est incertain. C'est un précieux résultat que de découvrir ce

qu'on sait véritablement et ce qu'on croit, à tort, savoir. L'étudiant pourra alors progresser, dans le cas contraire il sera arrêté ou passera des années à courir après des fantômes. Il éliminera ainsi la notion béate d'une prétendue connaissance, en la mettant en pièces.

Les hommes enchâssent inconsciemment leur attitude envers la vie en deux ou trois mots qu'ils prononcent à l'étourdie. Le processus mental se révèle aussi bien dans la plus courte phrase que dans la plus longue. Comment réagissons-nous devant le mot *surnaturel?* Il sera défini de façon pieuse par un prêtre mais d'une manière très différente et méprisante par un sceptique. Le même terme donnera donc lieu à des définitions contradictoires. Quelle que soit la signification attachée par les deux hommes à ce mot, ils croiront lui avoir donné une définition mais n'obtiendront en réalité qu'une idée répondant à leur conception *personnelle* de cette définition. Ils supposeront à tort qu'ils interprètent des faits alors qu'ils n'interprètent que leurs propres *imaginations*, ou celles d'autres gens, au sujet de ces faits.

En définitive la définition donnée par un homme dépend de sa théorie particulière de l'univers. La signification devient une *création* de l'esprit! Ainsi l'élément de préconception personnelle contre lequel l'étudiant en philosophie a déjà été mis si fortement en garde, tend à se présenter aux endroits les plus imprévus quand il utilise ou interprète ces jetons de la pensée que sont les mots.

Chaque mot possède donc deux significations : une signification extérieure correspondant au *fait* objectif, et une signification interne correspondant à l'*idée* que l'esprit se forme de ce fait. Le fait et son expression ne concorderont jamais quoi que nous en ayons. Quelle que soit la signification que nous assignons à un terme, elle ne pourra jamais correspondre pleinement à la chose concernée. C'est uniquement une abstraction préférentielle, ce substantif étant pris dans son sens technique. Nous savons tous ce que Napoléon a dit à ses soldats avant la bataille des Pyramides, mais personne ne sait plus le ton exact que revêtirent ses paroles et les sentiments précis qu'elles éveillèrent chez chaque soldat. Il serait donc plus juste de dire que nous connaissons quelque chose au sujet de cette fameuse allocution mais que nous ne savons pas et ne pourrons jamais savoir tout ce qui concerne l'événement.

Les mots nous disent ce que nous concevons et non pas ce qu'est la chose elle-même. Ils traduisent notre définition imaginée et non la réalité. Il existe donc un autre piège tendu à l'étourdi et contre lequel nous devons être en garde. Il est impossible de vérifier *directement* toute déclaration faite par un autre individu au sujet de son expérience personnelle. Nous ne pouvons la considérer comme juste que par analogie ou infé» rence, c'est-à-dire indirectement. Quel que soit ce qu'il nous dit, nous pouvons uniquement *imaginer* l'idée conçue par son cerveau. Nous ne ferions donc que nous duper nous-mêmes en admettant que nous sommes parvenus à une compréhension directe et à une double vérification, alors que nous ne tenons qu'une imagination individuelle. Quand nous employons le même mot que d'autres personnes pour désigner un objet, nous nous trompons fréquemment en croyant que nous parlons tous de la même chose. Aucun objet ne peut être rigoureusement semblable pour plusieurs observateurs. La montagne que j'aperçois n'est pas la même, par exemple, pour un autre observateur placé en un lieu différent. Nous employons pourtant la même désignation. Soyons francs avec nous-mêmes en pareil cas et admettons que nous concevons le plus fréquemment des images mentales différentes de celles d'autres personnes, alors que nous collons tous la même étiquette sur ces entités dissemblables.

L'homme qui vient d'apprendre la mort d'un être cher peut, en réponse à une question, exprimer le chagrin que lui cause cette nouvelle. Mais son interlocuteur ne pourra saisir que ce qu'il *entend* et non pas ce que l'autre *ressent* réellement. Et comme celui-ci peut n'avoir qu'une capacité très réduite à s'exprimer verbalement, cette compréhension approchée peut varier encore avec les individus. En tout cas, le point essentiel c'est qu'il existe et doit exister un fossé entre ce que dit l'affligé et ce qu'il éprouve vraiment. Ce fossé indique que la signification verbale est à la fois incomplète et imparfaite, c'est-à-dire qu'elle n'est ni exacte ni précise !

Le mot ne représente donc pas toute l'idée, il ne le peut pas. Il nous en donne une *notion* mais ne constitue qu'une partie de la signification complète. La satisfaction vaniteuse que nous éprouvons souvent en nous exprimant est donc fallacieuse. Nous n'arrivons et n'arriverons jamais qu'à nous faire comprendre imparfaitement. La signification du mot *table*, par exemple, est-elle l'image mentale qui s'éveille dans l'esprit de quelqu'un quand on le prononce, ou bien l'idée de l'objet particulier devant lequel l'auditeur s'asseoit pour dîner ? Dans ce dernier cas l'image particulière qu'il s'éveille dans l'esprit de l'auditeur peut être bien différente de la table dont voulait parler l'orateur.

Elle peut n'avoir que trois pieds, alors que ce dernier pensait à une table à quatre pieds.

On ne peut faire confiance aux conventions linguistiques. Il faut évidemment aller au delà du mot ou du son qui l'exprime si nous désirons plus de précision. Nous devons nous représenter nettement le véritable rapport entre le terme et la chose elle-même. L'homme instruit affirmera avec humeur qu'il sait ce qu'un mot veut dire, mais il confond le plus souvent sa connaissance de la grammaire et la richesse de son vocabulaire avec le véritable savoir que représente la façon de parler. Les mots, en effet, ne sont pas des choses. Il est facile de confondre le mot écrit avec l'objet et d'oublier que le mot parlé n'est qu'une *abstraction* tirée de l'objet qu'il représente. Ce mot ne procure tout au plus qu'une approximation de la pensée ou du sentiment, de l'événement ou du fait qu'a en vue celui qui parle. Une telle erreur est capable de transformer le mot en un obstacle, d'empêcher la véritable connaissance de l'objet lui-même.

L'étudiant en philosophie doit en conséquence prendre grand soin de dégager le mot de l'idée qu'il exprime, et l'idée de la chose qu'elle représente. C'est la seule manière de percevoir avec exactitude la valeur que le mot peut avoir pour lui. Il lui faut analyser les mots individuels et les phrases en les traduisant en faits et non en symboles. Cela nécessite une exploration au-dessous de la surface comme celle d'un chirurgien avec son scalpel. L'étudiant doit vérifier de la façon la plus nette si la signification d'un mot peut être purement verbale, c'est-à-dire rien de plus qu'un assemblage d'autres mots, ou si elle est non verbale, c'est-à-dire si elle représente quelque chose de concret. Dans ce dernier cas il faut encore se demander jusqu'à quel point ce concret est exprimé par le mot. Les descriptions nous apprennent bien quelque chose d'un objet mais ne peuvent nous l'exprimer dans son entier parce que ce sont nécessairement des abstractions. Il n'y a pas à le leur reprocher car, comme tout le reste, elles possèdent leurs limites et nous ne devons pas en attendre des miracles. Mais, ceci dit, nous n'avons pas à empirer les choses en nous montrant imprécis, négligents, vagues quand nous versons de la pensée dans le moule du langage.

Habituellement, quand les profanes sont mis en présence de ces problèmes de signification, il les balaient aussitôt, les considérant comme trop évidents pour mériter une attention particulière, ou comme trop banaux pour être dignes d'un assez long examen. Des élèves en philosophie déjà fort expérimentés s'impatientent souvent eux-mêmes d'être soumis à des interrogatoires de cette sorte sur ce qui paraît être le langage familier de tous les jours. Ils les considèrent, au mieux, comme une perte de temps et, au pis, comme un véritable « empoisonnement ». Ils ne voient pas quel bénéfice tangible ou quel intérêt particulier ils pourraient en recevoir, ni les rapports que ces questions peuvent avoir avec la recherche de la vérité. Qu'ont à faire avec la philosophie ces préoccupations au sujet de simples mots, se demandent-ils ? Ne relèvent-elles pas uniquement du domaine du philologue ?

En réalité l'importance de cette étude de sémantique n'apparaît qu'au cours des progrès de la recherche. C'est seulement quand elle est suffisamment avancée que l'élève comprend, *de lui-même*, pourquoi on a tant insisté sur ce point, il considère alors le fait que la plupart des gens très instruits supposent qu'ils comprennent parfaitement les mots employés par eux. Néanmoins, nous en montrerons l'utilité même dans les limites du présent chapitre.

L'aspirant philosophe qui s'est armé psychologiquement pour sa croisade considérera toute l'étendue de l'existence comme relevant de son domaine. Il doit s'équiper pour explorer en-dessous de la surface afin de découvrir la vérité de ce qu'il lit ou entend, aussi bien que de ce qu'il dit ou écrit, la vérité du monde qui l'entoure, la vérité de ce qu'il pense et de ce que les autres hommes pensent, la vérité du monde intérieur, c'est à-dire de l'esprit. Mais il lui faut bien commencer quelque part, et le mieux est de commencer au plus proche, c'est-à-dire avec les mots, parce que toutes ses autres connaissances devront s'exprimer avec des mots.

Il commencera ses recherches en se plaçant dans la situation intellectuelle et linguistique la plus défavorable possible ! Il va lui falloir dissiper quelques fantômes. Car la plupart des hommes, tous sans doute, s'entretiennent avec des fantômes, traitent avec des apparitions, dans l'illusion que ce sont des êtres consistants. Bref, il lui faut découvrir dans quelle mesure la pensée formulée en paroles n'est que déception, dans quelle mesure elle est positive et vérifiable, jusqu'à quel degré elle constitue un malentendu ou une interprétation authentique. Plus il éclaircit ses significations pour lui et pour les autres, et plus il approche de la vérité. L'absence d'ambiguïté est un élément essentiel du véritable vocabulaire philosophique. L'emploi arbitraire des mots peut le plus souvent n'avoir aucune importance dans la vie courante, mais dès qu'il s'agit de recevoir ou de communiquer la vérité il faut prendre le plus grand soin de fixer leur signification précise afin de se mettre à l'abri de tout malentendu.

L'écrivain et le lecteur peuvent espérer faire des progrès grâce à un ensemble de termes bien précis constituant un moyen d'expression commun. Sans lui, 'tous deux peuvent tomber dans le vieux piège consistant à échafauder une construction philosophique ne reposant sur rien de plus substantiel que des ambiguïtés.

Il est donc tout à fait erroné de considérer une pareille dissection des mots comme un simple pédantisme. *Elle fait partie de l'équipement essentiel pour la recherche de la vérité.* Quiconque se refuse à exécuter cet effort préliminaire est fatalement condamné à s'arrêter au seuil de la philosophie. Beaucoup espèrent échapper à cette besogne fastidieuse et récolter cependant les fruits philosophiques si longs à mûrir. Ils ignorent que seule la maîtrise de l'analyse verbale leur permettra ultérieurement de tourner les argumentations spécieuses et les fausses hypothèses, et de préparer ainsi le terrain pour réaliser une nouvelle avance en direction de la vérité. Les mots, en effet, s'assemblent en phrases qui, à leur tour, s'assemblent pour constituer des systèmes intégrant toute une chaîne de raisonnements. Si les mots employés sont erronés dès l'origine, comment arriver à la vérité en les mélangeant à d'autres mots ?

En persistant dans une attitude d'indifférence envers les problèmes de la signification on se met dans l'incapacité de poursuivre l'étude de la philosophie. Car l'effet psychologique de cette obstination n'est rien de moins qu'une désertion du travail de la pensée, et rien de plus qu'une prétention tacite à une connaissance qui, en réalité n'existe pas dans l'esprit. Elle équivaut à une paralysie soudaine de la faculté de raisonner. Elle conduit à accepter des arguments spécieux. Ceux qui s'en rendent coupables s'imaginent que ces problèmes sont artificiels, purement académiques, qu'ils sont du même ordre que les discussions du moyen âge sur le nombre d'anges pouvant tenir sur la pointe d'une aiguille. Ils se trompent du tout au tout. La solution de ces problèmes a une application à la fois pratique et philosophique, une valeur tout à fait insoupçonnée de ceux qui ne les ont pas sérieusement étudiés.

Cette exigence de la précision philosophique dans le maniement des mots n'est pas arbitraire. Elle est indispensable pour dégager le terrain, car la progression est arrêtée par des notions fausses et déroutantes. Il faut examiner les mots afin de tracer une limite bien définie entre les faits et les illusions, déceler les mensonges qui président à leur emploi, et se débarrasser de toutes les suppositions inconscientes et non solidement établies. Nous serons affranchis ainsi des expressions inconsidérées qui donnent à des sottises un semblant de vérité.

Etranges découvertes au sujet de la Vérité, de Dieu et de l'Esprit. — La philosophie est la recherche détaillée de la vérité irréfutable, de la signification cachée de l'existence tout entière. La plupart des hommes qui ont adhéré à la doctrine particulière d'une religion, d'un culte ou d'une école de pensée, adoptent tout naturellement une attitude de paresse qui les conduit à considérer cette doctrine comme le dernier mot de la sagesse, attitude qui le plus souvent ne supporte pas la contradiction. Elle sous-entend l'affirmation : « *Je sais* que c'est vrai. » Comment peuvent-ils être certains de la vérité de leur croyance s'ils n'en ont pas au préalable examiné les bases par l'analyse et la critique, s'ils n'ont pas procédé à une étude similaire de toutes les doctrines analogues ou contradictoires, et surtout s'ils n'ont pas essayé encore plus tôt de comprendre la véritable signification du mot vérité ? La meilleure, façon d'illustrer l'application des principes que nous venons d'énoncer paraît être d'examiner les significations données à ce terme par quelques hommes contemporains.

Essayons tout d'abord de découvrir ce que la science peut nous dire à ce sujet. Dans un dictionnaire courant nous trouvons la définition suivante : « caractère de ce qui est vrai, déclaration véridique, exactitude de la représentation, explication véritable. » Si nous nous tournons vers les œuvres des philosophes nous nous trouvons devant toute une variété de théories ou d'opinions sur la vérité. L'école pragmatique dit avec William James que « le vrai est le nom de tout ce qui se révèle être bon dans la voie de la croyance ». Ceux qui en tiennent pour la théorie de la Correspondance déclarent que « la vérité est ce qui est conforme au fait et correspond à la situation réelle ». Les protagonistes de la théorie de la Cohérence affirment que la vérité est la consistance. D'autres prétendent que le mot *vérité* peut recevoir quatre interprétations : on peut premièrement lui donner le sens de ce qui est indiscutable, secondement le considérer comme indiquant une réalité de fait, troisièmement le prendre simplement comme une affirmation de cette réalité de fait, enfin il peut exprimer la relation exacte existant entre deux choses, deux personnes, deux nombres comme $3 + 2 = 5$.

Du fatras de ces définitions contradictoires nous pouvons seulement déduire que le mot est de caractère protéiforme, que c'est du charabia, qu'on se trompe lourdement en acceptant l'opinion courante selon laquelle chacun sait ce qu'il en est. Les différences entre les définitions sont trop étendues pour permettre d'en tirer un sens précis. Pourtant le monde entier emploie le mot « vérité » sans la moindre hésitation et prétend en comprendre clairement la signification. Le monde s'abuse, manifestement. L'homme ordinaire tombe facilement victime de la simplicité apparente de ce mot et il est bien loin de s'imaginer que c'est tout uniment le point de départ dans la recherche de l'intelligence philosophique. Pour lui, bien au contraire, c'est un point d'arrivée !

La chose la plus difficile ici-bas c'est d'atteindre la vérité, la plus facile est d'atteindre un de ses simulacres. C'est pourquoi chacun s'*imagine* qu'il sait ce qu'est la vérité. Dans le dictionnaire philosophique le mot devrait avoir la place la plus importante, comme c'est le cas dans les meilleurs textes de l'Inde, mais l'Occident n'est pas arrivé à trouver une définition bien arrêtée sur laquelle ses penseurs soient tombés d'accord. D'une façon générale ils ne se sont pas occupés personnellement de définir la vérité bien que l'important principe selon lequel il faut préciser son vocabulaire, leur soit familier. Mais ils croient tous que la nature de la vérité ultime ne peut être déterminée et qu'il est donc parfaitement vain d'essayer de définir l'indéfinissable. Cependant si la philosophie a pour but d'approfondir la signification du Tout, c'est-à-dire la vérité du Tout, quel autre sort peuvent attendre ces auteurs et leurs lecteurs qu'une chute dans les ténèbres si ce mot, le plus important de tous, échappe à une définition incontestable ? Les rares qui ont tenté de le faire sont arrivés à des significations si effrontément divergentes que, bien évidemment, ils ont exprimé seulement des opinions sous des dehors linguistiques très travaillés. Toutes les définitions courantes ont leurs faiblesses et peuvent être facilement détruites par un esprit un peu aiguisé.

Nous arrivons ainsi à cette étonnante constatation que la signification de certains des mots les plus importants utilisés pour la recherche de la vérité n'est pas arrêtée mais reste entièrement dépendante de l'interprétation qu'on en donne. Cette découverte sert à comprendre pourquoi Bouddha conserva un tranquille silence quand un auditeur le questionna sur la nature du Nirvâna, et pourquoi Jésus se tut pareillement quand Ponce-Pilate l'interrogea sur la nature de la vérité. N'importe quelle réponse donnée par l'un ou l'autre aurait inévitablement suggéré à l'esprit du questionneur quelque chose de différent de ce que l'un ou l'autre aurait voulu dire. Mais l'explication complète de ces mystérieux silences se trouvera dans la partie la plus avancée du présent cours.

On se demandera peut-être pourquoi il est si important d'arriver à une définition universellement acceptée et absolument incontestable de la nature de la vérité avant d'arriver à la vérité elle-même. C'est que nous sommes semblables à des explorateurs avançant à travers un continent inconnu et qui ont besoin d'un guide, que ce soit sous la forme d'un être vivant ou d'une boussole. Une définition valable de la vérité indiquerait la bonne direction aux chercheurs et leur signalerait la voie à suivre. Elle les avertirait, comme l'aiguille de la boussole, chaque fois qu'ils s'écarteraient vers l'illusion, l'erreur, la duperie, et elle les encouragerait en les rassurant chaque fois qu'ils marcheraient droit au but. Elle brillerait perpétuellement dans le ciel de la pensée comme l'étoile polaire pour les empêcher de se perdre dans la spéculation vaine ou d'errer stérilement dans les théories fallacieuses. Ce n'est pas tout. Elle leur interdirait de se tromper eux-mêmes en acceptant une « vérité » simplement parce qu'elle leur plairait. Elle les empêcherait d'admettre comme étant la vérité ce qu'ils imagineraient ou ce que d'autres imagineraient l'être. Elle leur donnerait une certitude définitive que ne peuvent posséder ceux qui ignorent si ce qu'il croient est la vérité et qui sont en conséquence toujours susceptibles de changer d'idée.

On peut maintenant apercevoir un peu plus nettement la valeur philosophique d'une rigoureuse analyse verbale. Combien d'hommes sont fortement impressionnés, voire frappés de crainte, par le simple énoncé d'un mot possédant autant de résonance que *Dieu*, et par conséquent, mis dans l'incapacité de procéder avec calme et impartialité à une vérification par l'analyse de ce qu'il implique ? Ce mot apporte un grand réconfort et une consolation magique à des millions de gens, mais le chercheur de la vérité ne peut, hélas ! en tirer du réconfort tant qu'il n'a pas scruté la pensée elle-même plutôt que le mot. L'humanité employant celui-ci depuis des siècles, les esprits superficiels en viennent à supposer qu'il représente quelque chose ressortissant à l'expérience humaine, quelque chose qui *existe*. Mais l'aspirant philosophe doit, en premier lieu, procéder à une analyse psychologique. Car il lui faut partir d'une base affranchie de tout dogme et cependant féconde pour la progression sans quoi il n'aura affaire qu'à du verbiage. Une définition spécifique et précise doit constituer ce point de départ. Il n'a pas la bonne fortune de ces prêtres et de ces savants théologiens qui parlent de Dieu avec une familiarité et une certitude telles qu'ils donnent l'impresssion d'avoir été présents au moment où Il créa le monde, ou tout au moins comme si c'était, selon l'expression de Matthew Arnold, « un voisin de la rue d'à-côté ».

La première chose que révèle l'analyse c'est que ce petit mot de quatre lettres peut se comprendre de bien des manières différentes. En écoutant parler ses relations religieuses l'étudiant pourra entendre dix personnes prononcer le mot « Dieu » mais chaque fois avec une signification très particulière, bien que le son reste toujours le même. Il peut s'agir d'un être personnel ou impersonnel, de la totalité abstraite des lois de la Nature ou d'une existence individuelle spéciale, d'un morceau de bois sculpté ou d'une statue moulée. Dans l'esprit de l'homme primitif c'est un terme purement animiste alors que dans celui de feu Lord Haldane c'était un terme abstrait et absolu. L'étudiant ne devra pas limiter son étude aux conceptions de son entourage, de son pays, de sa race ; il poursuit la vérité de la vie *tout entière*, il lui faut donc recueillir et comparer les conceptions de toutes les parties du globe. Il constatera alors qu'il existe des dieux raciaux comme Jehovah, une multitude de dieux de tribus, des maîtres de l'univers incarnés comme Vichnou, des esprits impersonnels et immatériels universels, et que l'entendement humain, à son état primitif, adore une déité totalement différente de celle qu'il vénère dans sa maturité.

Toute tentative pour pénétrer sous la surface de ce mot et en déterminer la pleine signification le conduit donc à une besogne fastidieuse aussi interminable qu'inconséquente. Il aura beau faire, en effet, il est tout à fait incapable de découvrir ce que ce mot désarmant et si court signifie au juste. Il aboutira aux interprétations les plus étranges, et il peut y en avoir autant que de personnes. C'est probablement le mot le plus nébuleux du dictionnaire. Tout ce que l'étudiant pourra découvrir c'est ce qu'une multitude d'hommes, allant des plus primitifs insulaires des Fidji jusqu'aux dignitaires des universités, imaginent, croient, espèrent, supposent, présument, envisagent comme pouvant être la signification, sans que personne — pas un seul — *sache* réellement ce qu'est celle-ci. La conséquence déroutante c'est que toutes leurs définitions sont contradictoires. La diversité de ces définitions données, non pas par de simples barbares mais par des gens très cultivés, a quelque chose qui touche au scandale. Bien peu de conceptions de Dieu sont pareilles. Étant donné qu'ils sont forcés d'utiliser les mots comme éléments principaux de leur pensée, étant donné que la conception doit d'abord être formulée en mots avant que l'esprit puisse la comprendre, ces innombrables gens qui parlent de Dieu ne savent effectivement pas de quoi ils parlent puisqu'ils ne connaissent pas la signification précise du mot. Et non seulement ils ne savent pas exactement de quoi ils parlent mais ceux qui les écoutent ne les comprennent pas non plus, car les notions qu'ils reçoivent et qui forment des conceptions dans leur esprit sont plus que probablement différentes de celles qui existent dans l'esprit de ceux qui parlent. En fait, tous intègrent leurs postulats personnels au mot, et par celui-ci, dans le monde qui les environne.

L'aspirant philosophie ne devra pas s'incliner sans plus devant une situation aussi extraordinaire. Il devra se mettre en garde et prendre des précautions prophylactiques contre le sérieux danger qu'elle représente pour sa santé mentale. Il devra soumettre à la pensée désintéressée tout ce qu'il entend dire librement ou qu'il lit concernant Dieu. Il ne peut se contenter de chercher dans un dictionnaire la réponse à la question : « Qu'est-ce que Dieu ? » Il doit savoir que les dictionnaires sont de simples tentatives pour stabiliser les significations, qu'ils n'y sont jamais parvenus parce que des dictionnaires différents offrent des définitions différentes, et que, somme toute, ils indiquent seulement les interprétations existant à l'époque où ils furent rédigés : leur autorité n'est nullement absolue. Il lui faut modifier la forme de sa question et se demander : « Qu'est-ce que conçoit mon esprit quand j'utilise ce mot ? Qu'existe-t-il dans l'expérience du monde ou de la vie qui corresponde au terme *Dieu?* »

Ainsi, après avoir bien examiné « la signification de la signification », nous découvrons que ce n'est après tout qu'une idée dans notre cerveau, une pensée que nous renfermons, voire une imagination que nous construisons. Du fait que leur existence est uniquement mentale, il ne sera jamais possible de comparer les idées formées par deux esprits différents. On peut facilement placer côte à côte deux objets concrets, des crayons par exemple, pour les comparer, on ne peut le faire pour des idées. En conséquence chaque auditeur ou lecteur d'un mot n'adoptera que la signification qu'il préfère. Il ne peut donc être question de communication précise ni de réception parfaite. On ne peut éviter ce résultat décevant qu'en procédant encore plus soigneusement à un examen prudent et à une définition préalable. Lorsque l'étudiant a appris non seulement à apprécier la valeur

des mots mais encore à trouver la signification de la signification, le moment sera venu où il pourra espérer découvrir ce
qu'est réellement Dieu, par contraste avec ce que les gens
imaginent qu'Il est, mais ce serait vain avant ce moment-là. Sa
découverte ne s'effectuera pas tout de suite, en fait, elle ne
surviendra qu'à la fin de la recherche philosophique, mais elle
viendra fatalement s'il persévère, et dès lors il ne sera plus
trompé par les images de faux dieux.

Le mot *spirituel* est également de ceux qui ont conduit les
hommes à des conceptions erronées et très vagues. Les dictateurs
totalitaires l'ont employé pour qualifier leur conception de la
vie, mais leurs adversaires ont fait de même. Il y a quelque
chose d'ironique dans la façon avec laquelle les dictateurs et
les démocrates s'accusent mutuellement d'être matérialistes
et profanes. Bien évidemment, il existe la plus grande confusion
dans les idées que se font les hommes politiques à ce sujet.
Mais cette confusion augmente encore quand nous pénétrons
dans les domaines de la religion et du mysticisme. Nous entendons parler d'expériences « spirituelles » qui, à l'examen, se
révèlent être des excitations des sens, des élans d'imagination,
des états d'âme de paix intense, des conversions sentimentales,
des visions de choses immatérielles, etc. Il y a donc de nombreuses interprétations possibles. Finalement si nous disons de
quelqu'un qu'il est de caractère hautement spirituel, un premier
auditeur pensera qu'il est d'esprit noble, un second qu'il est
de tempérament placide, un troisième imaginera qu'il vit dans
l'ascétisme et la solitude, un quatrième le verra extrêmement
religieux, tandis qu'un cinquième le considérera comme vivant
dans un état de mystérieuse inconscience inconnu des mortels
ordinaires, et ainsi de suite. Autant d'individus autant de
conceptions.

Analysons plus profondément ce qu'implique le mot *spirituel*.
Quelle que soit la nature de l'expérience ou de la conscience
spirituelle de quiconque, allons jusqu'au bout de notre examen
et nous découvrirons que c'est son esprit qui l'en avertit, que
c'est son esprit qui lui annonce son existence dans sa vie. Or,
l'esprit ne peut nous donner la conscience de quelque chose —
que ce soit d'un moucheron ou d'un dieu puissant — qu'en en
formant la pensée. Tout ce qu'on connaît prend donc finalement
la forme d'une pensée. Les expériences et les consciences spirituelles ne font pas exception. Elles ne sont que des pensées,
quelque extraordinaire que puisse être leur nature. Il n'y a donc
pas de différence entre *spirituel* et *mental*. Toute vie consciente

est une vie pensée. L'homme le plus « spirituel » vit par la pensée
exactement comme le plus matérialiste. Il ne peut en être autrement.

On peut maintenant comprendre pourquoi les gens n'arrivent
pas à se faire une idée claire et consistante du mot *spirituel*,
mais aussi pourquoi ils n'y parviendront jamais. Inconsciem-
men leur imagination construit une signification qui répond à
leur goût ou à leur tempérament personnel. Le philosophe refusera de se laisser séduire par ce mot et, en l'approfondissant,
il disciplinera l'usage qu'il en fait pour arriver à avoir la claire
notion de ce dont il parle.

Qu'est-ce-qu'un fait? Le mot *fait* est un autre ennemi contre
lequel le philosophe doit entrer en guerre s'il ne veut pas se
laisser leurrer. La philosophie de la vérité se glorifie justement
de se baser sur les faits et non sur les croyances. Mais qu'est-ce
qu'un fait ? La signification de ce mot dans l'usage courant est
généralement considérée comme bien connue mais l'analyse
même la plus rapide montre qu'elle contient traitreusement une
quantité de nuances. Si l'on accepte arbitrairement la première
ou la troisième de ces interprétations afin de s'éviter la peine
nécessaire pour aller plus loin, comment peut-on être sûr que
sa connaissance est bien basée sur des faits ?

Imaginons qu'un jeune garçon rentrant chez lui au crépuscule,
aperçoive un serpent enroulé au bord du chemin. Il prend la fuite
et rencontrant un passant faisant route en sens opposé, croit
de son devoir de le prévenir de la présence du serpent pour le
mettre en garde. Le jeune garçon retrouve ce passant le lendemain, il apprend que celui-ci a tiré sur le serpent et s'en est
approché ensuite. A son grand étonnement, l'homme a constaté
qu'il ne s'agissait pas d'un reptile mais d'un rouleau de corde
épaisse. La demi-obscurité les avait trompés tous les deux !
Le serpent n'était qu'une création de leur imagination non
contrôlée, une auto-illusion inconsciente.

La vue du serpent par l'enfant était-elle un fait ? Assurément.
Etait-ce un fait que l'objet aperçu fût en réalité une corde ?
Assurément encore. Mais supposons que l'enfant n'ait pas rencontré le passant. N'aurait-il pas affirmé bien haut le fait qu'il
avait vu un serpent, de même que le passant affirmera aussi
haut le « fait » que l'enfant n'avait pas vu de serpent ?

On voit tout de suite qu'il faut être très prudent dans l'usage
de ce mot. Si le fait est une manifestation de nos cinq sens, il
est possible que ceux-ci nous aient trompé et nous aient fourni
une mauvaise représentation. Dans ce cas l'étudiant devra

ajouter le mot *fait* à la liste de ceux dont il doit se défier. Si,
par exemple, au lieu de penser « J'ai vu un serpent », il avait
pensé « J'ai vu quelque chose paraissant avoir les caractères
d'un serpent », il ne se serait pas abusé ni les autres avec lui.

Mais c'est là la moins grave des difficultés au sujet de ce
terme. Les mots provenant des âges qui ont précédé l'ère de la
science et de conceptions fort lointaines dans le temps et dans
l'espace, imprègnent encore notre langage et peuvent nous
fourvoyer maintenant qu'ils se réfèrent à des sujets auxquels
la connaissance moderne a donné une grande extension. Les
résultats obtenus par notre génération n'auraient pu l'être aux
époques antérieures, car ils sont très largement dus aux merveilleux instruments et délicats appareils conçus et réalisés
pour suppléer nos cinq sens et leur donner des capacités inconnues jusque-là. Le miscroscope, le télescope, le spectroscope,
la pellicule photographique, la cellule photo-électrique ont ainsi
permis à l'œil humain d'apercevoir des choses qu'il n'aurait
jamais vues autrement.

Le microscope, par exemple, a ouvert un monde nouveau à
nos yeux, un monde fantastique où le cadavre que nous croyions
statiquement mort est en réalité dynamiquement vivant de
parasites, où l'eau que nous considérions comme inerte contient
une foule d'êtres animés, où la lame de rasoir que nous imaginions parfaitement droite présente la forme d'une scie ; il nous
apprend que ce que nos sens parviennent à percevoir est
infime en comparaison de ce qu'ils ne perçoivent pas. Il y a
quelques siècles chacun considérait comme des faits les premières
impressions, alors que la science moderne demande que celles-
ci soient vérifiées. Bien souvent on aboutit à des contradictions
ou à des négations. N'empêche que des millions de gens ont
pensé et que beaucoup pensent encore que les observations les
plus élémentaires constituent des faits.

Nous continuons à employer les anciens termes pour des
phénomènes de ce genre alors que n'importe quel étudiant scientifique sait aujourd'hui qu'ils sont techniquement inexacts
et trompeurs. Notre esprit persiste à concevoir le monde tel
que le lui montrent ses sens nus. Notre langage emploie toujours des expressions basées sur ces conceptions illusoires. Il
est resté terriblement en arrière de nos connaissances. Comment
ceux qui utilisent innocemment un instrument de pensée, de
compréhension et de communication aussi décevant, pourraient-
ils espérer arriver à portée de la vérité de la vie ?

En effet, qu'est-ce que cela signifie en dernière analyse ?

Cela signifie que les hommes considèrent très facilement leurs *croyances* comme des *faits*. La science nous apprend que les objets matériels sont composés d'électrons en mouvement. Notre machine à écrire peut se signaler à nos sens comme existant en permanence d'une manière inchangée, mais le laboratoire moderne y voit une énergie en constante oscillation. Plus encore, la science n'ayant pu découvrir aucune substance définitive, a abandonné le mot « objet » pour le remplacer par le mot « événement », de sorte que notre machine à écrire n'est qu'un complexe d'événements dans un système « espace-temps » et qui ne peut jamais être deux fois identique à lui-même. Tant que nous considérons la machine du point de vue uniquement pratique, ces considérations peuvent ne pas nous intéresser, car elles n'ont absolument aucune valeur quand nous écrivons sur une feuille de papier. Mais si nous nous plaçons au point de vue scientifique, désirant en apprendre plus long au sujet de la machine à écrire en tant qu'objet matériel parmi beaucoup d'autres, ces considérations prennent une importance capitale. Ce serait une erreur et une duperie de penser au mot « machine à écrire », c'est-à-dire de la définir, de le même manière que du point de vue pratique. Si nous en restons obstinément et servilement à la définition d'avant l'ère scientifique il est bien évident que nous n'aboutirons jamais à la vérité scientifique, mais serons trompés par nos sens et induits en erreur par le mot lui-même. En persistant à considérer le mot « fait » d'une manière analogue au vulgaire, c'est-à-dire aux manifestations des sens nus, on reste dans une atmosphère de pensée qui interdit la conquête de la vérité.

Ce n'est pas tout. Si vous pouviez attendre pendant des milliers d'années et suivre la dégradation progressive de la machine sous l'effet de la rouille et d'autres causes, vous la verriez finalement disparaître en poussière et s'effacer complètement à la vue. Elle se trouverait transformée en quelque autre « matière ». Elle continuerait à exister sous une autre forme. Rechercher la nature de cette existence ultérieure c'est sortir de la science pour pénétrer dans la philosophie qui révèle alors une version tout à fait inattendue de la signification du mot « fait », à laquelle l'étudiant arrivera en temps voulu et qui est actuellement au delà de l'horizon du spécialiste scientifique.

La philosophie ne se satisfait donc pas de connaître le fait du moment, elle désire connaître aussi le fait permanent s'il existe. Il est donc de peu d'utilité pour le philosophe d'entendre qualifier quelque chose de fait par quelqu'un qui n'a jamais essayé d'approfondir les véritables caractéristiques d'un fait. S'il veut atteindre la vérité *définitive*, il lui faut retraduire une partie de la terminologie employée dans la vie courante. Il ne peut utiliser *sans discernement* un mot préscientifique tel que « fait » sans estropier la science moderne, car c'est seulement l'un des mots importants empruntés au domaine de l'expérience quotidienne et qui employé imprudemment peut l'empêcher de penser correctement parce que sa signification a été déformée par l'usage populaire. C'est encore beaucoup plus vrai quand on s'élève du plan scientifique pour gagner l'atmosphère encore plus raréfiée de l'interprétation philosophique ! En corrigeant son vocabulaire, il corrigera sa pensée, car les deux sont inséparables. L'emploi inconsidéré de mots de cet ordre les a chargés d'un lourd fardeau d'anciennes obscurités, d'incompréhensions primitives et de conceptions erronées dont il faut les purifier dès qu'on veut les utiliser en dehors de la pratique la plus rudimentaire. Il faut se débarrasser de ces vices. Le langage est lié à la connaissance, il doit logiquement évoluer avec elle et non pas rester lamentablement en arrière !

L'examen des quatre mots : *vérité, Dieu, spirituel, fait*, nous a révélé que ceux qui les emploient leur donnent tous des définitions contradictoires. Ils sont proférés sans hésitation par n'importe qui, par des gens qui ne leur ont jamais accordé un instant de réflexion, par des gens qui seraient même incapables d'y réfléchir et — avouons-le — également par chaque mystique qui suppose que ses expériences extatiques lui permettent de se prononcer d'une manière définitive à leur sujet.Comment chacun d'eux pourrait-il posséder vraiment la certitude puisqu'il n'a jamais pris la peine de s'assurer de ce qui correspond aux mots qu'il emploie ? Mais le brouillard de sa pensée lui offre un moyen commode de se dérober aux questions embarrassantes et aux doutes soudains. L'étudiant philosophe ne peut se permettre une telle dérobade.

Cet examen a également montré l'importance vitale qui s'attache à obtenir une définition précise des mots-pensées, afin de disposer d'une sorte de boussole pour sortir de la confusion et suivre la bonne direction au cours des recherches. L'étudiant doit désormais faire cet effort de *compréhension* sémantique et pénétrer aussi le sens de certains autres termes de caractère similaire à mesure qu'ils se présentent. Il doit se tenir en garde contre les mots qui lui apportent une satisfaction émotive mais aucun éclaircissement intellectuel, se défier de ceux qui correspondent à d'anciens préjugés et à des habitudes enracinées sans rien définir de positif. Il doit comprendre qu'en se libérant de la tyrannie du langage employé trop superficiellement, il débarrasse son esprit du fardeau de l'ignorance et des malentendus. Il doit se protéger contre les théories fausses ne reposant pas sur des faits vérifiés mais sur des fictions purement verbales.

Il n'entre pas dans le cadre du présent chapitre de reprendre pour les analyser toutes les idées maîtresses exprimées en termes religieux, mystiques, philosophiques ou courants. Des mots tels qu'*intellect, raison, réalité, existence, esprit*, apparaîtront et seront définis dans le cours de ce livre, et la pensée se trouvera rééduquée lorsque leur signification aura été parfaitement comprise. Notre but plus précis est de préparer l'esprit du lecteur en lui montrant d'une manière générale la façon de traiter avec exactitude les problèmes verbaux qu'il rencontrera, par l'explication du *principe* à suivre à partir de maintenant. La première difficulté présentée par les problèmes philosophiques vient de ce que leur nature véritable est ordinairement cachée à ceux qui les abordent parce que les termes de langage dans lesquels ils sont formulés sont les aboutissements d'une longue série de processus connus et inconnus. L'analyse aide à dégager ce qu'ils contiennent d'implicite.

Le chercheur devra donc appliquer la méthode de la discipline verbale non seulement maintenant mais à chaque nouveau pas dans cette étude. Il lui faut apprendre à acquérir un caractère intellectuel particulier. Le précédent chapitre lui a indiqué certains autres caractères qui sont essentiels pour la recherche philosophique. Ces deux chapitres sont complémentaires. L'un des résultats de ses efforts sera de le débarrasser progressivement des illusions qui hantent tant de gens religieux, mystiques et métaphysiques entre autres, et leur font croire qu'ils ont appris quelque chose de vraiment nouveau alors qu'ils n'ont appris que des mots sonores. Il découvrira que les hommes explorent des mots pour des idées qu'ils ne contiennent pas, qu'ils n'ont jamais contenues et qu'ils ne contiendront jamais, des mots qui sont le plus souvent des sons creux. Il se méfiera tout particulièrement de ces significations imprécises, de ces termes impressionnants qui paraissent si pleins de sens et sont en réalité pleins de non-sens. Les politiciens, les orateurs, les démagogues recourrent avec prédilection aux mots, aux phrases, aux slogans grandiloquents qui constituent d'énormes exagérations ou ne veulent rien dire de tout, ils ne visent qu'à éveiller des émotions aveugles, ou essayent — avec succès, — de dissimuler des faits désagréables.

Ces mots possèdent une sorte de charme, de pouvoir hypnotique qui leur donne une apparence de signification mais dissimule seulement leur vide. En les analysant résolument l'étudiant peut démolir leurs prétentions à la consistance.

L'emploi de mots sans signification peut même conduire un homme réputé intelligent à croire qu'il opère sur des données précises et sur des faits réels, alors qu'il travaille uniquement sur ses propres illusions dans lesquelles il se trouve pris comme une mouche dans une toile d'araignée. La plupart des gens pensent faussement que chaque mot doit nécessairement représenter une chose non verbale. Mais il peut ne rien exister en-dessous de sa surface. La fausseté de cette croyance est démontrée par la possibilité d'employer des phrases comme le « fils d'une femme stérile » ou « des fleurs dans le ciel », qui sont ridicules même pour un écolier mais pas plus ridicules pour un philosophe que beaucoup d'autres expressions utilisées inconsidérément par des gens de tous les milieux.

La base de cette critique est que l'on doit se taire sur la *vérité* d'une chose dont l'existence n'a jamais été vérifiée et ne peut pas l'être. Parler en pareil cas c'est imaginer et par conséquent s'écarter de la route droite du fait réel. Nous n'avons pas le droit de laisser un mot nous conduire à croire que nous avons affaire à des objets, à des expériences et à des existences alors qu'en réalité il ne s'agit de rien de tel.

« Ce mot désigne-t-il quelque chose de réel ou quelque chose de fictif ? », telle est la question que nous devons nous poser constamment devant les déclarations de nombreux avocats et de la plupart des propagandistes. Quand un mot sert à exprimer l'inconcevable il peut bien vite aveugler le jugement et conduire à accepter le néant. C'est une pseudo-interprétation, c'est courir d'un mot sans signification à un autre, se mouvoir le long d'un cercle qui revient à son point de départ sans avoir fourni en cours de route la moindre explication réelle. Combien a-t-on construit ainsi d'univers verbaux dans lesquels leurs créateurs ont ensuite vécu satisfaits ! Partout les hommes entretiennent des opinions erronées à cause de leur habitude invétérée de croire que quelque chose de désigné est quelque chose qui existe, à cause de leur tendance traditionnelle à prendre des mots vides pour des réalités. C'est pourquoi il est nécessaire de vérifier si des affirmations contiennent véritablement de la pensée ou si elles ne sont que de pseudo-significations, un ensemble de sym-

boles auxquels ne correspond rien de substantiel dans l'expérience humaine. Bref, il est indispensable d'aller à ce que l'on
connaît avec certitude, de démasquer les hypothèses voilées,
d'élucider ce que l'on fait en déclarant une chose vraie.

L'étudiant philosophe n'a d'autre choix que de *commencer*
par se défier de chaque mot ne représentant pas une chose bien
définie dont il a l'expérience personnelle. Il doit révoquer en
doute toutes les idoles verbales que l'humanité ancienne et la tradition ont offertes à son adoration. Il doit répudier la croyance
naïve que l'existence d'un mot implique nécessairement l'existence de la chose ou de l'idée exprimée par ce mot. Il découvrira
alors, à son grand étonnement, que cette prétendue existence
n'est nullement une existence. Bien entendu, si ce mot ne représente aucun objet réel, comme supposé, il peut représenter un
sentiment de celui qui le formule et éveiller un sentiment de
même nature chez celui qui l'entend.

Il lui faut donc dégager la substance du langage apparent,
aller à la « signification des significations ». Avant de se poser
une demande telle que « Quelle est la nature du monde qui
m'entoure ? », il lui faut se demander d'abord : « Que signifie
cette expression « nature du monde ? » Il est indispensable de
formuler correctement les questions pour obtenir des réponses
correctes. Les chimistes du xviiie siècle se sont perdus dans la
théorie fausse du phlogistique pour s'être demandé : « Quelle
substance intervient dans le phénomène de la combustion ? »
au lieu de « Quel genre de phénomène est la combustion ? »
Le langage doit s'adapter aux fins de la philosophie et non l'inverse. Les mots qui n'ont pas de signification sont à abandonner
sans hésitation, ceux dont la signification est incorrecte sont à
corriger, ceux où elle est ambiguë sont à préciser, ceux qui prétendent représenter des faits mais ne représentent que des imaginations sont à signaler comme tels. Tous ces mots constituent
des entraves pour le philosophe en herbe et limitent le domaine
de son activité tant qu'il ne disjoint pas la réalité conceptuelle
de leur signification de la vrai réalité, leur signification fictive
de leur signification réelle. Cette élucidation est un stade nécessaire dans la découverte de la vérité définitive, parce qu'elle
constitue une reconstruction saine de la pensée.

On accepte difficilement au début la ré-orientation impliquée
par cette révision des évaluations verbales pour les mettre en
conformité avec la conception philosophique. Il peut être pénible de devenir un critique méticuleux de linguistique, mais
l'effort que cela coûte finit par devenir une habitude avec le

temps. Néanmoins les hommes insuffisamment évolués y voient toujours une gêne, tandis que les femmes le considèrent ordinairement comme un « empoisonnement » ! Aussi voit-on peu de femmes se consacrer à la véritable philosophie et aussi peu d'hommes, à moins que leur valeur intellectuelle ou que leur désir de la vérité soit de la meilleure qualité.

Il est juste d'ajouter que le fruit de cet entraînement verbal se révoltera aussi très certainement dans le domaine de la vie courante. L'esprit devenant plus exigeant au cours de sa recherche philosophique en ce qui concerne les pensées et les mots, étendra automatiquement l'habitude ainsi contractée à la vie de chaque jour. La négligence universelle qui caractérise beaucoup de raisonnements, imprègne maints ouvrages et déforme les conversations quotidiennes, fera graduellement place à la certitude réaliste. Les conséquences peuvent être considérables. Ce ne sera pas seulement l'étiquette mais aussi la substance de la pensée qui se trouvera modifiée et améliorée. En accordant notre attention à la signification, nous nous occupons de quelque chose qui dépasse de beaucoup le plan de la communication et de l'enseignement, l'élan de l'habitude nous entraîne à agir de même dans d'autres domaines, dans d'autres champs d'activité où nous encaissons les mêmes bénéfices. Il n'est pas exagéré de dire que c'est une véritable ré-éducation mentale Nous devenons capables de penser indépendamment. « Les mots forcent et dominent la compréhension » déclarait ce maître ès-mots Francis Bacon. Il était assez perspicace pour signaler que de tous les obstacles rencontrés par le raisonnement, celui que dressaient les mots était « le plus embarrassant de tous », et il faut constamment se rappeler l'avertissement adressé par lui à tous les aspirants philosophes : « Les mots, comme l'arc d'un Tartare, ont un contre-coup sur l'entendement, embrouillent et pervertissent grièvement le jugement. » Si la structure du langage n'est après tout qu'un système d'implications, les possibilités d'erreurs et d'incertitudes sont très réelles. Les phrases qui représentent incorrectement une chose peuvent toujours conduire à penser incorrectement à son sujet.

Comme précédemment il est nécessaire de donner un autre avertissement. Aucun malentendu ne doit naître au sujet du rôle de l'analyse linguistique. Nous ne voulons pas dire que le langage doit exister *seulement* afin d'exprimer des faits, qu'on ne doit ni formuler ni apprécier les métaphores, les beautés de la poésie, les joies de l'imagination, l'amusement de l'humour. Il ne faut pas faire fi du sel donné à la conversation par l'esprit, des plaisirs colorés que la lecture des romans apporte aux loisirs. Rien ne s'oppose à tous ces embellissements raisonnables de l'existence. « Soyez philosophe, conseillait Scotch Hume, mais au milieu de toute votre philosophie demeurez un homme. » Ce que nous voulons dire c'est qu'en se livrant à des plaisanteries ou en les goûtant il ne faut jamais oublier que ce sont des plaisanteries, que lorsqu'on écrit ou lit des récits d'imagination on sache exactement ce qu'on fait et qu'on n'aille pas se laisser à croire qu'ils contiennent quelque substance, qu'au milieu des conversations inhérentes à la vie mondaine on ne perde pas de vue leur insignifiance, qu'on ne confonde pas les nécessités de la pratique et celles de la philosophie. Ce dont nous avons besoin pour la vie courante ne doit pas être nécessairement mesuré à la même aune que ce dont nous avons besoin pour la recherche philosophique. En ce qui concerne la première nous pouvons dire autant d'absurdités qu'il nous convient, alors que pour la seconde nous ne pouvons tolérer la plus légère. Nous pouvons prononcer un million de mots sans signification au cours des bavardages de notre existence sans nous causer de tort à nous-mêmes, mais nous ne pouvons en prononcer ou en penser un seul au cours de la recherche philosophique sous peine de perdre notre direction. Nous pouvons colorer nos phrases de toute la fantaisie, de tout le sentiment que nous désirons tant que nous ne nous abusons pas à leur sujet et savons constamment ce que nous faisons. Nous pouvons nous laisser prendre par l'intérêt d'un roman aussi longtemps que nous n'oublions pas la nature non philosophique de notre lecture. Nous pouvons même haranguer un auditoire politique avec des métaphores trompeuses et des images imprécises si c'est un devoir, mais nous ne devons pas tomber dans les pièges que nous tendons à autrui.

Point n'est besoin de vider le langage de toute fantaisie et de toute couleur si nous conservons la conscience de ce que sont réellement la couleur et la fantaisie. L'art est aussi acceptable dans la vie du philosophe qu'il l'est dans celle de l'empiriste. Nous pouvons jouir pleinement de tout cela à condition de ne pas nous servir de la même mesure pour la vérité et de le tenir consciemment en dehors des limites de notre recherche de ce qui est la réalité définitive. Nous devons y renoncer pour gravir les cîmes, comme un ascète renonce au monde, mais nous pouvons en profiter dès que notre esprit s'éloigne de l'étude. Ainsi se créera progressivement un double point de vue, le pratique et le philosophique. Cette dualité subsistera tant que l'homme demeurera un chercheur mais pour le sage qui a atteint le but caché, toute la vie devient une unité sublime, il n'a plus besoin de se tenir en garde contre quoi que ce soit.

Qu'est-ce que fait l'esprit quand il cherche une signification ? Cette question pose un problème philosophique de première importance et sa solution est en elle-même un triomphe intellectuel.

Nous pouvons résumer ce chapitre en disant que lorsqu'un homme parle ou écrit il révèle non seulement ce qu'il sait mais aussi et inconsciemment ce qu'il ne sait pas. Son ignorance, aussi bien que son savoir s'étalent à nu dans ses phrases, pour la perspicacité philosophique. Elles constituent un document révélateur, une manifestation du subconscient aussi bien que de son esprit conscient. Seul le sage peut arriver à formuler sa connaissance avec exactitude, alors que les autres trahissent la pauvreté de leur pensée en utilisant des constructions linguistiques ambiguës, défectueuses, inexactes ou creuses, car lui seul est allé jusqu'au cœur profond de ses idées. Seul aussi le sage peut déceler, d'après la façon dont un homme parle, d'après le caractère de sa langue, le point précis où son intelligence et son savoir l'ont conduit sur la route menant à la vérité.

L'analyse philosophique en matière de sémantique, selon les lignes indiquées ci-dessus, aidera l'étudiant à découvrir si ses déclarations ou celles des autres contiennent ou non un élément de réalité. Car la philosophie de la vérité est enseignée d'une manière particulière. Elle commence par signaler aux hommes leurs erreurs, par leur apprendre quand ils pensent ou expriment des absurdités, par les débarrasser de la connaissance illusoire, par leur rappeler qu'il est possible et désirable de pousser leurs recherches en profondeur. Elle s'établit dans l'esprit de ses élèves non pas tant par l'affirmation de ce qui *est* que par l'élimination de ce qui *n'est pas*. Elle expose les principes directeurs de toutes les conceptions connues de l'existence et en démontre la fausseté et le erreurs. En même temps que l'esprit se débarrasse de tous les non-sens, il élimine les nombreux problèmes, pseudo-problèmes et questions si torturantes qui ont troublé la pensée à toutes les époques et n'ont jamais reçu de solution parce qu'ils ne pouvaient en recevoir du seul fait qu'ils n'avaient pas à être posés. La philosophie finit par dire : « Dieu existe, mais il ne pouvait se révéler à vous *tel qu'il est réellement* tant que vous n'avez pas été affranchis des idées fausses à son sujet dont vous étiez imbu. Désormais la voie est ouverte pour que vous trouviez Dieu, la Vérité, et la Réalité, la sainte

trinité qui est vraiment une unité. » D'où la très haute importance de la méthode d'analyse critique.

Les subtilités du langage peuvent donc se transformer en
une clef maîtresse ouvrant de nombreuses portes sur les mystères de la pensée et de l'être.

CHAPITRE VII

LA RECHERCHE DE LA VÉRITÉ

« Existe-t-il une source nouvelle et entièrement satisfaisante où puiser la connaissance ? » Telle était la question posée dans le premier chapitre du présent livre après qu'un bref examen de la foi religieuse, de la pensée logique et de l'expérience mystique eut montré qu'elles étaient toutes partiales, insuffisantes et dénuées de toute certitude. Les chapitres ultérieurs ont fourni d'autres faits appuyant cette conclusion. Il faut procéder maintenant à une analyse et essayer de trouver une réponse à la question ci-dessus. Nous n'entendons pas suggérer cependant, que la foi, l'intuition, la pensée logique et la transe mystique soient sans valeur. Bien au contraire, toutes ont leur place et leurs emplois particuliers, mais on ne peut les considérer que comme des étapes. Elles ne sont et ne pourront jamais être des instruments parfaits pour quelqu'un dont l'ambition est de parvenir à la certitude complète. S'il en était autrement, il y a longtemps que le monde aurait terminé sa recherche séculaire, elle serait inutile aujourd'hui. Mais l'existence de conceptions contradictoires qui continuent de troubler l'humanité suffit pour démontrer l'insuffisance et l'indécision de ces sources auxquelles le monde a surtout puisé dans le passé.

Le chercheur fatigué peut être conduit à se demander si l'esprit humain est vraiment capable de résoudre les ultimes problèmes. C'est une question importante. En fait, c'est la même que celle qu'on trouve en haut de cette page, sous une autre forme. Sa réponse englobe celles à d'autres questions telles que : Comment arrivé-je à la connaissance ? Qu'entend-on par connaissance ? Quel est le vrai genre de connaissance ? » toutes questions que doit traiter le philosophe pour avancer avec prudence sous la lumière et non à tâtons dans les ténèbres.

Toute recherche sur la signification ultime de l'expérience et le mystère du monde ne serait qu'une perte de temps si des barrières infranchissables entouraient les moyens de connaître et nous imposaient des frontières. Il vaut mieux connaître le pire, si pire il y a, que de nous engager dans la folie d'une poursuite vaine. L'honneur d'Emmanuel Kant sera d'avoir été le premier penseur occidental à se demander si l'homme possède un instrument intellectuel lui permettant de découvrir la vérité. Sa réponse fut négative. Par bonheur nous n'avons pas à nous montrer aussi pessimistes, car nous découvrirons, comme les anciens sages indiens, que c'est le meilleur qui nous attend au bout du chemin et que l'énigme de la vie *peut être* résolue avec les moyens dont l'homme dispose actuellement.

Un enfant est impuissant à trouver seul sa voie à travers la vie. Il est obligé de compter sur d'autres personnes, ses parents en l'espèce. De même les hommes mûrs qui se sentent plus ou moins ignorants et incertains au sujet de l'interprétation de l'existence en général, ont besoin d'une aide extérieure. C'est pour satisfaire ce besoin que se présente le premier guide offert à l'homme, celui de l'autorité, qu'elle soit religieuse, politique, culturelle ou autre, traditionnelle ou non. Elle dit : « Croyez et vous serez sauvés ! »

Nous devons donc commencer l'examen de cet autoritarisme par le surprenant postulat de l'ignorance universelle. Cela signifie que les masses conservent toujours un certain infantilisme. Des millions et des millions de femmes et d'hommes faits, actuellement vivants, sont restés intellectuellement des enfants, acceptant et croyant aveuglément bien des absurdités et plus encore de choses fausses. Cela ne doit pas nous effrayer. Nous savons qu'en arithmétique un million multiplié par zéro donne zéro. C'est le même calcul qui s'applique dans la vie humaine au *savoir* de la plupart des gens. Mais la société étant ce qu'elle est, les masses humaines, absorbées par leur labeur ou accablées par les épreuves, doivent se fier à l'autoritarisme et, en temps normal, ne peuvent habituellement trouver de meilleurs guides dans le dédale des problèmes de la vie que leurs dirigeants traditionnels à condition que leur confiance ne soit pas abusée.

Prenons l'exemple de la religion. Elle doit établir son autorité en concrétisant ses conceptions sous des affirmations formelles et des dogmes immuables. Elle doit proclamer que ces doctrines ont été révélées d'une manière surnaturelle, que ce sont des vérités « sacrées », non accessibles à l'esprit humain. Dès qu'elle accepte de discuter ses dogmes sur une autre base que celle de la révélation infaillible elle ouvre la porte à de nombreux schismes et déclenche un affaiblissement lent mais continu de toute sa position. Cet affaiblissement aboutit tôt ou tard à son écroulement. La religion offre donc prudemment sa connaissance à l'homme comme une chose reçue d'une source plus haute, d'un être ou d'un monde plus élevé, il doit l'accepter dévotement comme une foi qui ne se discute pas et la maintenir comme une tradition inattaquable.

Voyons de près cette position. Historiquement elle satisfait les masses qui, naturellement, vivent avec les conceptions les plus élémentaires et sont disposées à accepter l'univers dans lequel elles se trouvent sans trop se casser la tête à son sujet. Elle a peu de valeur, par contre, pour les quelques hommes qui sont à la recherche de la certitude finale et à qui il est recommandé de commencer par l'exercice d'une enquête agnostique.

Pourquoi les sages ont-ils prescrit une attitude aussi prudente ? Parce que, somme toute, chaque fameuse Écriture n'est rien de plus qu'un livre rédigé jadis par un ou plusieurs hommes, sans quoi elle n'aurait jamais vu le jour, et parce que les croyances religieuses présentent une variété immense et d'étonnantes contradictions. Celui qui s'aventure à les examiner toutes impartialement finit par aboutir à une confusion inextricable. Il sera dans l'impossibilité absolue de fondre en une sorte d'unité la masse des idées divergentes. Il ne pourra jamais *savoir* d'une manière certaine lequel existe parmi tous les dieux adorés, quelle est la cosmologie la plus valable, comment harmoniser les dogmes inconciliables ou les diverses conceptions du ciel et de l'enfer. Il ne pourra même pas jeter un regard dans l'esprit de l'homme qui se trouve devant lui parce que l'esprit est le seul caractère qui ne soit pas normalement ouvert à un examen public. Comment pourrait-il, dès lors, avoir un aperçu de l'esprit d'un être totalement invisible — Dieu — et affirmer que celui-ci est toute compassion ? Pour autant qu'il sache, il pourrait dire que Dieu est toute implacabilité. La connaissance de ce qui se passe dans l'esprit de Dieu doit nécessairement rester réservée à Dieu lui-même. En essayant de lire dans l'esprit de Dieu il ne pourra parvenir à lire que dans l'esprit de l'*idée* qu'il se fait de Dieu, c'est-à-dire dans sa propre imagination ! Sa croyance concernant Dieu n'est au bout du compte, que la façon dont il s'imagine Dieu, ce n'est assurément pas une connaissance vérifiée. Et quand il perçoit l'intervention divine dans sa vie ou dans celle des autres cette perception n'est en réalité qu'un effort d'imagination de sa part. Un tel effort peut satisfaire pleinement ses sentiments personnels et lui apporter un grand réconfort, mais ne constitue pas plus que n'importe quelle autre imagination un critère de ce qui est vrai.

Bref, son esprit ne peut se trouver en repos dans n'importe quelle religion que parce qu'il est incapable d'un examen profond, ou las de penser, mais non parce qu'il a trouvé la vérité ! L'histoire des peuples et l'expérience individuelle ont trop souvent montré en ce bas monde qu'on ne pouvait faire toute confiance à la foi, elle ne peut donc conduire à la connaissance certaine.

On se demandera, et peut-être avec horreur, si les sages enseignent vraiment l'athéisme. On ne peut ni l'affirmer ni le nier. Ils l'enseignent quand il s'agit de dieux douteux, c'est-à-dire de dieux imaginés. Ils le démentent quand il s'agit du vrai Dieu, c'est-à-dire de Dieu tel qu'il est réellement. Mais ils ne dogmatisent pas au sujet de celui-ci. Ce que Dieu est, fait fait partie de l'objet de notre recherche et ne peut être défini qu'*après* cette recherche. C'est une énigme à résoudre et non pas un dogme à poser. S'il faut dès le début mettre en doute les dieux tout faits et les répudier ainsi que leurs legs de révélation comme sources de connaissance certaine, c'est uniquement afin de préparer la voie à étude sérieuse de ce qui est la vérité irréfutable sur l'ensemble de la question. Et si nous pouvons anticiper ici, nous aboutirons heureusement par la philosophie à redécouvrir le Dieu véritable et non pas à le perdre.

Un savant contemporain de grande réputation, après avoir admirablement rendu hommage à la valeur de la philosophie, pour la science et à la vérité de l'idéalisme métaphysique, en est ultérieurement venu à couper ses attaches à la fois avec la philosophie et avec la science et à partir à la dérive dans la spéculation pure. Il parla avec respect du « divin architecte » créateur de ce monde. Constatant que l'élite des créatures humaines dresse un plan architectural de ses demeures avant de les bâtir, il tomba dans la pensée facile que Dieu a dû tracer d'une manière analogue le plan de son univers. Il réduisait ainsi le Tout Puissant au simple niveau de la créature humaine. De quel droit pouvait-il ainsi rabaisser la divinité ? Ce savant ne s'apercevait malheureusement pas que toutes ces spéculations anthropomorphiques n'étaient qu'un raffinement dans le blasphème ! Un tel Dieu n'existait que dans son imagination personnelle et son existence ne pouvait être démontrée d'une manière satisfaisante à qui que ce soit.

L'étudiant philosophe n'ira pas faire un sacrifice de foi devant un tel autel parce que, plus que n'importe qui, il recherche la vérité, c'est-à-dire qu'il doit se cantonner uniquement dans le domaine des faits et non dans celui de l'imagination.

Ceci ne sera pas du goût des personnes sincèrement pieuses. Mais quelles que soient les critiques qu'on puisse adresser à de telles déclarations il est un fait gênant dont les esprits religieux se détournent ordinairement. Dieu nous a donné à tous —

quoique à un degré bien faible — le pouvoir de penser, avec la faculté potentielle de distinguer et de raisonner par nous-mêmes. Ne nous faut-il donc pas utiliser ce don au lieu de le dédaigner ?

Néanmoins, ce qui nous préoccupe plus particulièrement en l'espèce c'est moins l'existence et la nature de Dieu que le secours à tirer par le chercheur de la vérité, des révélations de la religion sous leur forme populaire. Cette question s'intègre dans une autre plus vaste, celle de la validité de la croyance en quelque autorité que ce soit, religieuse ou non. Il faut ici encore avertir le lecteur de ne pas confondre divers systèmes de dimensions dans le monde de la pensée. La même règle ne peut servir à mesurer l'utilité et la vérité. Nous ne nous occupons aucunement de la valeur pratique de l'autoritarisme, il a incontestablement sa place et est absolument indispensable pour diriger les affaires de la société. Nous prenons la question d'un point de vue plus élevé, celui de la philosophie, de la recherche de la vérité dernière et, *pour le présent*, le lecteur doit abandonner complètement tous les systèmes de coordonnées inférieurs, sous peine d'embrouiller les problèmes et de ne plus s'y retrouver. C'est maintenant que les qualités essentielles dont il a été parlé dans un précédent chapitre, montreront leur valeur. En fait, sans leur possession, il est impossible de franchir le seuil de ce système de dimensions.

Il faut inflexiblement refuser de s'en laisser imposer par l'autorité. Il faut prendre une attitude permettant de vérifier et de disséquer tous les dogmes offerts à la consommation. Il faut se libérer des préjugés anciens, des préférences irrationnelles implantées par l'hérédité, l'environnement et l'expérience. Il faut le courage de résister à la pression émotive exercée par la puissance des conventions sociales, pression qui pousse la plupart des gens sur la voie du mensonge, de l'hypocrisie et de l'intérêt égoïste.

Que constaterons nous quand on nous offrira comme seule garantie de la vérité philosophique, l'autorité d'un livre, d'une bible, d'un homme ou d'une institution ? Nous découvrirons qu'il est toujours possible de trouver ailleurs un autre livre, une autre bible, un autre homme ou une autre institution qui nous offrira la garantie d'affirmations exactement contraires ! A quelque argument qu'on formule d'un côté on peut, d'un autre côté, en opposer un autre, justifiable ou non. Il n'existe pas, dans l'histoire de la civilisation antique, médiévale et moderne, de doctrine religieuse, sociale, économique, politique, littéraire, artistique, métaphysique ou mystique qui n'ait ou n'ait eu à quelque moment sa contradiction. Il n'y a pas une seule affirmation qui n'ait été vigoureusement attaquée par des opposants qui ont fait des affirmations contraires.

Si vous déclarez : la religion hindoue promet à l'homme plusieurs existences terrestres », on vous objectera : « la religion chrétienne ne promet à l'homme qu'une seule existence terrestre ». Si vous citez un passage de Buckle déclarant que l'Histoire est uniquement l'œuvre de l'effort individuel et national des hommes, on vous opposera un extrait de Bunsen démontrant que l'Histoire est l'œuvre de la volonté de Dieu dans le monde. On peut opposer ainsi indéfiniment les autorités les unes aux autres et il en a toujours été ainsi. Les religions se contredisent catégoriquement, les écrivains construisent gravement des thèses opposées, deux historiens invoquent effrontément le même événement pour prouver ou répudier la finalité du drame terrestre !

D'où proviennent toutes ces doctrines contradictoires et ces affirmations discordantes ? Elles sont invariablement attribuées à quelque autorité vivante ou morte. Toutes ne peuvent être vraies, certaines s'excluent même entre elles. Le chercheur timide ignore ordinairement cette terrible situation, mais le chercheur courageux n'hésitera pas à l'affronter, car elle indique qu'il existe un vice de logique parmi toutes ces propositions. Il sera amené alors à confesser ce que les sages ont enseigné depuis longtemps, à savoir que les dires de n'importe quel homme, fût-il aussi révéré que Mahomet, fût-il aussi haï que Néron, ne possèdent absolument aucune valeur pour le philosophe mais qu'ils doivent être minutieusement étudiés pour voir la part de vérité qu'ils contiennent, exactement comme ceux de l'homme le plus obscur et le plus méprisé. Aucune autorité ne peut d'ailleurs, d'une manière permanente, empêcher les gens de procéder à l'examen des dogmes qu'on leur impose. La fourmi elle-même court dans tous les sens, examinant diverses substances pour savoir si elles sont comestibles ! La crédulité naît de la débilité intellectuelle elle ; peut être vaincue par le durcissement de la fibre mentale.

Si le chercheur ne peut considérer aucune autorité individuelle comme finale, c'est parce que toutes se sont montrées fréquemment faillibles dans le passé et sont encore susceptibles de retomber dans l'erreur. Il peut tout au plus s'en servir comme d'un indicateur éventuel de la vérité, jamais comme son arbitre. Il n'a pas le droit d'accepter les croyances simplement parce qu'elles sont adoptées par d'autres ou parce que la plupart des gens les admettent. Car si les autres ont établi leurs croyances sur les mêmes bases, ils peuvent tous prendre pour une vérité ce qui n'est que mensonge. La philosophie est incapable de plier le genou devant des personnes faillibles, elle ne peut le faire que devant des faits bruts. Elle applique cette formule à tous les hommes sans exception, qu'ils aient porté la couronne royale, la robe jaune des yogis, le chapeau et le manteau des cardinaux, ou que ce soit des écrivains suivis par des millions de lecteurs. La citation d'un millier de propositions n'a aucune valeur comme preuve philosophique, bien qu'elle puisse en avoir énormément dans la vie empirique lorsque les autorités citées sont des spécialistes.

La même méthode s'applique à tous ceux qui considèrent une autorité comme finale. Rien n'est réglé s'ils invoquent comme preuve que A a dit telle chose. Il est toujours possible de prendre le contre-pied et de citer B contredisant A. Cela suffit pour indiquer qu'aucun homme ne peut être considéré comme une autorité définitive. L'étudiant philosophe doit donc répudier de manière absolue la foi aveugle, l'acceptation sans réserve, la soumission docile à la tradition, l'assujettissement à la tyrannie des majorités, car tout cela représente des façons de penser fallacieuses. Bien qu'ils soient utiles à la plupart des hommes dans la pratique de la vie courante, ils sont pour lui complètement sans valeur dans la recherche d'une vérité qui n'admet pas de démenti.

Ce n'est pas à dire que ces autorités se trompent toujours, bien au contraire, elles ont quelquefois raison, mais elles *peuvent* se tromper, nous n'avons aucune garantie de leur infaillibilité perpétuelle.

Le fait même de l'existence du désir de connaître chez l'homme, son besoin de comprendre, qu'il prenne ou non là forme de la croyance, indique que l'ignorance existe également chez lui. Il vaut donc mieux reconnaître qu'il lui faut prendre une voie différente s'il veut parvenir à la connaissance, et il ne peut le faire qu'en commençant par le doute. S'il n'introduit pas un élément de question courageuse dans ses conceptions ordinaires, il ne peut espérer apprendre quelque chose sur leur valeur.

Il est impossible d'atteindre la cime où l'on connaît la vérité de tout, sans partir du point le plus bas, le premier pas étant de douter de la vérité de tout. C'est la seule façon d'acquérir la garantie que chaque nouveau pas sera sûr, que nous n'aurons pas à battre en retraite devant une déception. Il importe de comprendre que le mot « doute » n'est pas employé ici au sens de scepticisme mais d'agnosticisme. Ce n'est pas une attitude saine que de nier d'une manière intolérante ce que nous ne comprenons même pas, mais il est parfaitement sain de déclarer : « Je ne sais pas. Je n'ai pas vu. Je ne peux donc partir avec des hypothèses dogmatiques, qu'elles soient des affirmations ou des négations. » Cette attitude n'est pas susceptible d'être adoptée par ceux qui sont naturellement impatients, qui sont prêts à croire n'importe quoi tout de suite parce que cela leur plaît, qui n'acceptent pas de s'affranchir des jugements prématurés et de poser des questions pertinentes avant de faire un pas vers l'acceptation de n'importe quelle affirmation. Ceux qui sautent sur la première conclusion, la plus facile, s'épargnent des conflits intérieurs mais commettent le sophisme de la primitivité. Un jour ou l'autre, en conséquence, cette attitude défectueuse portera les fruits amers de la déception. Il est donc avantageux de posséder un esprit non impatient.

Ce n'est pas à dire qu'il faille nous satisfaire de nos doutes et rester lugubrement confinés dans notre agnosticisme. Notre doute doit servir comme un stimulant permanent à une investigation plus profonde, et non pas nous décourager. Les sages déclarent que le doute est extrêmement précieux pourvu que l'on soit décidé à le surmonter, à le résoudre en poursuivant la recherche qui doit nous porter à un degré de connaissance plus élevé. Il ne faut pas l'expulser par la force ou l'étrangler doucement. D'autre part, si nous sommes assez insensés pour laisser le doute paralyser notre recherche, nous n'avons aucun droit de dogmatiser d'une manière pessimiste au sujet de l'inaccessibilité de la vérité en général, comme tant d'Occidentaux le font.

Contrairement à l'autorité, la philosophie cachée dit : « Accueillez sans crainte le doute comme un premier pas vers la certitude. Doutez et vous serez sauvés ! » Mais elle ne le dit qu'à celui qui cherche *la plus haute* vérité. A tous les autres, à tous ceux qui n'ont pas le temps d'entreprendre une recherche aussi longue, ni d'ailleurs la volonté ni la capacité, elle confirme sans hésiter les injonctions de l'autorité. Elle connaît parfaitement la valeur pratique, pour eux, des institutions toutes faites qui, avec leurs livres sacrés et leurs prêtres, leurs têtes couronnées et leurs fonctionnaires, dictent à ces hommes leurs façons de penser, leurs règles de conduite et leurs conceptions fondamentales.

On comprend mieux maintenant pourquoi nous avons, en étudiant les qualités nécessaires au chercheur philosophique, attaché tant d'importance à l'élimination de la tendance humaine invétérée à tout considérer d'un point de vue égocentrique. Nous pouvons constater que les autorités de tout genre sont tellement imbues de leurs prédilections personnelles et de leurs pré-suppositions émotives, qu'elles tracent inconsciemment des limites à leurs possibilités d'atteindre la vérité des choses. Le mobile caché de toutes leurs propositions c'est le moi ! J'ai raison, affirme l'une ; non c'est moi, rétorque l'autre.

Le *moi* est à la base de l'ignorance grégaire, des erreurs imbéciles, des malentendus originels des hommes.

De toutes les fausses croyances, de toutes les illusions qui obscurcissent l'esprit, la plus forte est assurément que ce que chacun sait, croit, voit ou pense soit nécessairement vrai. « Je le sais ! » peut déclarer n'importe quel imbécile, comme disent les sages, mais il prend rarement la peine de vérifier si ce qu'il sait est exact. C'est pourquoi le doute est indispensable. C'est une des caractéristiques de ces sortes de gens — et il faut se rappeler qu'il s'agit de l'humanité presque tout entière — de croire qu'ils comprennent parfaitement alors qu'en réalité ils ne comprennent pas. C'est pourquoi le sage qui conduit un disciple dans la voie ultime, considère que son premier devoir est de lui dévoiler ce défaut universel. Il explique que ce « Je le sais ! » est la présomption consciente ou inconsciente de l'humanité, que l'élève doit rechercher et atteindre l'humilité à son sens le plus profond avant de pouvoir faire le moindre pas en avant. Et ce sens ne doit pas être seulement moral mais aussi psychologique. « Je sais » signifie ordinairement « Je sens », « J'éprouve » ou « Je préfère », ce qui, en aucun cas, n'est un bon critère de vérité. C'est pourquoi il est indispensable de douter de ce que nous pensons savoir, d'écarter résolument nos imaginations, de vérifier les idées, d'éprouver les conceptions auxquelles nous sommes si fervemment attachés, et de poser des questions sur des points où nous sommes manifestement ignorants. Nous ne devons pas croire à la croyance. Car la croyance s'installe là où la raison redoute de pénétrer.

Le chemin de la pensée. — L'étudiant doit donc, à regret, prendre ce congé. Il doit s'adresser ailleurs, aller frapper à une autre porte : celle de la logique. Chacun le fait dans une certaine mesure. L'oiseau, le castor, le poisson sont dirigés par un instinct naturel mais l'homme doit trouver son chemin en se servant de sa faculté de penser. La logique possède une valeur immense dans le domaine de la vie quotidienne, elle peut ordonner notre pensée d'une manière cohérente, détecter les erreurs grossières et les absurdités dans notre cheminement entre les prémisses et la conclusion ; il faut cependant avouer que la connaissance théorique des règles de la logique n'a jamais empêché les hommes de commettre de nombreuses et stupides erreurs.

Les avocats emploient la logique pour exposer une cause devant un tribunal. Mais comme leur but conscient ou inconscient est de gagner cette cause il leur arrive fréquemment de blesser la vérité en exagérant la valeur de questions incidentes, en supprimant les faits gênants, en recourant à tous les moyens pour éveiller l'émotion du jury. En outre, quand nous examinons du point de vue philosophique le syllogisme fondamental nous le trouvons complètement illusoire. « Tous les hommes sont mortels. Socrate est un homme. Socrate est donc mortel. » Sous l'allure plausible de ce syllogisme classique se dissimule la gigantesque *supposition* que nous avons connu tous les hommes du passé, que nous connaissons tous ceux qui vivent aujourd'hui et tous ceux qui vivront par la suite. C'est absolument impossible. Le syllogisme part donc d'une connaissance alléguée qui n'en est pas une. Logiquement il est parfait, philosophiquement il est défectueux. Il suffit dans les conditions limitées de la vie courante, mais il est absolument inacceptable pour la fin plus haute de la vérité dernière. Les spécialistes de la logique admettent eux-mêmes aujourd'hui, qu'elle ne peut fournir aucune vérité *nouvelle* mais simplement déduire ce qui existe dans des faits donnés. La logique est un instrument imparfait et, pour cela, ne peut procurer la certitude absolue. Elle opère à l'intérieur de certaines limites d'utilité et de validité. Elle ne peut donc révéler la signification finale de l'existence, les murs qui l'enclosent sont trop élevés.

Il arrive éventuellement que ceux qui prennent conscience de ces incurables défauts de la logique, empruntent un raccourci pour atteindre un réconfort intellectuel, faisant demi-tour dans leur désespoir ou leur obscurité pour redescendre au plan abandonné du sentiment personnel — seul chemin qui leur paraît encore ouvert. Là, l'intellect peut abdiquer volontairement et trouver le repos pendant un certain temps, mais de graves déceptions et des contradictions criardes sont susceptibles de survenir tôt ou tard, indiquant que cette facile façon de faire ne peut apporter de satisfaction réelle. D'autres, refusant de revenir sur leurs pas, ont commencé à déserter les anciennes méthodes formelles et à construire des systèmes de logique non aristotéliens. Mais ceux-ci en sont encore au stade de l'expérience.

Le chercheur qui désire abandonner la logique pour une méthode de qualité supérieure, accomplira finalement le pas suivant qui le conduit à la raison dans sa maturité. Nous voulons parler d'une faculté de penser qui non seulement adhère rigoureusement à la nécessité du fait, de l'induction et de la déduction, non seulement s'affranchit impartialement de toute prévention, de tout préjugé, favoritisme ou égotisme, mais qui sait également opérer aussi bien sur le plan abstrait que sur le plan concret. Elle doit être aussi bien capable d'envols métaphysiques que d'observations scientifiques. Les anciens sages déclaraient que son acquisition conditionnait et précédait celle de la pénétration.

Avant d'aller plus loin il est essentiel de débarrasser le terme *raison* de l'ambiguïté et de la confusion qui s'y attachent fréquemment. C'est la faculté qui comprend et juge la *vérité*, en la distinguant de la fausseté, de l'opinion, de l'imagination ou de l'illusion. C'est ici qu'il convient d'insérer la définition donnée par les sages du mot « *vérité* ». Nous avons démontré plus haut que, privés de cette définition, les hommes errent dans un fouillis d'imaginations creuses, d'opinions sans fondement, de théories sans valeur, de mots sans signification. Cette définition peut paraître très simple, mais ses implications sont profondes. La voici :

La VÉRITÉ est ce qui est au delà de toute contradiction et dégagé de tous les doutes, ce qui est, en fait, au-delà même de la possibilité d'une contradiction ou d'un doute, au-delà des changements et des alternances du temps et des vicissitudes, à tout jamais une et semblable à elle-même, inaltérable et immuable, universelle et par conséquent indépendante de toute idéation humaine.

Le but de cette philosophie est une connaissance indépendante des incessantes vicissitudes de l'opinion humaine. En appliquant le critère fourni par cette définition nous découvrons que toute confiance accordée aux changeantes autorités humaines, toute croyance dans les mots écrits ou prononcés, toute acceptation de n'importe quelle sorte de raison adéquate comme cour d'appel suprême ou comme boussole, nous conduit immédiatement dans le champ des contradictions, des contre-affirmations, des doutes possibles, et par conséquent élimine de notre domaine d'opérations ces sources douteuses de la connaissance. Elles ne contiennent pas la *certitude*. Nous n'employons donc pas le mot « raison » comme un synonyme d'argumentation.

Les scolastiques lui donnaient ce sens et nous ont fourni d'abondants exemples de la façon dont des hommes intelligents pouvaient trouver de nombreuses raisons pour soutenir des propositions creuses. La *logique* est un art qui essaye d'assurer à la pensée un fonctionnement impeccable, mais, malheureusement, elle n'essaye pas de la faire partir de données impeccables, elle part trop souvent de suppositions qui peuvent n'être que des imaginations ou des erreurs. La *raison* est la faculté de penser correctement, elle cherche la vérité et se préoccupe d'asseoir son fonctionnement sur des faits observés d'expériences positives. Le logicien dont les prémisses sont défectueuses peut penser correctement et aboutir cependant à des conclusions fausses. La raison évite cette erreur.

Nous n'employons pas non plus le mot dans le sens de spéculation. Les annales de la métaphysique renferment d'innombrables exemples d'élans d'imagination auxquels a été donné un semblant d'orientation rationnelle. Cette façon de penser qui ignore les faits de l'expérience ne constitue pas un raisonnement à notre sens. Et comme ce raisonnement se restreint aux faits de l'expérience personnelle, il n'est pas non plus un raisonnement au véritable sens du mot. Si la logique et la raison adoptent toutes les deux le même critère, à savoir que la pensée ne doit pas tomber dans l'auto-contradiction, qu'elle ne doit pas être distendue ou tortueuse, la première se satisfait d'une partie des faits, alors que la seconde réclame la totalité de ceux-ci. De nouveau, l'*intellect*, qu'on peut définir comme l'activité de la pensée logique, est influencé par les désirs personnels et les préventions individuelles pour choisir ses données d'une manière préférentielle, alors que le *raisonnement*, qu'on peut définir comme l'activité de la pensée correcte, est rigoureusement impersonnel et détache en ascète ses sentiments du traitement des faits.

C'est seulement lorsque la pensée n'est pas seulement rigidement logique mais aussi rigoureusement impersonnelle, lorsqu'elle est poussée jusqu'à l'extrême et reste constamment basée sur des faits universellement valables, pouvant être vérifiés et éprouvés aussi bien dans les déserts de l'Afrique du Nord que dans les rues de New-York, et qui seront aussi valables dans dix siècles que maintenant, c'est seulement alors qu'elle mérite la qualification sublime de raison.

Un raisonnement de cette valeur, une telle intégrité intellectuelle sont rares. Nous constaterons qu'ils trouvent deux expressions, une première dans la science, mais elle reste limitée et imparfaite, la seconde dans la philosophie où ils atteignent toute leur valeur. On peut donc observer que la science constitue le portail de la philosophie. L'avant-garde des savants modernes sont eux-mêmes en train de faire cette découverte, car, quelque effort qu'ils fassent pour s'y soustraire, sous la pression de leurs propres résultats et la force de leur raisonnement, ils sont conduits pas à pas à rechercher la signification ultime de toute expérience, c'est-à-dire à la philosophie.

On objectera que les anciens Indiens n'ont pas connu la science telle que nous l'entendons aujourd'hui. C'est exact si l'on veut parler de la méthode expérimentale inaugurée par Bacon, mais leurs sages connaissaient le principe scientifique de la vérification et la valeur philosophique de l'observation qui constituent les éléments essentiels de leurs doctrines.

Les scientifiques et les mystiques ont en commun la lassitude des croyances aveugles, le souci de recourir à la vérification satisfaisante de l'expérience. C'est pourquoi le mysticisme se place si haut dans l'échelle de l'évolution mentale, se situant au-delà de la foi, de la pseudo-intuition et de la logique. On peut noter cependant certaines différences très importantes. Le mystique recherche et trouve satisfaisante sa propre expérience, alors que le scientifique ne se satisfait pas de la validité de l'expérience personnelle mais recherche l'expérience d'un certain nombre d'individus c'est-à-dire d'un groupe. Sa vérification est donc plus complète. La science est une collaboration, ses résultats sont l'aboutissement d'efforts groupés tels que ceux des chimistes, des biologistes, des physiciens. L'irrémédiable faiblesse du mysticisme vient de ce qu'il se fonde sur ce qu'un homme ressent et découvre *en lui-même*, région inaccessible aux autres, ce qui interdit de vérifier la plupart de ses découvertes. L'admirable puissance de la science est de s'appuyer sur ce qui reste parfaitement accessible dans la nature ou dans les laboratoires et peut donc être vérifié par n'importe quel autre membre du groupe scientifique, un accord commun pouvant être ainsi établi. L'inexpugnabilité de la véritable philosophie c'est qu'elle est seule à faire appel à l'expérience *universelle*, que n'importe quel homme à n'importe quel moment et en n'importe quel lieu peut vérifier s'il possède les capacités intellectuelles nécessaires.

Il est de mode parmi les pseudo-mystiques, les pseudo-intuitionnistes et certains esprits religieux de parler ironiquement de la mobilité des hypothèses de la science, de considérer avec mépris ses résultats et ses applications technologiques les plus modernes.

En outre, quand la guerre éclate, on rejette sur la science une partie de la responsabilité de ses horreurs. C'est faire preuve de confusion dans la pensée et de préventions émotives. Si les modifications des théories révèlent les imperfections de la science, comme c'est manifestement le cas, il faut aussi reconnaître qu'elles révèlent un but intérieur de caractère double que la philosophie ne peut qu'approuver chaudement et juger d'une importance extrême. C'est tout d'abord une recherche de la vérité qui engendre une disposition à rejeter toutes les conceptions défectueuses pour en adopter de meilleures dès que leurs défauts ont été démontrés d'une manière concluante par des faits nouveaux. C'est ensuite un effort pour généraliser les données, pour formuler des lois universellement compréhensibles. C'est en réalité une tentative pour enfermer le multiple dans l'unité, pour enclore l'immense diversité des choses dans un grand Tout. Ces caractères, poussés jusqu'à leur point final, doivent infailliblement conduire l'armée en marche des savants dans le camp des vrais philosophes qui les attendent.

En ce qui concerne le reproche fait à la science de rendre la guerre plus terrible, il faut dire que comme toute chose elle a ses côtés brillants et ses côtés sombres, ses avantages séduisants et ses inconvénients repoussants. Si elle nous a donné les explosifs à grande puissance et les avions en piqué, elle nous a aussi gratifiés de l'éclairage, de l'énergie et du chauffage électriques.

La science n'est pas à blâmer parce que certains hommes insensés ou immoraux en font un mauvais usage. Elle est d'une neutralité absolue. Les mêmes ingrédients chimiques qui détruisent une section de soldats vivants, peuvent rendre sa fertilité au sol épuisé et faire naître de nouvelles récoltes. Le moteur à combustion interne qui meut le blindé destructeur, meut aussi bien l'autobus utilitaire. La station de radiodiffusion qui emplit l'esprit de millions d'auditeurs de mensonges, de haine, de propagande spécieuse, peut leur communiquer les vérités les plus nobles, les plus hautes, les plus édifiantes. Les découvertes scientifiques ont déferlé sur le XXe siècle avec la puissance d'un raz de marée. L'homme peut utiliser en bien ou en mal la connaissance scientifique, à sa volonté, mais il ne peut en arrêter la remarquable progression. C'est le phénomène capital de notre époque. Il faut l'accepter. Le mystique peut essayer de l'ignorer, il n'y parviendra pas. Aucun homme moderne ne peut vivre une semaine sans se servir au moins une centaine de fois des fruits de la recherche scientifique. Et ne

Enseignement secret au-delà du Yoga.

vaut il pas mieux mettre en esclavage des machines d'acier que des hommes gémissants ?

Il est aussi de mode parmi les mystiques de l'Orient, dont Gandhi constitue une excellente illustration, de dénoncer tout ce qui est moderne en faveur de tout ce qui est médiéval et, par conséquent, d'attribuer une origine satanique à la science et une origine divine aux formes primitives de la culture et de la civilisation. La meilleure réponse à leur faire et de citer leur propre vue, car Gandhi lui-même ne dédaigna pas de recourir aux dernières méthodes de la chirurgie scientifique pour l'ablation de son appendice douloureux, les yogis n'hésitent pas un seul instant à monter dans les trains à vapeur pour se rapprocher de leurs retraites au pied de l'Himalaya, les pèlerins s'entassent avec enthousiasme dans les camions qui circulent dans les plaines autour des cités saintes, ceux-là mêmes qui formulent des critiques les rédigent avec des stylographes sur du papier fabriqué par des machines à grand débit. La science occupe donc inévitablement sa place dans leur vie, quelle que soit l'ingratitude de ceux qu'elle sert. Le pouvoir qu'elle a de troubler l'humanité par la guerre et par la violence ne peut disparaître que par un seul moyen, celui qui consiste à mettre la vérité philosophique à la portée des hommes.

Il est maintenant nécessaire de donner un avertissement basé sur des faits bien connus des psychiatres et des psychologues professionnels. La faculté de raisonner peut se développer considérablement tant qu'elle s'applique à un domaine d'intérêt déterminé et cependant, elle peut, chez le même homme, demeurer complètement nulle ou tout au moins très restreinte dès qu'il s'agit d'un domaine différent. C'est le phénomène singulier qu'on appelle schizophrénie ou partage de l'esprit. Quelqu'un peut, par exemple, accéder très rapidement au premier plan de sa profession par l'usage efficace de sa raison et demeurer pourtant capable d'accepter de tout cœur la croyance la plus stupide dès qu'il tourne son attention vers un autre domaine.

Il est tout à fait possible que le même homme soit un enfant dans les questions religieuses et un adulte en affaires, il peut donc être mentalement différent tout en n'étant qu'un seul être !

L'esprit peut se partager en compartiments étanches, dont l'un est raisonnable, efficient, et l'autre obscurci, voire dérangé, complètement isolé de lui. Certains juges fameux et hommes politiques d'une perspicacité éprouvée ont montré dans l'Histoire cette infirmité mentale en particulier quand leur raison a reculé devant l'examen des bases de la religion traditionnelle. Ce « compartimentage » intellectuel si désastreux nait d'un refus plus ou moins conscient de se servir de la raison pour penser à certains sujets réservés. Nous assistons donc au pitoyable spectacle d'un homme par ailleurs remarquablement intelligent se lançant dans certaines croisades pour soutenir des croyances ridicules. Les gens se trompent en supposant que du fait qu'un homme est célèbre pour ses admirables capacités dans un domaine déterminé ou parce qu'il remplit parfaitement des fonctions publiques, ses opinions sur des sujets en dehors de sa compétence particulière ou de ses occupations professionnelles, conservent la même valeur. Ils ignorent que la sottise peut rester localisée dans certaines parties de l'esprit.

Ce partage mental se rencontre très fréquemment chez les fous. Mais il y a divers degrés de folie. C'est seulement quand une personne devient dangereuse pour les autres ou pour elle-même qu'on la qualifie de folle et qu'on l'enferme dans un asile. Beaucoup de gens n'entrent pas dans cette catégorie et sont cependant suffisamment déséquilibrés pour être partiellement fous, bien que ni eux-mêmes, ni la société ne s'en rendent compte. Il n'est pas exagéré de dire que les guerres, les haines, les crimes, les conflits et les luttes sociales qui désolent le monde, proviennent de ce que la plupart des hommes sont plus ou moins fous. Selon l'enseignement caché, seuls les sages possèdent la pleine santé d'esprit et l'équilibre parfait !

La folie tend à s'accroître progressivement. Ce qui commence par une forme bénigne et inoffensive de superstition peut devenir une incapacité à résoudre les problèmes de la vie courante.

La tentative faite pour justifier par un exposé logiquement plausible des imaginations sans fondement ou des superstitions héritées est de la rationalisation. L'effort tenté pour penser rigoureusement et impersonnellement est du raisonnement. Il est facile d'observer cette distinction chez beaucoup d'hommes publics.

Le mot raison rend un son tellement familier, on le trouve si souvent dans la bouche des orateurs et sous la plume des écrivains, que le lecteur qui s'est attendu jusqu'ici à quelque espèce de révélation est susceptible d'être déçu. Peut-être espérait-il apprendre que les sages de l'Extrême-Orient, à la pointe de l'évolution mentale et morale de l'esprit humain, avaient élaboré en eux-mêmes un nouvel organe de connaissance, quelque chose que le reste de l'humanité, très en arrière sur eux, finirait

par élaborer à son tour avec le temps. Cet espoir sera
amplement justifié lorsque les profonds mystères de la méditation ultra-mystique lui seront révélés dans les pages d'un
nouvel ouvrage intitulé : *La Sagesse du Moi suprême.* Un organe
nouveau de cette sorte existe en en effet. C'est la pénétration
ultra-mystique. Mais elle ne peut s'acquérir sans une évolution
préliminaire de la banale faculté de raisonner dont on parle tant.

Voyons un peu. Les sages ont-ils été assez légers, assez peu
instruits de l'histoire de la civilisation mondiale pour offrir un
instrument de connaissance qui fut, à ce qu'il semble, abondamment employé par les Grecs, qui l'est encore considérablement par les savants et les philosophes euraméricains, mais qui,
dans aucun de ces cas, n'a apporté une solution simple du problème du monde susceptible de rester indéfiniment insoluble,
se sont-ils vraiment donné le ridicule de déclarer parfait un tel
instrument ?

L'échec des Grecs anciens et des penseurs modernes a trois
raisons principales : *a)* ils ont négligé de rassembler des données
complètes, *b)* ils ont ignoré que la loi de la relativité s'appliquait
non seulement à l'observation des phénomènes physiques mais
aussi à celles des phénomènes psychologiques et finalement à
l'esprit de l'observateur lui-même, *c)* ils n'ont pas su pousser
leur ligne de raisonnement jusqu'à sa toute dernière extrémité
et en tirer toutes les possibilités restées inconnues. Ces fautes
sont graves mais elles sont réparables. Cependant, même si ces
trois défauts disparaissaient, la vérité demeurerait hors de
portée du chercheur scientifique moyen à moins qu'il n'accepte
une certaine discipline. Et pourtant, tout ceci réalisé, l'esprit
humain, purifié de son égocentrisme naïf, concentré d'une
manière parfaite, aiguisé pour être capable de la plus grande
subtilité métaphysique de raisonnement, opérant sur des données
adéquates, sachant s'abstraire dans de profondes méditations
intérieures, peut espérer acquérir enfin une perception unique
de la véritable nature des choses, de la signification dernière
de l'existence universelle et de la vérité cachée du mystère de
son être propre.

Le premier défaut peut maintenant être expliqué. La philosophie occidentale n'a pas fait honneur à son propre credo. Le
mobile principal des hommes de pensée et des esprits généreux
pour étudier la philosophie à travers les siècles a sans doute été
la prétention qu'avait celle-ci — seule de toutes les branches
de la culture humaine — d'aboutir à une conception intelligente
de la vie *dans son ensemble*. Il est cependant assez singulier que

la tradition historique de la philosophie grecque, européenne et américaine ait complètement ignoré et omis d'étudier un aspect de la vie si important qu'il n'occupe pas moins d'un tiers de la durée d'une existence humaine.

Nous voulons parler du sommeil. Ceux qui, bien rares, se sont penchés sur ce sujet, étaient des psychologues ou des médecins, non pas des philosophes, et, par conséquent, ils ne s'y sont intéressés que sous ses aspects physiques peu développés.

Il ne faut donc pas s'étonner que les penseurs occidentaux ne soient pas arrivés à une solution acceptable du problème de l'existence puisqu'aucun d'eux n'a réussi à étudier celui du sommeil, ils n'ont réfléchi que sur une conception fragmentaire, incomplète, de la vie, alors qu'en tant que philosophes, ils prétendaient l'examiner dans son intégrité ! Ne soyons pas surpris qu'ils aient erré si vainement car, manquant des faits que leur aurait fourni cette étude, il étaient insuffisamment équipés pour leur besogne ambitieuse et condamnés à revenir déçus à leur point de départ, un peu comme un tigre mutilé tourne vainement dans la jungle sur ses trois pattes demeurées saines. Comment leur pensée aurait-elle pu embrasser toute l'étendue de notre vie si complexe alors que cette immense partie passée à dormir paisiblement ou à former des rêves agités était considérée par eux comme trop insignifiante pour être étudiée, alors qu'ils ne s'occupaient, à tort, que de l'état de veille. Une telle façon de voir était tout à fait inadéquate au but qu'ils s'étaient fixé et leur défaite était certaine du moment même où ils abordaient le combat pour la vérité. Il ne peut exister de finalité dans un système de pensées qui excluent l'étude du sommeil, un tel système est trop perméable à l'erreur et ne peut aboutir qu'à des conclusions fautives ou imparfaites.

Si la science doit évoluer en philosophie, si la logique doit évoluer en raisonnement, il leur faut prendre dans leur orbite les trois états d'existence. C'est le mérite peu connu des sages indiens de s'être saisis de cet aspect particulier de la vie alors que la civilisation de l'Europe était encore dans l'enfance, d'avoir signalé à leurs disciples attentifs qu'il offrait une clef pour pénétrer les profonds mystères de l'être, et d'en avoir fait de très bonne heure un sujet de leur études philosophiques. Ils proclamèrent en effet que l'examen de la nature et des implications du rêve et du sommeil était essentiel, parce que ces phénomènes étaient aussi importants que l'état de veille pour comprendre la vie.

En Occident, ce fut une notion courante et excusable jusqu'aux études psychanalytiques de Freud et de Jung que seuls les primitifs doivent prêter attention aux rêves et que les esprits scientifiques n'ont rien à apprendre du sommeil profond. Quand nous traiterons ce sujet en détail on verra combien cette conception est superficielle.

Les philosophes occidentaux aussi bien que les savants sont encore handicapés non seulement par l'insuffisance de leurs données mais aussi par l'imperfection de leur instrument. L'outil de travail d'un philosophe est son cerveau. Les anciens sages ne permettaient à qui que ce fût de commencer l'étude de la philosophie avant d'avoir mis son esprit en état de fonctionner efficacement. Cette phase préliminaire consistait en un cours pratique sur la concentration mentale du yoga, souvent conjugué avec un cours similaire sur l'auto-renoncement ascétique. Mais ces deux cours ne duraient ordinairement qu'un certain temps, juste assez pour amener les facultés mentales à un degré raisonnable de capacité de concentration, et le caractère de l'élève à un niveau acceptable d'auto-détachement, suffisant pour lui permettre d'aborder la tâche difficile de la réflexion philosophique.

Les penseurs occidentaux ont fait d'admirables tentatives, mais n'ont pas atteint le succès, en partie parce qu'ils manquaient de l'instrument constitué par cette mentalité armée du yoga, purifiée de l'ego et maîtresse du corps physique qui permet de forcer la porte close de la vérité.

C'est également le manque d'un semblable entraînement qui explique l'incapacité où se trouvent certains savants distingués de l'Occident pour aller jusqu'au bout des implications de leurs propres découvertes. En conséquence, ces savants et ces philosophes qui n'ont pas acquis les bénéfices durables de la pratique mystique (par opposition aux visions et aux sensations fugitives) devront revenir sur leurs pas et les acquérir.

C'est également une explication partielle du second reproche qu'on leur adresse, car dans toutes leurs recherches ils ont été incapables de reconnaître, comme nous le démontrerons dans notre second volume, que leur propre moi a interféré dans leur travail, bien qu'il soit aussi relatif, aussi transitoire et aussi objectif que tous les autres phénomènes observés par eux. Il a en outre empêché la plupart d'entre eux d'apercevoir la vérité subtile de la nature mentale de tous les phénomènes, tant dans le monde extérieur que dans le moi intérieur.

Nous justifierons aussi complètement, dans notre nouveau volume, le troisième reproche qui leur est adressé; qu'il suffise de dire pour le moment qu'en dépit des découvertes d'Heisenberg, auteur de la *Loi d'indétermination*, et de Max Planck, créateur de la mécanique des quanta, pas un seul des éminents penseurs euraméricains n'a osé prendre hardiment et décisivement position sur la question de non causalité, tous s'arrêtent à la barrière qui sépare la vieille et familière loi de causalité de l'étrange et révolutionnaire doctrine dont la complète acceptation transformerait involontairement les savants en philosophes qualifiés ! Toutefois, la physique, la plus virile des sciences actuelles, a déjà fait un premier pas et commencé à jeter des regards hésitants dans la direction de la philosophie qui se trouve immédiatement au delà de sa position présente et qu'elle sera forcée de rejoindre.

Par l'intuition et le mysticisme. — L'étudiant peut se mettre en route et quitter le séjour de la croyance aveugle, de la logique pure et des limitations à la raison. Où va-t-il aller ? Quand on s'est libéré de la dépendance des autres, la première conséquence c'est qu'on ne dépend plus que de soi-même. L'étudiant arrive ainsi à des sentiments personnels ne dérivant plus de l'extérieur, à l'expérience intuitive et intérieure. Il atteint alors le second degré de l'intelligence humaine, où la connaissance qui s'offre à lui paraît supérieure à la foi aveugle. Ceux qui sont las des contradictions découlant d'une dépendance crédule des autres, se tournent parfois vers ces sources personnelles, y découvrant, à ce qu'il semble, une nouvelle certitude et une satisfaction qui paraît les libérer de cette dépendance douteuse. Nous en trouvons des exemples chez Emmanuel Kant, avec son « impératif catégorique » en matière de morale, chez Adolf Hitler qui ne reconnaissait comme juste que la façon de faire qui lui convenait le mieux, chez le docteur Frank Buchman dont les Groupes d'Oxford écoutaient, pendant le « quiet time », des messages intuitifs pour les guider dans leurs activités personnelles dans le monde.

Une intuition est une pensée ou une idée qui jaillit spontanément, sans avoir été cherchée, et que le moi affirme sans hésiter. Elle naît comme un éclair quand elle le veut, reste indépendante de la volonté et s'évanouit sans même prévenir. Elle peut prétendre nous révéler brusquement quelque chose de la véritable nature d'un objet, constituer une prédiction d'événements futurs, une description de faits qui se sont déroulés dans une lointaine antiquité, ou encore — ce qui est le cas le plus fréquent — formuler un conseil pour agir en face de certaines circonstances.

Est-il possible d'y voir une source capable de fournir une connaissance certaine sur le but de l'existence et la signiffcation de l'univers ? Hélas, une petite enquête historique conduit immédiatement à la déconcertante constatation que les intuitifs de toutes les époques ont toujours divergé dans leurs conclusions ultimes, ont obtenu des indications stupides ou contradictoires, et se sont hasardés à faire des déclarations dont le temps à démontré toute l'absurdité. Non pas que certaines de leurs prédictions ne se soient pas réalisées et que toutes leurs intuitions aient été vaines ; il y a eu des cas notoires où les paroles ont été amplement justifiées et se sont montrées justes. Certaines inventions technologiques étonnantes et des lois scientifiques fort utiles sont nées parfois de l'intuition, spontanément pendant des moments de détente ou de rêverie. Mais ces cas ont été relativement si peu nombreux que personne ne saurait garantir à l'avance l'infaillibilité de ces sortes d'avertissements. D'un autre côté, les exemples de faillite ont été si nombreux qu'il faut admettre à regret que le terrain sur lequel se tiennent les intuitifs est incertain et dangereux. Si leur guide intérieur les a conseillés justement quelquefois, il n'existe aucune garantie qu'il continuera de la même façon. Pourquoi ? Parce que l'on confond souvent avec l'intuition véritable des sentiments puissants, des complexes inconscients, des impulsions soudaines et le désire « père de la pensée ». Seuls ceux qui se sont soumis à la discipline philosophique sont en mesure de distinguer ces pseudo-intuitions des véritables. Mais comme les gens ordinaires connaissent rarement cette discipline, ils se trouvent le plus souvent abusés par un imposteur tout en croyant sincèrement être guidés par l'intuition qui, en fait, est aussi merveilleuse que peu commune. Néanmoins, lorsque la véritable faculté d'intuition est en jeu, elle est plus précieuse que n'importe quelle autre, plus profonde que la faculté de penser, et elle constitue un guide plus sûr.

Ce fait est historiquement illustré par Ralph Waldo Emerson avec son symbolique « influx de l'esprit divin dans le nôtre », par Jacob Boehme, avec ses « illuminations » soudaines obtenues dans les trois états extatiques qui marquèrent sa vie, et par Emmanuel Swedenborg, avec ses étranges visions de morts dans leur habitat du ciel ou du purgatoire. Une expérience mystique est parfois spontanée mais le plus souvent auto-suggérée. Dans ce dernier cas elle naît de la pratique de la concentration mentale, d'une intense aspiration émotive, ou d'une attention tournée vers l'intérieur, auto-absorbée, et prolongée par un état de rêverie ou même d'extase. Au cours de ces états, des visions d'hommes, d'événements, de lieux peuvent

apparaître aux yeux de l'esprit avec une vie extraordinaire ;
le mystique, et lui seul, peut entendre des voix qui lui apportent
un message, un avertissement, une série d'instructions ou une
révélation religieuse ; la présence exaltante de Dieu lui-même
peut être sentie ; le mystique peut s'imaginer flottant dans
l'espace comme il arrive parfois en rêve aux gens ordinaires,
ce qui lui permet de voir des scènes, des personnes et des lieux
très éloignés. Il peut enfin atteindre le point suprême dans
l'extase heureuse qui peut être violente et érotique, ou sereine
et calme, mais qu'il considérera comme le signe d'une pénétration dans une sphère plus élevée de l'être, qu'il appelle habituellement « spirituelle », « l'âme », la « divine réalité », etc.

Toutefois nous ne devons pas accepter de contrefaçons des
réalités merveilleuses, révélatrices de vérité, contenues dans
ces expériences. Appliquons tout d'abord un critère acceptable en
recherchant jusqu'à quel point les mystiques se contredisent entre
eux. Sans nous lancer sur un terrain qui se prête beaucoup aux
controverses, nous dirons brièvement ceci : le mysticisme n'est
pas une expérience si unique que tous les mystiques se trouvent
en harmonie entre eux. Bien loin de là. De même que nous avons
constaté en religion, depuis le paysan le plus fruste jusqu'au
prédicateur le plus cultivé, de grandes différences d'envergure
individuelle et de conception mentale, nous retrouvons le même
fait entre les mystiques. Une fois écartés leurs cinq principes
communs dont nous avons parlé dans un précédent chapitre,
nous constatons qu'ils démentent par leurs paroles et par leurs
actes une éventuelle unanimité. Bien que leurs doctrines et
leurs pratiques présentent plus d'une similitude, elles offrent
aussi des divergences inconciliables. Si la plupart consacrent
beaucoup de temps à déterrer dans les écritures des significations ésotériques problématiques, quelques-uns dédaignent ces
écritures et considèrent cette pratique comme une acrobatie de
l'imagination et non comme une découverte spirituelle, esti-
mant que le temps des recherches serait mieux employé en méditations sur soi même. Alors que certains s'attachent plus ou moins
étroitement au nom de quelque personnage sacré tel que Jésus
ou Krichna, certains proclament qu'il importe peu de suivre quelqu'un pourvu que l'on sente la présence divine. Les doctrines sur
lesquelles ils se trouvent en désaccord sont remplies d'imaginations prolifiques et beaucoup plus nombreuses que les cinq
points essentiels auxquels ils sont tous disposés à souscrire.

Ceux qui contestent le fait — et s'ils sont de bonne foi
ils manquent d'esprit critique — devraient essayer d'imaginer

un grand conclave réunissant les célèbres mystiques historiques suivants et d'où ils ne pourraient sortir qu'après être parvenus à unifier leurs conceptions (en sortiraient-ils jamais ?) : Cornelius Agrippa qui mêlait la piété mystique à la magie, Emmanuel Swedenborg qui bavardait familièrement avec les anges et les esprits, Siméon le Stylite qui vécut plusieurs années au sommet d'une colonne, Anna Kingsford, qui déclarait ouvertement qu'elle avait tué des vivisecteurs, par le pouvoir de la pensée, afin de sauver des vies d'animaux, Miguel Molinos, qui apporta l'intensité de l'émotion espagnole dans son union avec Dieu, Eliphas Levy qui donna d'étranges interprétations cabalistiques à la théologie catholique, Jacob Boehme que l'extase ravissait au milieu des vieux souliers de son échoppe de savetier, Hui Ko qui enseignait le mysticisme aux paysans chinois et fut cruellement martyrisé en récompense, enfin Wang Yang Ming qui découvrit un monde divin dans son propre cœur !

La limite cachée et la faiblesse secrète du mysticisme sont en effet qu'il est moins une recherche de la vérité concluante que le désir d'une expérience émotive. Ce qui intéresse surtout le mystique c'est que ses sens soient temporairement visités par une grande paix ou par une grande vision, ou encore flattés par un oracle personnel. C'est pourquoi le philosophe l'aborde et l'effraye en lui posant la question : « Comment pouvez-vous savoir si la source de votre inspiration est Dieu ou la Réalité, Jésus ou Krichna ? »

Mais il refusera d'écouter toute critique, quelque force qu'elle puisse avoir, sur l'inconséquence de ses conclusions. Il insistera pour faire du fait incontestable de son expérience personnelle, le critère contestable de sa validité. Il est absolument inévitable et parfaitement humain qu'il soit, dans ces conditions, si irrésistiblement soulevé par le sentiment d'extraordinaire urgence de l'événement et par la force de ses exaltations qu'il s'attache à ce qui est le moins essentiel et que cela suffise pour le satisfaire sans qu'il en explore plus avant la nature et la vérité cachées.

La *valeur* de la méditation pour la paix intérieure, l'extase sublime, le détachement du monde, est immense. Il en va différemment quand il s'agit de sa valeur pour la recherche de la *vérité* et de la *réalité* sans le secours de la philosophie, et la question réclame d'être soigneusement examinée par des esprits bienveillants mais impartiaux, possédant le sens de la mesure et la clairvoyance philosophique, qualités ordinairement absentes chez le mystique. L'extase est une forme de satisfaction personnelle mais ce n'est ni un critère parfait de la réalité, ni une preuve idoine de la vérité. Car les satisfactions *de quelque nature qu'elles soient*, quelque nobles qu'elles puissent être, ne sont pas des manifestations de la vérité. Plus les sentiments d'un homme sont puissants, plus son enthousiasme est exaltant, et plus il doit essayer de les calmer pour examiner son expérience d'une manière impartiale et impersonnelle. Si elle est vraie, il ne perdra rien par cet examen, mais si elle est fausse, son calme l'aidera considérablement à déceler cette fausseté.

D'autre part, nous rencontrons l'insurmontable difficulté que constitue l'impossibilité de vérifier l'expérience intérieure d'un autre homme parce qu'il est ordinairement impossible de pénétrer directement son esprit. Même la transmission de pensée, la lecture de pensée, tout en offrant des possibilités certaines, sont encore des procédés trop rares et trop imparfaits. Nous devons procéder par déduction, imaginer des conjectures, mais ce n'est pas la même chose qu'une communion véritable et complète avec l'expérience intérieure d'un autre être. Celle-ci se trouve au delà de la portée normale de l'homme. Si un mystique nous déclare qu'il a vu Dieu, nous ne disposons d'aucun moyen sûr pour confirmer ou démentir sa vision. Elle n'est pas transmissible. Même si nous réussissions à la reproduire mentalement, elle nous appartiendrait *en propre*, nous ne pourrions jamais mettre les deux visions côte à côte pour les comparer. En admettant la justesse occasionnelle d'une connaissance particulière acquise par la méditation, il est malheureusement impossible à la plupart des autres hommes en d'autres parties du globe de reproduire de la même façon et avec certitude la même découverte par eux-mêmes, il leur faut soit recourir à la foi pure et simple, soit répudier complètement cette méthode. L'expérience mystique est donc essentiellement individuelle et possède seulement une certitude personnelle. Ainsi le manque de certitude universelle que nous avons constaté parmi les hommes de foi, nous le retrouvons parmi les hommes de vision. Qui nous garantit que ce qu'ils considèrent actuellement comme l'état le plus élevé, la conscience la plus évoluée, la réalité finale, ne sera pas ultérieurement remplacé par quelque autre chose ? Goethe a dit très justement que le mysticisme est « la scolastique du cœur et la dialectique des sentiments ». Il reste sur le plan du sentiment incontrôlé. Mais comment le mystique ou le yogi reconnaissent-ils que ce dont ils prennent le contact au cours de la méditation ou de l'extase *est bien* l'ultime réalité ? « Je le sens, ce doit donc être réel », traduit l'attitude générale des mystiques qui ne prennent pas la peine de s'interroger. Ils supposent la réalité de leurs sentiments parce qu'ils leur sont attachés au point d'être aveugles à là différence importante qui sépare l'existence apparente d'une chose de sa réalité prouvée, ce qui paraît être de ce qui est. Comment peuvent-ils savoir qu'ils ont atteint le plus haut sommet de la connaissance ? Pourquoi la paix extatique serait-elle un titre suffisant à la possession de la vérité ? Pourquoi serait-elle synonyme d'omniscience ? Nous avons parfaitement le droit de poser ces questions cruciales et nous rendons ainsi service à nous-mêmes et à la vérité. Les dévôts de la méditation qui ont trouvé la vérité définitive dans sa quiétude, doivent s'arrêter pour vérifier que c'est bien la vérité, même si cette vérification doit durer quelques mois ou toute une vie.

Attendu que les mystiques n'ont pas pénétré au delà de leurs sentiments, quelle que puisse être l'exaltation de ceux-ci, nous devons conclure que la connaissance qu'ils prétendent puiser dans la méditation peut ne pas être la vérité définitive. Pourquoi ? Parce que les sentiments sont susceptibles de changer, ce que l'on considère aujourd'hui comme vrai peut être rejeté demain comme erroné. Plotin lui-même que des mystiques anciens et des théosophes modernes considèrent comme un des plus illustres des leurs, a confessé que la plus haute réalisation mystique ne produit aucune émotion, aucune vision, aucun rapport avec le beau. Il n'aurait jamais formulé cet aveu s'ils n'avait été le disciple d'Ammonius. L'école alexandrine d'Ammonius enseignait, en effet, à la fois le mysticisme et la philosophie, cette dernière étant toutefois réservée à l'élite et basée, comme nous l'avons précédemment expliqué, sur une tradition et une initiation dont la véritable origine était l'Inde.

« Que désirez-vous ? » demandait Ramakrichna, l'illustre sage qui éclaira au XIXe siècle les ténèbres régnant dans l'Inde. Son fameux disciple, Souami Vivekananda, répondit : « Je désire demeurer plongé dans l'extase mystique pendant trois ou quatre jours de suite, n'en sortant que pour prendre de la nourriture. » Et Ramakrichna de rétorquer : « Vous êtes stupide ! *Il existe un état beaucoup plus élevé que cela !* »

Notre recherche d'une source de connaissance valable n'aboutira qu'en en découvrant une fournissant une connaissance universelle et à tout jamais immuable, restant toujours la même et pouvant être vérifiée en tout temps et dans toutes les conditions, pas seulement pendant la méditation.

Nous disposons toutefois d'un autre moyen pour sonder

l'œuvre de l'orientation mystique. Examinons combien de déclarations mystiques restent incontestées, combien n'ont pas produit d'affirmation contraire, combien sont absolument hors de doute. Que les annales de la science sceptique et de la religion orthodoxe nous donnent la réponse !

Il est donc clair qu'on ne peut avoir confiance dans l'expérience mystique ou yogique comme source unique de la connaissance *certaine*. Elle ne possède de valeur que pour l'individu, non pour la société en général. Aussi est-ce seulement lorsqu'un disciple a subi les préliminaires de l'auto-discipline personnelle et suivi un long enseignement dans la pratique de la méditation, qu'il est considéré comme assez mûr pour être initié aux plus hauts mystères de la connaissance au delà du yoga ordinaire. L'étudiant ainsi engagé sur la route finale et qui est assez heureux pour disposer d'un maître personnel, remarquera que celui-ci commence par suggérer certains doutes à son esprit. Il le fait si habilement et si soigneusement que l'élève monte insensiblement à un plan plus élevé. Il ne procède pas brusquement et violemment, ce serait faire perdre confiance à l'élève dans sa conception du moment sans pouvoir se réfugier dans une conception nouvelle et plus forte. Le maître énonce certaines remarques indirectes et pose quelques questions sybillines de manière à donner plus de puissance et de clarté à l'esprit de l'élève jusqu'à ce que des doutes y naissent spontanément. Plus l'élève se soumet complètement à cette discipline du doute plus il devient capable d'abandonner de vieilles attitudes d'esprit. Il acquiert le courage de mettre en question sa *propre* expérience, de s'en faire une idée nouvelle après avoir procédé à un examen critique d'un point de vue différent. C'est l'unique façon d'en interpréter correctement la signification. Il commencera alors à entrevoir l'insuffisance de son savoir, l'invalidité de ses croyances, les limites de ses pratiques. Les illusions qu'il a nourries jusque-là commenceront à se dissiper, mais son maître lui conseillera de ne pas s'arrêter avant d'avoir complètement éclairci tous ses doutes.

Nous ne voulons pas prétendre qu'il faille considérer les exercices de méditation comme futiles, ou rejeter l'expérience mystique comme sans valeur. La paix, la tranquillité et l'extase ne sont pas choses négligeables et aucun sceptique ne peut nier que les vrais mystiques les obtiennent, quoique d'une façon intermittente. Ni le sage, ni le novice ne doivent écarter ces satisfactions ou d'autres, mais le premier ne leur permettra jamais de détourner son esprit de la vérité. La méditation ne devient un obstacle que lorsqu'elle conduit à considérer l'imagination comme une réalité, la vision comme une vérité, alors qu'elle s'intègre dans la technique philosophique quand elle consiste à s'abandonner à la tranquillité extérieure.

Nous qui cherchons la vérité pouvons rejeter les visions non soumises à la critique du mystique et son étroite conception du monde, mais nous serions insensés de rejeter les dons précieux de la concentration et de la paix que nous offre le mysticisme. Le novice qui a sincèrement pratiqué la méditation pendant un certain temps, peut atteindre un certain pouvoir de concentration et de perspicacité qui lui sera extrêmement précieux en passant sur un plan supérieur, car on peut s'attendre à le voir maintenir inflexiblement son esprit dans la même direction pendant sa progression dans le yoga du discernement philosophique.

La pénétration philosophique. — Le succès des sages anciens ne provient pas d'une croyance aveugle dans les paroles de quelque personnage, du recours aux consolations de quelque livre religieux, de l'intuition mystique qui se manifeste brusquement et spontanément, des satisfactions du yoga élémentaire tout seul mais de longues réflexions métaphysiques suivies par le yoga suprême qui transporte le moi dans le Tout Universel et apaise à la fois la pensée et le sentiment.

Il faut toutefois noter que les sources de connaissance reconnues faillibles ne sont pas de ce fait exclues de la vie rationnelle. Certaines croyances sont parfaitement raisonnables si beaucoup sont parfaitement ridicules. Lorsque les autorités et les écritures, les intuitions et les illuminations, les arguments et les conclusions concordent avec l'expérience universelle et la véritable raison, ils sont acceptables. Ils constituent d'utiles auxiliaires bien qu'on ne puisse se reposer uniquement sur eux. Le philosophe ne ferme pas systématiquement l'oreille à ce qu'ils peuvent lui dire, car il sait que ces sources peuvent souvent fournir de la connaissance, seulement, contrairement à d'autres, il est résolu à les jauger par lui-même avec des mesures d'ordre plus élevé pour découvrir le degré de confiance qu'il peut leur accorder. Ce qu'il cherche c'est une position absolument inexpugnable. Il ne rejette rien a priori mais il examine tout à fond pour en vérifier la vérité, alors que les gens non éclairés rompent tout contact entre l'intuition et la raison et que les mystiques non évolués refusent délibérément de soumettre leur « vérité » à n'importe quelle épreuve. Il ne sera pas assez sot pour rejeter une intuition par exemple, mais il ne l'acceptera qu'*après* l'avoir contrôlée, examinée et vérifiée. Ainsi fortifié intellectuellement il se servira de ses propres intuitions ou se référera à des autorités d'une manière qui pourra lui être fort utile.

La fidélité à la raison n'exclut pas la foi, elle l'admet ; elle exige simplement que nous éprouvions nos croyances et vérifions qu'elles sont justes. Elle accepte de la même façon l'existence de l'intuition spontanée mais réclame un examen de celles que nous ressentons pour en éprouver la valeur et leur rejet immédiat si cet examen n'est pas satisfaisant. Elle fait admirer sans restriction l'extraordinaire tranquillité que procurent les méditations mystiques, mais conseille de nous assurer rigoureusement que le sentiment de réalité qu'elles nous donnent *est bien* une réalité. Elle fait toujours approuver l'exercice de la logique dans l'organisation de la pensée, mais signale que les opérations de la logique sont strictement limitées par la valeur des données dont on dispose et que cette logique est tout au plus capable de ranger en bon ordre ce que nous connaissons déjà implicitement ou explicitement. Bref, elle exige une vérification sérieuse.

Par exemple, si ceux qui se livrent à des expériences mystiques veulent, sans y renoncer, les soumettre aux épreuves en question, ils en tireront un profit considérable et leurs progrès seront plus rapides. C'est l'un des rôles de la discipline philosophique que de corriger l'expérience mystique.

Mais comment pouvons-nous éprouver nos croyances, vérifier nos intuitions, chercher la réalité de l'expérience méditative, savoir si notre logique traite ou non de la totalité des faits, et éliminer les erreurs de chacune de ces méthodes ? Il n'existe qu'une seule réponse, un simple moyen de satisfaire nos doutes à ce sujet, c'est, du début à la fin, de considérer les canons de la raison comme unique critère du jugement. Car c'est seulement en raisonnant d'une manière critique que-l'on peut tirer tous les fruits d'un tel examen.

A quoi ont recours les théologiens eux-mêmes lorsqu'ils désirent vérifier l'authenticité des écritures ? Ils essayent d'employer la raison. Qui nous signale l'insuffisance de la logique ou la faillibilité de la pseudo-intuition ? Ce n'est ni l'intuition elle-même ni la révélation, ni la vision, c'est la *raison*. Et lorsqu'on proclame que la pseudo-intuition et le sentiment mystique sont au-dessus de la raison, pourquoi ceux qui le disent se hasardent-ils à discuter, à argumenter, à prouver par le raisonnement que ce qu'ils ont éprouvé ou vu était juste ? N'est-ce pas se référer inconsciemment à la raison comme à une cour d'appel suprême,

accepter le verdict du pouvoir de la pensée comme arbitrage définitif ? N'est-ce pas admettre tacitement que seule la raison a le
droit de juger silencieusement de la valeur finale de toutes les
autres facultés ? La pensée ne s'arrête que pendant le sommeil ou
l'extase et toute forme de pensée — que ce soit celle du réaliste
le plus terre à terre ou celle du mystique vivant dans un autre
monde — comporte quelque raisonnement, quelque imparfait
ou grossier qu'il puisse être. Pourquoi n'irions nous pas jusqu'au bout, alors que nous sommes déjà parvenus si loin, en
acceptant sans réserve la suprématie de la raison ?

On ne peut atteindre une conviction profonde et une compréhension inattaquable des vrais principes que par, l'exercice
convenable de la faculté de penser, intensément concentrée et
poussée à son degré le plus haut. Aucune autre façon de faire
ne peut procurer une justesse plus constante dans tous les cas.
Ce sera ultérieurement l'unique moyen d'obtenir l'agrément,
universel de tous les gens dans tous les lieux de notre globe,
parce que la raison ne peut varier dans ses conclusions au sujet
de la vérité, elle est universellement vérifiable et le restera éternellement. Mais ces variations peuvent se présenter dans ce
qui se prétend être la raison. Elles se produiront également
chaque fois que la raison sera injustifiablement limitée aux
expériences du seul état de veille.

Il est ainsi possible de parvenir à une connaissance de la
signification de l'existence mondiale, restant valable à toutes les
époques, volontiers admise par quelque sage indien à longue
barbe habitant il y a quarante siècles dans sa retraite de l'Himalaya, mais que quelque savant américain d'élite vivant dans
quarante siècles d'ici ne considérera pas comme démodée ou
erronée, en dépit du fait qu'il possèdera alors l'héritage de savoir
de toutes les générations qui l'auront précédé. Une série de
conclusions immuables de cette sorte ne pourra jamais être
répudiée par les résultats obtenus par les penseurs nouveaux
ou par ceux de la science la plus récente.

Les anciens sages indiens arrivèrent jadis, à certains égards,
au point où en sont aujourd'hui les savants, mais ils n'hésitèrent
pas à pousser leur recherche dans un désert où tout point de
repère terrestre disparaissait. Ils évaluèrent le facteur personnel et poursuivirent héroïquement leur route, jurant de ne
jamais s'arrêter avant d'avoir complètement épelé la dernière
lettre du dernier mot de la pensée humaine au sujet de la vérité.
Ils poussèrent résolument leur raisonnement jusqu'à sa dernière possibilité, jusqu'au point où, en fait, il ne pouvait aller

plus loin parce que la faculté de raisonner cesse au moment mystérieux de la découverte de la vérité cachée, s'arrêtant d'elle-même au même instant. Ils découvrirent, en outre, qu'il existe deux genres de pensée, qu'on pourrait appeler le stade inférieur et le stade supérieur du raisonnement. Au premier, le pouvoir du jugement analytique s'applique au monde extérieur dans un effort pour distinguer ce qui est substantiellement réel de ce qui est seulement apparent. Lorsqu'on est arrivé suffisamment loin dans cette voie, mais pas avant, la pensée doit revenir d'une façon critique sur elle-même et *examiner sans réticence sa propre nature*, pas final qui ne peut être accompli que si l'on a au préalable obtenu le succès en yoga.

C'est une tâche d'une difficulté immense parce qu'elle réclame la concentration la plus intense et du genre le plus subtil. Une faible et fragile intelligence ne peut accomplir cet effort. Lorsque cette concentration atteint finalement son but, la connaissance de la réalité pointe immédiatement, à ce moment la raison cesse de fonctionner car ses services ne sont plus nécessaires pour juger et discriminer à l'intérieur d'elle-même. Cet arrêt spontané ne doit pas être confondu comme on le fait si souvent avec l' « intuition directe de la réalité » du mystique. Il marque l'heureux aboutissement de la pensée, non pas son heureuse abolition. La réflexion ne doit pas renoncer à elle-même avant d'avoir rempli toute sa tâche. Pas plus que le mystique ne réalise l'abolition de la pensée en même temps que le maintien de sa conscience en éveil, le fait n'étant possible que lorsqu'il avance dans la voie finale. Ainsi ce que le mystique considère comme l'aboutissement de sa tâche n'est tenu par le sage que comme la moitié de la sienne. Là où le premier ne fait que sentir, le second comprend complètement.

Les sages du passé regardaient en eux-mêmes pour découvrir la réalité immuable plutôt qu'une expérience capricieuse, la vérité dernière plutôt que la satisfaction émotive, et surtout pour achever plutôt que pour commencer leur examen du monde aussi ont-ils été les seuls à atteindre le véritable but. Et parce qu'ils ne se dérobèrent pas comme les mystiques devant le troublant problème du monde, ils le résolurent au moment même où ils se comprenaient eux-mêmes. Ce rare instant de la compréhension universelle dans la profondeur de l'extase mystique pleine de pensée, fut le point culminant dans la pyramide de leur entreprise philosophique. Il fut appelé par eux le « jaillissement de l'éclair », car il illumina le champ de la conscience avec la rapidité effroyable d'un coup de foudre. Ce point atteint,

leur tâche suivante fut de se retrouver eux-mêmes et de stabiliser la merveilleuse vision ainsi obtenue. Leur recherche aboutissait ainsi à sa fin idéale. Car le nouveau soleil ne se leva pas
à l'Orient rougeoyant pour eux seuls. A partir de ce moment ils
devinrent les champions de la cause millénaire de toute l'humanité.

Ils savaient ce qu'ils étaient ! Possédant la raison parfaite,
ils la laissèrent sans hésiter derrière eux, très loin, et perfection-
nèrent alors la faculté plus haute de pénétration, où la connaissance et l'être se fondent dans l'unité.

CHAPITRE VIII

LA RÉVÉLATION DE LA RELATIVITÉ

L'étudiant qui nous a suivi résolument et intelligemment jusqu'ici doit s'être élevé au-dessus des consolations primitives de la religion et des conjectures sans substance de l'imagination ; il se sera éveillé des rêves bienheureux du mysticisme, des autoillusions systématiques de la logique, du profond sommeil du verbalisme ; il aura aiguisé ses facultés de compréhension et façonné ses sentiments pour s'engager dans la plus haute aventure qui puisse s'ouvrir devant un homme : la recherche de la vérité définitive. Il sera bien préparé à soutenir la première épreuve de force qui va maintenant se présenter. Le problème du monde se pose à lui parce que c'est le problème de ce qui est le plus familier et le plus visible. Alors que celui du soi paraît plus proche, il est en réalité plus lointain, et, en dépit de sa simplicité apparente, plus ardu à résoudre que l'énigme de cet univers qui nous entoure et auquel nous ne pouvons échapper. Il est donc logique de commencer par une enquête sur la nature de ce monde curieux où les humains sont brusquement projetés et d'où nous disparaissons lentement sans que notre avis soit jamais demandé.

Nous avons déjà expliqué pourquoi l'attitude initiale du philosophe doit être celle du doute. Il doit conserver cette attitude non seulement en recherchant une source satisfaisante de la connaissance de la vérité mais encore en parcourant des distances mentales bien faites pour abattre le naïf contentement de soi de l'homme ordinaire. Il doit se montrer assez hardi pour commencer son enquête en allant voir derrière sa connaissance conventionnelle de l'univers lui-même.

Rassurons bien vite le lecteur alarmé. On ne lui demande pas de douter de l'*existence* de ce monde qui est le premier fait à frapper sa vue chaque matin et le dernier qu'il voit avant de fermer ses yeux le soir. Ce qu'on lui demande c'est de vérifier la vérité des spectacles, des sons, des sensations qui lui parviennent et la réalité des objets ainsi vus, entendus ou sentis, dont personne, sauf un insensé, ne penserait qu'ils sont inexistants. Ce sont deux questions séparées et distinctes qui demandent à être traitées différemment : il suffira d'examiner dans ce chapitre jusqu'à quel point notre connaissance est foncièrement vraie, en réservant pour le chapitre suivant la question de savoir dans quelle mesure ce que l'on connaît est aussi foncièrement réel.

L'étudiant, comme tous les hommes, a l'expérience du monde « donné » mais a-t-il jamais pris la peine de se demander le degré de validité de cette expérience ? Dans la négative, il faut le faire. En poussant cette recherche jusqu'au fond, il fera la plus étrange et la plus étonnante des découvertes intellectuelles.

Quel est l'un des rares événements d'importance suprême survenus dans le monde scientifique au cours de notre génération ? Quel principe révolutionnaire a été établi et a éclairé d'une nouvelle et sensationnelle lumière de vieux problèmes ? Sans le moindre doute la Théorie de la Relativité énoncée par Albert Einstein a non seulement résumé deux millénaires de recherches mathématiques et passé en revue trois siècles d'expérimentation physique, mais elle a ouvert de nouvelles voies, dégagé de vastes perspectives pour les pionniers de la pensée. La preuve raisonnée de cette conclusion complexe est remplie de formules qui sont bien au delà de la portée du profane et la doctrine elle-même ne peut s'expliquer pleinement que par des équations fort abstruses. Einstein lui-même a déclaré un jour, comme on lui demandait de la résumer en quelques phrases compréhensibles, qu'il lui faudrait trois jours pour en donner une définitition brève ! Cependant, sans nous perdre dans un labyrinthe de symboles techniques et sans ingérer d'indigestes nourritures intellectuelles telles que le calcul des variations et la théorie des invariants, nous pouvons et devons simplifier et illustrer certains aspects des hypothèses d'Einstein qui intéressent particulièrement les philosophes. Il est naturel qu'il regarde lui-même la philosophie d'un mauvais œil, c'est la conséquence regrettable du préjugé que lui dicte sa spécialisation scientifique, mais c'est aussi parce qu'il confond la spéculation pure avec la philosophie vérifiée, confusion dont sont responsables certains prétendus philosophes et beaucoup de demiphilosophes. Dans son horreur pour la métaphysique il a cherché à concentrer sa pensée dans des limites bien définies mais il n'aurait jamais pu développer ses pypothèses par la seule expérience, et dans le mesure où il a dû se livrer à la réflexion rigoureuse il a été, bon gré mal gré, un philosophe sans le savoir. Il est impossible pour un physicien d'étudier la sujet de la relativité avec tout le sérieux que son importance réclame sans soulever des questions de finalité et par conséquent sans se faire, au moins momentanément, un membre de la confraternité des philosophes. Einstein est un mathématicien et un physicien et il désire s'en tenir strictement à son affaire, c'est pourquoi il se refuse à examiner les extrêmes conséquences de son œuvre, c'est à dire à philosopher. Mais tous ses disciples ne sont pas aussi réservés. Eddington et Whitehead se sont hasardés à transporter sa doctrine dans des régions où la pensée coule plus profondément, le premier dans la psychologie philosophique, le second dans la logique philosophique, deux régions où le maître ne veut pas s'aventurer. Mais le chemin de l'analyse dans lequel ils se sont engagés tous les deux n'a été entièrement parcouru que par la pensée ancienne de l'Asie.

Il ne faut pas nous laisser imposer ou effrayer par le haut caractère mathématique des calculs d'Einstein au point de nous écarter de l'hypothèse elle-même. Car les mathématiques ne sont qu'une sorte de sténographie logique dont les symboles fournissent des conclusions à partir de certaines données avec une rapidité inconnue de la logique. Elles abrègent la procédure syllogistique par la substitution de formules et d'équations. L'essence conceptuelle de la découverte d'Einstein était connue des sages disparus de l'Hindoustan qui n'étaient pas, cependant, des mathématiciens comme Einstein, et les philosophes grecs, tels que Platon et Aristote en comprirent la profonde importance. Les penseurs Jaina de l'Inde formulèrent une doctrine philosophique analogue, la Syadvada, qui ressemble au relativisme, plus de deux mille ans avant que la doctrine scientifique d'Einstein ait vu le jour. Les penseurs indiens et grecs exprimèrent donc un principe qui ne devait être vérifié expérimentalement et prouvé définitivement que bien des siècles plus tard. L'exploit d'Einstein fut de le corroborer scientifiquement, de le placer sur la base d'une observation mathématique originale et d'une preuve expérimentale en illustrant son application pratique dans une sphère spéciale. Il formula la relativité afin de faire concorder les hypothèses de la physique avec les faits observés. Il a fait prendre par la science la responsabilité de la vérification d'un principe qui avait vécu jusque-là d'une existence précaire parmi les spéculations discutables de métaphysiciens obscurs ou parmi les antiques doctrines d'étrangers inconnus. C'est le développement de certaines sciences technologiques comme l'optique et l'électro-dynamique qui rendit possible son œuvre expérimentale, dans l'étude de l'influence exercée par la gravitation solaire sur les rayons lumineux, par exemple. *Cette preuve n'aurait donc pu être fournie à une date antérieure de l'Histoire !* (1).

(1) La lumière joue un rôle absolument unique parmi les autres éléments

La relativité a pris une fixité inaltérable en dehors du temps

Le rayon lumineux est la chose la plus rapide que connaisse la science et c'est le plus important moyen de communication entre l'homme et le monde extérieur. L'introduction de la théorie de la relativité dans la pensée scientifique prend son origine dans une célèbre expérience sur la vitesse de la lumière exécutée par les Américains Michelson et Morley vers la fin du siècle dernier. Ils déterminèrent que la lumière se déplace à la même vitesse dans toutes les directions, quel que soit le corps de l'espace céleste vers lequel elle se dirige. L'expérience montra que la lumière se déplaçait avec la même vitesse par rapport à la terre, que celle-ci allât au-devant d'elle ou s'en éloignât. Il était difficile de concilier cette découverte avec le fait que la terre se meut dans l'espace. Nous aurions dû trouver que le degré de mouvement de la lumière est **plus** grand quand elle vient à la rencontre de la terre. C'est le même principe selon lequel deux trains venant de directions opposées se rapprochent à une vitesse supérieure à celle de chaque train en particulier. Un observateur placé sur une planète avançant rapidement vers un rayon lumineux devrait donc constater que son mouvement est plus rapide que lorsque la planète s'en éloigne. L'expérience démontre pourtant que la vitesse de la lumière ne change pas, restant d'à peu près 300.000 kilomètres à la seconde même quand on tient compte du mouvement relatif. Cet ahurissant résultat peut se traduire arithmétiquement par $2 + 1 = 2$!

Pourquoi les rayons lumineux n'augmentent-ils pas de vitesse apparente comme ils devraient le faire d'après les lois connues ? Aucune explication n'avait été fournie avant Einstein. Il signala en langage mathématique que toutes les précédentes réflexions sur la question étaient évidemment basées sur des principes qui ne permettaient pas d'interpréter correctement le phénomène et qu'il valait mieux modifier ces principes pour les faire cadrer avec le fait observé. Cela remettait en question toute la manière dont la vitesse de la lumière avait été mesurée et la façon dont chaque instrument et chaque observateur utilisant cet instrument arrivaient aux dimensions du temps et de l'espace constatées. Une fois tout cela vérifié, il devenait nécessaire de modifier les notions traditionnelles du temps et de l'espace. Elles avaient été considérées jusque-là comme immuablement fixées, pour toutes les époques, tous les lieux, toutes les conditions, mais les étalons basés sur elles s'étaient montrés faux au cours de cette expérience faite sur le comportement de la lumière dans un système en mouvement rapide. En modifiant le caractère des étalons adoptés, en les dépouillant de leur prétendue immutabilité, en les faisant fondamentalement dépendre de la situation de l'observateur, en reconnaissant que toute mesure spatiale est la comparaison des positions relatives de deux choses dans l'espace, et en acceptant qu'il n'y a rien de définitivement constant en matière de temps, de mouvement ou de mesures de longueur, on introduisait une nouvelle conception du monde capable d'expliquer non seulement le problème de la vitesse uniforme de la lumière mais d'autres problèmes physiques soulevés par les derniers progrès de la science. Tels furent les commencements du principe de la relativité. Einstein l'appliqua alors à l'influence de la gravitation solaire sur les rayons lumineux et parvint ainsi à calculer rigoureusement la déflexion qu'ils subissent. En 1919 des observations astronomiques effectuées au cours d'une éclipse confirmèrent ses prédictions, le principe de la relativité se trouva ainsi magnifiquement posé devant le monde savant. Il ne pouvait continuer à l'ignorer. Toutes les bases de la pensée scientifique étaient à modifier.

et est devenue une véritable dimension. Exprimé en langage plus ordinaire, cela implique que le temps n'a pas de signification particulière à tout jamais fixée et la même pour tous les humains. Ceux qui veulent le limiter en le mesurant par leurs horloges ou par la révolution de corps célestes sombrent dans un préjugé, car le sens du temps n'est pas une actualité absolue mais une interprétation à la fois de l'horloge et d'un corps céleste par un être conscient. C'est la façon dont les sensations se classent d'elles-mêmes dans l'esprit. Il n'existe pas de mesure absolue du temps. Une analyse serrée révèle que toutes nos mesures basées sur des révolutions de planètes ne sont *finalement* que nos impressions relatives. Einstein l'a bien mis en lumière, mais il n'en voit pas toutes les conséquences.

D'après cette doctrine, le mouvement est un changement des positions relatives entre deux choses et par conséquent le changement physique, sous forme de mouvement, n'est jamais absolu mais seulement relatif. Une fois admis que les étalons de mesure du temps et de l'espace peuvent varier, il faut répudier nos idées conventionnelles sur des sciences comme la physique, la géométrie et l'astronomie. Cette dernière parle couramment de constellations ou d'étoiles « fixes ». Ce n'est là qu'un terme relatif, car, sans le moindre doute, elles sont également entraînées à travers l'espace pour un observateur placé en un point comparativement immobile. Nous considérons que l'étoile polaire ne bouge pas, la précession des équinoxes démontre cependant qu'elle est aussi mobile. L'emploi que nous faisons du terme « fixe » est donc complètement arbitraire. Les étoiles fixes sont ainsi dénommées non pas parce que nous savons qu'elles restent immobiles dans l'espace mais parce que l'astronomie n'a pas encore été capable d'inventer des instruments qui les rapprocheront suffisamment pour permettre à nos sens de déceler leur mouvement. Lorsque Einstein déclara qu'aucun point de l'univers n'est absolument immobile, qu'il n'existe pas de position d'où la forme et les dimensions d'un objet peuvent être déterminées de manière à rester immuables dans toutes les conditions d'observation, cela revenait à dire que la science était impuissante à prendre la mesure dernière du monde.

Nous effectuons nos mesures espace-temps de position et de mouvement d'après quelque étalon que nous supposons permanent, inaltérable et immuable, autrement dit, toujours immobile. Mais Einstein a démontré d'une manière probante qu'il n'existe rien dans l'univers à quoi l'on puisse définitivement appliquer le qualificatif d'« immobile ». Pour autant qu'on le sache il peut se mouvoir autour d'une seconde chose également supposée immobile. Comment pourrions-nous savoir qu'une chose est perpétuellement au repos et ne se meut jamais alors que notre gamme de perception reste aussi limitée ? Nous jugeons habituellement d'après des apparences plausibles, parce que nos sens au pouvoir restreint nous indiquent, et d'une façon commune mais ignorante nous tenons des blocs rocheux pour des choses immobiles. La vérité nous est cependant révélée par les recherches de la physique moderne dans le monde merveilleux des atomes et des molécules. Toute la matière immobile est constituée par des électrons, protons et neutrons qui sont constamment en mouvement comme des essaims d'abeilles impatientes. Notre notion simpliste du monde est à revoir.

Si nous consacrons un certain temps à regarder le paysage défilant sous nos regards, à travers les vitre d'un train en marche, nos yeux s'habituent au mouvement et le considèrent comme une condition normale. Si le train s'arrête, une brève illusion donne l'impression que le paysage se déplace vers l'avant, ou que le train repart en arrière. A certains égards, en ce qui concerne l'univers, toute l'humanité est comme le passager du train.

Un homme qui marche à pied entre les rails dans un virage ne remarquera pas que la voie tourne s'il ne lève pas les yeux de ses pieds. Elle lui paraîtra parfaitement droite. C'est seulement quand il regarde à quelque distance, modifiant sa perspective, qu'il constate que la voie tourne réellement. Le même objet prend donc un aspect différent selon l'angle sous lequel on le remarque. Combien de nos conceptions sur le monde seraient transformées si nous pouvions changer de perspective ?

Une caravane de cinq cents chameaux au repos dans une vallée semble parfaitement immobile à un observateur placé sur une falaise à pic au bord de cette vallée. Cet observateur ne fait état que des idées ordinaires qu'avait sur l'espace la physique d'avant la relativité, il ignore le fait que la terre tourne autour du soleil, entraînant la caravane dans son mouvement. Incapable de déceler ce mouvement, il se trompe *inconsciemment* lui-même en croyant que ce qui est vrai de son point de vue est également vrai de tous les autres points de l'univers. C'est évidemment erroné car un second observateur constaterait certainement le déplacement de la caravane dans l'espace s'il pouvait prendre position dans le soleil à l'aide d'un instrument d'optique suffisamment puissant. Tout ce que le premier observateur est en droit de dire c'est que les chameaux sont immobiles par rapport à la terre ; il ne peut rien affirmer de plus *avec vérité*, à moins qu'il ne puisse modifier sa position. Chaque observateur n'a donc ni tout à fait raison, ni tout à fait tort. Il est de fait, comme le signale Einstein, que chaque corps en mouvement possède son unité de temps et son propre système d'espace avec lequel un observateur reste toujours en rapport. Celui-ci ignore ordinairement que les autres systèmes d'unités et de dimensions peuvent différer des siens et qu'en s'attachant étroitement à ceux-ci il est dans la totale incapacité d'expliquer certains éléments de l'univers, absolument incompréhensibles et complètement irrationnels.

Ces remarques sont la conséquence logique du fait que nous connaissons le mouvement de la terre autour du soleil. Mais le mouvement de n'importe quelle planète ne peut être mesuré et décrit que par comparaison avec quelque chose d'immobile, les étoiles fixes par exemple. C'est pourquoi la relativité nous enseigne que nous pouvons seulement connaître les rapports entre deux corps dans l'espace, et que leur description est uniquement relative. Tout ce que nous pouvons faire c'est comparer une chose à une autre, car notre conception de l'espace n'a plus de signification sans un système donné de références (1).

Si nous étions dans l'impossibilité d'observer les étoiles et les planètes nous ne pourrions savoir que notre globe se déplace à travers l'espace. Nous serions convaincus qu'il est immuablement fixe dans le firmament, car nous ne posséderions aucun système de références. La notion de mouvement est donc entièrement relative.

La terre se meut à l'énorme vitesse d'environ 110.000 kilomètres à l'heure et pourtant personne ne ressent la moindre indication de ce mouvement, bien au contraire, tout le monde sent que la terre est parfaitement immobile !

Nous employons libéralement l'adverbe « ici ». Pourtant tandis que nous montrons le lieu du doigt, la terre l'emporte à une vitesse prodigieuse et, en quelques minutes, il se trouve à une distance considérable de l'endroit où nous avons proféré le mot. « Ici » n'est donc qu'un terme relatif, en rapport avec

(1) Un homme qui écoute régulièrement l'horloge d'un beffroi sonner chaque jour l'heure de midi, affirme que le son lui parvient toujours du même point. Mais s'il était possible à un auditeur d'écouter le même son à partir du soleil, il devrait affirmer que le son lui parvient de points éloignés de jour en jour de 480.000 kilomètres. La terre et le beffroi occupent en effet chaque jour une position différente par rapport au soleil. Le changement de point de vue provoque donc un changement énorme dans les résultats.

quelque point ou personne de notre globe, mais sans significa-tion quand il s'applique à l'espace. En outre, la terre tourne sur elle-même tout en tournant autour du soleil, celui-ci se meut lui-même par rapport à la Voie lactée et, quoique nous ne puissions encore le mesurer, la Voie lactée se meut probable-ment elle aussi à travers l'espace. Après avoir tenu compte de tous ces mouvements nous comprenons qu'il est impossible d'évaluer le déplacement réellement subi par un point en quel-ques instants. Aucune expérience ne pourra non plus jamais mesurer la vitesse avec laquelle il se déplace dans l'espace, car il n'existe pas de corps *rigoureusement* en repos, offrant un point de repère stable. Nous ne pouvons déterminer qu'une position et un mouvement relatifs. Et le résultat restera le même quel que soit l'endroit où nous nous plaçions.

Nous revenons ainsi à la base de la doctrine d'Einstein selon laquelle l'espace ne possède aucun système de mesure définitif en lui-même et qu'il n'est pas semblable à lui dans toutes les circonstances. En dernière analyse l'espace ne possède pas les propriétés impliquées par Euclide dans ses postulats et ses axiomes. Telle est la conclusion de la relativité. Mais, bien avant Einstein, Zénon et Pythagore en Grèce, ainsi que plu-sieurs sages de l'Inde avaient découvert les contradictions que renferme l'idée selon laquelle l'espace a une existence caractéris-tique, une fixité inaltérable en propre. Ils ont dit que d'un cer-tain point de vue il est mesurable, purement rationnel et fini, mais que, d'un autre, il est immesurable et infini dans toutes les directions. Du premier nous pouvons le limiter à ses parties, facilement distinguables les unes des autres, dans l'exten-sion occupée par les objets physiques, mais qui, du second, n'ont pas d'existence indépendante séparée du tout, et nous ne pouvons imposer de limites à son prolongement indéfini. Car, en rassemblant toutes les parties, nous n'arrivons pas à un agrégat constituant la totalité de l'espace, ce que nous imagi-nons comme la totalité a encore d'autre espace s'étendant au delà et ainsi de suite d'une façon indéfinie. Ainsi, en pensant à l'espace sous la forme d'une de ses parties, on nie son existence en tant que tout. Si les deux conceptions s'éliminent l'une l'autre de cette façon, nous devons conclure que l'espace est plus une idée subjective qu'un élément objectif.

En outre, si nous appliquons certaines des précieuses leçons apprises au chapitre VI à certains mots employés quand on tient pour donnée l'existence absolue de l'espace, « ici » et « là », nous nous trouvons devant une situation curieuse, car l'espace est supposé être ce dans quoi quelque chose existe ou ce dans quoi l'ordre mondial se différencie lui-même.

Posons un point sur une feuille de papier. La géométrie définit un point comme n'ayant aucune dimension. C'est dire qu'il n'a rien en dedans de lui et qu'on ne peut rien y introduire. En poussant l'analyse plus loin on constate que le point n'est pas spatial et que l'espace, représenté par son « ici », est et n'est pas, contradictions qui s'excluent également l'une l'autre.

Pensons maintenant à quelque chose qui soit « là », dans l'espace, le lointain continent australien par exemple. Cela veut dire qu'il n'est « pas ici ». Mais « ici » peut vouloir dire cette ville, ce pays, ce continent et aussi bien l'ensemble de la terre. Nous ne pouvons pas aller plus loin parce que nous ne pouvons occuper aucun point d'observation permettant de faire une autre différence. L'étroitesse d'attention qui restreint notre définition d' « ici » se trouvera abolie, mais en allant aussi loin nous avons inclus l'Australie dans notre « ici ». « Ici » et « là » se contredisent donc encore, et la notion de l'espace elle-même, en tant que réalité distincte qui repose sur eux, s'écroule également.

Qu'advient-il de notre notion ordinaire de l'espace lorsque la recherche radio-active nous dit que la pointe de l'aiguille la plus fine est un monde en miniature où des millions de corps se meuvent incessamment sans jamais entrer en contact ?

Ceux qui prétendront que l'analyse de tels paradoxes ne sont que des chicanes de mots, ne comprennent pas l'importance de ceux-ci dans la construction secrète de notre pensée, ni que les problèmes sémantiques sont réellement des problèmes logiques, voire, très souvent, épistémologiques. Ils ne comprennent pas encore que la signification d'une chose est inséparable de ce que nous en *pensons* nous-même et n'est pas seulement ce que quelque dictionnaire imprime à leur sujet. Ils ne se rendent pas compte que le travail caché de l'esprit dans sa considération du monde est tout à fait différent de ce qu'ils s'imaginent communément.

La relativité montre au moins qu'il faut modifier nos conceptions traditionnelles. L'espace et le temps demandent à être étudiés parce qu'ils entrent dans chaque conception du monde extérieur. Ce sont les formes sous lesquelles nous acquérons nos expériences. L'intelligence totale de ce monde les englobe complètement tous les deux. Notre vie objective sur la terre se meut évidemment dans les limites imposées par l'espace et par le temps, tout ce que nous faisons est en fait, inséparable d'eux. Tous les corps mesurables et toutes les créatures vivantes se

présentent à nos yeux comme existant spatialement ou tempo-
rellement et nous ne pouvons nous représenter l'univers entier
en dehors d'un cadre spécifique d'espace et de temps. Nous ne
pouvons penser à la myriade de faits et aux événements infiniment complexes de la nature sans les considérer comme occupant
une certaine p osition dans l'espace et dans le temps. Mais la
signification de ceux-ci est toujours relative et change avec les
circonstances. On ne peut donc penser à ces phénomènes de la
nature que sous une forme relative. Si nous changeons de
cadre il faut changer également les caractéristiques familières
de notre univers. Il perdra sa fixité fondamentale, son absolu
inaltérable. Il ne peut exister de relation spatiale unique ni
d'observation invariable dans le temps. Quand nous regardons
plus profondément dans l'espace il tend à changer son caractère de ce qui semble être un fait extérieur pour devenir en
réalité un élément mental intérieur. Il faut, en bref, « menta-
liser » l'espace et « spatialiser » l'esprit. Loin d'être une propriété
du monde extérieur, l'espace commence à paraître un mystérieux élément subjectif qui conditionne notre perception de
tout ce monde extérieur.

Mais cette conception abandonne celles, plus anciennes, de la
physique. Elle est dans la ligne des déductions mathématiques
d'Einstein qui ont rendu variable la masse d'un corps. La vieille
idée sur la matière voulait que sa caractéristique la plus émi-
nente et la plus tangible — techniquement dénommée masse —
fût aussi la plus durable. C'est vrai pour les mouvements lents
des objets de la vie courante, mais cela ne l'est plus pour ceux
qui dépassent l'expérience quotidienne où les mouvements
extrêmement rapides prévalent, car Einstein a obligé la science
à bannir la vieille croyance en prouvant que la masse matérielle
peut varier. Les objets physiques se transforment en champs
de forces électriques, en énergie pure prenant les formes imposées par la vitesse. La croyance en quelque chose de distinct,
dans une substance matérielle solide, a été sérieusement ébranlée. Jusqu'ici nous ne pouvions pas parler de la matière indépendamment de l'espace qu'elle occupait, alors que nous pouvons parler d'énergie sans avoir un besoin aussi absolu de la
renfermer dans un espace.

Cette nouvelle notion selon laquelle l'énergie possède une
masse et que la masse d'un corps matériel peut varier proportionnellement au-dessus de certaines vitesses de mouvement
fait que le caractère matériel d'une chose ne constitue plus son
caractère cardinal. L'imagination a de la peine, ici, à rester

à la hauteur de la raison, mais la ce ne peut pas être une excuse
pour lui permettre de la gêner. La nouvelle conception scientifique doit nécessairement offenser le bon sens en détruisant
ainsi la nature statique d'un objet. Il est impossible à l'esprit
de se représenter sous une image adéquate la façon dont la relativité affecte étrangement la masse de notre univers matériel. Nous devons nous contenter de savoir, sans savoir
comment.

Les malices du temps. — La relativité a transformé de manière
aussi étrange nos croyances relatives au temps. Notre assurance
en assignant une date à un événement est ébranlée quand nous
apprenons que des observateurs placés sur des corps animés
de vitesses différentes voient cet événement à des temps différents, nous sursautons de surprise en entendant affirmer que
deux faits paraissant se produire simultanément pour un
observateur peuvent se trouver séparés pour un autre.

La terre ne tourne plus aussi rapidement dans l'espace qu'au
début de sa chaude jeunesse et la longueur de nos jours a plus
que doublé.

La relativité du temps est telle que la lente tortue qui vit
un siècle peut ne pas sentir qu'elle a duré plus longtemps que
l'insecte rapide qui apparaît, grandit, se reproduit et meurt
dans une seule semaine, car elle détermine son expérience d'un
point de vue très différent. Il s'agit du nombre des sensations
qui traversent l'esprit, si le nombre est le même dans les deux
cas, les années ne comptent pas. Ceux qui ont l'expérience de
certaines drogues savent qu'elles donnent un sens anormal du
temps au point qu'un simple geste, lever une main par exemple,
met une demi-heure pour jouer dans la conscience, alors qu'il
ne dure qu'un instant pour un observateur. Certaines personnes
qui ont échappé de justesse à la noyade rapportent que dans le
bref moment qui précède la perte de conscience, toute leur vie
repasse en un éclair devant les yeux de leur esprit.

Nous nous endormons en apparence mais c'est pour nous
réveiller presque aussitôt en rêve, cependant nous n'avons
connaissance que de notre réveil du lendemain matin. Nous
nous sentons aussi vivants durant le rêve que durant la journée et pourtant, en rêve, nous accomplissons en cinq minutes
un voyage que nous mettons trois semaines à faire à l'état de
veille. Nous passons en rêve, par une longue série d'événements
dramatiques, souvent très détaillés, et qui nous paraissent durer
des heures ou des jours, alors qu'une vérification montre qu'ils
n'ont duré qu'une fraction de minute ! L'expérience nous révèle

ainsi les étranges fluctuations de notre sens du temps quand nous considérons le même fait de divers points de vue.

Quelqu'un situé différemment, sur la planète Vénus par exemple, aurait nécessairement un sens du temps différent du nôtre. Il est inexact de penser que vingt-quatre heures restent toujours vingt-quatre heures dans toutes les circonstances et dans tous les lieux. Nos habitudes de pensée peuvent s'en trouver bouleversées. Considérons cependant le cas d'un jeune homme qui vient de passer trois ou quatre heures avec une jeune fille ardemment aimé ; ce temps ne lui a pas paru plus long qu'une heure. Considérons par contre le cas d'un invalide tombé par accident sur un poêle rouge et incapable de se relever rapidement ! Chaque seconde lui paraît aussi longue qu'une heure ! Tout homme a donc sa perception particulière du temps comme le montrent ces exemples extrêmes, et il est illusoire de penser qu'il en existe une différente de son expérience. Il voit les événements uniquement de son point de vue, parce que le temps lui-même est relatif. Nous ne mesurons jamais le temps lui-même. Une horloge ne fournit que la mesure d'un mouvement dans l'espace, c'est-à-dire un rapport entre deux choses.

La nature nous contraint de considérer que tout existe dans le temps et dans l'espace. Dans le processus mental le temps est présupposé immuablement. L'espace est une condition nécessaire pour le processus de la perception. Nous ne pouvons libérer une chose ni de l'un ni de l'autre. Et cependant nous ne voyons jamais l'espace ni le temps eux-mêmes ! Nous ne recevons pas l'impression sensorielle directe de l'espace et du temps purs. Nous ne pouvons enclore l'idée nue de l'espace dans aucune image mentale, nous pensons seulement qu'une chose occupe de l'espace, possède des dimensions ; l'espace n'est donc pour nous qu'une propriété des choses et le temps une propriété du mouvement.

Ordinairement on considère le temps comme un fleuve qui s'écoule ou comme une succession de moments détachés. C'est parfaitement naturel, car l'esprit humain ne peut même pas imaginer un temps vide de tout événement ou encore où il n'existe pas de « passé, de présent, de futur ». C'est dans le temps que nos pensées se succèdent comme c'est dans le temps que surviennent les événements. Pouvez-vous vous former une idée du temps sans commencement ni fin ou sans interruptions et modifications ? Malheureusement nous aboutissons ainsi à une illusion. Nous supposons en effet que le temps est divisé en moments mais si nous essayons de saisir ceux-ci d'une manière précise, ils s'évanouissent aussitôt. L'analyse ne découvre aucune division, aucun moment indépendant, il n'y a pas d'intervalle entre le présent et le passé. Comment quelqu'un pourrait-il percevoir le moment où commence le présent et où il finit ? Essayez de distinguer le point de séparation entre le passé et le futur, entre « avant » et « après ». Dès que vous l'aurez «fixé» il ne sera plus exact. Qu'est-ce donc que le moment présent sinon un point hypothétique ? C'est une des illusions du temps de nous faire croire que nous vivons perpétuellement dans les événements du présent alors que cette division n'a aucune réalité. Que ce soit une seconde, un millième de seconde, un millionnième de seconde, le prétendu instant présent s'est déjà évanoui dans le prétendu passé. Notre façon délibérée de parler du passé, du présent et de l'avenir se rapporte à quelque chose que personne ne peut déterminer et dont personne ne peut se former une idée assez juste pour défier toute analyse. Que devient alors notre notion tout entière du temps alors que nous ne pouvons avoir la notion séparée de ses constituants ? Ainsi ce qui nous paraît une réalité semble beaucoup plus, tout au moins jusqu'à un certain point, une idée nourrie par notre cerveau, autrement dit le mouvement du temps existe surtout en nous-mêmes.

Observons quelque chose qui pousse, une graine d'herbe par exemple. Peut-on fixer le moment précis où cette graine devient plante ? C'est tout à fait impossible. A quel instant la graine a-t-elle cessé d'être telle ? Si cet instant existe, ce ne peut être que dans notre esprit ou notre imagination. Les changements du temps ne sont fonction que de notre expérience. Le moments n'existe pas. Le temps n'est pas une addition d'inanités. En additionnant zéro à zéro on obtient encore zéro. Le temps n'est donc pas une réalité indépendante mais une abstraction tirée de la réalité. Le temps, comme l'espace, est une abstraction, mais prendre une abstraction pour quelque chose de réel c'est formuler une contradiction.

En poussant encore plus loin notre raisonnement il nous faut avouer que notre sens du temps peut se restreindre exactement comme notre sens de l'espace peut s'élargir, et qu'en mesurant la fuite du temps l'esprit le crée en quelque sorte. La relativité enseigne que les formes prises par le temps dans l'expérience ne sont jamais définitives. Ce sont des aspects qui peuvent se transformer de la manière la plus extraordinaire. Il existe cependant un élément inséparable qui subsiste pendant tous ces changements, les unifie et les relie : c'est l'élément de l'esprit.

Tout ceci montre que le temps n'est pas une chose aussi simple que nous l'imaginions mais qu'il est, en fait, gros de mystère. « L'humanité meurt rapidement en pensant que le temps est réel. Le peu de temps dépensé à me demander : « Le temps existe-t-il vraiment ? » m'a révélé la Paix parfaite, la Divinité elle-même » a écrit Tiroumoolai, en tamoul, au Moyen Age. Et avec plus de sagesse encore, il pose la question : « Ne savez-vous pas que le temps s'évanouit quand on en cherche l'origine ? A quoi bon dès lors vous limiter à lui ? »

Ce serait une grave erreur de s'imaginer que nous cherchons ici à nier l'existence chez l'homme du sens du temps. Ce sens existe réellement. L'homme sent certainement le passage du temps et en éprouve fortement la réalité. Ce que nous avons voulu c'est jeter un peu de clarté sur sa nature. La source cachée du sentiment de sa réalité apparaitra par la suite de cet exposé.

La doctrine des points de vue. — La valeur de l'œuvre accomplie par Einstein en prouvant la vérité de la relativité par des fait physiques et non par des spéculations métaphysiques, est immense. Ce qu'il a réalisé inconsciemment c'est une critique de la connaissance bien qu'il ait limité son enquête aux méthodes scientifiques de mesure. Tout le principe de la relativité se pose comme un gigantesque point d'interrogation sur notre expérience de l'univers et, par conséquent, sur toutes nos définitions de la connaissance. Que savons-nous en réalité ? Le monde n'est plus un fait nu mais une énigme.

La relativité est une loi fondamentale qui régit tous les événements physiques, tous les objets de la Nature. Rien n'est connu qu'en rapport avec autre chose. C'est pourquoi Lotze a dit qu'exister c'était être en rapport. L'idée qu'il existe des systèmes fermés dans l'univers disparaît sous le faisceau de lumière de la relativité. Chacun n'est qu'un essai dans l'approche de la vérité et jamais le pas final. Il faut procéder constamment à une ré-interprétation de l'univers.

Il peut exister dans le monde physique autant de vérités relatives qu'il y a de points ou de façons possibles pour considérer une chose. C'est l'erreur anthropocentrique qui vicie la connaissance ordinaire. Il peut y avoir autant de conceptions de la vérité dans le monde de la pensée qu'il existe d'être humains. Ces conceptions multiples et protéiques sont soumises aux limitations humaines, par conséquent toujours conditionnelles et souvent susceptibles de changer. Chacune d'elles n'est qu'un aspect, aucune la vérité entière. Le matérialisme du milieu

de l'époque victorienne, par exemple, est maintenant réfuté
par divers savants éminents aussi vigoureusement qu'il était
préconisé par leurs prédécesseurs.

Voici notre signal avertisseur. Une observation peut être
parfaitement vraie quand elle est la conséquence de la fixation
de notre attention sur n'importe quel point de vue particulier
dans le domaine où règne la relativité, et cependant ne pas être
la vérité *en elle-même*. Ce sont deux choses différentes.

Tous ces éléments doivent être considérés comme des conceptions individuelles et incomplètes de l'homme parce qu'ils
dépendent de l'élasticité du goût humain, des diverses sortes
de tempérament, du degré de la connaissance humaine, de
l'ampleur de ses capacités. C'est pourquoi nous voyons d'aussi
grandes divergences d'opinions, d'aussi étranges conflits d'expérience, tant de variétés dans les croyances, les conceptions, les
habitudes et les conclusions. Ces compartiments sont appelés
« vérités relatives ». L'écart possible entre les conceptions individuelles résultant de cette dépendance de la vérité relative,
est tel que leur nombre peut être illimité. Chaque compartiment,
la biologie ou la pharmacologie par exemple, possède sa conception particulière de la vie ou s'occupe d'une fraction de celle-
ci, mais aucun ne possède de conception commune à tous, de
même qu'aucun ne s'occupe de l'existence dans sa totalité.

Lorsque la relativité fit son apparition au seuil de la science
elle effraya les timides. Sans doute craignirent-ils de pousser
jusqu'à ses dernières conséquences logiques. Ils hésitent toujours à le faire, c'est donc à la philosophie de l'accomplir à leur
place. De ce point de vue élevé qui est, il faut le souligner, celui
de la vérité définitive et non celui de la valeur pratique, toutes
les connaissances non philosophiques, scientifiques ou autres,
se trouvent sur un terrain mouvant. Aucune de leurs conclusions
ne sont ou ne peuvent être définitives. Tout dépend du point
de vue étroit où se trouvent les observateurs sur notre planète
insignifiante, qui n'est qu'un point parmi les millions d'autres
dans l'espace. Tous leurs résultats peuvent être modifiés lorsque de nouvelles connaissance fournissent de nouveaux points
de vue. Elles peuvent espérer découvrir des images déformées
de la réalité finale par leurs méthodes actuelles, mais jamais
la réalité elle-même. Elles courent d'un principe provisoire à
un autre comme un Juif éternellement errant.

Aussi peut-on être à bon droit dérouté au sujet de la nature
de ce monde énigmatique dans lequel nous vivons. Il est aussi
paradoxal qu'on puisse le concevoir. C'est un monde où la

raison fait violence à l'expérience et où les faits démentent la pensée. Toutes les connaissances intellectuelles souffrent d'être entièrement relatives et, en fin de compte, tournent dans un cercle vicieux. Il semble qu'elles soient dans l'impossibilité de sortir de ce cercle, que nous ne puissions jamais parvenir à la vérité définitive de l'univers, que nous soyons des captifs condamnés à ne recevoir éternellement que l'illusion d'une connaissance nouvelle mais jamais la connaissance elle-même.

La vérité est devenue un mythe. La finalité est une fiction. Ce n'est qu'une conception parmi une infinité d'autres qui sont possibles. Chacune de ces conceptions peut recevoir sa justification. Aucune observation scientifique ne peut être proclamée juste pour toutes les époques et toutes les circonstances. Aucune théorie scientifique n'existe sans être incurablement affectée de ce relativisme qui pervertit tout. Ces apparences différentes et divergentes que prend la même chose quand les observateurs ou les points de vue sont eux-mêmes différents peuvent nous faire désespérer de connaître quelque jour la vérité sur le monde, car les hommes modifieront constamment leur position intellectuelle, courant sans cesse vers de nouvelles notions pour les abandonner dans l'instant suivant. En dernière analyse tout devient une flottante apparence ou une illusion sans signification ! Rien ne peut avoir la prétention de la finalité.

Cela signifie que nous n'avons que des conceptions fragmentaires du monde et ne pouvons apercevoir celui-ci dans sa totalité, que nous assistons au remplacement perpétuel d'une doctrine par une autre, que l'esprit substitue sans cesse un jeu d'idées à un autre, que le fait lui-même dépend du point de vue duquel on le considère. Ce qui est juste d'un point de vue ne l'est plus d'un autre, car nous n'obtenons que des aspects et non pas des entités indépendantes. La vue d'un aspect exclut tous les autres. Il n'existe pas de finalité dans la métaphysique non plus parce que, comme la science, elle est affligée de la maladie tenace de la relativité. La tentative faite pour atteindre un système d'explications irréfutables s'est révélée futile. Bref, l'image du monde que nous possédons ou que la science possède n'est pas l'image définitive.

Dans ce monde du relativisme où toutes les conceptions sont à la fois justes et fausses, où ce que l'on peut affirmer d'un point de vue peut être nié d'un autre, aucune signification finale ne paraît possible. Les chercheurs indiens qui perçurent l'inéluctabilité de cette conséquence n'en furent pas satisfaits. Ils voulaient savoir s'il était possible d'arriver à une conception expliquant *tous* les faits et non pas seulement quelques-uns d'entre eux. La question capitale s'imposait de nouveau à eux. Ils cherchaient une réponse, comme Ponce-Pilate, à leur demande suprême : « Qu'est-ce que la vérité ? Pouvons-nous aboutir au dernier mot de la vérité dans son intégrité ? » Ils pensaient ainsi à quelque chose qui ne fût pas imparfait, qui fût aussi universellement valable que la formule $1 + 2 = 3$. Personne en n'importe quel temps et n'importe quel lieu n'a encore mis en question ce résultat arithmétique. Ce qu'ils cherchaient c'était un principe de vérité aussi immuable. Ils l'appelaient la vérité *définitive*. Ils découvrirent finalement une réponse satisfaisante et l'enseignement caché se trouva formulé. Ils prouvèrent que tout était une question de point de vue, qu'il s'agissait de monter aussez haut pour atteindre la cîme du pic le plus élevé possible. Ils soulignèrent que le fait de n'avoir trouvé aucune caractéristique absolue dans les matériaux de notre connaissance de l'univers ne devait pas nous désespérer mais bien nous inciter à écouter la voix de la philosophie cachée qui déclare explicitement qu'il faut chercher et qu'on peut découvrir une façon nouvelle d'aborder le problème.

Euclide a démontré que des lignes parallèles ne se recoupent jamais, Einstein a démontré qu'elles peuvent se recouper. Tous les deux peuvent être considérés comme ayant raison si nous nous rappelons que leur divergence provient de la différence de leurs points de vue. Les habitants d'une autre planète utilisant une montre divisée exactement de la même façon que la nôtre, mesureraient apparemment le temps de la même façon que nous, mais cette similitude serait fallacieuse. Leur jour peut être plus long ou plus court que le nôtre ; trois heures de l'après-midi ne seraient donc pas la même chose pour eux que pour nous, car les standards de la référence spatiale seraient différents et les systèmes de temps le seraient nécessairement aussi. La différence de point de vue sera toujours fatale à l'uniformité des observations, l'apparence de ce que voit l'habitant de la terre ne peut se séparer de sa position dans l'espace. La forme d'une chose, la position qu'elle occupe, sa place dans le temps et dans l'espace sont, tout compte fait, des apparences présentées différemment à divers observateurs. Telle est la conséquence de la théorie générale de la relativité formulée par Einstein.

Sa leçon essentielle et capitale c'est qu'il est nécessaire d'adopter de nouveaux points de vue pour obtenir des conceptions plus vastes. Le principe de la relativité ne donne pas tort à Newton et n'oblige pas à répudier les anciennes mesures. Il trace une ligne de démarcation autour de chaque genre de résultat et, à l'intérieur de cette ligne, les anciennes mesures et les conceptions newtoniennes demeurent valables. Il indique que nous ne pouvons les considérer comme universellement applicables parce qu'elles sont seulement relatives à un point de vue particulier.

Un point de vue plus élevé qu'un autre dévoilera un horizon plus vaste. L'expérience de la vie même la plus superficielle montre que bien des choses ne sont pas ce qu'elles paraissent être au premier regard, que les impressions naïves et immédiates qu'elles font naître en nous se révèlent insuffisantes quand nous procédons à une étude plus profonde. C'est la première leçon de la philosophie et la dernière de l'expérience. C'est la différence entre ce qui est réellement et ce qui *paraît* être, entre ce qui est substantiel et ce qui semble substantiel ; nous rencontrons partout cette contradiction de l'expérience. On la trouve dans la société humaine aussi bien que dans les développements planétaires. La route, les dimensions, la distance d'un corps céleste ne se livrent pas aux regards, aussi longtemps qu'on les contemple. Il faut effectuer un effort intellectuel, s'aider de l'astronomie, pour trouver le secret de ce que nous voyons. Si chaque chose révélait sa véritable nature à la première impression non corrigée, la science serait inutile et la philosophie n'aurait pas à s'exténuer pour garder le contact avec elle. L'énorme différence entre l'expérience et la vérité de cette expérience nous oblige à pousser au delà du fait plausible pour interroger la réflexion sur ce fait.

Adhérer indéfiniment à une position bien définie et considérer les choses à partir d'elle simplement parce qu'il est ennuyeux d'en chercher une autre, ou parce que tout le monde s'y tient, est en définitive dangereux et peu sage philosophiquement. De quel point de vue cherchons-nous la vérité ? Où sommes-nous placés quand nous regardons quelque chose que nous croyons vrai ? Tout cela détermine à la fois ce que nous voyons et le degré de vérité de ce que nous voyons. La signification de ce que nous pensons être vrai et la valeur d'un jugement sont entièrement conditionnées par le point de vue que nous adoptons. La possibilité d'atteindre à plus de vérité dans le domaine scientifique s'accroît donc dès qu'on élève le point de vue. La philosophie adopte cette leçon et la porte encore plus loin, car elle dit : élevons-nous aussi haut que possible, jusqu'au point de vue final où la relativité n'existe plus, et ne tirons qu'alors nos conclusions au sujet du monde. Elle souligne que nous ne

pouvons échapper à la nécessité d'avoir un double point de vue,
le premier englobant toutes les positions possibles et relatives
embrassées par la vie pratique ordinaire et la science expérimentale, le second étant le point de vue lointain, austère et
unique de la raison pure universelle, *dégagé de toute relativité*.
La vue contemplée de ce dernier sera, en effet, absolument indépendante de ces caractères humains qui rendent tous les résultats partiels et relatifs. Ceux-ci peuvent être extrêmement
utiles pour des fins pratiques et immédiates mais ils sont insuffi-
sants pour la recherche plus exigeante de la vérité définitive.

L'esprit qui se fatigue facilement se contentera, à la vue de
chemins inhabituels, du premier point de vue, le plus immédiat,
celui de l'utilité pratique, prenant les choses telles qu'elles sont
perçues par les sens, alors que l'esprit pénétré de l'amour de
la vérité s'exercera à s'élever au-dessus de l'apparence superficielle des choses pour atteindre leur explication en adoptant une
position critique et interrogative. C'est ce que fait le savant,
mais il s'arrête là, et c'est ce que déplore la philosophie cachée.
Elle suit avec joie la progression du savant. Elle ne s'en effraye
pas comme la religion. Mais elle voudrait ne pas le voir s'arrêter
avant d'avoir atteint le point d'où il pourra affirmer la vérité
définitive ou formuler un jugement inattaquable. Un tel point
relève seulement de l'activité rigoureuse de la raison pure dans
son domaine le plus large, il ne peut être découvert par l'observation physique ou l'expérience du laboratoire.

Le premier point de vue est une nécessité de la vie quotidienne. Il peut se montrer tout à fait suffisant pour les buts pratiques par oppositon aux théoriques, et, comme tel, ne réclame
aucune autre sanction de l'homme ordinaire. Il se fonde habituellement sur les rapports naïfs et grossiers des cinq sens, ces
rapports sont un fait et chacun doit l'accepter. Le nigaud
se satisfait de la valeur faciale de ce fait et sa pauvreté intellectuelle refuse d'aller au delà de l'expérience effective, mais le
savant et le philosophe n'acceptent le fait que sous bénéfice
d'inventaire et s'interrogent sur sa signification. Tous les deux
perçoivent qu'il est essentiel de passer avec la pensée au delà
de l'expérience immédiate pour aborder une enquête plus profonde et plus large sur la façon dont le fait est venu à l'existence.
Si la pensée populaire était toujours juste, l'instruction serait
inutile, si les impressions directes étaient suffisantes pour connaître toute la vérité sur quelque chose, on n'aurait pas recours
à l'éducation pour les corriger, enfin si les hommes percevaient
la signification de l'univers et de leur propre vie, l'œuvre de la

philosophie serait complètement superflue. Les hommes, en fait, naissent dans l'erreur originelle et native, ils ne progressent dans la connaissance qu'en rectifiant laborieusement leurs jugements spontanés. Cependant, l'horreur du populaire pour tout effort mental se contente ordinairement de la conception la plus facile, si chargée d'illusions qu'elle puisse être, et se méfie le plus souvent du philosophe, quoique ce dernier représente la longue lutte et la victoire finale de la raison.

Nous aboutissons ainsi à conclure qu'il y aura toujours deux façons possibles de considérer le monde. Le premier point de vue est multiple et peut inclure les innombrables degrés de ce qu'on croit réel ou vrai, mais il est toujours enveloppé de ce qu'on appelle techniquement en logique, le sophisme de la simplicité. On peut le qualifier de primitif, inférieur, relatif, ordinaire, simple, pratique, sens commun, empirique, immédiat, partial, fini, aperceptible, local, ignorant et évident. Le second point de vue peut être considéré comme absolu, ultime, philosophique, unique, élevé, nouménal, réfléchi, universel, vrai, complet, supérieur, final et caché.

Nous avons déjà vu comment la science offense le point de vue du sens commun. Combien plus celui-ci sera offensé si l'on se place à un niveau encore plus élevé que celui de la science ! Cette vue plus haute est non seulement indiscutablement nécessaire mais heureusement possible. Seule la philosophie peut la fournir car elle seule s'élève jusqu'à la cime, refusant de se limiter au « compartimentage », englobant l'ensemble de l'existence, *y compris l'exploration de l'esprit lui-même*. La philosophie cherche à combler le fossé entre le compartimentage de la vie pratique et la recherche scientifique en prenant grand soin de n'omettre de son large examen et de sa coordination unique, aucun aspect de l'existence intellectuelle et matérielle, quelque insignifiant qu'il puisse être considéré par d'autres.

La science ne pourra jamais mener à bien toute seule sa tâche. Elle s'est engagée dans une magnifique aventure mais ne peut la conduire à son terme définitif. Quand elle sera lasse de tourner en rond, elle cherchera du répit, non pas en s'affaiblissant par l'acceptation lénitive du dogmatisme mais en trouvant la paix durable par une ascension dans l'air pur de la philosophie. La science ne peut sortir du cercle vicieux de la relativité qu'à l'aide de la pensée philosophique. Deux points de vue séparés se présentent donc pour faire bifurquer notre conception de la nature. Il ne peut exister qu'une vérité définitive et un point de vue final dont le caractère sera à la fois inaltérable et invulnérable. Le philosophe essaye de les découvrir et ne se satisfait de rien d'autre. La conception du monde qui naît de la réflexion la plus pure diffère de celle qui naît de la première impression sensorielle. Nous devons tracer une très nette démarcation entre elles, car la première est parfaite et la seconde prématurée. Le premier point de vue est celui de l'univers lui-même, le second celui de l'homme, le premier ne dépend de la connaissance d'aucun homme particulier, il est donc absolu et vrai, alors que le second étant anthropocentrique, reste relatif.

L'ascension depuis le point de vue humain jusqu'à celui de la philosophie cachée ne peut s'effectuer qu'en gravissant l'échafaudage d'une longue expérience de la vie, qu'après avoir lutté pour franchir le fleuve profond de la réflexion qui l'entoure. C'est le passage du premier amour à l'hymen final. Elle s'annonce souvent quand les circonstances présentent des problèmes ardus qui entrent en conflit avec des croyances préconçues et troublent l'esprit non asservi. Ainsi s'éveille le sinistre spectre du doute qui, à son tour, réclame de nouvelles et plus profondes recherches. Celles-ci ne tardent pas à faire surgir des questions délicates. La connaissance résultant de l'adoption du point de vue le plus élevé peut seule apporter une réponse satisfaisante à ces questions parce qu'elle seule opère dans l'ultime, alors que tous les autres points de vue offrent des réponses pouvant servir sur le moment, solutions pragmatiques provisoires, destinées à s'écrouler sous la pression ultérieure des faits. L'Histoire montre que tous les gouvernements, les religions, les théories et les institutions finissent par crouler malgré toute la puissance dont ils ont pu jouir à une certaine époque, car il n'existe rien de permanent sauf dans la vérité définitive. Il est beaucoup moins important de se déplacer du Canada au Cap de Bonne Espérance que de passer du point de vue primitif au point de vue philosophique.

La philosophie seule peut devenir l'apex où se rencontrent toutes les arêtes des pyramides de la connaissance et de l'action. Son verdict est irréfutable, il peut être ratifié mais non rectifié par le temps.

La vertu unique et la valeur incomparable d'une telle attitude se manifestent dans la prétention hardie que la philosophie cachée est seule à formuler, à savoir d'arriver à la perfection des résultats, à la vérité inattaquable, au principe vérifié constituant la base de toute expérience et de toute connaissance et qui, lorsqu'il est atteint, fait comprendre tout le reste. Cette prétention doit être vérifiée cependant, comme toutes les autres, et la philosophie cachée accepte joyeusement et sans crainte de la soumettre à toutes les épreuves imaginables, parce que, ayant toujours exercé elle-même la critique la plus sévère, elle a conscience d'avoir atteint une base aussi solide que le rocher de Gibraltar. Si ce qui passe pour être de la philosophie diffère en tous lieux avec les philosophes eux-mêmes, nulle part la philosophie véritable ne varie d'un iota dans ses principes essentiels, restant toujours ce qu'elle a été et ce qu'elle sera.

Au cours de nos recherches il faut donc apprendre à nous placer au juste point de vue. Désirons-nous connaître le dernier mot de la vérité ? Il faut aborder le monde sous l'angle philosophique. Cherchons nous seulement une réponse d'ordre pratique ? Nous pouvons alors adopter le point de vue inférieur. Mais quoi que nous fassions il ne faut pas confondre les catégories, car nous n'arriverions alors ni à la vérité ni à la solution pratique. Le point de vue philosophique doit rester bien distinct de l'autre sans quoi on ne peut obtenir qu'une conception floue, dit la philosophie cachée.

D'autre part, il ne faudrait pas croire qu'en adoptant le point de vue le plus élevé on détruit l'autre. Leur antithèse appartient au monde de la pensée primitive et ne tarit pas les sources de l'action de chaque jour. Ils peuvent être coordonnés en fonction des circonstances. Les deux points de vue peuvent être distingués mais point n'est besoin d'aller jusqu'au divorce. Nous pouvons en étudier un indépendamment de l'autre mais c'est faire une simple abstraction des deux, alors que le réel, c'est les deux ensemble. On ne doit pas les prendre comme des séparations rigides mais comme des distinctions nécessaires. Personne ne peut négliger l'un sans cesser d'être une créature humaine, ni l'autre sans se condamner à rester en dehors du domaine de la vérité. Personne ne peut se dispenser de la conception la plus primitive parce que la vie pratique doit se baser plus sur la croyance que sur la vérité. Il faut faire confiance à notre cuisinière, par exemple, parce que nous n'avons pas le temps de surveiller et de vérifier tous les détails de sa cuisine chaque jour. Cela signifie que nous devons accepter de ne jamais connaître la vérité à son sujet, de ne jamais *faire la preuve* que tout est bien comme cela devrait être. La vie deviendrait impossible si nous devions attendre d'avoir rassemblé tous les faits avant d'effectuer la moindre action ou le moindre mouvement, de sorte que nous sommes obligés de l'accepter plus ou moins sur sa valeur nominale. Il n'est ni désirable ni utile de se placer au point de vue philosophique pour juger tous les détails de la vie courante. Les occupations professionnelles deviendraient impraticables. Ce serait aussi stupide et aussi inefficace que d'essayer d'appliquer les règles du sens commun aux questions de philosophie pure. Il suffit de conserver perpétuellement présente la *connaissance* que notre terre est ronde sans en demander confirmation par la vue et par le toucher. Le philosophe doit demeurer un être humain sensible, tant qu'il s'en tient fermement aux *principes* qui généralisent la vérité derrière tous les spectacles changeants de son diorama quotidien.

Mais la méthode pratique, présente trop de défauts pour la philosophie qui doit soigneusement vérifier chaque pouce de sa progression. Lorsque l'homme commence à s'interroger sur la signification de la vie et du monde, il doit renoncer aux petits compromis qui constitue l'existence ordinaire, et escalader les cimes de l'Himalaya mental, il doit abandonner toutes les concessions faciles aux faiblesses de notre race adolescente et rester absolument fidèle à sa maîtresse, la philosophie.

La pensée se meut inévitablement entre les deux stades. Ils sont complémentaires, et nous devons les coordonner. Mais confondre ou faire un compromis entre les deux points de vue c'est emmêler la vie et la pensée. De son point de vue unique la philosophie cherche à obtenir l'explication finale et consistante de tout ce qui existe, mais elle ne nie pas la valeur de l'œuvre accomplie par ceux qui se tiennent uniquement au premier point de vue, ni l'expérience de ceux qui ne peuvent trouver la vérité que dans ce qu'ils *voient*. Cependant elle met en lumière le caractère purement relatif de cette œuvre, de cette expérience, de ces jugements et de cette connaissance, les considérant comme tout à fait incapables d'obtenir une conception du monde qui ne laisse rien échapper à son atteinte.

Nous pouvons donc adapter les nécessités de la vie pratique à celles de la vérité philosophique et harmoniser toutes les connaissances. Par l'expérience, la science est le point de départ de la véritable philosophie. Lorsqu'elle aura pris assez de courage pour franchir le pas, lorsque la révélation de la relativité l'aura forcée à admettre qu'elle ne peut, à elle seule, atteindre la certitude, elle s'élèvera d'elle-même à la dignité drapée de la philosophie. Elle n'aura pas alors à abandonner la poursuite des résultats pratiques, car ces deux domaines de la pensée peuvent et doivent être coordonnés. La science pourra dès lors se frayer un chemin parmi le tourbillon des conflits terrestres tout en conservant le silence intérieur des êtres supraterrestres ; elle conciliera les limites auxquelles l'homme se heurte de tous les côtés avec la liberté qu'elle trouvera au plus profond d'elle-même ; elle balaiera les fausses oppositions entre le pratique et le philosophique pour les élever dans l'unité. Car si l'on peut avoir des vues sur la vérité à partir du premier point de vue, c'est la vérité elle-même que procure le second. Ce dernier repose sur la double base de la raison et de l'expérience. Il est inexpugnable parce qu'il donne aux deux une portée inimaginable.

Ceux qui s'élèvent de la relativité de la pensée, caractéristique du premier point de vue, jusqu'à la certitude inattaquable du second accomplissent l'évolution suprême de l'esprit humain. La position qu'ils atteignent prend une importance cruciale pour leur conception de l'univers et leur attitude envers les autres hommes. Lorsque des réflexions de cette sorte sont conduites jusqu'à leur dernier degré, ce qui demande autant de courage que de patience, elles font ressortir la relativité de toutes les connaissances psychologiques. Ce principe, appliqué au moment convenable, dès le début du volume qui complètera le présent, produira un effet comparable à l'opération de la cataracte chez un aveugle. Il deviendra alors possible d'aboutir à des résultats désarçonnants, uniques dans l'histoire de la connaissance humaine, révélant un monde insoupçonné où les espérances les plus hautes de la race des hommes pourront trouver leur accomplissement et ses intuitions les plus grandioses aboutir à la réalisation parfaite.

Extension du sens de l'espace et du temps. — Nous avons signalé dans les premières pages de ce livre que les récentes inventions contraignaient l'humanité à élargir son sens de l'espace, à étendre son sens du temps. Nous pouvons maintenant exposer certaines autres conséquences. Comprenons-nous bien que l'homme découvrit la notion que la terre était ronde en élargissant son sens de l'espace ? Lorsque les navigateurs du Moyen Age allongèrent leurs traversées et accomplirent finalement le tour du globe, lorsque les astronomes construisirent des instruments meilleurs et prirent connaissance d'étoiles plus éloignées, la croyance que la terre était plate devint ridicule et insoutenable. Copernic introduisit dans la pensée européenne l'idée de la relativité de la direction. Lorsque régnait la notion médiévale de la platitude de la terre, une seule conception du monde, absolue et immuable, était possible. Lorsque la notion que la terre tournait eut triomphé, la découverte de Copernic modifia la direction de la pensée de l'Europe et libéra des forces qui révolutionnèrent peu à peu sa culture. L'hypothèse de la relativité naquit dans le champ spatial d'une immensité restée jusque-là en dehors de toute expérience. Cela permit à Einstein de découvrir que les rayons lumineux, droits en apparence, étaient en réalité courbés et qu'une ligne droite, suffisamment prolongée, devient une courbe ! Les lignes ne paraissent droites que parce que nous ne suivons pas la lumière sur un parcours de millions de kilomètres et pendant une période de temps suffisamment longue. Si nous le pouvions nous constaterions qu'elles sont courbes. Mais une telle découverte ruine tous les postulats d'Euclide, toute la géométrie basée sur eux, toutes les antiques conceptions des corps matériels fixes répartis dans l'espace conformément aux anciennes lois euclidiennes. La géométrie d'Euclide est parfaitement valable tant qu'elle reste confinée à des fractions limitées de l'univers. Mais dès qu'il fallut l'étendre à un champ plus vaste elle devint inadéquate, des systèmes non-euclidiens comme celui de Riemann se révélèrent plus adéquats à la mesure du monde. Ici encore, l'extension du sens de l'espace a révolutionné même le caractère des mathématiques. S'il a entraîné l'abandon de notions bornées, il les a remplacées par des explications de phénomènes physiques plus compréhensives et plus générales.

L'extension du sens du temps présente autant d'importance pour la pensée et la culture et s'est manifestée de diverses façons. Les hommes ne sont pas pris de vertige aujourd'hui, devant cet extraordinaire changement, comme ils l'auraient certainement été il y a cinq cents ans. Le phonographe leur fait entendre des voix qui parlaient il y a des dizaines d'années, la radio leur transmet sans délai des discours ou des chansons qui, pour être entendues, auraient jadis réclamé des jours voire des semaines de voyage. Le monde du temps s'est contracté alors que le sens du temps s'élargissait.

Cette extension du sens de l'espace qui amena les découvertes de Copernic et d'Einstein a également entraîné la découverte de nouvelles vérités. Elle affecte la politique pratique des hommes d'État aussi bien que les principes théoriques des économistes. Elle influence les principaux compartiments de la vie et de la culture humaines. Et dans la mesure où elle conduit les hommes à comprendre l'unité de l'existence, elle est conforme à l'enseignement de la philosophie concernant la vie sociale et la conduite éthique. La science et la philosophie tendent ici à se rencontrer et leurs routes s'écartent de moins en moins. En outre, toutes ces nouvelles vérités au sujet du temps et de l'espace donnent un grand développement à la pensée des hommes et à leur conception du monde. Elles préparent l'esprit du public à recevoir celles de la philosophie cachée des Indiens vers lesquelles elles semblent inéluctablement conduire. Les gens s'habituant à penser à la nouvelle manière, il leur sera plus facile d'apprécier les hautes perspectives philosophiques.

La relativité a fourni une nouvelle conception du monde qui servira d'arrière-plan à toutes les pensées futures au sujet des choses. Sa compréhension complète ne peut qu'ouvrir de nouveaux horizons aux hommes qui réfléchissent et émanciper leur esprit d'idées désormais défuntes, car jusqu'ici la caractéristique du monde extérieur c'était son inévitabilité, son statut mécanique. Nous étions contraints par nos sentiments de l'accepter tel qu'il semblait être. Nous sentions instinctivement qu'il ne constituait pas un sujet sur lequel nous désirions penser mais sur lequel nous étions obligés de le faire. Ainsi tout le monde, savants compris, avait chéri la croyance que tout ce que l'on voyait occuper une certaine forme possédait une apparence et des dimensions distinctes qui lui appartenaient en propre et étaient exactement ce que l'on percevait. On avait également cru que lorsqu'un événement se produisait, sa durée était de même quelque chose de précis, d'inhérent à lui, comme Newton l'avait dit et tous les savants après lui, absolument inchangeable et uniforme en tout lieu et par conséquent tout à fait indépendant de l'expérience humaine qu'on en avait. L'univers stellaire que nous autres, hommes, croyions « là-haut » dans l'espace et constant dans le temps, n'était aucunement affecté par notre position, notre présence ou notre absence et poursuivait une existence uniforme dont les caractères fondamentaux étaient les mêmes pour les observateurs de toutes les époques. L'espace et le temps étaient « donnés » une fois pour toutes.

Avec Einstein ces idées se sont révélées fallacieuses, imparfaites et trompeuses. Il a démontré que les étalons de mesure conventionnels, pour l'espace et pour le temps, ne sont nullement absolus et irrévocables. Ils dépendent entièrement de certains éléments tels que la position d'un observateur éléments qui, par eux-mêmes, sont variables et relatifs. Ce que nous savons du monde n'est pas stéréotypé pour tous les hommes et en tous les lieux, il dépend complètement du point de vue particulier où nous étions placés. En changeant ce point nous verrons le même monde sous un jour différent. Mais, il faut le remarquer, transformer l'espace en variable c'est le dépouiller de son caractère euclidien et y introduire un élément mental.

Tout au long du dernier siècle la science, comme si elle avait été un observateur étudiant le monde, ignora que les données ainsi recueillies étaient plus utiles pour l'accomplissement des choses que pour arriver à la vérité définitive. Elle était comme un homme dans un système astronomique fermé, se trouvant incapable de dire que la terre tourne parce qu'il ne dispose d'aucun terme de comparaison. Mais le sommeil intellectuel de la race allait finir. L'histoire a marqué le xxe siècle pour être l'époque du réveil soudain. La science s'est mise à étudier sa propre position et a pris ainsi conscience qu'il manquait un élément dans son observation des autres mouvements : le sien propre !

Elle s'était absorbée dans l'étude du monde extérieur mais avait négligé de tenir compte de l'étudiante elle-même, des conditions dans lesquelles elle opérait et des idées préconçues avec lesquelles elle travaillait ; c'était pourtant là des éléments qui intervenaient dans les observations et qui, par conséquent, modifiaient les résultats obtenus. Penser aux objets indépendamment de l'homme qui les étudie c'est penser à des abstractions. C'est comme les deux bouts d'un bâton, on ne peut avoir l'un sans l'autre, quoi qu'on fasse ! Il faut qu'il y ait quelqu'un pour prendre connaissance de l'objet, ce sont des choses *connues*, dans la mesure où l'homme en a conscience. Les considérer d'une autre façon c'est faire abstraction d'un des bouts du bâton et prétendre que l'autre n'existe pas. La relativité établit irréfutablement que l'observateur ne peut être séparé de ses observations, que l'espace n'est pas un vide immense où pendent les objets, ni le temps un large fleuve dans lequel ils sont emportés. Les formes que nous percevons, les mesures que nous prenons dépendent de la position de celui qui perçoit et qui mesure. Qu'il change cette position, et de nouvelles formes, de nouvelles dimensions se présenteront à ses regards. La connaissance empirique est donc perpétuellement sujette à révision. Nous n'arriverons jamais sans la philosophie à déterminer le caractère de l'univers qui doit être et rester absolu.

La signification profonde de la relativité c'est que le monde peut être connu d'une manière différente dans l'expérience de divers êtres humains. Le principe peut s'appliquer à la façon spéciale dont un objet nous apparaît à partir d'une position particulière ou bien au fait que l'objet lui-même est aussi connu comme une idée en rapport avec un esprit. Un objet n'est jamais indépendant des conditions affectant un observateur particulier.

L'univers a été dépouillé de son aspect d'entité immuable.

La relativité l'a converti en un univers d'interprétation individuelle ou collective. Même si les observations d'un million de personnes concordent plus ou moins entre elles, elles demeurent des interprétations. Le principe de la relativité ne perd pas sa vérité parce qu'un million de gens groupés dans la même ville ne trouvent aucune différence dans leur observation d'un objet particulier, il s'applique encore à eux, quoique collectivement, parce qu'ils ont pris la même position générale ou utilisé le même système général de références.

En dehors de sa valeur pratique, dont il n'est pas question ici, l'importance de l'œuvre d'Einstein pour le monde cultivé vient de ce qu'elle porte un coup à la tradition scientifique si sûre d'elle-même qui essayait de donner une représentation fixe de l'univers. Elle a inauguré une nouvelle ère de compréhension pour les esprits qui pensent. Car son aspect le plus important prouve de façon concluante que l'univers *observé*, c'està-dire l'univers *connu*, par opposition à celui supposé existant, dépend, partiellement tout au moins, pour son apparence, de l'observateur lui-même. Et n'importe qui peut participer à cette compréhension sans se faire mathématicien ni essayer de s'assimiler le côté technique de la relativité, simplement en se mettant à étudier son propre monde de plus près pour ce qu'il *est* et non pas pour ce que lui, observateur, sent qu'il est. Il se rendra compte alors, obligatoirement, que les éléments espace et temps de son expérience humaine ne sont pas aussi objectifs que sa pensée courante le lui faisait croire.

Si rien n'existe indépendamment, n'est sans rapport avec celui qui perçoit la chose, il est impossible de voir un objet exactement comme le voit un autre homme sans entrer dans son corps et dans son esprit, c'est-à-dire sans devenir soi-même cet homme. Nous transportons notre conception personnelle du monde partout où nous allons. Les observations que nous faisons sont réellement faites dans son cadre, sont inséparables d'elle. Notre monde d'objets observés est aussi un monde de jugements ! Nous en distinguons par abstraction quelque aspect particulier que nous appelons la chose elle-même. Nous isolons certaines apparences de l'objet, nous faisons abstraction de toutes ses autres apparences possibles et affirmons alors que nous avons vu l'objet ! La logique qui prouve que l'objet connu ne peut jamais être séparé en tant qu'entité autonome du sujet qui le connaît, que l'observateur constitue une partie intégrante de chaque observation qu'il fait, et que le monde ne peut se décrire qu'en termes de rapports, est péremptoire.

Lorsque Einstein montre qu'il n'existe pas d'espace ni de temps communs à tous les groupes d'êtres humains, c'est comme s'il montrait qu'on utilise des lunettes variées, les verres de chaque groupe étant teintés d'une couleur différente et donnant par conséquent une image diversement colorée. Où ce changement d'aspect se produit-il réellement ? Les images résultantes, définitivement tracées sur la rétine, ne sont pas « là-bas », dans l'objet, mais dans les observateurs eux-mêmes. Si cinq hommes étudiant le même objet de cinq positions différentes trouvent des différences dans ses dimensions, dans sa masse, dans sa vitesse, etc., qui, sinon eux-mêmes, porte la responsabilité de ces différences ? C'est la seule façon possible d'expliquer une telle relativité. Éliminez l'observateur de votre calcul et tout le système de la relativité s'écroule. Les observations dépendent, tout au moins dans une large mesure, de l'observateur. Le monde des continents massifs et des océans majestueux paraît s'étendre indépendamment dans l'espace et cependant, quand nous y réfléchissons, les rapports spatiaux se trouvent inextricablement emmêlés avec l'observateur qui le regarde. Si la terre paraît plate alors qu'elle est effectivement ronde, si elle paraît immobile alors qu'elle continue à tourner, où faut-il chercher l'erreur ? Bien évidemment chez l'observateur lui-même, car ce sont ses sens qui entrent en jeu pour lui présenter le spectacle de la terre.

La supposition plausible que la tradition et l'habitude ont enracinée dans notre esprit, d'après laquelle nous entrons en communication *directe* avec un monde autonome et distinct de nous-mêmes, ne se justifie plus désormais. La relativité nous oblige d'admettre, à regret, qu'il y a différentes façons de considérer le monde, qu'il n'existe pas de caractéristiques fondamentales perceptibles à tous les observateurs, que la modification de la position ou du système de références transforme l'image du monde dans les observateurs eux-mêmes (1). Et cette image est la seule qu'ils revêtent de réalité, car ils n'en connaissent pas d'autre.

(1) Nous pouvons voir sur un écran de cinéma la projection au ralenti du saut d'un cheval par dessus une haie. Ses jambes se meuvent si lentement qu'il met soixante secondes à accomplir ce mouvement qu'il fait en deux secondes dans la réalité. Que s'est-il passé ? L'opérateur a accéléré la manivelle de sa caméra de manière à prendre cent images à la seconde et la projection se fait au ralenti. Ce n'est pas une illusion. L'appareil a effectivement modifié notre mesure du temps en altérant le rythme de nos sensations. Il a, d'une manière simple et pratique, illustré ce que le principe de la relativité exprime par des formules mathématiques.

Nous obtenons ordinairement nos constatations sur le monde par le jeu de nos organes sensoriels, ces systèmes très compliqués qui commencèrent dans le lointain passé comme des plaques sensibles de la peau. Le savant travaille sur des mesures qu'il a relevées, avec sa faculté de voir, sur un instrument ou un appareil. A cet égard il dépend entièrement des services que lui rendent ses yeux. Le chimiste opère des pesées dans son laboratoire et lit les chiffres indiqués par une aiguille se déplaçant devant un cadran. En fait, sa conscience note certaines sensations visuelles, certaines expériences qui se sont produites dans le système nerveux de son propre corps. On dit que la science se base uniquement sur des mesures mais cette affirmation est manifestement incomplète, car une part des résultats revient également à l'observateur humain. La science ne peut être séparée des savants. Le domaine créé par la science est donc un domaine d'expérience humaine. Einstein en a convenu, car il a inclus l'idée mathématique d'un observateur dans ses conclusions. Et l'observateur, à son tour, dépend de ses sens pour se renseigner.

« Mais qu'ai-je à faire de toute cette analyse ? demandera quelqu'un. N'est-ce pas la spécialité des savants et des mathématiciens ? » Il faut répondre... tout ! Car vous même, cher lecteur, êtes un observateur du monde que vous apercevez, votre environnement étant le champ où s'exerce votre observation. Nous ne nous sommes servis de l'œuvre d'Einstein que comme d'un exemple, uniquement pour illustrer quelques principes importants de l'enseignement caché des Indiens. Le grand savant a démontré que nous ne savions rien de définitif au sujet de la réalité et, par voie de conséquence, que nous avions besoin du point de vue plus élevé de la philosophie. En outre, bien que sa découverte soit relative à des mesures dans l'espace et le temps, elle peut s'étendre à bien d'autres champs d'investigation. La relativité est un principe qui vaut à peu près partout et son étude *philosophique* a de l'importance pour vous. Elle vous servira utilement comme marchepied pour atteindre le point d'observation unique d'où le vrai caractère du monde et, ultérieurement, la véritable signification de *votre* existence vous seront révélés.

La relativité règne dans le monde mental comme dans le monde physique. La croyance colore ou conditionne la perception. La prédilection exerce un tri et exclut des catégories entières de faits de l'observation. L'égoïsme est trompeur et bien souvent ne voit que ce qu'il veut voir. La supposition falsifie même ce qu'elle ne voit pas. L'émotion exagère le banal, dévie le mental et ignore le substantiel. L'imagination, sans effort, échafaude les données les plus bizarres.

De plus, l'œuvre d'Einstein non seulement dépouille le temps et l'espace de leur réalité autonome, mais conduit logiquement à une autre considération qu'il ne faut pas négliger. Quand il démontre qu'un homme placé sur la lune connaîtrait un genre de temps différent du temps terrestre, la mesure du temps se trouve en quelque sorte mêlée à celle de l'espace. La relativité établit que l'espace ne peut pas être plus que le temps séparé de l'observateur et que les deux ne sont que des parties d'une chose unique. Le continu espace-temps est un, il n'y a pas d'espace sans temps, le « quand » et le « où » sont inséparablement liés.

Toutes les perceptions du temps comportent une référence au monde extérieur et, par conséquent, des perceptions de l'espace également. Elles ne peuvent être séparées. Pour compléter les mesures il faut tenir compte du temps où un objet occupait ses trois dimensions dans l'espace. Toute notre connaissance de la nature est une connaissance de choses s'étendant dans l'espace et existant dans le temps, toute notre expérience est celle des objets occupant une position spatiale particulière et une chronologie spéciale. Nous ne voyons le monde qui nous entoure que dans un système espace-temps.

L'espace et le temps s'impliquent mutuellement, dépendent l'un de l'autre. Nous voyons en effet les objets séparément dans l'espace et par conséquent successivement, donc dans la dimension totale espace-temps. Réciproquement, si nous ne pouvions séparer dans l'espace la terre du soleil nous n'aurions aucun moyen de mesurer le temps, aucun mouvement de révolution pour le marquer. Toutes nos sensations n'existent donc que dans le système espace-temps. Nous isolons l'espace en faisant arbitrairement abstraction du continu à quatre dimensions où l'espace et le temps sont indissolublement liés. Ce continu espace temps est la base fondamentale de toute notre expérience du monde.

Nous n'avons pas à nous intimider devant le son extraordinaire du mot « continu ». Il s'explique quand nous rappelons que l'espace et le temps sont relatifs à l'esprit de l'observateur et que ce continu est en quelque sorte inextricablement mêlé à cet esprit lui-même. Somme toute, l'espace-temps est une idée mathématique, une image conceptuelle, et par conséquent une chose mentale.

Comment se fait-il que l'espace et le temps nous paraissent des réalités séparées ? C'est parce que l'esprit les a jusqu'à un certain point sortis de lui-même, les a distingués et les a arbitrairement imposés comme des découvertes objectives réalisées sur lui. La structure du monde dépend ainsi, en partie, de la structure de l'esprit. Il ne faut jamais oublier que l'esprit ne cesse d'interpréter le monde pour nous, qu'il est constamment à l'œuvre derrière chaque mouvement mesuré en temps, chaque chose mesurée dans l'espace. Le point le plus extrême atteint par la science c'est que l'espace-temps est la matrice finale où se façonnent les objets et les événements qui naissent à l'existence, il est à la fois leur source mystérieuse et la quatrième dimension de la matière. Mais lorsque nous comprenons que l'espace-temps lui-même est inséparable de l'esprit nous apercevons la direction dans laquelle la science sera forcée de s'engager par ses nouvelles enquêtes et découvertes. Plus elle hésitera à la prendre et plus s'accumuleront les preuves l'y obligeant.

A partir du moment où Einstein a formulé ses principes, la science physique ne peut plus, comme elle l'a fait dans le passé, ignorer le problème de la relation entre l'esprit et le monde. Car la relativité sape toute la nature objective de cette science et introduit involontairement un élément subjectif. Rien, selon elle, ne possède d'existence complètement autonome. L'interprétation du monde est, tout au moins partiellement, fonction de l'esprit qui la fait. Il faut abandonner la vieille notion que l'espace et le temps étaient des contenants dans lesquels se présentaient les choses, et adopter la nouvelle selon laquelle l'espace et le temps sont contenus dans l'observateur. Le corollaire est que l'esprit et la sensation sont des éléments inéluctables de la conception, distinguée de la perception, du monde que nous connaissons, car ce monde est aussi inséparable de l'espace que du temps.

La vérité telle qu'elle existe en elle-même, inconditionnelle, est inaccessible à ce que croit Einstein, seule peut être atteinte la vérité telle qu'elle existe par rapport aux facultés de l'individu. L'enseignement caché dément catégoriquement ce pessimisme, soulignant que l'entité exempte de tout rapport peut être seulement d'une nature mentale commune et qu'elle peut être saisie par une approche non-individuelle. En tout cas, d'une façon quelconque et jusqu'à un certain point, les principes qui déterminent la connaissance humaine existent à l'intérieur des sens et de l'esprit de l'homme et non pas en dehors d'eux, dans l'univers. Sans l'aide de l'esprit nous ne pouvons plus rien connaître. C'est irréfutable. Ainsi, au stade où nous sommes parvenus, le monde dépend largement de nous-mêmes qui l'observons. Mais que sommes-nous sans nos instruments d'observation, sans nos cinq sens ? Rien ! Nous recevons tout à travers eux. Le sol sur lequel nous marchons, la chaise sur laquelle nous nous asseyons, n'entrent dans notre conscience que parce qu'ils sont enregistrés par la peau, les yeux, les oreilles. Le monde que nous connaissons, est un monde senti, quoi qu'il existe au delà ou en dehors de lui. Il variera exactement dans la même mesure que nos sensations varieront elles-mêmes. C'est ce qu'elles nous disent qui constitue notre monde. Et elles peuvent dire des choses différentes à des hommes différemment placés. Telle est la leçon fondamentale de la relativité. Elle introduit un caractère individuel ou collectif dans toutes les observations. Les gens qui ne réfléchissent pas ne comprennent pas qu'au moins une partie de ce qu'ils croient être en dehors d'eux-mêmes existe au contraire, comme une impression des sens, *à l'intérieur* d'eux-mêmes. Ce qu'on croit exister au delà de ces impressions n'est pas connu d'une manière *définitive*.

Nous suivons une piste suggestive et exploratrice qui nous a ramenés par les choses du temps et de l'espace à l'homme lui-même, en partie à son esprit et particulièrement aux sensations qu'il se forme du monde extérieur. Cela pose la question physiologique et psychologique de la façon dont nous percevons ces sensations et de ce qu'elles sont en réalité. Nous acceptons ordinairement les données des sens comme véritables et ne nous arrêtons donc pas à examiner jusqu'à quel point elles le sont. Notre prochaine tâche sera d'étudier leur nature précise et de déterminer *quelle partie* de ce que nous voyons dépend de cet élément mental.

CHAPITRE IX

DE LA CHOSE A LA PENSÉE

Nous nous trouvons maintenant au seuil d'un ancien mystère. La découverte scientifique de la relativité présente un aspect émouvant et stimulant dont l'Occident n'a compris ni la véritable signification ni toute la valeur mais qui était connu, compris et apprécié par les penseurs indiens de l'antiquité. Ce mystère est la relation entre les choses de notre expérience, les sens et l'esprit. Nous sommes en effet arrivés à saisir que toute chose séparée dont l'homme a ou peut avoir connaissance est apparemment le produit de deux éléments : le mental et le matériel, et non pas du matériel seul. Mais nous n'avons pas encore vu dans quelles proportions ils s'associent. La mesure dans laquelle une chose est suggérée par l'esprit et reçue du monde extérieur est une énigme qui a intrigué les hommes de Kapila à Kant, plus parce que la réponse est trop inattendue et insoupçonnée pour être acceptable, que parce qu'il serait trop difficile de l'obtenir.

Nous savons qu'il existe autour de nous un monde d'objets tels des maisons de briques et des arbres touffus. Mais ce que nous savons réellement de ce monde dépend de la façon dont nous arrivons à le savoir. L'ignorant peut affirmer que nous le voyons, que certaines images correspondantes s'enregistrent sur nos rétines et sont comprises d'une façon ou d'une autre par l'esprit. Mais la vue n'est pas une chose aussi simple qu'elle le paraît, elle nous procure bien des surprises quand on la soumet à l'analyse. L'esprit ordinaire qui ne s'interroge pas, est persuadé que sa conscience du monde, ses expériences personnelles, sont de nature très simple, mais l'esprit scientifique sait qu'elles sont au contraire de nature extrêmement complexe.

Les formes que nous apercevons de tous côtés ne s'expliquent pas elles-mêmes. Pour connaître la vérité à leur sujet il faut procéder à une enquête rigoureuse. Le monde « donné » à l'esprit ne lui est pas fourni avec une explication aisée à comprendre. Nous devons avoir recours à toute notre énergie pour débusquer celle-ci. Elle ne viendra pas à nous d'elle-même, et nous demeurerons au stade infantile de la pensée.

Avant de croire ou de nier le témoignage de nos sens, il faut *comprendre* exactement comment ils nous présentent ces témoignages. Il ne s'agit pas de nier qu'ils nous parlent d'un monde extérieur mais de déterminer avec précision de quoi ils essayent de nous parler. Ceux qui ont la patience de poursuivre cette enquête d'une manière sérieuse accomplissent des pas importants pour sortir du brouillard de l'ignorance où vit l'humanité presque tout entière ; ils commenceront à dissiper l'illusion universelle par la seule façon possible en s'interrogeant. Ils deviendront l'avant-garde d'une humanité exactement instruite et de caractère élevé.

Nous devons partir du connu, comme la science moderne, avec lucidité et logique, et nous frayer un chemin vers l'inconnu. Il faut donc provisoirement nous transformer en physiciens, en psychologues et en physiologues, examiner notre appareil corporel, observer la façon dont il fonctionne quand il sent les choses, sonder le champ de notre conscience. Si nous sommes obligés d'introduire dans notre langage des mots techniques, ils seront simples et bien connus de la plupart des lecteurs, nous les définirons cependant chaque fois afin qu'ils ne soient obscurs pour personne.

Nous commencerons par l'enquête physique et physiologique parce que l'on connait mieux le corps que l'esprit. Elle nous révélera certaines particularités du fonctionnement de nos sens. Toute expérience parvient à la conscience par l'intermédiaire des instruments sensoriels, yeux, oreilles, nez, langue et peau. Point n'est besoin de dire que la perception et la communication avec le monde seraient impossibles si nous ne possédions pas ces cinq instruments sensibles qui nous informent des choses environnantes, ces cinq canaux des sens : la vue, l'ouïe, le toucher, l'odorat et le goût. Toute vie où l'un d'eux disparaît se trouve tragiquement limitée. C'est pourquoi nous éprouvons une pitié instinctive pour l'aveugle, le muet et le sourd qui vivent dans un monde sans images, sans paroles ou entièrement silencieux.

La peau est recouverte, en-dessous de sa surface, par les terminaisons sensibles en forme de bulbes, d'innombrables nerfs délicats. Ces terminaisons nous procurent nos sensations du toucher, de la température, de la pression, qui sont de caractère plus simple que celles des autres sens. La langue et une partie de la bouche sont tapissées d'extrémités nerveuses semblables à des fils qui nous avertissent du goût, de la douceur ou de l'amertume des choses. La partie supérieure du nez contient une membrane nerveuse par laquelle nous sentons les fines particules gazeuses odorantes qui flottent dans l'air. L'oreille à forme plate que nous apercevons n'est pas le véritable instrument de l'ouïe mais une sorte de bouclier qui le protège. Nous percevons les ondes sonores par une membrane analogue à celle d'un tambour, placée dans la tête à l'extrémité d'un canal de plus de deux centimètres de long.

Un sixième sens est constitué par la conscience de nos propres mouvements musculaires, un septième est celui de l'équilibre du corps, mais il suffira de nous restreindre au principe essentiel qui préside au fonctionnement de tous les sens.

Ceux-ci nous parlent d'un objet mais ne nous disent jamais plus d'une fraction des faits qui le concernent, car ils fonctionnent à l'intérieur d'une marge bien définie de vibrations. S'ils nous disaient tout, si les oreilles étaient incapables d'éliminer certains sons à haute fréquence, si les narines étaient sensibles à toutes les odeurs, la vie deviendrait intolérable, voire impossible. Il y a là un sérieux avertissement de ne pas être trop confiants dans la valeur de la connaissance acquise par les sens. C'est aussi une indication nette d'avoir à compléter et à vérifier par une enquête raisonnée tout ce que nous apprenons par cette source. Nous avons déjà vu certaines choses à ce sujet dans notre dernier chapitre sur le principe de la relativité, en constatant la nécessité impérieuse de nous placer à un double point de vue, et nous en verrons d'autres dans le présent chapitre. La philosophie est donc fondée à se défier de nos premières impressions du monde, tel qu'il se présente directement à nos sens. Elle perçoit du mystère là où l'esprit ordinaire n'en pressent aucun. Elle cherche, en fait, à percer le mystère existant derrière l'apparence révélée par les sens.

Parmi les cinq sens la vue est celui qui nous révèle le plus le monde extérieur. C'est habituellement par les organes de la vision que nous percevons l'existence de chaque chose particulière. Tous les autres sens lui sont subordonnés. La vue est donc de beaucoup le plus important des sens, suivie d'assez loin par l'ouïe. C'est aussi le plus utile, car nous nous représentons principalement le monde sous forme d'images visuelles, et ce sont encore ces images qui sont les plus nombreuses dans la mémoire et l'imagination. En outre, la fonction des yeux a une étendue beaucoup plus vaste que celle de tous les autres sens. Ils peuvent percevoir en très peu de temps un grand nombre de choses différentes, à la fois rapprochées ou très proches, alors que le toucher, par exemple, se restreint à celles qui sont à portée immédiate. Finalement la vue est, de tous nos sens, le plus subtil, le plus semblable à l'intellect.

Qu'arrive-t-il quand nous regardons la foule des objets qui nous entourent ? Que voulons-nous signifier en disant que nous avons « vu » quelque chose ? Le phénomène de la vision n'est nullement aussi simple qu'il le paraît, il est au contraire fort compliqué. Tout d'abord, comme tous les autres sens, il a besoin d'un stimulus physique pour fonctionner. Les ondes sonores éveillent l'oreille en touchant le tympan, les ondes lumineuses viennent frapper l'œil pour le faire entrer en action. La lumière est l'incitation motrice. Le tissu nerveux de l'œil est essentiellement sensible à la lumière.

Voici un stylographe. Les rayons lumineux doivent partir de cet objet en se réfléchissant sur sa surface, pour aller stimuler l'étonnant mécanisme de ces instruments d'optique naturels que sont les yeux.

Deux boules de tissu fibreux se trouvent dans des cavités du crâne. Il y a trois couches de fibres nerveuses sur chaque pupille et c'est la plus intérieure qui est sensible à la lumière et par conséquent à la couleur. Cette couche est appelée techniquement la rétine. Elle joue le même rôle qu'une pellicule photographique ou une plaque dépolie sous l'objectif d'une caméra, car elle enregistre l'image des objets extérieurs. Mais alors qu'une pellicule ne sert qu'une fois, la rétine sert indéfiniment. Les rayons lumineux la rencontrent et affectent de nombreuses terminaisons nerveuses en forme de cônes et de bâtonnets dont l'activité déclenche le second anneau dans la chaîne de perception qui conduit de la présence du stylographe à notre connaissance. Tous les autres instruments des sens, tels que l'oreille et la peau, contiennent également des terminaisons de nerfs appropriés, sans quoi ils seraient parfaitement inutiles.

Cette structure rétinienne possède une finesse microscopique et forme à sa surface des images détaillées d'une précision et d'une netteté très supérieures à tout ce que fournissent les autres sens. Nous ne devons pas oublier que la présence de ces images n'est rien de plus que l'influence de la lumière sur la rétine.

Pour distinguer un objet extérieur il faut un arrière-plan coloré, car c'est par le contraste des couleurs que nous distinguons sa forme et ses dimensions, mais pour être coloré il faut qu'il soit éclairé, la couleur étant un produit des rayons lumineux. C'est seulement quand nous pouvons faire une comparaison entre deux couleurs que nous pouvons affirmer avoir un objet devant nous. Nous distinguons l'éclat de l'écarlate parce qu'elle se détache sur quelque chose de moins éclatant. Nous percevons la pyramide massive parce que ses pierres brunes tranchent sur le jaune des sables et que son apex rougeâtre se découpe sur la limpidité de l'azur égyptien. Si nous étions plongés dans une couleur unique aucun objet ne prendrait forme à nos yeux, cette forme dépendant entièrement de la réalisation d'un contraste.

Ces rayons, les objets les décomposent en ces bruns, gris et verts que la superstition populaire incorpore aux choses qu'elle voit. La peau d'une orange, par exemple, réfléchit et délie la lumière blanche de telle façon qu'elle nous paraît jaune d'or. Une expérience d'école primaire montre que la lumière blanche peut se décomposer en plusieurs autres couleurs, appelées techniquement le spectre, il suffit de placer un prisme sur le trajet d'un rayon solaire pour obtenir de magnifiques teintes : violet, indigo, bleu, vert, jaune, orangé, rouge.

Nous ne voyons donc pas les choses directement mais bien plutôt la lumière qu'elles réfléchissent ou émettent. Ce n'est pas réellement notre porte-plume qui actionne nos yeux mais seulement le rayon lumineux qui part de ce porte-plume pour les atteindre. La fausse croyance, détruite par la science, c'est que les couleurs sont des constituants des choses. Il n'en est rien, ce sont uniquement les résultats d'une décomposition de la lumière. Cette lumière n'est pas dans les choses elles-mêmes, elle est seulement réfléchie par elles. L'expérience scientifique l'a surabondamment prouvé, mais un exemple très simple en montrera immédiatement la vérité. Le crépuscule diminue l'éclairage à l'intérieur d'une maison et, avec lui, les choses changent de teinte et s'obscurcissent. Les tables brunes deviennent noires, les rideaux verts deviennent gris, car la couleur n'est pas, en réalité, un de leur caractères essentiels.

On pourrait dire avec pertinence que le seul monde que nous ayons jamais vu est un mystérieux monde de lumière, comme l'affirmaient mystiquement jadis certains cultes et comme la science moderne l'a démontré. Mais la philosophie ne peut en rester là. Elle doit pénétrer au cœur même des choses. Il faut savoir d'où la lumière elle-même tire son origine.

De l'œil à l'esprit. — Revenons à notre stylographe. L'impression que nous le voyons vient de la lumière pénétrant dans l'œil qui, en réponse à ce stimulus, forme une image sur la rétine. La nature est une artiste qui peint une image colorée sur la toile des fibres nerveuses. Mais nous n'avons pas conscience de l'image telle qu'elle existe, la preuve en est qu'elle se trouve renversée sur la rétine, exactement comme sur la pellicule d'une chambre noire. Si nous ne connaissions que cette image, le stylo nous apparaîtrait sens dessus dessous. Il est donc évident que l'image suit encore un processus qui la modifie ou même la transforme avant que nous obtenions la conscience de l'objet.

Il se produit une modification chimique et structurale dans la couche supérieure de la rétine. Aucune conscience de la brillante couleur, de la forme allongée et de la pointe dorée du porte-plume n'a encore réussi à pénétrer notre ignorance. Pour nous il n'existe pas encore de stylographe. L'annonce de son existence n'est pas encore parvenue à l'esprit, elle doit franchir un stade au delà des yeux, arriver en quelque point central du corps, agissant comme une sorte de bureau de traduction de tous les signaux envoyés par les sens répartis sur toute l'étendue du corps. Ce point se trouve dans le cerveau.

La nature a pris des dispositions admirables pour accomplir cette besogne. Tout le corps est un appareil récepteur nerveux qui réagit différemment à chaque impulsion physique qui le frappe. Un nombre considérable de nerfs blancs cheminent de tous les points du corps jusqu'au cerveau, constituant un réseau intelligent de communications, un genre de réseau télégraphique nerveux et cérébral.

Un processus d'interréactions générales entre les objets extérieurs et le cerveau intérieur se déclenche par l'intermédiaire des cinq instruments sensoriels. Certains événements se produisent dans ces instruments et, par des vibrations qui suivent les nerfs de liaison, déclenchent des impulsions nerveuses qui se diffusent dans une partie spéciale du cerveau.

Le porte-plume qui produit une « impression » sur l'œil, comme on dit techniquement, éveille une activité dans les innombrables bâtonnets et cônes de la rétine et, par eux, dans les nerfs qui partent de leur base. Ce courant ondulatoire est transmis au nerf principal qui sort du globe de l'œil et qu'on appelle le nerf optique, celui-ci, à son tour, le transmet sur toute sa longueur au point d'où il émane, à l'arrière du cerveau. Là, une portion de la surface du cerveau, dénommée cortex cérébral, prend connaissance de la vibration qui constitue le message transmis par l'œil.

Considérons un aspect de ce dernier point. Ce qui rend l'image possible et projette sa forme sur la rétine c'est la combinaison de lentilles constituée par la cornée et le cristallin. La surface de ce dernier est convexe et si la nature avait augmenté sa convexité nous verrions constamment le porte-plume avec des dimensions exagérées et une forme distordue. Tout le reste de l'univers prendrait la même apparence grotesque, que ce soit une chaîne de montagne aux cimes majestueuses comme l'Himalaya ou un petit insecte comme la fourmi. De la naissance à la mort nous croirions fermement que les objets et les gens qui nous entourent possèdent réellement cette apparence. Les miroirs dits déformants des foires fournissent des illustrations comiques du genre de figures et de statures étranges qu'auraient alors pour nous les autres hommes.

Comment cela peut-il être possible ? Parce que le cerveau dépend entièrement de l'image fournie par les yeux. Il ne peut évidemment pas entrer en contact direct avec une chose extérieure.

Semblablement, certaines gens naissent daltoniens. Ils ignorent même cette particularité de leur vision tant que leur attention n'est pas attirée par d'autres. Ils peuvent affirmer que deux objets de couleur différente, placés devant leurs yeux, sont identiquement colorés. Ils vous assurent sans sourciller qu'une rose rose a la même teinte qu'une marguerite dorée, tout simplement parce qu'ils sont incapables de faire la distinction. Ils ne peuvent faire la différence entre les fraises vertes et les fraises mûres, entre un signal vert, sur une voie ferrée, indiquant que le passage est libre, et un signal rouge annonçant un danger. C'est pourquoi les compagnies ferroviaires font examiner si soigneusement la vue de leurs mécaniciens. La leçon à en tirer c'est que la fausse couleur, n'appartenant pas au signal ou à la fraise, doit faire partie de l'image formée sur la rétine, alors que c'est d'après celle-ci et non d'après l'objet lui-même que le cerveau juge. Le point essentiel c'est ce que nous voyons effectivement et non ce que nous devrions voir.

Tout ce que l'œil peut offrir, dans le cas de notre stylographe, est contenu dans la partie sensible de la rétine ; cela consiste en une image qui a moins d'un pouce de diamètre, qui est renversée et possède seulement deux dimensions : la longueur et la hauteur. Mais le stylographe a six pouces de long, il est droit et non renversé, il possède trois dimensions : longueur, hauteur et profondeur. Ces trois remarques montrent que le stylographe réel n'est pas celui qui parvient à la connaissance de l'esprit et que le vulgaire se trompe en pensant que nous voyons les choses telles qu'elles sont. L'image sur laquelle opère le cerveau est à l'intérieur de l'œil, c'est-à-dire à l'intérieur de notre corps, donc de nous-mêmes. Nous ne pouvons pas aller au delà. Cela signifie que nous percevons des images, des apparences et qu'elles sont toujours relatives à l'observateur, ce que nous avons déjà appris dans le chapitre précédent en procédant d'autre façon et en réfléchissant à l'œuvre d'Einstein. Dans la vie pratique nous pouvons supposer que nous voyons les choses telles qu'elles sont réellement, mais dans notre enquête philosophique il faut plonger sous la superficialité de cette supposition.

Le message transmis par l'œil au sujet de la présence du stylographe est le seul que le cerveau puisse espérer recevoir, bien qu'il soit très différent de l'objet. En effet, physiquement parlant, il n'offre qu'une image très petite et renversée. Ce message imparfait ne correspond pas au stylographe et ne peut être accepté tel quel. Il doit être transformé jusqu'à ce que la représentation du stylographe soit exacte, c'est-à-dire qu'il doit être *interprété*. Le message atteint donc le cerveau sous la forme d'un signal Morse physiologique. On peut en effet imaginer que l'image visuelle passe le long du nerf optique à la manière des impulsions électriques brèves ou longues le long d'un fil télégraphique. Ces impulsions arrivent au point de destination sous la forme de sons sans signification tant qu'ils n'ont pas été interprétés conformément au code Morse par un opérateur, un être humain dont l'*esprit* les traduit en lettres alphabétiques et en mots. Notre esprit doit semblablement déchiffrer les impulsions nerveuses reçues par le cerveau et les traduire en impressions correspondant à leur stimulus physique, qui dans le cas présent, est un stylographe. Il est extrêmement difficile de définir le mot *esprit* ainsi que des savants et des philosophes l'ont très récemment encore avoué. L'enseignement caché comprend complètement la signification qui gît derrière ce petit mot, mais cette signification ne pourra être pleinement révélée que vers la fin du présent exposé, et non dès maintenant où nous n'en sommes pas encore à la moitié. Cependant, pour notre usage actuel, nous le définirons brièvement, simplement et provisoirement, comme étant ce qui nous fait penser quelque chose, ce qui nous donne conscience de quelque chose.

Une telle interprétation est nécessairement une activité mentale. Elle doit avoir lieu dans l'esprit car elle réclame l'action positive de l'intelligence plutôt que la réceptivité passive de l'œil, des nerfs et du cerveau. Intelligence implique conscience de quelque sorte et comme nous n'avons habituellement pas conscience du processus, nous devons conclure qu'il se situe entre le seuil de la conscience ordinaire et le sub-conscient. Nous connaissons seulement les résultats de ce travail invisible. Ils nous parviennent sous la forme d'une vision précise de notre bel instrument à écrire.

C'est l'instant où la conscience intervient et détermine la naissance d'une observation valable pour nous. C'est le moment crucial où nous commençons à *savoir*, pour la première fois, que le stylographe est là, devant nous. Jusque-là nous n'avons pas connu son existence, en dépit de l'image formée sur la rétine, en dépit de la vibration transmise le long du nerf optique et de la réaction correspondante du cerveau.

On en trouve la preuve dans les annales de la chirurgie. La peau de chaque doigt est reliée à la moelle épinière par des faisceaux de fibres nerveuses. Si celles-ci sont sectionnées près de l'épine dorsale, on peut se faire couper ou écraser les doigts sans en ressentir aucune souffrance. Le message qu'ils envoient ne parvient plus au cerveau et ne peut donc entrer dans la conscience. Quand nous disons éprouver une grande souffrance au pied nous énonçons une inexactitude, car la sensation devrait être attribuée à l'endroit où elle est effectivement perçue, c'est-à-dire dans le cerveau en conséquence d'une transmission nerveuse. Nous localisons sur la langue les impressions de goût sucré ou amer alors qu'elles se produisent seulement lorsque le cerveau a réagi. Dans les deux cas, le pied et la langue se bornent à recevoir des impressions qui ne sont traduites dans la conscience qu'après leur transmission aux centres cérébraux adéquats. Placer ces sensations *localement*, à l'extrémité des nerfs c'est tomber dans une illusion grossière quoique pardonnable.

Le rôle important assigné par la nature aux cheminements nerveux et aux centres cérébraux peut être rendu plus clair. Tant que la liaison s'effectue d'une manière convenable avec le cerveau, l'instrument sensoriel fonctionne correctement. Mais un lépreux dont les liaisons nerveuses entre la main et le cerveau ont été coupées, n'a plus la sensation du toucher. On peut brûler ou couper sa main malade sans qu'il en souffre. Détruire le nerf, le paralyser ou provoquer une lésion dans le centre cérébral correspondant c'est mettre l'instrument sensoriel hors d'état de remplir sa fonction. Sans nerf et sans cerveau nous ne pouvons avoir connaissance d'un objet. Les yeux peuvent être parfaitement indemnes, réagir normalement à l'impression de la lumière, l'homme peut cependant être aveugle si la substance corticale de son cerveau est blessée, malade, coupée, ou si le nerf optique est sectionné. Aucune vue n'est possible sans la collaboration vitale du cerveau et du nerf avec l'œil. La signification de tout cela c'est que la connaissance de l'existence d'un objet ne s'effectue pas dans l'œil, l'oreille, la peau, la langue ou le nez qui se trouvent à l'extrémité des nerfs, mais seulement *après* que le message envoyé par eux a atteint les centres cérébraux situés à l'autre extrémité des nerfs. C'est seulement alors que ce mystérieux élément appelé conscience se manifeste. Nous prenons connaissance d'une chose par l'expérience senso-rielle en notant les caractères particuliers qui la distinguent des autres, tels que sa forme, ses dimensions, son degré de résis-tance par exemple, nous n'en avons la conscience qu'en con-naissant ces caractères.

Nous savons maintenant qu'une chose appelée horloge se trouve devant nous parce que nous avons une petite image d'elle dans les yeux, son tic-tac dans les oreilles et la sensation de sa résistance au bout des doigts, toutes ces impressions se combinent et se complètent. Nous connaissons une orange parce qu'elle nous paraît ronde et jaune, qu'elle a un goût douceâtre et est molle au toucher. Ce sont ses caractéristiques bien con-nues. Mais comment en avons-nous connaissance ? Nous ne pouvons l'avoir que par les effets immédiats produits dans notre *esprit* par l'intermédiaire des sens. Chaque effet individuel, tel que le toucher moelleux de l'orange indépendamment de l'orange entière, qui s'éveille dans notre conscience, s'appelle techniquement une *sensation*.

Tout ce qui est perçu par les sens ou pensé par réflexion, devient un objet dans le champ de notre conscience. Nous pou-vons donc lui attacher le terme technique d' « objet ». Chaque objet possède certaines qualités reconnaissables qui se pré-sentent à l'esprit sous forme de sensations. Celles-ci sont extrê-mement variées ; elles nous indiquent où l'objet se trouve, s'il est grand ou petit, quelle est sa forme, s'il a un goût sucré, amer ou salé, si son odeur est désagréable ou non, s'il est lourd, s'il est chaud, enfin s'il est immobile ou en mouvement.

Lorsque les impulsions nerveuses nées dans l'oreille atteignent le cerveau, elles éveillent une sensation sonore. Celle-ci peut varier en tonalité, en force et en caractère. La tonalité peut être élevée ou basse, la force intense ou faible, le caractère un simple bruit ou un son musical, mais chaque effet sonore cons-titue une sensation *séparée*.

Les impressions nées sur la peau et transmises au cerveau de façon semblable, donnent des sensations du toucher qui se classent grossièrement en trois catégories : le contact, la tempé-rature, la nature de la surface. Elles permettent de reconnaître des qualités distinctes telles que la chaleur ou le froid, le poli ou la ruguosité, la lourdeur ou la légèreté, le mouvement ou la pression. La plus grande partie des sensations du toucher nous parviennent à travers la peau de la main parce que c'est le plus actif des membres humains. Prenez ce livre à la main, vous éprouverez les sensations de pression sur votre peau et de traction sur vos muscles. Ces deux sensations se combinent pour donner celle du poids. Quand vous ramassez un morceau de fer, votre main vient au contact de sa surface, vous ressentez une sensation de dureté. Vos doigts vous diront de même que le fût du stylographe est rond et doux, ce qui équivaut à dire que vous éprouvez les sensations de rondeur et de douceur. Quand vous le serrez dans votre paume, les doigts et le stylographe se repoussent mutuellement et vous percevez d'autres sensations, celles de la résistance et de la dureté. Plus vous serrez, plus ces sensations s'accentuent.

Les lumières et les ombres qui jouent sur les choses et autour d'elles nous fournissent des sensations de formes colorées. Si nous considérons le stylographe de plus près nous recevrons la sensation du pourpre, du gris, de l'or et du noir. La physique sait que les rythmes de vibration différents d'un même rayon lumineux sont interprétées par l'œil comme des couleurs. La couleur d'une chose est donc une interprétation optique. Ce que nous percevons sous forme de couleur n'est pas perçu indépendamment de nous-mêmes.

Quand nous parlons à quelqu'un et écoutons sa réponse, que se passe-t-il ? Le son, une vibration, agit sur les deux corps, certains mouvements se produisent dans la terminaison des nerfs sur le tympan des oreilles, tandis que la lumière forme certaines images rétiniennes dans les yeux. Ces stimulations se propagent sous forme de commotions le long des nerfs principaux jusqu'au cerveau où naissent les sensations correspondantes. Si nous touchons le corps de notre interlocuteur nous recueillerons sous forme de sensations musculaires de pression et d'élasticité, les résultats des impressions produites sur la peau.

Où les sensations de dureté et de rugosité prennent-elles leur origine, par exemple ? Sont-elles dans la chose ou dans l'observateur ? Une rapide analyse montre qu'elles sont dans celui-ci, superficiellement dans son corps, mais effectivement dans son esprit. Semblablement les sensations de lourdeur et de rondeur ne sont pas dans les choses matérielles elles-mêmes mais dans les sensations qu'elles provoquent en nous.

A quel moment un homme prend-il conscience de sentir une rose ? Est-ce au moment où il approche la fleur de ses narines ? Est-ce lorsque les minuscules particules du parfum touchent la membrane intérieure du nez ? Est-ce lorsque le nerf olfactif enregistre l'impression ? Est-ce au moment où l'impression atteint le cerveau ? Non pas ! Il ne sait pas et ne peut pas savoir ce que sent la rose tant que son esprit n'a pas enregistré la sensation d'odeur, tant que *par la pensée* il n'a pas donné l'existence à celle-ci. C'est seulement à ce moment que la communication physiologique qui s'est établie entre la rose et lui prend de la signification. L'interprétation des impressions de l'expérience physique communiquées par les nerfs est suivie d'une reconstruction des sensations résultantes dans l'expérience mentale. Chaque sensation est donc, physiologiquement parlant, une réponse purement mentale dans laquelle s'est traduit un stimulus matériel des nerfs. Chaque sensation est de nature mentale, elle est à l'intérieur de la conscience, alors que les impressions sensorielles sont à l'intérieur du corps.

Il est plus facile de bien comprendre ce point en considérant ce qui se produit quand on se coupe un doigt avec un couteau. Un sentiment de douleur se produit. Ce sentiment est indiscutablement en nous-mêmes et nulle part ailleurs ; en outre c'est un état de notre conscience et non un état du couteau. Bref, c'est une sensation de souffrance. Semblablement, si nous plaçons notre main sur un livre cet acte procure un sentiment de résistance lorsque la surface de la paume heurte la surface du livre. Nous disons alors que nous sentons le livre, mais ce n'est pas exact ; ce que nous sentons réellement c'est la partie de notre peau qui touche le livre, d'où part un message vers la moelle épinière et de là vers le cerveau, jusqu'à ce qu'une sensation de résistance s'éveille dans notre zone de conscience individuelle. Nous ne sentons donc pas le livre mais ce qui nous arrive à nous-mêmes. Tous les autres genres de sensations, qu'il s'agisse d'odeurs, de goûts, de sons, sont également des états de notre conscience.

Où se trouve l'amertume éprouvée en mangeant un fruit vert ? Comme tous les goûts c'est une sensation dérivant de la langue, car c'est avant tout une prise de conscience. Elle doit être identifiée avec notre esprit. L'expérience est en nous mais nous en projetons inconsciemment le résultat sur le fruit lui-même. Le fruit produit en nous une sensation d'amertume et nous disons qu'il est amer. Un état de la conscience est ainsi attribué, à tort, à une chose extérieure ! Cet exemple montre bien à quel point un langage défectueux peut fausser la pensée. Nous avons appris dans les précédents chapitres à nous défier des mots, à prendre garde aux chausse-trapes et aux embûches qu'ils tendent devant notre intelligence du monde.

Connaissons-nous d'une horloge autre chose que les sensa-

tions qui nous indiquent son aspect et sa sonorité ? Si nous
procédons à une analyse correcte nous sommes obligés d'avouer
que ce sont *uniquement* ces sensations sensorielles qui construisent
l'horloge que nous connaissons. Enlevons les couleurs brune,
or, noire, les sentiments de dureté, de rondeur, de fraîcheur et
de douceur au toucher, enfin, le son rythmé, que reste-t-il de
l'horloge ? Sans ces détails l'horloge ne peut exister dans
l'expérience de quiconque. Cependant tout cela, sans exception,
ce sont des *sensations*, des événements se passant dans l'esprit,
des idées si nous préférons. Ce que *nous* voyons, ce que *nous*
entendons, ce que *nous* sentons sont les *premières* choses dont
nous prenons conscience relativement à tout objet. Les mouvements à l'intérieur des sens, des nerfs, du cerveau et de l'esprit
se font avec une vitesse si foudroyante que nous sommes incapables de nous en rendre compte. Les sensations sont donc non
seulement les premières mais aussi les *dernières* choses que nous
connaissons au sujet de l'horloge. C'est cette incroyable rapidité de l'action mentale qui crée ce qui est seulement l'illusion
d'être entré directement en contact avec quelque chose d'extérieur, alors qu'en fait nous sommes simplement entrés dans nos
sensations. Semblablement la vue de quelqu'un, debout auprès
de nous, est le résultat complexe de diverses sensations, c'est-
à-dire la somme de ce que les sens représentent à notre esprit,
et rien de plus. Toutes les choses séparées que nous voyons ou
dont nous avons l'expérience, possèdent en conséquence un
assemblage de qualités et de caractères, et chaque qualité s'im-
pime individuellement sur les sens, donnant ainsi une sensation
séparée de couleur, de son, de goût, etc. Lorsque nous creusons
la base de notre connaissance du monde nous constatons qu'elle
a pour base et origine ce fait fondamental de la sensation.
Cette connaissance est impossible sans la vue, l'ouïe, le goût
et les autres sensations ou leur souvenir. Chacune d'elle est un
détail de l'expérience humaine.

Nous pouvons connaître beaucoup de choses mais les seules
que nous connaissions d'une manière *certaine* sont les conditions
de notre conscience, c'est-à-dire nos sensations et rien d'autre.
Ce sont nos cinq sens et rien qu'eux qui nous enseignent l'existence de notre monde familier et nous fournissent des renseignements à son sujet. Il est impossible d'atteindre directement à
l'objet en tant qu'existant d'une manière autonome. Nous n'at-
teignons qu'à son interprétation sensorielle, c'est-à-dire que
nous obtenons une condition physiologique en *nous-mêmes*.

Toute sensation est une question privée et matérielle parce

que c'est une activité qui naît à l'intérieur de quelqu'un. Elle ne se partage pas avec d'autres, nous ne pouvons ordinairement pas regarder directement dans l'esprit du prochain. Chaque homme ne peut normalement observer que ce qui se passe à l'intérieur de sa propre conscience. Il reçoit des sensations qui sont séparées et peuvent même être différentes de celles d'un autre homme voyant le même objet. Ces impressions personnelles de lumière, de son, de contact qui nous parlent de l'objet extérieur, sont ce que nous connaissons directement, ce dont nous avons la conscience immédiate, les seules choses que nous avons l'assurance de recevoir.

Ce qu'il faut bien comprendre — et il faudra pour y parvenir beaucoup de subtilité et de concentration de pensée — c'est que *nous ne connaissons jamais le monde extérieur panoramique en lui-même. Nous le voyons seulement à travers les lunettes inamovibles des rapports sensoriels que nous recevons sur lui.* Nous ne pouvons le soumettre à l'observation directe. Ce que nous observons directement c'est... notre réaction mentale devant lui, c'est-à-dire nous-mêmes ! *Sans même avoir conscience de cette vérité simple et certaine, nous vivons jour et nuit dans un monde qui est uniquement celui dont l'usage se forme en nous par ce qu'on appelle les sensations.* En dehors des savants et des philosophes personne ne soupçonne l'existence de cette vérité. N'oublions pas que toutes ces constatations sont le fruit d'une longue série d'observations effectuées dans le domaine de la science, d'expériences pratiquées sur des personnes vivantes aussi bien que de dissections opérées sur des personnes mortes.

Qu'on ne s'impatiente pas de nous voir répéter dans ces pages des faits scientifiques déjà bien connus. Ils sont en effet connus mais principalement dans les milieux assez restreints de la médecine et de la psychologie, et non parmi les profanes. Deux raisons leur donnent pour nous une très grande importance. Premièrement, ils confirment largement l'un des principes cruciaux de l'enseignement caché qu'il faut assimiler au stade actuel de nos études. Deuxièmement, parce que nous faisons appel aux faits, parce que nous interrogeons la nature dans l'esprit de Francis Bacon, fondateur de la science moderne. La présentation de l'enseignement des anciens Indiens doit se baser sur la science parce que celle-ci est le trait dominant de la culture moderne, parce que les récentes découvertes scientifiques commencent à rejoindre et à confirmer les vieilles découvertes indiennes. Mais alors que la science s'effare des faits qu'elle recueille et ne sait pas très exactement ce qu'elle doit en faire la philosophie cachée en possède l'entendement parfait, elle en comprend parfaitement le rôle et la signification. Alors que la science doit tôt ou tard devenir philosophique ou rester éternellement déconcertée, l'enseignement caché a formulé chaque principe sous une forme achevée jusqu'à la dernière syllabe. Il ne connaît ni l'incertitude, ni le doute, ni l'étonnement. Il a atteint la vérité définitive et peut y conduire tous ceux qui le désirent ardemment. Nous sommes désireux de cheminer avec la science mais nous ne nous arrêterons pas où elle s'arrête, nous poursuivrons sans peur notre marche jusqu'à ce que nous arrivions à une vérité auprès de laquelle les propos de la science ne sont que des balbutiements devant le mystère de l'univers. Que les lecteurs soient donc patients, car nous gardons en réserve, pour eux, quelque chose de tout à fait *nouveau*. Qu'ils attendent un nouvel ouvrage de nous, où nous présenterons pour la première fois sous une forme moderne et dans une langue occidentale les enseignements élevés et secrets de la plus ancienne philosophie connue en Asie, patrie de la plus vieille civilisation du monde.

La naissance de l'expérience consciente. — Tous les faits ou événements réellement observés sont qualifiés d'*expériences*. Nous parlons habituellement d'objets et d'événements sans nous douter jamais que nous parlons en réalité de sensations. Nous ne le comprenons qu'après coup, quand, par une analyse soigneuse, nous essayons de pénétrer le véritable sens des expériences. Ordinairement nous nous préoccupons beaucoup plus de l'objet que de sa correspondance mentale dans notre esprit ou de la façon dont nous prenons conscience de son existence. C'est là la spécialité du psychologue.

Au moment où nous regardons un porte-plume nous ne nous rendons aucunement compte de l'extraordinaire complexité de cet acte si simple en apparence. On pourrait penser qu'à l'instant où nous sommes conscients de *toutes* les sensations produites par lui, nous le percevons. Les esprits non avertis croient habituellement que reconnaître l'existence d'un porte-plume cela consiste simplement à recevoir passivement toutes les sensations qu'il provoque, rien de plus. L'enquête scientifique révèle pourtant que l'opération est beaucoup plus compliquée.

Une sensation n'est pas divisible par l'analyse, car elle distingue un seul caractère fondamental de l'objet. Mais nous n'avons pas normalement conscience d'une sensation isolée. C'est-à-dire que nous ne voyons jamais la couleur dorée de sa plume indépendamment de sa forme de plume. La couleur, par exemple, n'entre jamais dans la conscience dégagée des dimensions et de la forme. Personne ne peut en examiner une isolément à la lumière de la conscience. Ce n'est possible que dans une étude théorique et c'est la conséquence d'une analyse également théorique. C'est parce que ce dont nous avons conscience est une variété de diverses expériences faites au même moment, un afflux simultané de plusieurs sensations. Ainsi le sentiment qu'il existe en cet endroit quelque chose de dur au toucher arrive *simultanément* avec le sentiment qu'il y a là quelque chose dont la surface est douce et avec la connaissance visuelle que sa couleur est rouge et sa forme ronde. Chacun de ces caractères, pris séparément, ne nous dirait pas que l'objet est un stylographe. De même qu'un amas de briques ne donne qu'une impression de confusion et de chaos tant qu'elles n'ont pas été assemblées pour la construction d'une maison, les sensations n'ont aucune valeur rationnelle tant qu'elles n'ont pas été assemblées dans un ordre cohérent et intelligible. Nous ne devons pas seulement ressentir des sensations, il faut être capable de distinguer une chose d'une autre, de distinguer la forme d'un porteplume de celle d'une bouteille par exemple.

Nous voyons une fleur. Nous la touchons, nous respirons son parfum. La vue, le toucher et l'odeur de cette fleur sont des sensations simples. Elles doivent se combiner pour constituer la fleur dans notre esprit. Le simple stimulus de la surface colorée d'une rose peut donner une sensation de couleur rouge, pourtant seule la réaction de l'esprit, non seulement devant cette sensation mais devant toutes les autres, nous donnera finalement l'entendement que c'est une rose.

Ce qui est vrai de la rose est vrai de toutes les autres choses dont nous faisons l'expérience. Voir quelque chose c'est le penser, sentir un morceau d'étoffe douce ou un morceau de bois dur, c'est les *penser*, entendre un son, que ce soit un murmure ou un coup de tonnerre, c'est encore le penser. Toute expérience sensorielle est impossible s'il ne s'y associe pas un acte équivalent de pensée. Tout, depuis le microbe infinitésimal jusqu'à l'espace infini est d'abord un objet de la pensée, une image ou une idée.

Ainsi donc, les sensations nues demeurent sans signification jusqu'à ce qu'elles soient rassemblées, non pas successivement mais simultanément, et ajustées d'une manière constructive pour constituer une chose perçue par l'esprit qui en fait l'expérience. Une multitude d'impressions individuelles peuvent s'accumuler dans les yeux à partir d'un simple porte-plume, mais c'est seulement quand l'opération mentale consistant à les rassembler et à les fondre entre elles sera achevée qu'on aurait la connaissance définitive qu'il s'agit d'un porteplume. Jusque-là ces impressions ne divulguent pas leur signification. L'identification de n'importe quel objet entraîne un processus créateur consistant à implanter une signification adéquate aux sensations élémentaires et à les mettre en association intelligible. Cela ne peut s'accomplir que lorsque toutes les sensations saillantes ont été fondues en une expérience unique. C'est précisément ce qui se produit, les sensations sont ainsi converties en pensées des choses et des événements tels que nous les *connaissons* normalement. L'esprit dispose, groupe et assemble ces sensations simples et simultanées pour en donner des idées ou images complètes (appelées *perceptions*). Chaque pensée est composée de deux ou plusieurs sensations. Chacune de celles-ci est un élément de la construction de la perception, de sorte que l'image finale du porte-plume est en réalité un groupe de tels éléments amenés sous la pleine lumière de la conscience. Nous avons une sensation comme première réaction subconsciente au stimulus physique d'un objet extérieur et une pensée consciente comme première réaction consciente à la somme des sensations. L'ensemble de la série se présente dès lors ainsi : un stimulus appliqué à l'instrument sensoriel par un objet extérieur, une impression sensorielle, une transmission par les nerfs, une réaction du cerveau, une réaction subconsciente de l'esprit (sensation) et finalement une réaction pleinement consciente (image mentale, idée de l'événement, image, pensée). Nous ne connaissons habituellement que le sixième terme de cette série parce que c'est l'expérience consciente familière, alors que le premier n'est que la matière première utilisée dans cette expérience.

Il ne faudrait cependant pas commettre l'erreur de considérer cette idée de la perception comme une simple addition de sensations nouvelles, elles en constituent certainement l'essentiel mais sont nécessairement complétées par autre chose pour que chaque expérience soit totale. L'esprit doit d'abord interpréter puis créer son image du porte-plume non pas seulement d'après les impressions recueillies par les sens mais aussi d'après d'autres impressions associées à des expériences antérieures où des porte-plumes ont été déjà vus et utilisés. Il doit imaginer et ajouter quelque chose au message nu reçu des sens pour interpréter convenablement l'image rétinienne, renversée, réduite et à deux dimensions seulement. En conséquence, trois autres

contributions mentales s'effectuent dans chaque acte de perception et se mêlent à la matière fournie par les sensations, éla-
borant ainsi la pensée finale : 1° association avec l'expérience
similaire antérieure ; 2° anticipation d'une nouvelle expérience ;
3° interprétation personnelle de l'observateur. La plus importante est la première.

Lorsque nous reconnaissons la sensation de dureté en manipulant un morceau de bois, notre mémoire la relie automatiquement aux sensations analogues antérieurement éprouvées et
la classe avec elles. Ces souvenirs s'amalgament, en quelque
sorte, avec la nouvelle sensation. Nous greffons sur celle-ci
d'anciennes impressions ou reproduisons inconsciemment des
expériences passées. Celles-ci revivent en s'associant à la nouvelle, nous reviennent sous la forme d'une perception actuelle.
La main peut fournir l'impression de quelque chose de dur et
de poli, et l'œil celle de quelque chose de rond et de brun, mais
toutes ces sensations constituent seulement la matière à laquelle
l'esprit doit ajouter un élément tiré de son expérience du passé
qu'il possède dans son subconscient, pour aboutir à la synthèse
de l'image d'une table. Il le fait en fondant entre elles toutes ces
sensations et, simultanément, en les interprétant, à la lumière
de l'expérience dont il se souvient. La mémoire des sensations
antérieures et associées intervient. C'est de cette manière que
l'esprit parvient à interpréter l'objet comme étant le dessus
rond d'une table.

L'esprit bâtit sur le passé en apparence évanoui, s'élevant
ainsi au-dessus de la limite du temps, et se réfère à celles de
ses expériences qui sont le plus capables de l'aider dans la nouvelle. Cette résurrection des sensations influence la formation
de la nouvelle image.

On trouve une autre preuve de la contribution du passé au
moulage de ces images mentales, dans la rapidité relativement
plus grande avec laquelle un adulte reconnaît les dimensions, la
distance et la forme d'un objet par rapport à un enfant. Celui-
ci doit apprendre à distinguer entre deux choses vagues jusqu'à
ce que l'expérience les rende plus nettes et plus familières.
L'enfant tend la main pour prendre la lune, s'imaginant qu'elle
est toute proche, alors que l'adulte en mesure la grande distance. Mais les yeux du premier enregistrent l'impression produite
par la lune aussi fidèlement que les yeux du second, la construction des images étant exactement la même. Si l'enfant n'apprécie pas correctement sa position dans l'espace ce n'est pas à
cause d'une imperfection des yeux, mais simplement parce que

son esprit est moins habile à se former une image d'après les sensations visuelles parce qu'il ne peut s'appuyer sur une expérience antérieure suffisante. Un enfant qui vient d'apprendre à lire ne parcourt une page imprimée qu'avec lenteur et difficulté, confondant fréquemment une lettre avec une autre, ou même un mot. Parvenu à la maturité il lira la même page avec rapidité et sans commettre la moindre faute. Les impressions et les images enregistrées par la rétine sont cependant exactement les mêmes dans les deux cas. Les yeux peuvent être aussi parfaits chez l'enfant que chez l'adulte. Pourquoi donc cette différence dans les résultats ? C'est que, en grandissant, l'enfant lit de plus en plus fréquemment, son esprit se rappelle les images de lettres et de mots, et ces souvenirs contribuent de plus en plus à l'opération de la lecture jusqu'à ce que chaque mot soit parfaitement reconnu, c'est-à-dire perçu pour ce qu'il est réellement. C'est la preuve de la nature complexe et créatrice de toute pensée se référant à une expérience.

Nous pouvons ainsi comprendre facilement dans quelle mesure considérable l'esprit contribue à l'expérience du moment en faisant appel au passé. Écoutons quelqu'un chanter deux chansons sur un ton rapide, l'une qui nous est familière et l'autre presque inconnue. Les paroles de la première nous viendront avec facilité, alors que celles de la seconde seront devinées avec difficulté au point d'être fréquemment non reconnaissables. On percevra les sons mais non pas distinctement ces paroles. La mémoire ajoute quelque chose aux sensations dans le premier cas. Alors que les impressions produites sur l'oreille sont de la même qualité dans les deux cas, l'audition reste confuse quand la chanson est inconnue, mais parfaite quand elle est familière. Un élément mental intervient donc dans toutes les auditions et contribue à donner un sens au simple effet produit par les vibrations sonores sur les oreilles.

On trouve une curieuse illustration de cette intervention de l'expérience passée dans la perception humaine, en prenant le cas de ceux qui ont perdu une jambe ou un bras. Les annales de la médecine ont fréquemment enregistré que ces personnes se plaignent de souffrir du pied ou des doigts d'un membre amputé comme s'il était encore relié au corps. L'esprit peut donc, sous la puissante influence de la mémoire introduire l'illusion dans l'expérience réelle. Cela indique que le témoignage de cette mémoire prépare la voie à la perception attendue. Il y a là un nouvel élément dans la construction de l'image, consistant en une anticipation de ce qu'est l'objet ou de ce qu'il devrait être. C'est le facteur final qui forme la pensée. Mais les images de l'expérience antérieure ne sont pas seules à entrer dans le champ de l'activité mentale, les émotions personnelles y interviennent également. Chaque construction intellectuelle est fonction de notre organisation individuelle. On s'en rend bien compte quand certaines illusions d'optique se présentent. Pour prendre conscience de quelque chose nous n'utilisons donc pas uniquement les impressions données par les sens. La mémoire du passé intervient sous la forme d'images mentales reconstituées, ainsi que l'imagination expectante, mais toutes les deux dérivent d'impressions fournies antérieurement par les sens.

Ainsi, des habitudes mentales profondément enracinées, des anticipations très fortes et des associations participent à la formation d'une image mentale ou à la pensée d'un événement. Le passage de la sensation nue à la perception complète n'est pas seulement la transformation d'un groupe de sensations se fondant simultanément dans la conscience pour constituer l'expérience, mais aussi l'interprétation mentale et l'ajustement mutuel des sensations simples.

L'idée devient un produit fini quand nous reconnaissons qu'elle appartient à une classe particulière, lorsqu'un objet de couleur rouge et or, doux au toucher, de forme oblongue, de vingt centimètres de long, est identifié comme entrant dans la catégorie dite des livres. Sa formation en tant que perception ne doit pas être considérée comme le resultat d'une simple addition arithmétique. Elle provient d'un processus de fusion *instantanée*. Les sensations ne font pas que s'entremêler, elles s'amalgament. Les opérations qui aboutissent à la formation de l'expérience ne s'effectuent pas à notre connaissance et ne sont pas accessibles à notre observation. Elles s'effectuent automatiquement au seuil de l'esprit conscient, elles sont démontrées par leurs résultats. Si nous sommes incapables de disséquer ces éléments afin de les examiner séparément c'est précisément parce qu'une pensée n'est autre chose que leur fusion finale et permanente. La période de formation est automatique et soustraite au contrôle de la volonté consciente. Nous ne nous rendons pas compte personnellement de cette incessante activité de l'esprit qui donne naissance à des pensées, des images et des idées dont la totalité constitue notre expérience du monde, et, par conséquent, du fait que le porte-plume tel qu'il nous apparaît est un produit de notre esprit.

L'analyse de la perception révèle donc que la forme et les dimensions d'un objet quelconque devant lequel nous nous trouvons, non moins que son toucher et sa couleur, sont des caractères qui, finalement existent *seulement* pour l'esprit. C'est aussi vrai pour des choses dures et lourdes, telles que des blocs de granit, car elles n'existent pour nous que sous la forme d'un groupe de sensations fondues entre elles. C'est seulement quand nous devenons *conscients* des rochers que nous pouvons les considérer comme existants. Seuls les rochers sentis et vus par nous peuvent exister pour nous. Nous connaissons toute chose par la totalité des sensations, c'est-à-dire par les couleurs, les odeurs, les goûts, les sons qui constituent notre expérience physique et qui sont finalement des expériences de l'esprit. Ce que nous *voyons* n'est pas la chose en elle-même mais la chose dans notre intellect. La pensée est plus intime que la chose.

Comment la pensée peut-elle se former avec une rapidité aussi incroyable ? Nous pouvons seulement répondre qu'elle dut être, à l'origine un acte lent et conscient qui, au cours de l'évolution à travers d'innombrables siècles, a été transformé imperceptiblement par l'individu et la race en un acte instantané et inconscient. Les expériences familières, revenant fréquemment, ont mis l'esprit en mesure d'opérer quasi instantanément. L'acte complexe et complet consistant à voir un objet, parcourt un certain nombre de degrés, mais avec une vitesse tellement inimaginable qu'il constitue pratiquement une opération instantanée. Cette rapidité est en partie le résultat de l'arrière-plan des expériences antérieures des sens dans lesquelles se fondent immédiatement les nouvelles sensations, en partie le résultat du pouvoir mental acquis par hérédité.

Les degrés successifs dans la conscience d'une chose ne se découvrent pas d'eux-mêmes à la conscience ordinaire mais seulement à l'analyse scientifique. Ils peuvent donc paraître aux gens non avertis comme un fatras de stupidités. Ils font partie d'un processus qui se déroule entièrement en profondeur, ils sont subconscients partiellement ou totalement. Nous les avons décrits dans l'ordre où ils nous apparaîtraient si nous pouvions les voir séparément. La perception est habituellement si extraordinairement rapide, si parfaitement facile et automatique, que nous ne nous arrêtons pas à examiner la grande importance de la façon dont elle s'accomplit. La vue peut donc être considérée sous trois angles distincts. Premièrement le stimulus physique, qui est l'arrivée dans l'œil des rayons lumineux émanant de l'objet. Deuxièmement le processus physiologique, c'est-à-dire la projection d'une image sur la rétine. Troisièmement, la construction psychologique, qui est la prise de conscience de l'existence de l'objet. La physique étudie la lumière, la physiologie étudie l'œil et le cerveau, la psychologie doit étudier la naissance de la perception consciente, et la philosophie doit non seulement coordonner les résultats obtenus par ces trois sciences, mais les apprécier et déterminer leur valeur véritable dans un système plus vaste d'explication du monde.

Nous parvenons ainsi à comprendre que, aussi longtemps que nous restons à la surface des choses, la façon dont nous prenons connaissance des objets et des personnes qui nous entourent peut paraître fort simple, mais que dès le moment où nous allons plus profondément et essayons de voir l'ensemble, nous nous rendons compte que c'est au contraire extrêmement complexe et difficile. Nous comprenons aussi pourquoi le savant, dans une certaine mesure, et le philosophe, d'une manière totale, ne se satisfont pas des explications superficielles de ce qu'ils voient et touchent chaque jour, comme les profanes, mais essayent de plonger en eau plus profonde. Au cours du présent chapitre nous nous sommes élevés graduellement à la surprenante découverte d'après laquelle, quelque tangibles que soient les choses matérielles, leur existence ne nous est finalement révélée que par l'expérience mentale que nous en faisons, c'est-à-dire que la connaissance que nous en avons reste étroitement confinée entre les quatre murs de notre pensée.

Parlant plus vulgairement, nous ne connaissons d'une manière certaine que nos idées sur ce que l'on dit ordinairement être des objets extérieurs, alors que nous croyons, à tort, connaître ces objets eux-mêmes. La différence est la même qu'entre une photographie cinématographique du génial et inimitable Charlie Chaplin et l'artiste lui-même, en chair et en os. Mais l'analogie doit s'arrêter ici. La pousser plus loin serait la fausser. Car si une photographie est, somme toute, une *copie* de quelque chose, la pensée n'en est pas une, c'est une *création* mentale. Elle est nouvelle parce qu'elle représente une nouvelle naissance à la conscience, l'apparition d'une idée. C'est une manifestation du merveilleux pouvoir qu'a l'esprit de construire et non pas seulement d'explorer ce qu'il perçoit. C'est aussi une preuve de ce que nous avancions dans les premières lignes du présent chapitre, à savoir que le monde extérieur est entièrement fonction de l'esprit qui le perçoit, que le principe de la relativité, si lourd de sens, domine toutes nos observations et nos expériences. Nous pouvons ici porter ce principe jusqu'à un point que n'a pas perçu Einstein et jusqu'auquel, en conséquence, il n'a pas voulu aller. Ceux qui peuvent le comprendre sont dès

maintenant préservés d'une manière infaillible contre le matérialisme grossier qui prévalait au siècle dernier parmi les esprits
primaires laudateurs de la science et contre le matérialisme
béat qui prévalait parmi les dévôts inintelligents dans la religion.

Le stylographe qui a commencé comme un assemblage de
caractères sensoriels s'achève comme une fraction de notre
esprit. La leçon finale du présent chapitre est que ce que nous
voyons l'est avant tout sous forme de pensée, que ce que nous
touchons l'est avant tout sous forme d'image, que toute expérience humaine du monde physique est essentiellement une
expérience mentale. Nos perceptions qui paraissent physiques
sont principalement et avant tout des événements mentaux.
Toutes les choses colorées, odorantes ou bruyantes que nous
connaissons sont finalement ressenties dans notre esprit et
nulle part ailleurs. Pour entrer en contact avec les choses du
monde extérieur, il faut les faire naître à l'existence en les *pensant*, sans quoi nous les ignorons complètement. L'idée que
l'esprit fait naître dans son subconscient, est à tort ou à raison,
tout ce que nous connaissons d'une chose, tout ce que nous
pouvons en connaître. Car nous ne pouvons avancer au-delà
de nos pensées. Nous ne pouvons pas voir ce qu'elles ne nous
représentent pas. Un stylographe peut avoir vingt centimètres
de long mais si notre esprit nous joue le tour de ne lui en attribuer que trois, nous croirons aveuglément qu'il n'en a que trois.
De tels tours sont heureusement rares bien qu'ils ne soient pas
inexistants comme nous le verrons dans le prochain chapitre.
Si notre esprit ignorait que nos yeux voient une montagne
et que nos mains la touchent, elle n'existerait pas pour
nous.

Nous avons besoin de plus de vérité. Il n'y a pas d'autre
remède pour notre âge inquiet. Il est évidemment difficile
d'admettre que nous connaissons seulement l'idée des choses
extérieures, alors que nous avions sincèrement cru jusqu'ici que
nous connaissions les choses elles-mêmes. La plupart des hommes
sont inaccessibles à cette doctrine. Elle les place sous un ciel
étrange, froid, inconnu. Il sera donc difficile de nous affranchir
de la conception conventionnelle qui nous est familière, c'est-
à-dire de la conception matérialiste. Mais nous y parviendrons
si seulement nous voulons y consacrer un peu de temps et plus
d'indépendance de pensée. Nous devons nous montrer impi-
toyables, et rejeter de notre esprit toutes les erreurs, les faus-
setés les illusions. Notre servitude envers l'ignorance vulgaire

ne doit pas durer éternellement. Elle peut s'affaiblir dans la mesure même où s'affaibliront nos pensées erronées. La pensée cultivée et concentrée peut produire des miracles, car elle peut transformer l'eau de l'erreur en vin précieux de la vérité.

CHAPITRE X

LE SECRET DE L'ESPACE ET DU TEMPS

Nous allons aborder maintenant le stade le plus difficile de notre étude en recherchant comment nous percevons les objets extérieurs, c'est-à-dire en examinant la nature de l'expérience que l'homme obtient du monde environnant. Nous ne devons pas nous laisser arrêter par ces difficultés car le monde est toujours présent autour de nous, demandant à être compris de façon adéquate.

Il est impossible de penser au monde ou à quoi que ce soit qu'il contienne, autrement que comme existant dans l'espace et dans le temps. C'est, comme nous l'avons montré, parce que l'esprit joue lui-même un rôle important en déterminant à l'avance comment nous devons apercevoir le monde, nous obligeant de le *voir* sous la forme d'images séparées et successives. C'est pourquoi les sages indiens disent que la pensée ne peut, *en elle-même*, atteindre et observer la réalité ou l'essence du monde. Les savants qui ont créé les théories de la relativité et de la mécanique des quanta, se trouvent eux aussi dans le même cas. Ils ont avoué qu'il est impossible d'atteindre et d'observer les subtils phénomènes de la nature sans intervenir nous-mêmes dans ces phénomènes en essayant de les observer. Dès que la recherche scientifique pénètre dans le monde mystérieux des électrons, des neutrons et des protons, elle doit admettre que l'observateur joue un rôle dans la détermination du phénomène.

Ce qu'on voit immédiatement d'une chose n'est en réalité qu'une image mentale. C'est ce que la science a commencé à comprendre. C'est ainsi, par exemple, qu'elle considérait naguère les illusions d'optique comme purement physiques, les attribuant à quelque trouble de la rétine ou à quelque défaut des muscles de l'œil, alors que celui-ci introduit un élément catégoriquement mental. Il n'est plus question de s'occuper seulement de la matière ! Les théories du passé considéraient l'illusion comme une anomalie sans importance alors qu'elle reste liée au processus de la perception du commencement jusqu'à la fin.

Prendre la substance physique du corps pour la conscience immatérielle elle-même ou tomber dans le vieux piège consistant à considérer le cerveau de chair comme le mystère de l'esprit, ce sont des erreurs naturelles et excusables chez des gens sans réflexion ni instruction, chez ceux qui n'ont aucune culture philosophique et qui manifestent leur mépris à la seule mention de cette doctrine du mentalisme. Qu'une chose qu'ils touchent, voient, sentent, soit aussi intérieure à l'esprit qu'elle est extérieure au corps, et que le corps soit, à son tour, uniquement intérieur à l'esprit, blesse leur sens commun. Il faut une réflexion extrêmement profonde pour comprendre que les sensations tirées du corps humain lui-même, sont aussi objectives que celles causées par un stylographe, parce qu'elles peuvent être pareillement observées par l'esprit. La réflexion réfute ce que montre la première impression.

Ce serait cependant une erreur de penser que la présente étude nous demande de croire que les objets visibles ne sont pas vus en dehors de notre corps, que, du fait qu'elle considère ces objets comme des perceptions mentales, ils doivent être placés quelque part à l'intérieur de notre corps, que la fenêtre vitrée devant laquelle nous sommes assis n'est pas plus rapprochée que l'étoile scintillante au fond du ciel. Vouloir placer une maison dans une boîte crânienne ne pourrait provenir que d'une incompréhension de cette doctrine qui, est-il besoin de le dire, est totalement affranchie de telles absurdités. Aucun objet matériel de cette dimension ne pourrait exister dans l'espace occupé par le cerveau humain. Des croyances aussi stupides relèvent de la folie pure et simple et non de la philosophie cachée de l'Inde. Cette dernière est tout à fait d'accord pour affirmer que les objets tels que les maisons et les arbres sont bien en dehors de notre corps, qu'ils sont vus à une certaine distance de nous comme à une certaine distance les uns des autres. Ce qu'elle affirme c'est que, la perception de ces objets est purement mentale et comme il est impossible d'assigner une position spatiale à l'esprit, il est impossible de dire que ces objets sont vus à une certaine distance de l'esprit lui-même.

La conception selon laquelle le corps existe indépendamment de l'esprit, de la conscience, est une illusion à la mode entretenue par les matérialistes. Investir le corps des qualités qui appartiennent à l'esprit c'est méconnaître étrangement tous les faits d'expérience. Nous n'avons aucun droit de considérer notre connaissance des objets extérieurs comme mentale et celle de notre propre corps comme matérielle. Une telle distinction est illogique et injustifiée. S'il est exact de dire que tout n'est connu qu'à travers l'esprit, c'est exact non seulement pour les objets extérieurs mais aussi pour notre propre corps, sa tête, ses bras, ses mains, son torse, ses jambes, ses pieds. Ils sont nécessairement connus aussi mentalement. Il n'y a aucune raison pour croire qu'on puisse les ranger dans une catégorie différant de celle des objets extérieurs. Il faut donc traiter le corps exactement de la même manière que nous traitons ces objets, et considérer que la connaissance que nous en avons n'est qu'une connaissance mentale.

Il ne faut pas non plus commettre l'erreur dont se rendent coupables beaucoup de novices en ce genre d'étude et la plupart des critiques qui la méprisent, en imaginant que le corps humain est connu uniquement par lui-même alors que les objets extérieurs le sont mentalement. Notre corps, avec ses organes des sens, les yeux, les oreilles, le nez, la langue, et la peau, existe exactement de la même manière qu'un mur de briques, en tant qu'il existe comme idée de conscience. Nous n'avons connaissance de ces instruments des sens qu'à cause des sensations que nous en recevons. Du fait qu'il possède une forme, des dimensions, une couleur, le corps tout entier — même le cerveau physique — se trouve autant dans l'esprit, et nous sommes aussi dépendants de l'esprit pour constater son existence, que lorsqu'il s'agit d'un mur de briques.

Il est de fait que la plupart des hommes confondent leur peau avec leur esprit. Ils ne comprennent pas que la distance qui sépare cet objet le plus proche n'est nullement celle qui sépare cet objet de l'esprit. L'erreur capitale est de prendre l'existence extra-corporelle pour l'existence extra-mentale. L'esprit projette inconsciemment ses perceptions dans l'espace et voit les choses telles qu'il les crée.

Résumons ce qui précède en procédant à une analyse un peu plus poussée, à une critique plus pénétrante du mot « extérieur ». Personne n'a jamais vu un objet en dehors de l'esprit, mais seulement en dehors du corps. En abandonnant le point de vue pratique pour le point de vue philosophique, il est inexact, de parler d'objets « extérieurs », car le corps lui-même n'est finalement connu que sous forme de pensée et par conséquent mentale : rien n'est donc vraiment extérieur. Dire qu'un objet est en dehors du corps c'est dire qu'il est en dehors d'une pensée, c'est-à-dire au dehors d'une chose mentale, c'est-à-dire en dehors de l'esprit — ce qui est impossible. Quand on emploie le mot « extérieur » il faut préciser si l'on veut dire extérieur au corps ou extérieur à l'esprit. Car dans le premier cas, comme il a été démontré que le corps est lui-même intérieur à l'esprit, les objets doivent donc eux aussi lui être intérieurs. Dans le second cas la notion d'intérieur ou d'extérieur est absolument inapplicable. Nous ne pouvons par conséquent pas dire d'une façon exacte que quelque chose est extérieur, nous pouvons simplement dire que ce quelque chose existe. Le mot renferme sa propre contradiction. Il appartient à un langage erroné et irrationnel.

Dès le début de la conscience chaque objet est continuellement présenté à l'esprit comme quelque chose d'isolé et d'autonome. Non seulement nous reconnaissons un objet mais nous reconnaissons qu'il a une forme et des dimensions particulières, qu'il se trouve à une certaine distance de notre corps et des autres objets. Nous reconnaissons qu'il existe dans l'espace. Nous le voyons spatialement. Nous avons la conviction inattaquable, par exemple, que ce mur est situé dans l'espace et estimons que nous écarter de cette conviction serait perdre notre santé mentale.

Mais il nous faut aborder un problème étrange. Si aucune sensation ne peut sortir de la périphérie de notre corps, parce que chacune d'elles est supposée le résultat interne de l'opération d'un instrument des sens, pourquoi percevons nous la pensée finale comme une forme s'étendant dans l'espace ? Tous les objets dits extérieurs ont des rapports spatiaux entre eux, mais comment l'idée que nous nous faisons d'eux, et qui est apparemment tout ce que nous en connaissons, peut-elle être considérée comme ayant une position dans l'espace ? Puisqu'il a été démontré que nos pensées ou nos observations de ces objets n'étaient que l'expérience que nous en recevons, comment se fait-il que cette expérience née d'elle-même réfute notre raisonnement du fait qu'elle nous montre ces objets entièrement séparés les uns des autres ? Comment une image qu'on dit intérieure peut-elle nous apparaître comme un objet extérieur possédant des caractères spatiaux ? Comment les couleurs qui sont, comme la science le démontre, des interprétations optiques, qui sont donc à l'intérieur des yeux, peuvent-elles prendre la forme de choses extérieures et autonomes ? Bref comment expliquer la transformation d'une expérience purement mentale en une expérience en apparence séparée et indépendante, la projection d'une expérience purement intérieure en une expérience extérieure ?

Pour jeter quelque lumière sur les réponses à faire à ces questions il est nécessaire de procéder à un examen scientifique assez long de certains aspects de la perception des choses par les sens. Il existe, dans le fonctionnement de ceux-ci, une certaine anomalie qui peut paraître de bien minime importance quand on la considère du point de vue pratique, mais qui fournit un moyen unique pour parvenir à la compréhension profonde du rôle joué par les sens et par l'esprit dans l'observation du monde. Ces erreurs particulières des sens que nous appelons illusions et ces mystérieux dérangements de l'esprit que nous nommons hallucinations, illustrent d'une manière intéressante un principe dont la grande importance est généralement méconnue par les esprits non scientifiques ou non philosophiques. Ce serait une erreur que de sous-estimer leur valeur éducative du fait qu'elles sont négligeables dans la pratique.

L'illusion possède des éléments en commun avec l'expérience correcte et ordinaire, bien qu'elle paraisse la démentir ironiquement. L'acte psychologique de la perception existe pareillement dans les deux cas bien que les causes soient différentes. Le processus par lequel nous devenons *conscient* d'une illusion ne peut être différent de celui par lequel nous prenons conscience d'une chose habituelle. Cette prise de conscience est exactement de même nature bien qu'elle soit dite erronée dans un cas et juste dans l'autre.

La science a découvert que l'étude de l'anormal jette des lumières nouvelles sur le normal. Des troubles du processus psychique et des défauts du mécanisme physiologique révèlent souvent des données précieuses sur le fonctionnement de l'un et de l'autre ou confirment les résultats obtenus précédemment par l'observation ou la réflexion. Donc quand le mécanisme de la sensation est troublé, comme dans les illusions, et que le stimulus matériel est mal reconstruit, nous avons une indication sur le fonctionnement même du mécanisme. Une analyse soigneuse et méthodique de ces expériences anormales fournit des renseignements précieux qui aident à rendre plus intelligible le processus si compliqué de la perception et éclairent d'une manière révélatrice les rôles joués respectivement par l'esprit observateur, les sens observateurs et l'objet observé. C'est donc à cause de sa valeur scientifique pour l'explication des expériences des sens que nous étudions ici le phénomène de l'illusion.

Les intellectuels grecs tels qu'Aristote étaient troublés par la facilité avec laquelle les hommes étaient abusés par leurs sens, mais les sages indiens tels que Gaudapada avaient non seulement remarqué le fait mais l'avaient étudié jusque dans ses significations les plus profondes. Car ce qui les troublait c'était la facilité avec laquelle les hommes pouvaient être abusés par leur *esprit*. Pour être bien compris, les phénomènes d'illusions — que toute philosophie digne de ce nom est appelée à étudier —

réclament une subtilité qu'on ne rencontre pas souvent chez les Occidentaux. Les résultats obtenus dans le domaine mental et dans le domaine physique par les races aryennes (au sens scientifique du mot) les autorisent à se prétendre de qualité supérieure, mais c'est le rameau indo-aryen qui a relativement produit le plus d'hommes alliant la puissance de concentration et la pénétration de la pensée à une singulière maîtrise des désirs et des égoïsmes qui auraient pu les ralentir sur la route de la vérité philosophique. Les sages indiens ont étudié à fond, sous tous les aspects, l'illusion et l'hallucination, car ils avaient une tournure d'esprit scientifique et ne voulaient rien accepter qu'ils n'eussent étudié et vérifié. Malheureusement, une fois ces sages disparus, leur science fut en grande partie perdue et la philosophie indienne dégénéra au cours des siècles pour devenir un bavardage vide de sens comme dans les autres pays.

Les illusions sont liées à un étrange élément de la perception qui aurait dû depuis longtemps mettre les esprits occidentaux sur la voie de la vérité psychologique, car il fut remarqué et profondément étudié par les sages indiens il y a plusieurs millénaires, mais sa signification n'a pas reçu, à l'Ouest, l'attention qu'elle méritait. Cet élément consiste en ce que nous observons seulement ce à quoi nous attachons notre attention, que dans la multitude des images rétiniennes nous choisissons inconsciemment celles qui nous intéressent. Nous pouvons par exemple être en train de lire un livre, ou de travailler, dans notre bureau, à quelque chose de très important ou de très absorbant. Si une pendule sonne l'heure, il se peut que nous n'entendions pas son carillon parce que notre attention était trop concentrée sur notre livre ou sur notre travail. Les organes des sens ont pourtant reçu l'impression, les vagues sonores ont frappé les tympans de nos oreilles parfaitement saines, mais à cause de la dissociation de notre attention nous ne les percevons pas bien qu'elles soient perçues par d'autres personnes. En nous promenant dans la rue nous pouvons rencontrer un ami qui nous salue. Cependant, si nous sommes plongés dans nos réflexions nous ne l'apercevons pas et ne lui rendons pas son salut. Nous voyons beaucoup plus ce que nous voulons voir que ce que nous voyons réellement. La conscience s'estompe et même s'efface quand nous n'accordons aucune attention à ce que nous voyons, alors qu'elle est, par compensation, extrêmement aiguë pour le sujet sur lequel nous avons concentré notre pensée.

Quand un travail nous absorbe au point d'occuper notre conscience en la fermant à toute autre chose, des événements peuvent se produire sans que nous·nous en apercevions, des objets peuvent se présenter à nos regards sans que nous les voyons. Ils demeurent en dehors du champ de notre conscience bien qu'ils soient à l'intérieur du domaine des impressions de nos sens. Ce qui domine l'esprit dicte ce que nous percevons, c'est un fait qu'il faut se rappeler. Quand l'attention des facultés sensorielles est préoccupée par les idées de la rêverie intérieure, la voie de leur activité extérieure est fermée. On en trouve une illustration dans le cas des yogis totalement plongés dans l'état de transe ou de coma et qui demeurent inconscients ou insensibles à la douleur si on les enterre ou si on entaille leur chair avec un couteau. L'élément mental de l'attention joue un rôle puissant pour déterminer le contenu de ce que nous percevons. Plus l'esprit est orienté vers une souffrance physique et plus intense elle devient. D'un autre côté, plus l'esprit s'absorbe dans une autre pensée et moins cette souffrance se fait sentir. Lorsque la pensée se relâche ou disparait totalement·nous pouvons devenir aveugles à ce qui se trouve sous nos yeux.

Ce fait extraordinaire aurait dû, à lui seul, démontrer que le fonctionnement de l'esprit ajoute et retire à la fois quelque chose au monde que nous constatons. Il aurait dû avertir que l'élément mental ne peut être isolé, dans n'importe quelle constatation produite par l'expérience des sens. Car si l'esprit ne collabore pas avec les sens, il ne peut y avoir de conscience d'un objet extérieur, quand bien même les conditions physiques sont remplies, ou s'il ne collabore qu'imparfaitement l'expérience devient moins nette et moins intense en proportion. Il est difficile de se rendre compte du degré d'interférence mentale lorsque notre état normal ne nous en prévient pas. Nous pouvons par contre espérer être prévenus en observant les expériences anormales et les événements inhabituels qui déchirent en quelque sorte, le voile de la perception. Nous avons déjà signalé que c'est psychologiquement une erreur de séparer les illusions des faits acceptés de la vie normale. C'est en analysant ces écarts exceptionnels de la nature que nous apprenons à mieux connaître le cours ordinaire de celle-ci. Si l'illusion est une fausse impression des sens, ce n'en est pas moins une impression quelle que soit la manière dont elle se produise.

Considérons la première catégorie d'illusions dues à la nature. Le plus banal exemple conduit à une révélation étonnante. Prenons la simple chaise sur laquelle vous êtes assis. C'est un objet solide, tangible, fait d'une substance naturelle que vous appelez du bois. Telle est la vérité au sujet de cette

chaise en ce qui vous concerne. Mais rendons-nous dans le laboratoire d'un savant. Qu'il prenne un morceau de ce bois dont
votre chaise est faite et qu'il en fasse une étude analytique. Il
le réduira progressivement en molécules, atomes, électrons,
protons et neutrons. Il vous dira finalement que le bois n'est
qu'un ensemble de radiations électriques ou, vulgairement, de
l'électricité. En dépit de ces renseignements pertinents et malgré
ce qu'un raisonnement irréfutable vous indique, vos cinq sens
continueront à vous montrer le bois comme quelque chose de
très substantiel, exactement le contraire de ce que vous imagi-
nez qu'est l'énergie électrique.

Cela ne signifie-t-il pas que vous êtes le jouet d'une illusion,
beaucoup plus étrange que celle que pourrait faire naître quelque prestidigitateur ? En fait la planète tout entière présente
un curieux exemple d'énormes masses de substances solides,
liquides ou gazeuses qui ne sont pas réellement ce qu'elles paraissent. En effet, si la recherche scientifique ne s'est pas abusée
elle-même, ce ne sont que des tourbillons d'énergie électrique,
autrement dit les majestueuses montagnes, l'eau courante des
rivières, les vagues déferlantes de la mer et les vertes prairies
ne sont pas réellement constituées telles que nous les voyons.
Leur existence est indéniable, mais leur apparence sous la
forme de « blocs de matière » est essentiellement illusoire.

La géographie moderne révèle le fait extraordinaire que des
millions de personnes se promènent en fait sur notre globe avec
la tête en bas et les pieds plutôt collés à la terre que reposant
sur elle. Une telle affirmation, sous sa forme écrite, est si ahuris-
sante que ce qu'on appelle le sens commun — et qui n'est
qu'une opinion ignorante commune — se refuse à la croire,
bien que la connaissance de la rotondité de la terre nous oblige
à accepter cette idée si contradictoire qu'elle puisse paraître
avec tout ce que nous disent nos yeux. Qui aurait pu le savoir
si le savant, par des recherches constantes, n'avait constaté
le fait et découvert que la croyance populaire, en ce qui concerne
les rapports entre le corps humain et la surface de la terre, était
complètement illusoire ? Ce simple exemple suffit à nous faire
comprendre pourquoi ceux qui veulent n'admettre pour vrai
que ce qui est constaté par leurs sens, sont impropres aux études
philosophiques.

Quand la pleine lune se lève au bord de l'horizon, elle a la
forme d'une énorme roue de voiture. Regardez-la quand elle
passe au méridien et qu'elle a pris les dimensions d'une pièce
de monnaie. Quelle était sa véritable apparence ? Vos yeux ne

sont pas coupables, car la rétine a parfaitement enregistré les images dans les deux cas. La différence provient de ce que vous avez inconsciemment mesuré la lune à son lever à la même échelle que les collines, les arbres, les maisons qui occupent également l'horizon, alors que vous utilisez ordinairement une échelle très différente pour mesurer les objets placés très haut dans le ciel. C'est ainsi que le soleil couchant à travers un arbre familier paraîtra démesurément grossi parce qu'il occupe l'espace rempli par les branches. Vous adoptez un étalon de perception erroné sous l'effet de l'habitude et vous jugez d'après lui les dimensions du soleil ou de la lune. Mais où se produit réellement cette erreur ? Ce n'est ni dans l'objet, ni dans vos yeux. Elle ne peut donc se produire que dans votre esprit, car c'est une erreur d'interprétation, c'est-à-dire une *activité mentale*. L'accroissement du diamètre de la lune ou du soleil n'a lieu en fait que dans votre idée.

Regardez le paysage qui s'étend sous votre fenêtre au matin. Peut-être ne verrez-vous, à l'arrière-plan, qu'un brouillard obscurcissant l'horizon. Photographiez ce brouillard sur une plaque sensible aux rayons infra-rouges. Votre appareil verra ce que vos yeux ne peuvent voir, car il enregistre l'image d'une chaîne de montagnes située à trente kilomètres. Semblablement, un spectroscope sensible et une plaque photographique révéleront l'existence d'étoiles dans un espace apparemment vide même lorsqu'elles restent invisibles à un puissant télescope. Le fait que ces illusions existent naturellement est suffisant pour mettre en question la validité de notre connaissance du monde. Si les sens peuvent nous tromper en ces quelques cas, pourquoi ne nous tromperaient-ils pas dans d'autres que nous ne remarquons pas ? Nous sommes donc en droit non pas tant de nous méfier de nos sens, car ils ne sont pas directement responsables de ces erreurs, mais de nous méfier de l'interprétation donnée à ce qu'ils nous signalent.

Les sens peuvent certainement nous tromper. Un observateur, dans un aéroplane en piqué, voit la terre monter brusquement vers lui ; dans un train le voyageur voit les poteaux télégraphiques défiler rapidement à sa vue. Ce sont des erreurs visuelles. Elles servent à illustrer le véritable fonctionnement du phénomène de la vision, car elles trahissent un élément de jugement, c'est-à-dire une contribution mentale à ce qui semble être une constatation des sens.

Pourquoi les derniers cent mètres d'une promenade de six kilomètres paraissent-ils plus long que les cent premiers alors que les impressions faites sur les sens de la vue et du toucher sont exactement les mêmes ? C'est parce que les muscles fatigués ont *suggéré* une série de sensations différentes qui produisent l'illusion d'une distance plus grande, d'une durée de parcours plus longue. Les sensations, doit-on se rappeler, sont *mentales*.

Entrez dans une pièce quelque peu obscure et faites tomber la lumière d'une petite fenêtre sur un manteau de couleur verte. Regardez-le à travers un verre rouge. Peut-être serez-vous étonné de constater qu'il vous paraît noir. Regardez une étoffe rouge à travers un verre bleu, vous la verrez noire également. Allumez une lampe électrique verte et examinez une étoffe bleue à l'œil nu. Cette fois encore elle paraîtra noire. Ou encore allumez une lampe rouge et regardez une botte de primevères jaunes. Ces fleurs vous paraîtront étranges car elles seront devenues rouges. C'est une expérience banale de constater que des rideaux paraissant verts au jour deviennent bruns à la lumière artificielle. Quand on absorbe une certaine quantité de santonine, matière vénéneuse, beaucoup de choses paraissent jaunes. Toutes ces illusions d'optique indiquent clairement qu'il faut se défier sinon de ses sens, du moins de leur fonctionnement, car ils sont incapables de fonctionner sans l'esprit.

Quand après avoir considéré pendant quelque temps une étoffe verte vous en regardez une de couleur grise, celle-ci prend une teinte rose. L'impression de gris donnée par les sens ne peut avoir changé. Ce qui s'est passé c'est que l'esprit l'a mal interprétée parce que les sensations du moment dépendent de celles de l'instant précédent et sont affectées par elles, parce qu'en formant les images de l'expérience l'esprit opère sur ce qu'il reçoit.

Vous apercevez un magnifique arc-en-ciel dressant très haut dans le ciel son cercle merveilleux mais un pilote d'avion passant à l'endroit où vous le voyez ne percevra rien du tout — bel exemple de relativité !

Les admirables couleurs qui teintent le ciel au lever et au coucher du soleil sont en partie la conséquence de poussières flottantes, et de la vapeur d'eau suspendue dans l'atmosphère. Vous ne percevez ni cette poussière ni cette vapeur et vous superposez la teinte à l'espace qu'elles emplissent. Quand des gouttes d'eau sont assez grosses pour décomposer la lumière à la manière d'un prisme, elles donnent un bel arc-en-ciel. Quand elles constituent un nuage elles sont d'un blanc neigeux si elles réfléchissent les rayons du soleil, mais sont grises ou noires si elles ne sont pas placées de manière à opérer cette réflexion. La lumière ne change certainement pas de nature, elle demeure constamment la même, mais elle paraît différente à différents observateurs à des moments différents. Ainsi le vaste dome céleste n'est fréquemment qu'une gigantesque illusion de couleur avertissant les hommes à l'esprit insouciant de se méfier de ce qu'ils voient, de réfléchir à la relativité de toutes les choses, de bien comprendre l'immense différence existant entre *être* et *paraître*.

Regardez un gobelet d'eau claire. Vos yeux vous diront qu'elle est parfaitement pure. Examinez la même eau sous un microscope, vous découvrirez qu'elle fourmille d'innombrables animalcules. La salade peut être très soigneusement lavée et paraître d'une propreté parfaite, le microscope la révélera encore pleine de bactéries. Dans les deux cas vos sens nus non seulement ne vous ont pas dit la vérité mais ils vous ont donné une illusion.

Quand vous plongez une canne dans de l'eau elle paraît se rompre à l'endroit où elle crève la surface et sa partie immergée semble relevée. L'expérience visuelle vous donne un renseignement complètement faux au sujet de la canne, et il en sera ainsi quelle que soit la perfection de vos yeux ou quel que soit le nombre de fois que vous regarderez la canne.

Voici un poteau télégraphique en bois. En le mesurant nous constatons qu'il a douze mètres de haut. Si nous nous en écartons à quelque distance, il nous paraîtra tout de suite plus petit. Si nous allons beaucoup plus loin il nous semblera ramené à quelques mètres de hauteur. Le poteau est-il ce petit bâton que nous apercevons maintenant ? Est-il l'objet qui avait d'une manière si convaincante douze mètres de haut ? Nous en avons vu trois hauteurs apparentes. Laquelle est la véritable ? Si nous répondons que c'est celle que nous avons mesurée il faut expliquer pourquoi un mètre est plus privilégié qu'un homme, pourquoi le concept mathématique, l'idée « douze mètres », doit l'emporter sur l'autre idée « quatre mètres » qui se forme en nous quand nous sommes à une distance assez grande. Ce n'est pas tout, il faut encore expliquer pourquoi le mètre — qui n'est qu'une simple longueur de bois — doit se voir attribuer une longueur aussi certaine alors que le poteau télégraphique qui est aussi en bois en a une si incertaine. Bien évidemment, en effet, aussi bien lorsque nous sommes à toucher le poteau et le mètre que lorsque nous en sommes éloignés, ce que nous voyons dans les deux cas c'est uniquement l'objet tel qu'il nous apparaît.

Nous avons étudié ce point dans notre chapitre consacré à la relativité. Il soulève de sérieuses et étonnantes questions. Le poteau est-il une chose et ce que nous percevons une autre chose ? Voyons-nous les objets tels qu'ils sont ou seulement tels qu'il nous apparaissent ? Dans ce dernier cas sommes-nous condamnés à ne jamais voir que l'apparence des choses et jamais leur réalité ? La réponse à ces questions commence à se dégager de notre étude du processus de perception. Nous avons en effet appris que ce que nous voyons ce sont les images formées par notre propre esprit. Qu'elles soient formées consciemment ou inconsciemment, elles ne sont jamais que des images mentales, des pensées. Toutes les apparences prises par les poteaux et les mètres ne sont que des révélations de notre esprit. Nous voyons l'idée que nous nous faisons des choses et non pas les choses elles-mêmes. Il est encore trop tôt pour nous demander quelle est la réalité dissimulée sous ces apparences, quel est l'objet véritable qui donne naissance à l'idée, nous y reviendrons plus tard.

Ce qui est vrai pour la vue doit l'être aussi pour les autres sens. Il existe des illusions du toucher, par exemple. Prenez trois bols d'eau : froide, tiède et aussi chaude que cela est supportable. Plongez votre main gauche dans l'eau chaude et votre main droite dans l'eau froide. Restez ainsi pendant deux ou trois minutes puis retirez les rapidement, secouez les gouttes et plongez les toutes deux dans l'eau tiède. Vous la sentirez froide avec votre main gauche mais chaude avec votre main droite ! Le sens du toucher d'une main contredit celui de l'autre, il vous indique une température différente pour la même eau. Le fait démontre d'une façon frappante à quel point nos sensations du moment dépendent des précédentes, que ce que nous sentons n'est qu'une   projection de la mémoire d'une expérience antérieure.

Laissons une pelle à l'extérieur pendant une nuit froide. En la prenant le lendemain matin nous trouverons le manche froid et la partie métallique glacée. Le toucher nous indiquera donc une température différente pour ces deux parties de la pelle. Vérifiez avec un thermomètre et vous constaterez que la température est la même sur toute la longueur de l'instrument. Tout cela suffit à bien prouver qu'il est dangereux de se fier *à l'expérience immédiate.*

Les illusions en géométrie. — Abordons une catégorie d'illusions complètement différentes, celles que l'homme a créées artificiellement. Il existe en géométrie des illusions bien connues des étudiants en physique, physiologie et psychologie. La *figure 1* présente quatre lignes horizontales de longueurs en apparence inégales, délimitées par de petites lignes obliques tournées vers l'intérieur ou vers l'extérieur. Laquelle trouvez-vous la plus longue ? Mesurez-les avec une règle graduée et vous constaterez qu'elles ont toutes rigoureusement la même longueur. Celle d'en haut paraît la plus courte parce que l'œil situe son extrémité quelque part à l'intérieur de la pointe de flèche et ne va pas jusqu'à l'extrémité véritable. Les autres lignes paraissent de même inégales parce que l'œil ne les isole pas du dessin qui les accompagne. Leurs images rétiniennes doivent cependant avoir rigoureusement la même longueur. Ce n'est pas l'œil qui est à blâmer mais le jugement. Cela signifie qu'un élément mental intervient dans ce que nous voyons et qu'il est assez puissant pour nous faire voir ce qu'il veut, même lorsque, comme dans le cas présent, il se trompe en interprétant mal, c'est-à-dire en construisant une image fausse.

La *figure 2* montre un cercle qui paraît aplati en quatre points aux angles du carré. Vérifiez avec un compas et vous constaterez que c'est une illusion. La *figure 3* présente deux lignes longues croisant un certain nombre de lignes plus courtes et donnant l'impression d'être incurvées en leur milieu. Elles sont pourtant bien droites et parallèles. Voilà donc deux lignes qui sont parfaitement parallèles, il suffit de quelques hachures pour leur donner l'apparence d'être convergentes aux yeux de la plupart des observateurs. C'est une illusion de direction. La *figure 4* semble montrer un quadrilatère irrégulier coupé par de nombreuses lignes parallèles, alors que c'est un carré parfait. La *figure 5* est une devinette. Laquelle des deux lignes du côté droit prolonge exactement celle du côté gauche ? La plupart des gens diront que c'est celle du haut. Vérifiez avec une règle et vous constaterez leur erreur.

Regardons pendant un certain temps la *figure 6*. Quelquefois elle nous paraîtra une image plate, l'intersection de deux droites, mais quelquefois elle s'éloignera de la vue, prenant l'apparence d'un objet solide, une croix à angles droits posée sur le sol et que l'on regarde obliquement d'en haut. Fermez un œil et contemplez pendant quelque temps la *figure 7*. Tantôt elle vous donnera l'impression d'une feuille de papier pliée vue par l'extérieur, tantôt vous la verrez par l'intérieur du pli.

La *figure 8* est plus ambiguë et plus compliquée que les autres. Elle vous montre un cube transparent dont l'une des surfaces est tantôt la plus rapprochée de l'œil, tantôt la plus éloignée.

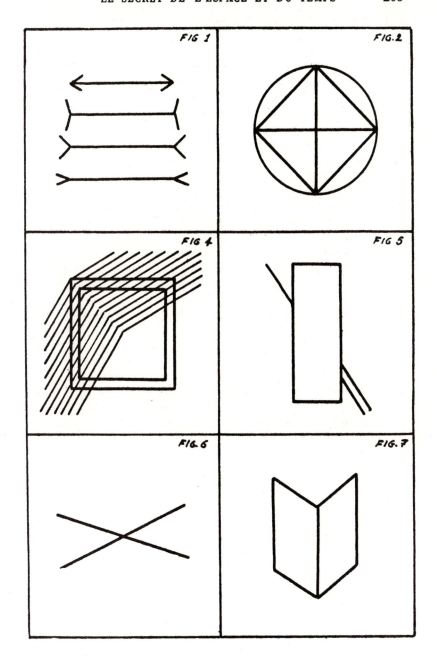

Elle paraît dans ce dernier cas être passée au second plan et aperçue à travers le cube. Le cube précédemment transparent devient alors opaque. Quand on regarde la figure suffisamment longtemps le changement se produit alternativement. Les angles de la figure passent donc tour à tour au premier plan. Il est important de noter que les deux interprétations ont toute la force des observations de chaque jour. Vous commencez par voir non pas ce que l'artiste a tracé en noir sur blanc mais ce que votre esprit a imaginé, c'est-à-dire construit, d'après l'expérience qu'il a de figures semblables ou analogues. Les impressions produites dans chaque cas par les lignes sur les rétines sont parfaitement correctes comme l'ont démontré des photographies prises de ces images rétiniennes par d'ingénieuses méthodes, aucune déformation ne s'est produite. Néanmoins la figure dont vous avez la connaissance n'est pas le résultat brut de ces impressions mais un résultat entièrement recréé. L'expérience démontre que l'esprit contribue largement à la formation de la perception. La figure illusoire que nous apercevons alternativement est la conséquence directe d'un travail *mental*, s'opérant dans le subconscient, sur les éléments fournis par l'œuvre de l'artiste, éléments qui ne subissent aucun changement.

Il faut regarder la *figure 9* de biais. Les lignes ne sembleront pas parallèles bien qu'elles le soient. Dans la *figure 10* les lignes obliques se rencontrent exactement au même point de la ligne verticale de droite quoique les yeux vous diront à peu près invariablement qu'il n'en est pas ainsi. Les impressions données par les sens sont justes mais le jugement formé inconsciemment par l'esprit d'après elles, ne l'est pas. Les impressions sur l'œil sont exemptes de tout reproche, mais non les impressions sur l'esprit.

Un coup d'œil sur la *figure 11* vous dira que l'arc supérieur continue la courbe située au-dessous de la ligne horizontale la plus basse. Un compas vous montrera facilement votre erreur. C'est l'arc intérieur qui la prolonge en réalité. La *figure 12* illustre excellemment une illusion qui persiste même lorsqu'on a découvert la solution correcte. Regardez aussi longtemps et aussi fréquemment que vous voudrez cette figure, vous n'arriverez probablement jamais à la dépouiller du caractère illusoire dont vous l'avez revêtue du premier coup où vous l'avez vue. C'est un chapeau haut de forme qui paraît beaucoup plus haut que large. C'est difficile à croire mais mesurez et vous constaterez que sa dimension horizontale est rigoureusement

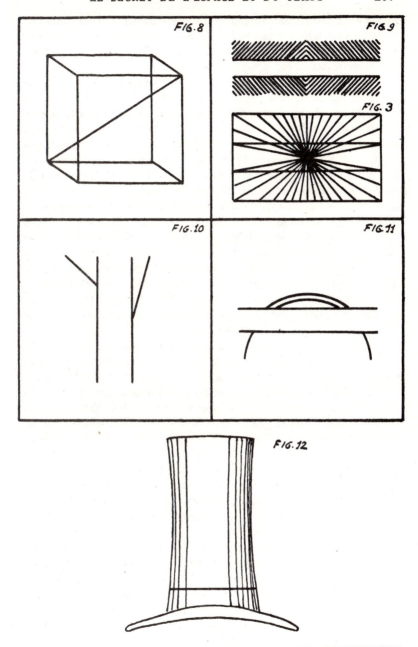

FIG. 8

FIG. 9

FIG. 3

FIG. 10

FIG. 11

FIG. 12

égale à sa dimension verticale. Les instruments de la vision ne sont pas en défaut, car la rétine retrace fidèlement ce qu'elle reçoit. Ce qui est en défaut c'est le jugement formé sur l'impression reçue, c'est donc l'esprit.

Ce serait une grave erreur que de considérer toutes ces illusions comme des curiosités géométriques sans importance. Ce sont des clés psychologiques. Elles possèdent une signification profonde parce qu'elles permettent d'élucider les phases les plus avancées du processus de perception. Elles démontrent que l'interprétation mentale se combine avec l'impression physiologique et dans la confusion qui en résulte il est facile de discerner l'image mentale superposée à l'image imprimée. Nous voyons comme un fait ce que l'esprit perçoit et non nécessairement ce que les sens nous disent. Combien il devient difficile dès lors d'affirmer la validité de la vue de certaines choses par rapport à d'autres. Ces erreurs jettent donc une certaine lumière sur la vision elle-même. Quand nous apercevons une figure géométrique d'une manière différente de son véritable dessin, ce que nous voyons c'est une production transportée par l'esprit sur la figure elle-même. Telle est la loi psychologique qui se trouve à la racine de l'illusion.

Il est nécessaire de noter un autre point étrange au sujet du mécanisme de ces illusions. La continuité de l'observation n'améliore pas celles-ci. Même quand vous attachez délibérément votre attention sur elles, vous ne les éliminez pas. Elles subsistent et ne peuvent être effacées. Ce sont des illusions mais persistantes. Vous ne parvenez pas à vous en débarrasser en en prenant conscience. Vous pouvez connaître un dessin d'une manière aussi détaillée que vous le voudrez, vous n'en verrez pas moins diverses interprétations flotter devant vos yeux bien que votre raison vous dise qu'il est immuablement fixé par l'encre sur le papier. Que signifie une insistance aussi étrange ? Comment s'expliquer ce fait curieux ? Il n'y a qu'une seule explication possible, les erreurs des sensations, c'est-à-dire les résultats d'*un processus qui se déroule à l'intérieur du corps et de l'esprit de l'observateur*, peuvent être projetées par lui de façon à paraître des choses matérielles *extérieures*. Car les formes illusoires prises par les dessins n'ont d'autre réalité que dans l'esprit qui les perçoit. *Il faut donc être prêt à accepter, si nécessaire, l'étonnante conception que nos impressions visuelles de l'« extériorité » d'une chose peuvent n'être que des interprétations complètement erronées de ces impressions.* Les tours que nous jouent nos sens commencent à paraître comme des triomphes de l'esprit.

Projections mentales. — Nous arrivons à une troisième catégorie d'illusions qui peuvent paraître très simples mais n'ont
pas moins une vaste signification. Un appareil appelé le vitas-
cope fut assez populaire il y a quelques dizaines d'années. Vous
mettiez une pièce de monnaie dans une fente, tourniez une manivelle, et aperceviez une scène animée. L'illusion du mouvement
continu était tirée d'une série de photographies montées sur
du carton que la rotation de la manivelle présentait successivement à la vue. C'est l'illusion que nous procure aujourd'hui
le cinéma. La succession rapide d'images statiques produit l'impression du mouvement.

Où est la continuité de l'action perçue par le spectacteur ?
Dans l'image elle-même ? Assurément pas, il s'agit seulement
d'une suite de photographies donnant des images immobiles.
Par conséquent cela ne peut être que le résultat d'un processus
se déroulant dans les yeux et dans l'esprit du spectateur lui-
même.

Si l'on fait tourner assez rapidement dans l'obscurité une
torche allumée en décrivant un 8, un observateur placé à quelque distance verra ce 8 tracé d'une manière parfaite et persistante. A une fraction de seconde déterminée, quand la torche
se trouve par exemple au point d'intersection, l'observateur la
voit cependant en haut et en bas de la figure lumineuse. La
science nous explique que, de même que pour le cinéma, cela
provient de la persistance de l'image rétinienne pendant un
moment après qu'elle s'est effectivement formée. Elle a démontré expérimentalement qu'une impression des sens peut se
prolonger même quand le stimulus a disparu. Le résultat est ce
qu'on appelle une « post-image ». Le jeu des centres nerveux
rétiniens dure plus longtemps que le stimulus lui-même et poursuit donc une existence indépendante.

Il importe d'étudier ce cas un peu plus profondément. L'œil
est comme un appareil photographique et enregistre fidèlement
ce qu'il voit. Il est même supérieur à l'appareil photographique
parce que les ajustements indispensables de distance focale, etc.,
sont faits automatiquement à l'accoutumée. Dans le cas du
8 lumineux il ne peut donc enregistrer qu'une série d'images
isolées de *points* lumineux. Cet enregistrement se produit si
rapidement que le cerveau n'a pas le temps de les séparer. En
conséquence il fond la multitude des impressions visuelles en
une sensation unique et s'en tient à l'image du 8 lumineux qui
se trouve ainsi formée. C'est cette image qui est reprise par
l'esprit. *L'esprit continue donc de voir ce qui est sa propre création.*

Il faut distinguer deux stades. Tout d'abord les diverses positions du bout enflammé de la torche se présentent aux sens qui les enregistrent immédiatement pour ce qu'elles sont. Deuxièmement, ces impressions des sens sont transmises au cerveau par le nerf optique si rapidement que ce cerveau est incapable de les considérer séparément. Il les accepte donc sans discrimination comme un 8 continu. Ce 8 est vu mentalement et accepté comme réel. Seule une étude précise peut éliminer l'erreur et corriger la fausse perception.

Il est très important de bien comprendre que la figure n'existe pas matériellement même quand on croit la voir. Où la voit-on réellement alors ? Elle ne peut être perçue par l'esprit que comme l'une de ses propres images, car elle est liée à l'observateur lui-même et non à la torche. Et il est encore plus important de comprendre que l'observateur la voit *à l'extérieur* de son corps, bien qu'elle soit, en fait, *à l'intérieur* de son esprit. Elle apparaît comme une représentation « réelle » à ses sens. Cependant cette figure lumineuse n'est qu'une construction intellectuelle.

L'observateur n'a pas conscience sur le moment de construire mentalement cette figure, et il n'a pas plus conscience par la suite de ce qu'il a fait. En outre, même lorsqu'il sait que la figure est une simple illusion d'optique, *il continue à la voir sous sa forme illusoire*. La duperie persiste bien qu'il sache que c'en est une. Il y a là, semble-t-il, une contradiction. Mais c'est une contradiction du concevable, non de l'inconcevable tel qu'un cercle carré, ou du fantastique, tel qu'une chèvre avec une tête de lion. Elle demeure quelque chose qui se moque de la croyance humaine, qui détruit l'idée conventionnelle que ce qu'on voit est nécessairement et réellement tel qu'on le voit. Elle souligne fortement que ce qu'on pense être une observation valable peut, après tout, n'être qu'un produit de la crédulité.

Considérons une illusion encore plus significative et appartenant à la même catégorie. Combien de fois, à la lumière confuse du crépuscule, le voyageur oriental isolé a-t-il pris l'ombre brune d'un arbre, au bord de la piste, pour celle d'un animal sauvage prêt à bondir sur lui.

..... Dans la nuit, se forgeant quelque crainte,
Combien il est facile de prendre un buisson pour un ours,
a dit le poète. Combien de fois un arbuste dépouillé avec quelque branche horizontale agitée par le vent, aura-t-il semblé au même voyageur être un brigand en embuscade ? En l'apercevant il bondira soudainement en arrière, pressentant une menace

dans des bruissements innocents, il n'aura cependant devant lui qu'un jeu d'ombres contrastées, projetant sur un arbuste inanimé l'apparence imaginaire d'un homme armé.

Cette vision peut être motivée par une insuffisance d'attention, par des préoccupations mentales, par une erreur de jugement, par un défaut de la vue, par l'obscurité, mais tout cela n'explique pas la signification profonde de l'illusion qui lui fait voir extérieurement une image n'existant que dans ses sens ou dans son esprit. On ne peut dire, en effet, qu'elle existe dans l'objet lui-même. Elle n'existe pas non plus uniquement dans l'œil car celui-ci n'est, après tout, qu'un appareil photographique naturel. Il ne peut reproduire que ce qui est effectivement présent. Ce ne peut donc être qu'une superposition de l'imagination à l'objet. C'est ici, quand la faculté d'interprétation de l'esprit entre en jeu sur les données exactes fournies par les sens, que se présente la possibilité d'une erreur d'interprétation, que les illusions se créent. Psychologiquement, il est impossible de distinguer une fausse image d'une vraie parce qu'elles sont toutes deux des expériences personnelles intimes. Nous pouvons croire que nous avons observé quelque chose alors que nous n'avons rien observé du tout. Des souvenirs remontant du passé ou l'attente personnelle de ce qui doit se passer, peuvent nous disposer à *prévoir* que nous reverrons la même chose, alors qu'elle n'existe pas. Sous l'effet de cette préoccupation mentale nous tendons à supposer sa présence. L'œil est trompé parce que l'idée est fausse.

Si l'illusion est produite par l'esprit humain c'est dans celui-ci qu'il faut chercher son substratum et non dans le buisson agité par le vent. Le brigand supposé fait partie de lui. Quand on l'étudie de près, la chose illusoire cesse d'être extérieure pour devenir intérieure à l'esprit. Celui-ci s'est forgé, par une anticipation intense, un moule dans lequel la peur morbide ou la lâcheté ont coulé l'image qu'il perçoit. Les impressions éveillées par le buisson peuvent n'avoir qu'une très lointaine ressemblance avec celle que produirait un brigand, elles suffisent cependant à l'esprit pour s'en emparer et les transformer en une perception illusoire qui fausse l'acte de la vision, non pas parce que la peur et le soupçon emplissent les yeux de l'homme mais parce qu'ils emplissent son âme. La mauvaise interprétation est mentale. La force de suggestion est assez puissante pour superposer une création mentale à la chose matérielle enregistrée par les organes des sens. L'image qui devrait résulter normalement de cet enregistrement est remplacée par une autre

qui se substitue à l'objet aperçu. Une fiction prend la place
du fait réel : le buisson assume la forme d'un brigand.

On peut se poser une question. Quelle est, dans la pratique,
la différence entre un véritable brigand, réellement aperçu, et
ce brigand illusoire ? Dans les deux cas le voyageur terrifié
croit sincèrement en avoir vu un. Et cependant, dans un des
cas, il n'a vu qu'un buisson. Ses yeux ne peuvent avoir recueilli
que les impressions d'un buisson, car un appareil photographique
placé au même endroit et utilisant les pellicules extra-sensibles
capables d'enregistrer les objets même dans l'obscurité, n'aurait
pris l'image que d'un buisson et de rien d'autre. L'œil, nous
le savons, est construit comme un appareil photographique.
Si l'image du brigand n'a pas existé dans les yeux, il faut que
ce soit ailleurs, le seul autre endroit où elle peut avoir existé
c'est l'esprit. L'esprit possède par conséquent l'étonnant pouvoir de fabriquer des images ressemblant de façon frappante
à des perceptions ordinaires en même temps que la surprenante
faculté de les projeter dans l'espace.

Faut-il lever les sourcils d'étonnement devant ces incroyables
constatations ou bien faut-il purement et simplement les écarter
avec un sarcasme ? Pouvons-nous hésiter à admettre que l'esprit
possède le pouvoir de former des images qu'on aperçoit en
dehors du corps ? C'est suggérer que les hommes disposent
inconsciemment d'une sorte de pouvoir magique. Mais n'est-ce
pas une hérésie que de le déclarer ? Allons, osons avouer que nous
ignorons les limites des facultés de l'esprit : c'est un mystère
impénétrable et les annales de la psychologie des anomalies
ont enregistré des choses extrêmement étranges qui frappent
de stupeur le profane et intriguent perpétuellement le chercheur.
Par ailleurs, si nous préférons, nous pouvons appeler cette
possibilité d'objectiver une image mentale non pas un pouvoir
mais un défaut de l'esprit ! Cela ne fera pas disparaître le fait
qu'il est universellement répandu, et que nous devons donc
être constamment prêts à douter de la vérité de ce que nous
représentent tant les sens que l'esprit. Telle est la stupéfiante
conséquence de l'irréfutable logique de ces faits. Elle ouvre les
possibilités les plus extraordinaires. Si l'on peut percevoir ainsi
un seul objet illusoire pourquoi ne pourrait-on en apercevoir
tout un monde ?

Nous devons essayer d'adapter ces découvertes lumineuses
à notre conception de l'univers et à celle de l'homme lui-même.
Il faut nous transformer en courageux iconoclastes, refuser
de demeurer intellectuellement des adorateurs d'idoles. Nous

ne devons pas craindre de pousser ces pensées jusqu'à leurs conclusions logiques si nous désirons retirer quelque sagesse de ces études. La stabilité immuable de la terre n'est-elle pas un spectacle trompeur, une erreur sensorielle flagrante, une expérience de la vue et du toucher que la raison nie hardiment, car il est facile de prouver que le globe est perpétuellement en mouvement ?

Il existe deux genres d'illusions : celles qui nous trompent sur ce que nous voyons objectivement et celles qui nous trompent en nous faisant voir des choses n'ayant pour origine aucun stimulus matériel. Cette seconde catégorie constitue ce qu'on appelle les *hallucinations*, elles sont entièrement dues à une erreur de la pensée, alors que celles de la première viennent de la superposition d'une image mentale à un objet matériel.

Les sensations suggèrent la présence d'un objet extérieur mais quand ces sensations naissent en l'absence d'un tel objet, nous sommes dans le cas des hallucinations. Les hallucinations des sens les plus développés, c'est-à-dire celles de la vue et de l'ouïe, sont les plus communes. On peut dire qu'il s'agit d'illusions sans base objective. L'illusion atteint le plan de l'hallucination quand il n'existe vraiment rien de physique agissant sur les sens pour la justifier. Quand quelqu'un voit quelque chose là où il n'y a rien, il est sous le coup d'une hallucination, mais s'il existe une base physique, si faible soit elle, il est sous le coup d'une illusion.

On estime ordinairement que les hallucinations ne se produisent que dans des cerveaux détraqués et dans des maladies cérébrales. Cette erreur consolante vient de ce que c'est dans ces cas que se constatent les hallucinations les plus étonnantes et les plus douloureuses. Mais, en dehors de ces cas pathologiques, il n'en est pas moins vrai que l'expérience quotidienne dans le domaine de la politique, des affaires ou de la vie sociale, montre que de nombreux individus, apparemment normaux et sains à tout autre égard, connaissent des hallucinations qui leur sont propres et à un moment ou à l'autre de leur existence.

La fausse perception et la sensation illusoire plongent leurs racines exactement dans le même sol que la perception et la sensation normales, c'est-à-dire dans l'esprit. Du point de vue psychologique il n'y a aucune différence de nature entre les hallucinations des fous et les illusions des gens normaux. Elles sont si étroitement liées à l'origine qu'on passe insensiblement des unes aux autres. L'hallucination est la ferme conviction que quelque chose est présent quand il n'en est rien. Le fou,

le délirant, le fiévreux sont assaillis par des bêtes sauvages ou
entendent des voix étranges qui, manifestement, n'existent
que dans leur imagination. Le fait que l'hallucination peut
naître de sources aussi anormales que la maladie, la fatigue ou
la drogue ne diminue pas son intérêt pour aider à comprendre
le processus normal de la perception.

Il y eut une fois un peintre qui, après une première séance
de pose, se rappelait d'une manière si vivante les traits, l'attitude et les vêtements de ses modèles qu'il regardait de temps
à autre à l'endroit où ils auraient dû se tenir pour comparer
avec ce qu'il peignait. Il finissait par se convaincre que ces
modèles imaginaires étaient aussi réels que des personnes de
chair. Aussi la civilisation pédante récompensa-t-elle ce remarquable développement de sa faculté imaginative par un long
séjour dans un asile d'aliénés. Il souffrait certainement d'hallucinations mais son cas était fort instructif pour le chercheur
objectif, car un processus mental sortant de cette façon de
l'ordinaire permettait d'aborder l'étude du fonctionnement de
l'esprit sous un angle extrêmement fécond.

Une telle hallucination est importante en ce qu'elle montre
bien que l'esprit, sans aide étrangère, possède le pouvoir de
projeter à l'extérieur des images convaincantes, qui ne proviennent d'aucun stimulus physique et sont prises pour des
perceptions. Ces images sont également capables de revenir,
voire de persister. La maladie des fous qui se croient Napoléon,
par exemple, montre qu'une idée dominante peut créer de
fausses impressions sensorielles. Lorsque l'esprit est dominé
par une préconception de ce genre, il devient beaucoup plus
susceptible d'être victime d'illusions ou d'hallucinations. On
commence à voir ce qu'on s'attend à voir. L'hallucination
prend une réalité non moins convaincante que celle basée sur
l'expérience physique. Mais si nous allons plus loin qu'on ne
va habituellement dans l'analyse, sans nous encombrer de préjugés, nous constaterons que toutes les images mentales possèdent les mêmes caractères, qu'elles soient des productions de
l'imagination ou du rêve. Les objets imaginaires sont résistants
au contact d'un doigt imaginaire, les paysages de rêve sont
pleins de couleurs pour les yeux emplis de rêve. Mais si nous
utilisons un système de références erroné, si nous demandons
que les choses imaginaires soient soumises aux mesures physiques, nous changeons irrationnellement de domaine et con-
fondons les systèmes d'unités. Il faut être logique. Car, inversement, nous pourrions demander que nos choses physiques

soient mesurées avec les étalons du rêve ! Le sens d'extériorité dans notre vue du monde physique paraît irréfutable. Mais fermez les yeux, supprimez tous les organes des sens par le sommeil et, dans le rêve, vous trouverez un monde aussi vivant et aussi extérieur que votre monde physique. Cela met en lumière le caractère mental du sens de l'extériorité. L'existence de la rêverie abstraite et l'expérience du rêve démontrent ce pouvoir de projeter des images mentales dans l'espace et de leur attribuer la force de la réalité. Il faut bien nous rendre compte que les processus de la conscience sont si étonnants que les images mentales peuvent paraître objectivement à notre corps. L'hypnotisme le prouve, le rêve l'illustre et le phénomène des illusions le démontre complètement.

Du point de vue psychologique il n'y a pas de différence de nature entre l'hallucination et le rêve. Considérez que des imaginations sans base physique transforment, durant le rêve, des états anormaux comme l'hypnose et la folie en perception réelles qui ne sont en aucune façon différentes ni discernables de celles qui reposent sur une base objective. Une personne hypnotisée peut parfaitement voir ce que l'hypnotiseur lui suggère et, inversement, ne pas apercevoir un objet placé devant elle si on le lui commande. Si on lui suggère qu'elle prise du poivre, elle éternuera violemment alors que ce poivre est complètement imaginaire. Les mystiques qui se concentrent à l'excès sur une image particulière au cours d'une méditation, constatent qu'avec le temps elle prend la réalité vivante d'une perception basée sur un objet matériel.

L'hallucination et l'illusion nous apprennent donc, révolutionnairement, que l'on peut apercevoir au dehors de son corps des objets et des personnes qui sont uniquement des créations mentales, et les voir aussi objectivement que des choses et des personnes ayant une existence physique. Cette leçon nous est d'autant plus précieuse que nous sommes dotés par la nature et l'hérédité de la faculté trompeuse de croire que tout ce qu'on voit en dehors du corps doit forcément être en dehors de l'esprit, que les produits de la conscience pure ne peuvent exister qu'à l'intérieur du corps, c'est-à-dire dans la tête. Cette doctrine est périmée, il convient de l'écarter définitivement.

Nous avons appris qu'un groupe d'images peuvent se manifester dans le champ de la conscience et cependant paraître extérieures. Il a été abondamment démontré que l'esprit peut projeter ses conceptions en dehors du corps — l'analyse des illusions, à elle seule, nous a fourni cette constatation étonnante.

L'illusion montre que nous pouvons percevoir ce qui n'existe pas dans la sensation physiquement reçue d'un objet, et nous avons vu que, dans le manque d'attention, l'esprit peut ne pas percevoir tout ce que les sensations physiques nous disent d'un objet. Habituellement la transformation des impressions sensorielles en perceptions complètes est instantanée et par conséquent indiscernable à l'auto-observation. Le processus physiologique et psychologique se déroule avec une telle rapidité que personne ne peut faire de différence entre les deux stades. C'est l'une des raisons importantes pour lesquelles l'étude des erreurs des sens et des hallucinations de l'esprit constitue une aide si capitale en éclairant la manière dont les sens et l'esprit se combinent pour construire notre expérience. Car elles ouvrent une faille, pour ainsi dire, dans ce processus, nous permettant d'observer ce qui se passe en réalité. C'est une erreur de les considérer comme une perception extraordinaire. Il n'en est pas ainsi. Elles constituent une perception normale s'effectuant comme toujours par un acte de création mentale.

Essayons d'inventorier les précieuses leçons que nous pouvons tirer des illusions. Le plus riche des filons dans cette mine d'étude négligée a un double caractère. Premièrement nous en tirons la preuve manifeste que toute la vie perceptive peut être une construction mentale. L'expérience de l'illusion, en apparence anormale, démontre en effet que l'expérience couramment acceptée de chaque jour n'est pas quelque chose de passivement reçu par les sens et provenant d'un monde extérieur mais, plutôt, est formé, arrangé, constitué par l'esprit en partant de sa propre substance. Il est lui-même la source principale de ses expériences. Chaque chose perçue n'est connue que sous la forme d'une chose mentale. Et c'est aussi vrai de choses aussi tangibles que la statue de Ramsès II, pesant un millier de tonnes qui gît brisée à l'orée du désert, que de choses aussi délicates que la neige hivernale obstruant les cols de l'Himalaya. L'empire de l'esprit s'étend à tout ce qui se voit, s'entend, se touche, se goûte et se sent.

Les diverses causes des apparences illusoires peuvent être négligeables ou importantes, des imperfections dans le mécanisme de la perception ou des images empruntées au passé, la signification de ces apparences n'en est pas diminuée. La naissance du spectacle d'objets ainsi perçus extérieurement est un événement mystérieux et lourd de sens. Il faut bien le comprendre. Et on ne peut le comprendre qu'en le considérant comme une expérience mentale, un effort créateur de l'esprit.

Le processus intérieur de l'illusion, prétendue anormale, devient un guide dans le fonctionnement de l'éveil de la conscience par les sens, considéré comme normal.

Nous comprenons maintenant que les illusions et les hallucinations sont de caractère mental uniquement parce que *toutes* les sensations et *toutes* les perceptions ont aussi ce caractère. Il n'y a aucune différence dans l'origine des unes et des autres, car si les unes *paraissent* subjectives et les autres objectives, elles proviennent toutes de la même source : l'esprit.

Le deuxième enseignement précieux à tirer des hallucinations et des illusions est qu'elles présentent à la conscience des choses *vues* dans l'espace sous leurs trois dimensions, éclairées, ombrées, colorées, alors qu'elles ne sont que des idées, des images mentales. Où avons-nous vu l'illusion ? Nous l'avons vue en dehors du corps. Où l'avons-nous découverte en l'analysant ? A l'intérieur de l'esprit. La seule conclusion possible c'est que les idées peuvent être projetées de manière à paraître en dehors du corps, que *la croyance courante selon laquelle les idées peuvent seulement se voir dans la tête, est fausse.* Dans la mesure où l'illusion est la *perception* de quelque chose, elle se trouve exactement sur le même plan que les perceptions authentiques de la vie quotidienne. Mais si nous avons constaté que la première est un acte mental, nous devons conclure qu'il en est de même des secondes. Nous dirons finalement que l'analyse de l'illusion vérifie le rôle capital de la contribution de l'esprit à la connaissance des choses extérieures et justifie la doctrine selon laquelle les idées peuvent être objectivées en relations spatiales avec le corps.

La construction de l'espace et du temps. — Lors de notre précédente enquête sur la Relativité nous avons constaté que l'immutabilité de l'espace et du temps était en grande partie illusoire, car ils peuvent être différents pour divers observateurs. L'homme croit apercevoir l'espace réel en regardant son environnement, en apercevant une chose ici, une autre là, et ainsi de suite. S'il en est bien ainsi pourquoi voit-il le soleil sous les dimensions d'une pièce de monnaie ? Pourquoi voit-il que ce même soleil se lève et se couche chaque jour alors que la raison nie le fait et en démontre la fausseté ? Évidemment il n'a pas conscience des véritables dimensions du soleil dans l'espace et, par conséquent, il n'a pas l'expérience de l'espace tel qu'il est, il l'imagine seulement d'une façon inconsciente. Le fait paradoxal c'est que, bien que son expérience ne lui montre jamais un espace immuable, il pense constamment qu'il l'est. C'est une illusion pure mais qui lie l'esprit beaucoup plus étroitement que celui-ci ne s'en rend compte.

Le monde à trois dimensions qui entoure son image dans un miroir est purement illusoire. Il sait que c'est une illusion et cependant quoi qu'il fasse, il n'arrive pas à s'en affranchir. Il y a donc quelque chose de préalablement « donné » dans son expérience, et cela peut être une simple apparence et non une réalité. Semblablement, l'attitude philosophique qui qualifie la perception des choses extérieures comme mentale, ne la modifie pas dans l'expérience philosophique. Elle reste ce qu'elle est, c'est-à-dire extérieure et étendue dans l'espace, elle le demeure toute la vie durant.

Disons tout de suite afin d'éviter tout malentendu, que l'enseignement caché ne nie nullement l'existence d'un monde d'objets dans l'espace en dehors de notre corps. Le fait est en lui-même indiscutable, la notion est universelle, seul un fou pourrait en douter, mais la *forme* n'a pas le même caractère. Toutes ces choses : les objets, les espaces et les corps peuvent exister tels qu'ils paraissent et cependant n'être connus que comme des phases de la conscience. Si la vue nous dit qu'un objet est à une certaine distance dans le champ de vision, la raison explique que la distance est une construction mentale.

En constatant qu'un stéréoscope fait des photographies plates avec toute la profondeur, le relief, la perspective d'un spectacle naturel nous devons admettre qu'il n'est pas plus miraculeux pour nous de percevoir ce spectacle comme projeté dans l'espace en dehors de notre corps. Deux images très légèrement différentes paraissent non seulement se fondre en une seule et se compléter, mais leur nature à deux dimensions disparaît complètement pour s'étendre dans les trois. Le stéréoscope donne l'illusion qu'il n'existe qu'une seule image alors que nous en avons placé deux dans l'appareil. Nous n'expliquons pas cette étrange fusion en disant que les deux objetifs du stéréoscope, fonctionnant comme les yeux humains, enregistrent deux aspects différents du même objet qui s'amalgament automatiquement pour n'en donner qu'un seul. C'est assurément le commencement du processus mais non l'aboutissement. Cette transformation d'une image à deux dimensions en une vue qui en a trois indique que l'esprit collabore à la vision, que c'est lui qui est finalement responsable de ce que nous voyons. L'acte de fondre les deux images est constructif et créateur. Il est donc accompli par l'esprit. La perception finale est entièrement mentale. Sa construction a pu être pleinement inconsciente, mais elle est certainement mentale.

L'esprit projette ses propres constructions. Tout ce processus analytique qui rend la sensation possible, toute cette opération synthétique qui nous présente un objet extérieur sont finalement de la nature de l'esprit lui-même. Les perceptions ont toutes les qualités et relations spatiales, toute la solidité et la résistance au toucher, toutes les couleurs, les surfaces et les angles que nous croyons qu'ont les objets extérieurs, quand elles paraissent devant l'esprit. Néanmoins c'est chez l'homme une habitude inéluctable d'objectiver et de spatialiser ses images, de les attribuer à une base non mentale, c'est-à-dire matérielle.

Pour comprendre les phases finales du processus de perception remarquons tout d'abord que nous ne voyons jamais directement la dimension réelle d'un objet parce que seule l'image produite sur la rétine est transmise au cerveau. Regardez par exemple un poteau télégraphique à quelque distance avec des jumelles. Concentrez votre attention tantôt sur les lentilles de l'appareil, tantôt sur le poteau télégraphique. Vous constaterez que ce poteau s'étend tout au plus sur la moitié du diamètre des lentilles, c'est-à-dire sur environ 20 millimètres. Supposons que le poteau ait 12 mètres de haut. Voyez-vous une image de 12 mètres ? Non, vous voyez réellement sur les lentilles de vos jumelles une image qui est le six-centième de cette dimension. Rappelez-vous que les jumelles ne sont que des parties projetées de l'œil, mais légèrement plus grandes que l'œil lui-même. Ce que nous apercevons dans ces lentilles n'est guère plus grand que l'image formée sur la rétine. Le nerf optique ne peut absolument pas transmettre au cerveau et par conséquent à l'esprit, quelque chose ayant des dimensions supérieures à celles de la rétine. L'esprit n'a jamais connaissance de la véritable mesure du poteau télégraphique mais seulement de celle de son image considérablement réduite. Les mouvements de haut en bas et de droite à gauche de l'œil produisent des sensations musculaires correspondant à la distance, à la position et à la direction du poteau. L'image reproduite sur la rétine est spatiale, c'est-à-dire qu'elle a une longueur et une largeur. Mais ce n'est pas cette image spatiale que le nerf optique transmet au cerveau, c'est seulement, en « code télégraphique », la vibration la concernant. L'esprit doit donc en quelque sorte imaginer, construire et projeter cette image ainsi que l'espace nécessité par son arrière plan. C'est ce qu'il fait et la vision naît alors. L'espace, les propriétés et les relations spatiales du poteau sont donc uniquement des créations mentales.

Le courant des *sensations* est ininterrompu. Nous donnons constamment naissance à de nombreuses pensées, car c'est la signification essentielle de l'expérience humaine et l'esprit doit les différencier entre elles. Chaque perception d'un objet doit être différente d'une autre pour qu'elle puisse exister. *L'esprit doit déterminer une forme séparée pour toutes ses images. Il le fait en les spatialisant, en les étendant, en leur donnant à chacune une longueur, une largeur et une profondeur. La conscience ne peut opérer différemment sous la forme de la perception, car, autrement, aucune image ne pourrait exister séparément et, par conséquent, exister du tout.*

Aucun objet ne peut nous être visible s'il ne nous paraît pas à *l'extérieur* de nous, dans l'espace. C'est en effet la seule manière de le constituer en une chose séparée de l'observateur. Si l'objet était à l'intérieur de l'œil il ne serait pas vu. Il doit donc paraître exister *au delà* de l'œil pour que celui-ci fonctionne comme un appareil photographique. Tout objet pour être visible doit être individualisé et indépendant de l'œil qui le renferme. Mais nous avons appris que toutes les sensations sensorielles sont formées par les organes des sens d'une façon médiate et par l'esprit d'une façon immédiate. Pour que l'esprit possède le pouvoir de percevoir un objet il est obligé de former sa perception en *extériorisant* cet objet, en l'étendant dans l'espace. Il doit projeter toutes ses perceptions dans cet espace, c'est-à-dire les localiser, les former à l'extérieur du corps et finalement percevoir le résultat comme un objet extérieur et possédant trois dimensions. Mais l'espace n'est pas une véritable propriété de l'objet perçu, c'est une propriété de l'esprit lui-même que celui-ci lui affecte.

On en trouve une illustration parfaite dans le cas des personnes nées aveugles et ultérieurement guéries par une opération chirurgicale. Au cours de la période qui suit leur guérison, elles sont incapables de juger des dimensions et des distances sans commettre les plus grotesques erreurs. Les objets leur paraissent près de l'œil, presque à le toucher. Ni l'extériorité, ni la distance n'ont leur véritable signification, car si l'organe de la vue a été remis en ordre, les idées fournies par la mémoire ou l'association, qui entrent dans la conception de l'espace, font complètement défaut. Un aveugle guéri pense au premier abord que tous les objets « touchent ses yeux ». Il ne peut évaluer même la plus courte distance, dire si un mur est à un centimètre ou a dix mètres de lui, comprendre que les choses sont extérieures les unes aux autres.

Il en est exactement de même en ce qui concerne la nécessité pour l'esprit de projeter ses images dans le temps. Il est contraint de les placer en succession pour en distinguer l'existence. Si tout se concentrait en un même point et en un même moment, rien n'apparaîtrait. D'où le besoin du temps pour l'esprit. La pensée ne devient possible que parce qu'il l'échelonne dans le temps. Le temps est la véritable forme de la pensée.

Comment se fait-il que, quoique nous soyons emportés à travers l'espace à une vitesse qui atteint près de deux mille kilomètres à l'heure — mouvement facilement calculable par les rapports entre la terre et les autres corps célestes — nous n'ayons aucune sensation de cette énorme vitesse ? Comment se fait-il que le passager d'un avion qui ferme les yeux, ne se rende pas compte qu'il se déplace et n'a connaissance du mouvement qui l'emporte que lorsque celui-ci ralentit ou augmente ? L'explication est que le monde du temps est entièrement basé sur la relativité, c'est-à-dire est essentiellement mental. Le temps est une chose si élastique que c'est une fonction extrêmement variable et que son pouvoir sur nous dépend de la façon particulière selon laquelle fonctionne naturellement l'esprit, selon laquelle la pensée fabrique les distinctions arbitraires entre la lenteur et la rapidité, entre le présent et l'avenir.

La distance et les dimensions d'un stylographe paraissent extérieures à nous. Dans le cas de la distance on constatera que la vue est incapable de déterminer par elle-même *sans* l'aide du jugement, c'est-à-dire sans l'aide de l'esprit, les distances relatives auxquelles se trouvent les objets de l'œil et entre eux. L'impression du porte-plume est mentale, donc intérieure à nous, nous ne la croyons pas moins extérieure. Nous en plaçons la perception dans l'espace, projetant ses qualités à des points ou des surfaces extérieures au corps ; nous pensons qu'il existe à une certaine distance de nous, bien que la sensation qui nous en donne la première connaissance se produise à l'intérieur de nous. L'apparence de l'espace naît donc entièrement dans l'esprit.

En déclarant que le porte-plume est à l'extérieur de nous, nous exprimons un rapport entre sa position et nos yeux mais nullement un rapport entre sa position et l'esprit. Nous reconnaissons sa distance et sa direction en plaçant le corps au centre spatial et en confondant celui-ci avec l'esprit. Habituellement nous localisons l'esprit en un endroit indéterminé de la tête, mais n'imaginons jamais que l'image du porte-plume présenté à nos yeux puisse être irréelle, c'est-à-dire mentale. C'est parce que nous avons connaissance de notre propre corps et sentons que nous sommes situés spatialement à son intérieur. Ce sentiment joue le rôle central dans la perception de l'espace, il est principalement dû aux sensations passives du toucher localisées à la surface du corps, en même temps qu'aux sensations de pression reçues par l'intermédiaire des muscles ainsi qu'à celles de la vue. Nous n'avons pas la connaissance directe que c'est l'esprit qui a rendu opérant ce sens du toucher, de la pression et de la vue. Les qualités sont transférées extérieurement au corps et lui donnent ainsi une existence objective.

Nous disons qu'une chose doit être dans le monde extérieur parce que les yeux nous l'affirment, l'oreille nous en avertit et le toucher nous le confirme. Mais il faut se poser ici une question fort importante. Où se trouvent ces trois sens ? Où se trouvent l'œil, l'oreille, la peau ? Ne sont-ils pas où est la chose elle-même du fait qu'ils réagissent d'après elle ? N'occupent-ils le même monde que la table qu'on voit et qu'on touche ? On ne peut le nier. Mais s'il en est ainsi, ils font partie eux aussi du monde extérieur. Prétendre donc que nous savons qu'une chose est extérieure parce que nos sens nous le disent, c'est prétendre qu'elle l'est parce que nos sens sont eux-mêmes extérieurs. Nous sommes ainsi ramenés à notre point de départ. Car si *tout* est extérieur, le terme perd complètement sa signification. Il n'existe pas d'*en dehors*. Nous pouvons simplement dire que le monde est là, que les sens sont là, mais nous ne pouvons dire qu'ils sont extérieurs à l'esprit.

Nous sommes dès lors en mesure de conclure que l'antique conception selon laquelle le corps est une sorte d'enveloppe périssable contenant une âme immortelle est à l'usage des enfants. La conception nouvelle que c'est lui-même une idée dans la conscience est plus conforme aux découvertes de la science moderne.

La position d'une chose et la période de temps pendant laquelle elle se situe, tels sont les moules jumeaux dans lesquels nous devons obligatoirement couler notre connaissance de toutes les choses. L'espace et le temps sont les façons qu'a l'esprit d'arranger l'expérience consciente. Il n'en possède pas d'autres pour prendre connaissance de quoi que ce soit : d'une étoile infiniment lointaine ou de l'extrémité d'un de nos doigts. L'esprit, en construisant ses images conformément aux lois de l'espace et du temps, *anticipe* la véritable forme de toutes ses expériences possibles du monde extérieur. Les images ne sont pas produites par l'expérience, ce sont elles qui produisent notre expérience. Telle est la vérité quelque hétérodoxe qu'elle puisse paraître.

La véritable nature de la perception ayant été ainsi placée en pleine lumière nous pouvons être trompés par les sens qui prétendent nous révéler le monde extérieur. Ils peuvent non seulement déformer ce qu'ils ont à nous signaler, comme dans le cas des illusions, mais encore nous leurrer en nous faisant penser que notre expérience directe de la chose dans l'espace et le temps est physique et non mentale. Nous pouvons maintenant comprendre pourquoi la révélation d'Einstein, bien que partielle et limitée, n'en est pas moins sur la bonne voie. Il a découvert que l'espace était un rapport variable et démontré qu'il en était bien ainsi, mais n'a jamais essayé d'expliquer comment cela se faisait ni comment nous avions connaissance de son existence.

Ainsi les groupes de sensations qui constituent les choses que nous voyons, sont automatiquement et inéluctablement coulées par l'esprit dans le moule espace-temps. Bref, aussi longtemps que nous ferons l'expérience du monde ce sera forcément sous une apparence d'une chose dans l'espace et d'un événement dans le temps. C'est une condition prédéterminée de l'existence humaine qui s'applique à tout le monde et dont personne, même le philosophe, ne peut s'affranchir. Le principe même sur lequel se base notre connaissance de l'existence de ce monde, est fondé sur ses caractères spatiaux et temporels. Ce sont les éléments nécessaires à la formation de nos sensations. *Nous sommes nous-mêmes leur source.* Notre foi dans le caractère objectif de l'espace et du temps relativement à l'*esprit* est cependant si profondément enracinée en nous que sa vérité est considérée comme indiscutable. Il faut un effort extraordinaire pour nous amener à la répudier. La lâcheté n'est pas de la prudence. La vérité réclame des amis courageux.

Dans la pratique nous croyons, et pouvons seulement croire, que le livre situé si manifestement devant nous, est vu en dehors de nous-mêmes et dans l'espace. La nature même de la connaissance humaine nous l'affirme avec une autorité que nous ne pouvons nier un seul instant. Toute autre affirmation serait contraire au bon sens. Nous avons pourtant démontré que l'espace est un constituant de l'esprit, que sans ce constituant l'esprit refuserait de fonctionner. Bref, l'espace est logé à l'intérieur de l'esprit. Nous sommes ainsi inexorablement conduits à notre nouvelle conclusion. Si le livre existe dans l'espace et si l'espace existe dans l'esprit, le livre ne peut exister que dans l'esprit lui-même. Ce que la nature nous contraint à voir comme une page imprimée située en dehors de nous, c'est-à-dire comme une chose indépendante de nous, n'est qu'une perception de notre moi intérieur, une projection de nous-mêmes, une présentation à lui-même de notre esprit.

Les gens pensent ordinairement que l'esprit n'existe que dans la capacité limitée de la boîte crânienne. Mais s'il est le créateur secret de l'espace comment pourrait-il être confiné entre des limites spatiales ? Comment pourrait-il se restreindre à tel ou tel point de l'espace ? Comment pourrait-il n'être situé que dans la tête de chaque homme ? C'est en vain que nous chercherions une sonde pour explorer la profondeur de l'esprit ou un étalon pour mesurer sa longueur et sa largeur.

Nous avons en face de nous un monde de dures réalités, une procession panoramique d'objets solides et de choses substantielles. Celui qui cherche, comme Socrate, à nous amener à douter de leur « extériorité » qui paraît si certaine, si irréfutable, n'a pas la tâche facile. Il est fort mal accueilli, car même si ses étranges idées sont vraies elles sont extrêmement désagréables. Elles semblent dérober le sol sous nos pieds. Il y a dans ces idées quelque chose qui les rend haïssables à la mentalité de la foule qui fuit la vérité pour se réfugier dans l'auto-illusion. C'est pourquoi la philosophie les a tenues cachées dans le passé, en les réservant aux rares hommes épris de vérité. Le fait que toutes les choses environnantes ne sont connues que par une construction intégralement mentale et non par une construction extérieure et matérielle, que ce ne sont que des images nées dans l'esprit, doit paraître un miracle à des gens non avertis, et absolument indigne de créance, exactement comme la pensée populaire suppose naturellement et inévitablement que la terre est plate et que le soleil tourne autour d'elle. La foule s'en tient fermement à cette opinion, jugeant pure folie l'affirmation contraire selon laquelle il existe des terres aux antipodes et notre globe tourne autour du soleil. Comment a-t-il été possible de faire admettre aux hommes cette étonnante vérité astronomique ? Seulement en leur fournissant un certain nombre de faits et en les persuadant d'exercer courageusement leur faculté de raisonner sur ces faits jusqu'à ce que leur signification apparaisse complètement. Nous nous trouvons devant le même problème avec la croyance populaire selon laquelle toutes les choses matérielles existent extérieurement, d'une façon indépendante de l'esprit. La philosophie réfute cette croyance naïve et tue cette conception erronée, mais elle ne peut le faire que si les hommes veulent bien examiner les faits qu'elle leur présente, et les étudier à fond, impartialement, avec une logique inexorable, jusque dans leurs dernières conséquences. Sans une rationalité aussi absolue, il est vain d'espérer triompher d'un instinct aussi puissant et fondamental que le matérialisme qui n'est pas la vérité mais un travestissement de celle-ci.

Notre connaissance du monde extérieur et notre perception des choses dans l'espace et le temps sont les formes prises par notre travail mental. Il faut assimiler cette vérité difficile, affirmée ici, que ce qui est à l'intérieur de l'esprit peut être à l'extérieur du corps. C'est un fait indiscutable, irréfutable. Tous les arguments contraires, toutes les autres façons de penser sont vulnérables et peuvent être réduits à néant. Ce n'est pas simplement, comme on le croit communément, une aimable fantaisie, c'est un fait aussi certain et aussi prouvé que n'importe quel autre affirmé par la *science*. Ce doit donc être la vérité qui doit prendre demain une nouvelle incarnation.

Ceux qui ont peur de suivre la raison quand elle les conduit aux plus étranges paradoxes sont perdus pour la vérité. Ces doctrines peuvent nous atterrer et nous effrayer, mais il faut les accepter si elles sont vraies.

Nous regardons le ciel au-dessus de nous comme des prisonniers, avec des yeux remplis par la notion d'espace, nous essayons de le toucher avec des mains enchaînées par la notion du temps, sans savoir que notre délivrance est toute proche. La pensée nous a emprisonnés, la pensée peut nous libérer.

Une fois que nous avons commencé à comprendre ce redoutable mystère de la tyrannie de l'espace et du temps nous commençons à percevoir pourquoi nous devons écouter d'anciennes voix telles que celle de Jésus et ce qu'il entendait dire en prononçant devant un monde angoissé et en larmes cette phrase lourde de sens : « Le royaume des cieux est *en* vous. » Le mystérieux royaume où l'homme peut voir réaliser ses plus beaux espoirs n'est pas à découvrir dans un temps à venir, dans un monde qui s'ouvre à la mort, dans un espace lointain, quelque part au delà des étoiles, mais *ici*, à l'intérieur de notre esprit, et *maintenant*, dans la portée de notre propre pensée.

La compréhension du pouvoir inné de l'esprit à contribuer à la création de son propre monde élevera les hommes — qu'ils soient des saints ou des cyniques — au niveau des sages, ramènera la paix dans leur esprit agité et calmera la souffrance de leur cœur.

CHAPITRE XI

LA MAGIE DE L'ESPRIT

Nous abordons le point crucial de cette étude sur l'enseignement caché. La science moderne a balayé la conception des choses statiques suspendues dans l'espace et l'a remplacée par celle des champs de forces. S'il est difficile d'accepter que nous possédons seulement une idée des choses alors que nous croyons être en présence de choses autonomes et extérieures, n'est-il pas aussi difficile d'admettre la connaissance, apportée par la science, qu'un porte-plume est fait d'électrons qu'on ne peut, même en imagination, comparer à la substance solide de laquelle, selon notre expérience, il est fait ? Rien de ce que nous voyons ni de ne que nous pouvons voir ne ressemble, même de loin, à cette « matière » électronique à laquelle la science a réduit notre porte-plume familier. Mais si la science peut saper notre expérience réaliste, pourquoi la philosophie ne le pourrait-elle pas elle aussi ? Si le porte-plume électronique est bien le porte-plume réel, nous ne voyons donc, en le regardant, qu'une image, qu'une représentation. Cette image doit être dans notre esprit, car elle ne peut être nulle part ailleurs, Si l'idée n'est qu'une réplique mentale d'un objet matériel, situé en dehors de l'esprit et par conséquent une entité autonome et distincte, comment se fait-il que l'idée et l'objet ne peuvent être portés simultanément à notre conscience et être comparés ? Si le porte-plume que nous montre notre expérience sensorielle était la cause de la pensée que nous en avons, nous ne serions jamais capables de vérifier son existence, car toute tentative pour observer des porte-plume aboutirait à l'observation de pensées.

Nous ne pouvons pas aller sans intermédiaire aux choses, les examiner directement, quoi que nous fassions. Nous ne pouvons aller au delà de la pensée que nous en avons. Nous ne pouvons donc pas même vérifier leur existence séparée. Nous ne pouvons pas présenter les objets à nos yeux parce que l'œil et le cerveau sont eux-mêmes connus mentalement, c'est-à-dire sont des idées, et, par eux nous pouvons seulement prendre connaissance de choses mentales, uniquement d'idées.

Quand nous essayons de vérifier nos constructions mentales en nous adressant aux choses elles-mêmes, nous ne parvenons qu'à vérifier une construction par une autre, à comparer des idées. La perception d'une chose et cette chose constituent les deux côtés d'une courbe, l'une l'intérieur, l'autre l'extérieur. Quoi que nous fassions nous ne séparerons jamais l'un des côtés de l'autre. Mais la courbe est une chose unique. La chose se refuse à être saisie à part de sa perception. Nous ne pouvons séparer la perception de la chose mais nous pouvons les distinguer dans notre langage et dans notre pensée en faisant mentalement abstraction de l'une ou de l'autre, quoique en employant un langage plus sage et en pensant plus profondément nous découvririons que même cela est impossible.

En tout cas nous ne pouvons voir aucun objet sans *penser* que nous le voyons. S'il doit exister pour nous, c'est uniquement comme quelque chose qui est perçu. Essayons de penser à un porte-plume, sans penser que nous le voyons personnellement, sans permettre à l'opération de la vision effective de se mêler au porte-plume lui-même. Nous constaterons qu'il est impossible d'y parvenir. Nous ne pouvons penser au porte-plume qu'à travers et par la pensée que nous le percevons. Personne ne peut séparer en pensée un porte-plume extérieur de la perception qu'on en a. Quelle conclusion faut-il en tirer ? Que le porte-plume n'est pas seulement objectif mais à la fois objectif et subjectif, simultanément matériel et mental.

Que si l'on objecte que l'existence d'un porte-plume dans une chambre obscure où l'on ne peut le voir n'en est pas moins réelle, nous répondrons que nous ne pouvons parler d'un tel objet sans penser à lui, que nous ne pouvons penser à lui qu'en construisant une image mentale, et si nous voulons le faire nous sommes contraints d'imaginer que nous le voyons, nous sommes contraints de penser à la vision en même temps qu'au porte-plume. C'est seulement en pensant les deux choses ensemble que nous pouvons parvenir à l'idée de son existence.

On objectera encore qu'une chose peut exister dans quelque coin inexploré de notre monde où personne ne l'a jamais vue et ne la verra peut-être jamais. Nous répondrons exactement comme ci-dessus. Quelle que soit la chose, on ne peut discuter de son existence sans y penser, sans s'en former une image mentale, et l'on ne peut se former cette image à moins de considérer qu'elle a été perçue par soi-même ou par quelque observateur imaginaire, inconsciemment supposé. Semblablement, si l'on objecte qu'il est facile d'imaginer ce qui existe au Pôle Nord par exemple, où il est peu probable que se trouve un observateur mais où l'on sait qu'existent d'immenses étendues de glace bien que personne ne soit là pour voir cette glace, marcher sur elle, en sentir le froid, en admirer la pureté, nous répondrons qu'en pensant au Pôle Nord et à la glace qui s'y étend nous n'avons pas eu recours effectivement à un observateur mais ne l'avons pas moins, inconsciemment, conduit sur les lieux pour noter ces détails. Nous avons imaginé cet observateur mais n'avons absolument aucune conscience de l'avoir fait. Ce faisant, nous avons transporté son esprit sur place et l'avons fait penser le spectacle. Nous savons que la glace est solide uniquement parce que notre observateur imaginaire l'a trouvée résistante sous ses pieds.

Nous ne pouvons penser à un objet qu'en pensant que nous le voyons, il est humainement impossible de considérer son existence d'une autre manière. La vue peut donc devenir un accompagnement inséparable de l'existence. Rien ne peut être, pour nous, indépendamment de la conscience que nous en avons. La chose et la pensée doivent être comprises dans l'idée unique d'une chose vue par quelqu'un ou par nous-mêmes.

Une analyse semblable donne les mêmes résultats pour toute autre forme de sensations. Les objets ne peuvent être séparés de la pensée qu'ils sont ¡sentis par nous ou par quelqu'un d'autre ; ils existent seulement parce qu'on peut penser à eux comme étant durs, solides, lourds etc. C'est également vrai pour les choses entendues. La sensation de l'ouïe vient en premier lieu et le son lui-même vient après. Le son existe uniquement parce que nous pouvons *penser* que nous l'entendons. Nous ne pouvons le concevoir que comme un son *entendu*.

Écartons l'esprit de notre image du monde et nous en écartons l'espace et le temps, nous lui enlevons tout fondement. Le monde en tant qu'idée existe dans l'esprit de quelqu'un ou Dieu il ne peut exister. Pour tout objet aperçu il doit y avoir un observateur. Autrement dit tout ce qui est connu, l'est à travers quelque esprit. Rien n'a jamais été connu et ne le sera jamais séparément de quelqu'un qui le connaisse. C'est indiscutable. Aucun objet ne peut exister d'une manière autonome et inconnue. Par conséquent ceux qui déclarent — ils sont l'immense majorité — et qui croient qu'une chose peut posséder une existence autonome disent et croient une absurdité. S'ils protestent avec indignation, qu'ils nous montrent un seul objet qui soit indépendant de quelqu'un qui le connaisse. Ils ne pourront le faire, car rien ne saurait être séparé de l'esprit. Le monde est inextricablement et irrémédiablement lié à l'esprit. Notre conclusion finale sera que dans l'univers tout existe parce que nous le pensons.

L'inverse est également vrai. Nous ne pouvons penser à la

perception sans penser aussi que nous percevons quelque objet, ni à l'acte d'entendre sans y associer quelque son. Il n'y a pas d'ouïe indépendante du son, il n'y a pas de perception sensorielle sans objet. Nous constatons donc de nouveau que les deux ne peuvent être imaginés qu'ensemble, que la vue et la chose vue sont comme les deux côtés, d'une même pièce, que le toucher et la chose touchée sont les moitiés subjective et objective d'une même unité.

Lorsque le principe de la relativité déclare que l'observateur fait partie intégrante de son observation, il veut dire que la personne qui fait une expérience quelconque intervient dans cette expérience. Nous pouvons aller plus loin en disant que la pensée fait partie de la chose pensée. En réfléchissant bien nous verrons que l'élément mental est inséparable de tout objet connu. En réfléchissant plus profondément encore nous découvrirons que les deux ne sont réellement qu'un.

Nous ne pouvons séparer l'existence et sa perception, nous sommes donc forcés de conclure que les deux n'existent pas séparément mais forment un tout indissoluble. La chose et la sensation produite par elle vivent dans une union fondamentale et indivisible. Ainsi il n'existe rien d'autre que la conscience. Demandez-vous si cette affirmation explique toute votre expérience et vous constaterez qu'elle l'explique parfaitement. Essayez, par contre, de voir si cette expérience du monde est expliquée par la théorie matérialiste selon laquelle il n'existe que des choses physiques autonomes et vous constaterez qu'elle n'explique pas et ne peut expliquer l'existence des pensées et des sentiments. Car si vous croyez que vous pouvez mettre quelque chose de matériel dans une éprouvette, vous ne pouvez agir pareillement avec la pensée.

Il faut donc répéter avec force qu'une perception n'est pas la réplique de quelque chose d'extérieur, elle est fondamentale et non accessoire. On ne doit pas l'oublier parce que c'est ce qui permet de comprendre correctement le « mentalisme », doctrine selon laquelle toutes les choses sont mentales.

Nous voyons que la conception selon laquelle un porte-plume existe indépendamment de l'esprit auquel il est présent, n'est qu'une fiction. La perception du porte-plume est le porte-plume lui-même. Que le porte-plume existe séparément et matériellement reste en dehors des possibilités de notre connaissance et doit donc demeurer ignoré si nous ne voulons traiter que de faits scientifiquement prouvés et non de suppositions incertaines. Le porte-plume est une construction dans notre cons-

cience. Son existence est d'être connu. Il n'y a pas deux porte-
plume, l'un matériel et l'autre sa réplique mentale. Il n'y en
a qu'un. L'image portée devant notre conscience est le porte-
plume lui-même. Elle est si vivante, si parfaite, marquée d'une
façon si complète des caractères de l'objectivité, que nous ne
nous arrêtons pas au seul fait de la voir, nous allons jusqu'à
croire que c'est le porte-plume lui-même, nous refusons toute
autre conception. Et cependant, le porte-plume, connu par les
sens, n'est rien d'autre que la perception qui s'est formée dans
l'esprit.

Répondons tout de suite à une objection : « J'ai l'expérience
directe de ce porte-plume qui est là, devant moi, dans l'espace,
séparé de moi, je peux le prendre dans ma main, constater que
c'est une chose solide, pesante. Comment voulez-vous me faire
croire qu'il s'agit uniquement d'une idée formée par mon esprit ? »

Il ne faut pas, répondrai-je, se méprendre sur cette doctrine,
elle n'affirme pas que le porte-plume n'est pas directement présent à notre vue. Il est manifestement présent. La vérité qu'il
faut comprendre c'est que le porte-plume perçu n'est pas moins
rond, pesant, coloré et utile que le porte-plume matériel supposé existant, en dépit du fait que le premier n'est qu'une construction mentale. Dans les deux chapitres précédents nous
avons vu que l'esprit intervient dans toute notre expérience
du monde et nous avons constaté que la sensation, bien loin
d'être un processus purement passif et réceptif, est créatrice
et même projective. Mais nous sommes si frappés par la sensation de solidité reçue des choses qui nous entourent, si trompés
par la sensation de distance et de position que nous recevons de
leurs rapports entre elles et avec nos yeux, que nous sous-esti-
mons habituellement l'extraordinaire puissance suggestive et
créatrice de l'esprit. Nous sommes presque totalement ignorants
du fait prouvé et prouvable que les images mentales peuvent
prendre la forme, la longueur, la hauteur, la largeur, la solidité,
le relief, la perspective, le poids, la couleur et tous les autres
caractères que nous associons habituellement aux objets extérieurs. Elles peuvent nous procurer toutes ces sensations avec
une vivacité parfaite et avec toute la réalité de l'expérience
ordinaire. Et pourtant elles demeurent uniquement des idées !

Ainsi donc les expériences mentales *sont* les choses visibles
que nous croyons être en dehors de nous. La chose existe évidemment, mais son caractère est ce que nous avons découvert
et nous l'avons trouvé complètement différent de ce qu'on pense
habituellement. Ceux qui déclarent qu'il y a deux faits séparés,

celui de la perception et celui de l'existence d'un objet matériel, n'ont pas correctement analysé le phénomène de la sensation. L'identité de l'idée et de l'objet est une découverte à laquelle conduisent inéluctablement la pensée subtile des anciens et l'observation suraiguë des modernes, mais elle ne se révèle qu'après la réflexion la plus difficile et la plus rigoureuse.

Une fois ce point bien saisi on peut se dire à soi-même : « J'ai conscience d'avoir conscience de cette chose » et on percevra alors que cette seconde conscience ne peut être séparée de la chose en elle-même ; elles constituent une entité indivisible. Ceux qui veulent partager le fait, la chose connue, en une perception d'elle, d'une part, en sa substantialité matérielle de l'autre, qui font de la perception un acte mental et de la substantialité quelque chose qui ne l'est pas, qui opposent l'esprit à la matière, commettent une très grave erreur. Ce que nous connaissons c'est une idée, ce que nous percevons n'est pas une découverte mais une construction mentale. Se refuser à l'accepter c'est se mettre dans la situation fâcheuse d'avoir à expliquer l'inexplicable.

Voici une autre objection. « Prétendez-vous, ergote le sceptique, que les objets abstraits de mon imagination, la fantasmagorie de mes rêves, les tableaux de mes rêveries et les créations fantaisistes de mon imagination sont aussi réels, aussi existants, aussi substantiels que cette locomotive de vingt-deux tonnes qui tire ce train, là-bas ? Prétendez-vous que cette locomotive n'est rien de plus qu'une pensée dans mon cerveau comme toutes ces billevesées ? S'il en était ainsi, je ne pourrais pas m'imaginer l'existence directe de cette machine, quelque effort que je fasse pour cela, ou m'imaginer l'existence de ce train, monter dedans et me faire emporter par lui ? Le contraste entre un train supposé et un train réel est si patent que la simple supposition qu'ils pourraient avoir quelque chose de commun est parfaitement absurde. Voici le train réel, nettement, distinctement, devant moi. Je peux y monter avec assurance, je peux entendre sa puissante machine siffler et cracher sa vapeur, mais je ne peux pas voir mon train imaginaire et je ne peux nullement m'y embarquer sauf par une auto-illusion. Je ne peux donc accepter votre théorie du mentalisme. Elle a quelque chose qui cloche quelque part, un piège, un traquenard. Le train que je perçois m'est très utile, l'imaginaire ne me l'est aucunement. Il est absolument ridicule de me dire que tous les deux sont sur le même plan. »

Remarquons tout d'abord que ce que ce citique prétend ne

pouvoir faire a été fait par d'autres, c'est-à-dire qu'ils ont donné
à des imaginations une réalité et une vivacité les rendant pleinement présentes aux yeux de l'esprit. Les grands poètes, les
peintres de génie, les mystiques célèbres et des amants séparés
l'ont fait. Ils ont trouvé un sens de réalité parfaite, dans leur
monde imaginaire, aux visages qu'ils créaient. Ils ne refusaient
pas de croire à la présence réelle des objets et des personnes
ainsi évoqués. Il y a deux états de l'esprit humain qui ont été
expérimentés par la plupart des gens et qui illustrent parfaitement la possibilité de faire en partie ce que notre critique ne
peut pas faire. C'est la rêverie profonde et le rêve. Dans ces
états de l'esprit le contraste entre le monde perçu et le monde
imaginé — contraste qui existe évidemment en temps normal
pour les gens ordinaires — se trouve spontanément suspendu.
Nous pouvons monter dans des trains à ces moments-là, être
emportés par eux sans croire un seul instant qu'il ne s'agit pas
de trains réels ni de véritables voyages. Bien au contraire
nous possédons alors une confiance totale en la réalité et l'existence de l'univers né de notre rêverie ou de notre rêve. Si nous
devions vivre le plus souvent dans ces états, ils seraient certainement plus réels pour nous que les éveils temporaires à la vie
ordinaire. En fait, c'est à eux que nous attacherions la réalité
et non au monde éveillé. Il est donc injustifié de proclamer,
du fait que l'on voit distinctement et nettement les choses matérielles alors que les images mentales sont comparativement
floues et vagues, que les premières ne peuvent appartenir à
la même catégorie que les secondes, qu'elles ne peuvent être
mentales elles-mêmes. Car, ce dont il s'agit ici ce n'est pas de
savoir de quelle manière une perception prend naissance mais
si elle est ou non mentale.

Notre critique observera que nous avons cherché un biais,
que nous ne lui avons pas répondu directement. Ce n'est certainement pas une réponse nette, nous ne l'avons présentée que
comme illustration et non comme preuve. Si elle ne prouve rien,
elle indique beaucoup des possibilités mystérieuses qu'a l'esprit
de fabriquer de la réalité. Elle n'a d'autre but que de prévenir
qu'il ne faut pas dogmatiser trop vite sur ce que l'esprit peut
faire ou ne pas faire.

Nous ne pouvons pas formuler ici une réponse *complète* à
notre critique, car il faudrait pour cela expliquer le secret final
de la personnalité humaine, révélation qui viendra à sa place
naturelle dans le second et dernier volume de cet ouvrage, volume qui reste encore à écrire. Ce que le mystique aperçoit de

ce secret à travers la brume du rêve, le philosophe le détermine avec une étonnante précision. Qu'il suffise de dire que
notre critique a raison dans la dernière partie de son objection,
car l'enseignement caché ne conteste *pas* que l'esprit *individuel*,
l'ego de chaque homme puisse créer son monde familier à sa
guise. Dans cette limite le critique trouvera une partie de la
réponse dans le présent chapitre et dans le suivant.

L'énigme des sensations. — Le même critique posera la question suivante : « Quelle est donc la véritable nature des objets
autonomes qui causent la naissance de ces pensées ? Vous dites
que nous *voyons* seulement des pensées. Admettons-le, mais il
reste un point qui nous trouble et que toute cette démonstration a évité complètement sinon bien adroitement. Même si
nous admettons que nous n'avons connaissance que de la pensée
des choses, il reste ces choses qui semblent faire impression sur
les organes de nos sens et faire naître ces pensées. Si ce que nous
percevons est seulement une idée supposée extérieure, qu'advient-
il de l'objet qui donne l'existence à cette idée ? Vous ne nous
demandez assurément pas d'identifier la chose réelle avec sa
simple pensée ? Bien certainement ce qui fait surgir l'image
mentale n'est pas la même chose que l'image elle-même ? Nous
pouvons nous défier du témoignage de nos sens mais nous ne
pouvons le répudier. Et ce n'est pas tout. Vous avez passé
complètement sous silence le processus par lequel la sensation
naît des vibrations dans le cerveau. Comment cette pensée se
crée-t-elle. Vous nous avez bien dit comment se produit la
chose pensée mais non pas comment la pensée elle-même naît
à l'existence. »

Qu'est l'objet autonome ? Comment le cerveau communique-
t-il avec l'esprit ? Ce sont assurément deux questions qui peuvent
être posées, car nous ne leur avons jusqu'ici donné aucune explication. Mais peut-on étudier correctement l'existence de quelque chose avant d'avoir bien éclairci la nature de ce qu'on *sait*
exister ? Cela, à son tour, dépend de la *façon* dont nous arrivons à le savoir. Il sera plus facile de voir la réponse à la première question quand nous aurons réussi à répondre à la seconde.
C'est donc par celle-ci que nous commencerons.

Notons tout d'abord que chaque expérience sensorielle est
double : elle comprend premièrement, les impressions physiologiques reçues par le corps, deuxièmement, la prise de conscience
de ces impressions. Cette prise de conscience peut être appelée
la *perception* de l'objet. La combinaison de ces deux éléments,
impression physique sur l'œil, l'oreille, etc. et pensée cons-

ciente, constitue notre perception. Donc, quand nous sentons une rose nous coordonnons un état d'esprit avec un état de perturbation physique. Comment le second se résoud-il dans le premier ? Comment l'esprit accepte-t-il ce qui n'est pas mental ? Où est l'intermédiaire, le chaînon qui relie les deux bouts ?

C'est là un doute légitime, une question qui demande une réponse nette. Comment l'esprit accomplit-il ce miraculeux passage d'une entité physique à une entité non-physique, immatérielle, telle que la sensation ? Comment l'esprit peut-il témoigner de l'existence de quelque chose en dehors de lui ? Personne n'a jamais eu conscience de la façon dont l'esprit accomplissait ce pas décisif de recevoir et d'interpréter l'activité dans la matière grise du cerveau. Dire que nous ignorons la façon dont naît la sensation et que la vibration nerveuse est convertie en pensée inconsciente, c'est faire un saut dans l'inconnu, se lancer sur un terrain complètement différent. Rendre le processus subconscient ne résoud pas la difficulté, car il reste toujours mental. Nous sommes complètement arrêtés dès que nous arrivons devant les changements moléculaires qui se produisent dans le cerveau. Il y a là une solution de continuité. La conscience apparaît brusquement à l'autre bout de la coupure et nous ne savons pas comment relier deux catégories d'existence si totalement différentes. La physiologie peut-elle faire disparaître cette coupure ?

Elle ne le peut pas. Elle la laisse intacte, se contentant de la suturer sous les mots « d'une certaine manière », de supposer que les bouts sont reliés d'une façon ou d'une autre. Elle accepte la coupure et suppose ensuite qu'elle n'existe pas. En conséquence, lorsque la science de la physiologie déclare que la coupure est fermée d'une certaine manière bien qu'elle soit tout à fait incapable de dire comment, elle se livre à une spéculation fantaisiste sans avancer aucun fait vérifié. Elle est sur le plan de l'arbitraire. Nous revenons donc à la question : « Comment est-il possible de relier l'esprit qui est immatériel au cerveau qui est matériel ?

La physiologie avoue qu'elle ne comprend pas comment le mouvement ondulatoire transmis par le système nerveux se transforme en une pensée consciente, bien qu'elle ait essayé de formuler diverses hypothèses. Aucune de celles-ci n'a pu recueillir un assentiment général. Aucune n'a jamais expliqué de façon complètement satisfaisante les faits psychologiques par les phénomènes physiologiques. Tous les efforts ont échoué parce qu'ils n'ont pas réussi à comprendre la liaison entre l'esprit et la matière. Ceux qui affirment complaisamment que la fonction finale du système nerveux est de « produire » la pensée sous la boîte osseuse du crâne, énoncent ainsi le plus merveilleux des miracles. Qu'ils prennent donc un instrument de mesure et qu'ils calculent la distance entre une idée et une autre, entre une première pensée consciente et une seconde. Cela leur est impossible. Personne ne sait, en effet, où l'esprit commence, ni où il finit. N'est-il pas absurde de dire qu'en inclinant sa tête visible l'homme incline aussi son esprit invisible ? Aucune circonstance concevable ne permet de constater que l'esprit réside à l'intérieur de la tête. Les matérialistes acceptent cependant la vague croyance selon laquelle l'esprit est considéré de la même façon que les objets matériels. Personne ne peut relier une présence immatérielle comme celle de l'esprit à un lieu matériel comme la tête, car il n'existe aucun point, aucune surface de l'esprit qui puisse entrer en contact avec un point ou une surface de la tête. Ils font cependant comme si l'esprit était localisé avec précision à l'extrémité cervicale des nerfs sensoriels. Pour faciliter la conversation courante nous pouvons — et peut-être devons — continuer à parler de l'esprit comme s'il se trouvait dans la tête, mais nous n'avons pas le droit de le faire dans notre recherche philosophique.

La perception est un processus mental, c'est-à-dire une pensée et la raison réclame que la pensée soit rapportée à quelque sujet à propos duquel elle se produit, à quelque conscience où le processus aboutit. Il ne faut donc pas confondre les mouvements de molécules matérielles dans le cerveau de chair, avec les pensées conscientes. Ceux qui ne parviennent pas à comprendre cette différence ne comprendront jamais la signification de la sensation — fait le plus élémentaire en psychologie. Et les premiers pas en psychologie sont inévitablement les premiers pas en philosophie. Aucun microscope n'a jamais découvert la conscience, pas plus que n'importe quelle ouverture de crâne. Elle n'est pas observable. Il faut la considérer comme ce qu'elle est : un *fait* distinct, isolé. Identifier le cerveau physique à la conscience c'est agir en pleine fantaisie. Essayer d'expliquer que la perception est uniquement une question de fonctionnement nerveux c'est faire une pétition de principe.

Quand le physiologiste suit une sensation de bout en bout, depuis la surface du corps jusqu'au centre du cerveau, que fait-il réellement ? Il la suit dans son propre esprit, il accomplit un acte de conscience. Le caractère mental ne disparaît pas du fait qu'il a bien voulu accoler l'épithète de « modification nerveuse » à la vibration physique correspondante. La difficulté vient de ce qu'il ne peut isoler une perception en la conservant sous sa pleine conscience. Cela n'est possible que théoriquement. C'est une entité, en dehors de toute possibilité d'analyse pratique. Le scalpel peut exposer à la vue la substance nerveuse du cerveau mais non pas une pensée, une idée, une imagination, un souvenir. L'abîme paraît infranchissable.

La science physiologique doit s'arrêter catégoriquement, déroutée, car elle est absolument incapable d'expliquer d'une manière satisfaisante ce brusque et étonnant saut de l'inconscience à la conscience. En dépit des efforts des meilleurs penseurs modernes, la physiologie n'est pas arrivée à résoudre ce problème d'une manière inattaquable : quelle est la relation entre l'esprit humain interne et l'univers matériel externe ? De quelle nature est le rapport entre la chose et la pensée ? Herbert Spencer, par exemple, qui essaya d'expliquer la science au monde du XIXe siècle, qui parla avec dédain des efforts de la philosophie pour réduire la connaissance des choses à la connaissance des pensées, a dû avouer que « la façon dont le matériel affecte le mental ou dont le mental affecte le matériel est un mystère qu'il est impossible de sonder ».

Car le fait de la conscience est primordial et c'est le plus mystérieux de toute l'existence humaine. Aucune mouvement matériel de molécules ne peut l'expliquer directement, car rien de non-conscient ne peut en rendre compte de manière satisfaisante. Nous ignorons si les molécules possèdent le pouvoir de réagir sur leur propre nature. L'expérience mentale est, et a toujours été, l'énigme suprême posée au milieu d'un monde en apparence non mental. Confiner la conscience à son résultat ou à son contenu comme on le fait si souvent, n'aide pas à expliquer son existence mais simplement détourne la question. La science a admirablement réussi à nous dire ce que l'esprit fait et comment il se comporte, mais elle n'est pas parvenue jusqu'ici à nous dire ce qu'il est. L'esprit est l'entité récalcitrante qui refuse de se laisser désintégrer en quelque chose d'autre. Nous devons donc continuer à nous demander : comment se peut-il qu'un processus physiologique soit converti en un processus mental ? L'esprit est à la fois mystérieux et unique — personne ne paraît savoir ce que c'est quoique tout le monde en parle. Mais ce que nous savons c'est qu'il n'existe rien de comparable dans tout l'univers.

La physiologie s'est penchée longtemps et attentivement sur ce problème puis elle l'a abandonné comme insoluble. Le hiatus est totalement insurmontable, et il le restera eternellement à moins que nous ne remarquions deux points subtils qui aident à résoudre le problème et, en même temps, toute la série de questions absurdes qui s'enchaînent à lui.

Le physiologiste ne les a pas remarqués parce qu'il serait sorti ainsi des limites de sa spécialité. Pour demeurer ce qu'il est et rien de plus, il lui faut payer le prix élevé de la spécialisation étroite : connaissance approfondie en deçà de ses limites, ignorance au delà. S'il veut aller plus loin il lui faut se transformer en psychologue : c'est la seule façon pour lui de rechercher la lumière. Le point de vue psychologique, en effet, est une première approche du point de vue philosophique, celui-ci étant beaucoup plus élevé.

Ces deux points sont les suivants : premièrement, l'ordre final dans lequel se suivent et trouvent leur place les détails de notre prise de conscience des objets ; deuxièmement, ce que l'esprit peut réellement connaître. Quand nous aurons une réponse sur ces deux points, la solution du grand problème qui se pose au terme de la route du physiologiste se découvrira d'elle-même.

Le premier point revient à se demander à quel moment précis et crucial nous devenons conscients des objets qui nous entourent. Nous nous rappelons alors que, *selon la physiologie*, nous n'avons à aucun moment conscience de l'impression durant tout son passage de l'extrémité nerveuse au centre cervical ; pas une fraction de seconde nous n'avons conscience de la chose autonome supposée à l'extérieur, supposée être annoncée. C'est seulement *après* son arrivée au terminus, comme un acte subséquent, que l'étonnant phénomène de la perception se produit.

Nous pensons à un objet et l'esprit, curieux de savoir comment est née cette pensée, essaye de voir ce qu'il y a derrière, avec pour conséquence que le côté sensoriel de la science physiologique prend graduellement consistance. Le physiologiste retrace alors morceau par morceau tout le processus sensoriel jusqu'au moment où il revient à la pensée elle-même. Il ne nous apprend absolument rien au sujet de la perception, au moment où elle illumine l'esprit, en nous révélant la façon dont l'objet impressionne l'organe des sens et dont cette impression est conduite jusqu'au cerveau. Car tout cela implique là *primauté* de la conscience dont on n'explique pas la présence en notant les choses dont nous avons la connaissance, mais qu'on nomme simplement. Le physiologiste est semblable à un homme qui saurait construire un violon et expliquer les lois du son mais ne pourrait ni faire de la musique ni l'expliquer.

Il ne comprend pas que toutes ses descriptions qui prétendent rendre compte de l'existence de sa conscience d'un objet, ne se rapportent qu'à ce qui se produit *après* que la conscience a été éveillée. Il ne comprend pas que ses explications du processus nerveux et cervical qui est le résultat de l'interréaction entre le corps et un objet, sont une énumération de faits qui apparaissent *en conséquence* de la prise de conscience de l'objet. Il n'explique donc pas la perception elle-même, ce qu'il accepte inconsciemment en avouant qu'il existe une solution de continuité *inexplicable* dans la suite totale des événements.

Posez-vous la question : « Qu'est-ce qui me donne la *première* connaissance que quelque chose existe ? » Vous serez obligé de répondre que c'est l'esprit et, mais seulement ensuite, les sens. *C'est prouvé par le phénomène de distraction de l'attention dont nous avons parlé au début du précédent chapitre.* Le mur de briques qui se trouve devant vous peut rester en dehors de votre conscience tant que vous êtes plongé dans une réflexion profonde et attentive sur un souvenir ou sur un problème immédiat. Cela ne veut pas dire que les yeux n'aient pas parfaitement rempli leur devoir. Bien au contraire, on trouverait l'image du mur parfaitement enregistrée sur la rétine. Cela ne signifie pas, de même, que le nerf optique n'ait pas accompli sa fonction consistant à envoyer un message au cerveau, ni que la substance corticale de celui-ci n'ait pas reçu ce message. Tout cela a été fait, les impressions sensorielles se sont produites, les excitations correspondantes ont été transmises au cerveau. Pourquoi, cependant, n'avons-nous pas vu le mur ? Parce que l'esprit ne s'est pas occupé des renseignements qui lui parvenaient. Parce qu'il ne les a pas pris en conscience. Bref, notre connaissance se limite à celle qu'a l'esprit. En disant que vous prenez connaissance de l'existence d'un mur devant vous, vous dites que vous avez pris connaissance de la perception d'un mur, c'est-à-dire de l'idée d'un mur comme objet de conscience.

C'est déjà ce qui a été démontré quand nous avons étudié les illusions et les hallucinations dans le chapitre précédent.

Quand nous chaussons des lunettes pour la première fois nous avons parfaitement conscience de leur présence sur notre visage. Mais, au bout d'un certain temps, les cercles de verre placés devant nos yeux, la pression sur notre nez, s'effacent de notre connaissance et nous finissons par oublier complètement à la fois la présence et la pression des lunettes. Les extrémités des nerfs sur la peau, c'est-à-dire le toucher, nous disent qu'elles sont là. Les extrémités des nerfs des yeux nous signalent aussi leur existence. Mais, ordinairement, nous omettons de prendre connaissance de ces impressions. La perception des lunettes disparaît de l'esprit et leur existence avec elle.

Pourquoi ? Parce que la pensée des lunettes s'est produite *d'abord* et quand nous cessons d'y penser, nous laissant absorber par autre chose, la perception des lunettes cesse également. Parce que l'aspect extérieur des lunettes n'est qu'une projection de l'idée intérieure. Une chose ne peut exister pour nous si nous n'en avons pas *en premier lieu* la pensée — c'est notre preuve expérimentale.

Tout événement, tout objet doit être tout d'abord perçu ou reconnu. Mais la perception et la reconnaissance sont des états de conscience, des idées. Elles dépendent de l'esprit. Quelqu'un peut-il savoir ce qu'est la « solidité » sans en prendre conscience au préalable ? Une chose peut-elle atteindre l'esprit sans être perçue ? Peut-on en avoir le moindre soupçon indépendamment d'un esprit qui la connaisse ? Peut-il y avoir n'importe quelle connaissance de quelque chose de solide sans que le principe mental s'y introduise d'abord ? Nous ne connaissons et ne pouvons connaître un objet en dehors de la connaissance de l'idée que nous en avons. L'éveil de la conscience est le commencement de tout.

Il faut bien nous accrocher au fait que nous n'avons pas directement connaissance d'un porte-plume ou d'une cavalcade mais seulement des sensations éveillées par eux. Il faut introduire cette distinction aussi clairement dans notre expérience qu'elle est évidente à notre raison après avoir analysé le processus de notre connaissance des choses extérieures. Nous prenons conscience de pensées, d'images, de représentations des choses mais pas des choses elles-mêmes. Nous éprouvons des sensations, nous les touchons, les sentons, les goûtons. Ceux qui pensent que c'est impossible ignorent la psychologie en tant que science et la philosophie en tant qu'interprète de la science. Nous savons que les choses existent parce que nous le savons mentalement à l'origine. L'esprit est leur véritable domaine. La pensée de la chose vient en premier lieu et doit venir en premier lieu pour que nous puissions même la connaître. En conséquence la conscience *doit* s'éveiller avant toute autre chose, même avant que le processus sensoriel ait joué complètement.

Résumons-nous : L'analyse de la perception que nous présente la physiologie est le résultat de l'observation directe. Mais personne n'a jamais vu un objet extérieur *avant* qu'il soit entré dans la perception. C'est irréfutable, car la vue présuppose la perception. Par conséquent, l'objet entre pour la *première* fois dans le champ de la conscience *avec* la perception qu'on en a et non auparavant. L'analyse que nous présente la physiologie se montre donc erronée du point de vue supérieur de la psychologie qui place la naissance de la pensée tout à fait à l'origine, mais elle demeure juste à son propre point de vue. Si la physiologie s'élevait à la philosophie, elle serait contrainte de revoir sa propre analyse pour en présenter une moins critiquable. Elle commet cette erreur parce qu'elle insiste pour considérer le corps comme étant seul réel et durable par comparaison avec la pensée qu'elle considère comme éphémère et illusoire. La « solution de continuité » du physiologiste se produit uniquement parce qu'il commence sa série dans le mauvais sens. Qu'il procède en sens inverse, qu'il mette au commencement l'idée qu'il a placée à la fin, et la solution de continuité disparaîtra. La prise de conscience est le fait inaugural de toute la connaissance que nous avons du monde extérieur. Tant qu'elle ne s'est pas produite nous ne pouvons même pas concevoir que ce monde existe. Et cependant, quand elle s'est produite, nous n'admettons même pas cette condition primordiale. Nous percevons un objet parce que nous le pensons, nous ne le pensons pas parce que nous le percevons. Cette vérité n'est pas de celles qui viennent tout naturellement à l'homme, il ne peut la saisir qu'après de difficiles réflexions et une recherche incessante.

Nous avons dit plus haut qu'il existait deux points pouvant aider à combler le fossé existant entre le cerveau et l'esprit. Nous venons d'expliquer le premier. Abordons maintenant le second : qu'est-ce que l'esprit connaît réellement ?

Il existe diverses théories de la connaissance que l'on appelle techniquement : théorie du double aspect, interréactionnisme, parallélisme psycho-physique, théorie de l'émergence, etc., mais aucune n'est absolument invulnérable aux objections. Il leur faut avant tout percevoir que la place occupée par l'esprit est primordiale, car rien ne peut être connu s'il n'est présent comme une entité en propre. En affirmant que l'esprit peut se saisir directement d'un objet ou d'un groupe d'objets et que *la matière est quelque chose de complètement différent de l'esprit*, on tombe fatalement dans la contradiction. Car si l'esprit et la matière réagissent entre eux il faut qu'il y ait un lien quelque part et ce lien ne peut finalement être que celui d'une nature identique. Si la matière n'était pas la même chose que l'esprit, le processus de la connaissance des objets extérieurs ne pourrait se produire, car la connaissance est une activité mentale, elle produit des idées et tout ce que nous connaissons comme perception ou comme réflexion ce sont des idées.

La connaissance est un processus psychique interne et lorsque nous connaissons une chose nous sommes obligés par une loi de relation de la connaître sous forme de pensée. L'acte final de la vision est mental. La rétine d'un homme mort peut être frappée par une multitude d'images mais il ne voit rien. Son esprit n'agit plus, aucune relation ne peut être établie. Où les sensations se produisent-elles réellement ? Est-ce à l'intérieur ou à l'extérieur de l'esprit ? Nous devons admettre qu'elles se produisent à l'intérieur parce que l'esprit en a connaissance et qu'il ne peut agir en dehors de lui-même. Pour qu'un objet soit reconnu, il faut qu'il se fonde dans la même substance que la conscience, ce qui signifie qu'il doit être d'abord transformé en substance mentale. Par conséquent il faut qu'un objet ou une expérience soit transformé en idée avant que l'esprit puisse en prendre connaissance.

Les cinq sens semblent nous parler de choses matérielles mais sans l'esprit ils seraient à tout jamais muets. L'analyse du processus de la connaissance a déjà révélé que la vue, l'ouïe, etc., se trouvent réellement et finalement dans l'esprit et nulle part ailleurs et que ce qui est pris en conscience est une chose mentale. C'est dire que l'esprit connaît directement et immédiatement des choses de sa propre nature, du même caractère, et non pas différentes comme on suppose que le sont les choses matérielles.

La pensée et le sentiment sont les prérogatives de l'esprit. Ce qui est pensé ou senti est donc mental, c'est-à-dire une idée, que ce soit une table de bois, une étoile lointaine ou un accès de colère. Rien n'est perçu qui ne soit de la pensée, par conséquent tout ce qu'on voit n'est connu que sous la forme d'idée.

Quelle relation existe-t-il entre vos perceptions et votre esprit ? Se trouvent-elles en dehors de celui-ci ? En y réfléchissant on constate que c'est impossible. Elles sont de la même nature que l'esprit, c'est-à-dire qu'elles sont conscientes et immatérielles. Elles sont donc composées de la même substance que celle dont l'esprit est lui-même composé. L'activité de l'esprit engendre tout ce qu'il connaît. La conscience, telle que nous la connaissons ordinairement, est un continuum d'idées et d'images. C'est l'esprit qui nous permet de voir, d'entendre et de toucher, c'est la vue, l'ouïe et le toucher qui nous permettent de prendre connaissance de l'objet. Par conséquent, il n'y a pas d'idée intérieure, pas plus que d'objets extérieur !

D'après la croyance courante ce que nous éprouvons par la

sensation est identique à l'objet physique. D'après elle nous connaissons, de la nature de l'objet, plus que ce qu'elle est en termes de sensation, c'est-à-dire en idée. La conception du monde ordinaire, irréfléchie, prend ce qui est vu pour une évidence, c'est ignorer le processus de la perception par laquelle ce monde, dit de choses physiques, parvient à notre connaissance. C'est ignorer que le monde n'est jamais directement saisi et n'entre donc jamais réellement dans notre expérience. L'esprit, en fait, se saisit de quelque chose de relatif, de quelque sensation, perception ou image qui est essentiellement mentale. Il prend conscience de ce qui lui est apparenté, c'est-à-dire qu'il peut connaître des idées mais rien d'autre. Il voit finalement ce qui le représente lui-même dans la conscience, plutôt que ce qui le représente aux sens. Le connu n'est pas moins mental que l'élément de connaissance lui-même.

L'esprit joue donc ainsi un double rôle. Il est à la fois la conscience et l'idée dont il a conscience. Sa nature est telle qu'il ne prend directement connaissance de rien de ce qui se trouve au delà de lui-même, mais seulement des changements qui se produisent à l'intérieur de lui, c'est-à-dire des idées. Faire de l'esprit le récepteur passif d'impressions venant d'un monde étranger c'est ignorer le *fait* que l'esprit connaît uniquement des choses mentales, autrement dit des idées. Qu'une chose extérieure donne ou non naissance à une sensation, pour qu'elle soit saisie ce ne peut être qu'une idée en elle-même.

Toute une série de fausses interprétations et de questions oiseuses disparaissent quand on a bien compris cette vérité. L'esprit ne dépend pas d'une chose extérieure pour prendre conscience de cette chose, parce que rien n'est extérieur ou intérieur à l'esprit. La chose doit se présenter sous la forme d'une idée et sous aucune autre. Les pensées, en fait, constituent tout ce qu'il possède, tout ce dont il a l'expérience, que ce soit la pensée d'entendre quelque chose ou la pensée de voir quelque chose.

Ce ne sont pas les cinq sens qui, finalement, éprouvent la joie d'une promenade dans un jardin en été ou la souffrance d'un jour glacial d'hiver, mais c'est l'esprit immatériel. Ce n'est pas l'œil visible qui lit les mots imprimés sur cette page ; c'est l'esprit invisible. La vérité de ce fait fondamental de l'existence est aussi scientifique que philosophique ; elle deviendra un axiome professé par les livres de classe avant que la dernière année du présent siècle se soit écoulée.

La primauté de la pensée. — Essayons maintenant de coordonner ce que nous avons appris au sujet de l'expérience que nous avons des choses. En prenant pour la première fois notre porte-plume nous avons d'abord rencontré la notion physique que sans les rayons lumineux nous n'aurions pu le voir. Nous avons eu ensuite la notion anatomique que, sans les yeux, nous n'aurions pas vu les rayons lumineux. Puis ce fut la notion physiologique que, sans les nerfs, les yeux n'auraient rien aperçu du tout, et que sans le cerveau les nerfs auraient transmis vainement leur vibration. Nous nous sommes alors élevés à la notion psychologique que, en ce point, l'esprit commençait sa besogne constructive et que sans lui nous n'aurions pas vu le porte-plume. Car nous en avons finalement pris connaissance sous la forme d'une idée, l'instant de la prise de conscience étant celui où nous avons appris l'existence du porte-plume. Mais nous avons noté qu'il n'y avait aucune liaison définissable au point de passage du cerveau physique à la sensation non physique, de sorte que la continuité de l'ensemble du processus s'est trouvée rompue. En cherchant une explication à cette rupture nous avons fait la surprenante découverte que, du fait que l'image mentale du porte-plume était la première manifestation de son existence et que les seules choses perceptibles à l'esprit étaient de telles images, de telles pensées, il devait avoir construit l'idée du porte-plume avant d'en avoir appris l'existence.

Nous avons commencé par considérer que l'esprit, la lumière, l'œil, le nerf et le cerveau concouraient tous à nous donner l'expérience du porte-plume. Nous avons fini par trouver non seulement que cette expérience était uniquement subie par l'esprit, mais encore qu'il produisait l'idée constituant son expérience ! Qu'est-ce que cela signifie ? Cela signifie que nous avons commencé par savoir qu'il y avait là un porte-plume, mais qu'en analysant la façon dont nous étions parvenus à cette connaissance, à cette pensée, nous sommes revenus à notre point de départ, à cette pensée elle-même. Nous avons tourné en rond. Cela implique qu'en aucun point du circuit nous n'avons touché l'objet autrement que sous la forme d'une pensée. Chose encore plus étrange, cela implique en outre que nous n'avons cessé de voyager dans le royaume des pensées. Nous ne sommes parvenus qu'à passer d'une construction mentale à une autre !

Cette dernière conclusion est déroutante, car elle nous oblige à placer à l'intérieur du cercle mental non seulement le cerveau mais les nerfs, non seulement les nerfs, mais les yeux, non seulement les yeux, mais la lumière. Qu'advient-il du porte-plume

lui-même dans tout cela ? Écartons cette question provisoirement pour nous concentrer sur cet étonnant état de choses où
nous avons été entraînés. Car la somme de toutes ces constatations c'est qu'en cheminant du rayon lumineux jusqu'au
cerveau physique nous sommes simplement allés d'une pensée,
d'une perception, à une autre en n'importe quel endroit de notre
circuit.

Ce qui se passe dans les yeux, les nerfs et le cerveau nous pouvons l'apprendre uniquement par ce que nous pouvons observer
en deçà, c'est-à-dire par des sensations formées en perceptions,
d'où nous déduisons ces observations. Mais les sensations comme
les déductions sont des pensées. Si nous n'avons pas le courage
intellectuel d'admettre cette conclusion nous commettrons la
grave erreur de considérer un des groupes de sensations, c'est-
à-dire la perception de l'image du porte-plume reflété par les
rayons lumineux, comme mentales, mais un autre groupe, la
perception de notre système sensoriel, comme non mental. Les
deux champs d'observations sont identiques en ce sens qu'on a
de tous les deux une expérience objective et qu'on les voit physiquement tous les deux. Le rayon lumineux et le corps de chair
sont exactement sur le même plan.

Il faut donc être conséquents. Ce qui vaut pour l'image éclairée et colorée du porte-plume qui est donnée par les rayons
lumineux, vaut également pour l'image éclairée et colorée de
l'œil lui-même, des nerfs et du cerveau ! Nous avons connaissance de toutes ces choses parce qu'elles sont pensables, parce
qu'elles sont connues, en dernière analyse, sous forme d'idées.
Nous n'avons donc d'autre alternative que de faire de l'ensemble des yeux, des nerfs et du cerveau un ensemble d'idées.

La science n'a jamais pu montrer comment l'impression sensorielle objective et l'idée subjective réussissent à se combiner.
C'est parce qu'elle a arbitrairement partagé ce qui constitue
un tout indivisible. Elle a séparé dans la théorie ce qui ne l'a
jamais été dans la réalité. La question posée par la « solution
de continuité » du physiologiste ne peut recevoir de solution
parce qu'elle ne peut pas se poser. L'explication ne peut rester
continue que si ce physiologiste a la hardiesse d'englober le
système nerveux, le corps tout entier et l'objet extérieur dans
la même unité que la sensation elle-même, c'est-à-dire de les
dépouiller de leur caractère matériel et de les convertir tous
en idées. Il doit admettre que leur place dans le circuit sensoriel
est mentale au même degré que l'idée à laquelle ce circuit aboutit. Autrement, le processus de la connaissance des diverses

choses de ce monde devient inexplicable et restera éternellement un mystère insoluble.

L'acte initial et l'acte final dans la sensation sont donc considérés tous les deux comme des actes de l'esprit ! Tout ce qui se passe dans l'intervalle se produit à l'intérieur de l'esprit. Semblablement, la substance à laquelle on a affaire au commencement comme à la fin est aussi l'esprit : où trouver place pour une structure *matérielle* des yeux, des nerfs et du cerveau ? Ils doivent être également des constructions mentales, car ni le nerf, ni le cerveau, ni l'œil ne peuvent rendre compte d'une manière satisfaisante de la formation d'une perception si l'on veut les considérer comme des choses non mentales. Leur nature, elle-même, présente des obstacles intrinsèques à la formation d'un pont entre l'acte conscient de la perception et les matériaux supposés inconscients qui sont employés au cours de cet acte. La science n'est pas parvenue à surmonter ces obstacles et il est impossible de concevoir qu'elle puisse y parvenir un jour. La physiologie peut décrire minutieusement ces matériaux et la façon dont ils sont ordonnés, elle ne peut rien de plus, car la perception finale est d'ordre mental et, par conséquent, en dehors de son domaine. La solution est d'admettre que l'esprit est présent et agissant de bout en bout.

L'enseignement caché ne contredit aucun des faits scientifiques déjà cités relatifs à la sensation et à la perception, bien au contraire il les confirme. Mais il les complète en jetant un pont au-dessus de l'abîme creusé entre eux. Il explique que toute la structure des yeux, des nerfs, du cerveau se trouve à l'intérieur de l'esprit et n'a jamais existé en dehors, ce qui signifie que nous ne cessons d'avoir affaire à des idées alors que nous croyons avoir affaire à des substances matérielles, non mentales, ayant pris la forme d'yeux, de nerfs et de cerveau. Si nous n'en avons pas conscience c'est parce que nous confinons l'esprit dans un petit espace à l'intérieur de la tête et qu'il ne nous reste d'autre solution que de placer la structure sensorielle et nerveuse en dehors de lui. Nous oublions que le corps tout entier n'est qu'un complexe de perceptions mentales. Tous les délicats appareils physiologiques qui fabriquent les impressions, tous ces organes si merveilleusement sensibles : les yeux, le nez, les oreilles, la peau et la langue, tout le réseau extraordinairement compliqué des nerfs et des circonvolutions cérébrales qui appartiennent au corps physique et que l'on prend pour des choses matérielles, solides, sont eux-mêmes englobés dans le cercle enchanté de la conscience, ne sont connus que mentalement, bref, ils ne sont rien de plus et rien de moins que des constructions mentales.

Eh quoi ! — va-t-on objecter — devons-nous considérer la conscience que nous avons de la personne qui se trouve devant nous, simplement comme la conscience d'un groupe d'idées ? La réponse est que le toucher, la vue, tous les sens sont mentaux, qu'au delà de ces sensations qui nous parlent de tête, de buste, de bras et de jambes et qui se résolvent finalement en états de conscience, nous ne connaissons rien de certain. Notre conscience et ses états existent avec une sûreté irréfutable mais la matérialité du corps de l'autre personne n'existe qu'à l'état d'idée. Tout le contenu de son être est pour nous identique à nos états de conscience. Il n'est pas et ne peut pas être extramental. Il ne peut pas être indépendant de notre conscience.

Quand nous avons renoncé à la vaine tentative de considérer les impressions sensorielles du corps humain, que ce soit le nôtre ou un autre, comme étant des activités matérielles et les avons acceptées pour ce qu'elles sont — purement mentales — le tableau de notre univers s'éclaire et les énigmes auxquelles se heurte le matérialiste disparaissent d'un seul coup. Rien d'autre ne peut répondre parfaitement à notre question, rien ne peut satisfaire plus profondément notre raison.

Ainsi donc notre connaissance finale de l'existence de tous ces nerfs et organes des sens est en elle-même un acte de perception. Si nous aboutissons finalement à l'esprit, nous devons apercevoir que nous avons commencé aussi, inconsciemment, avec lui. Nous avons tourné en rond, ne nous sommes écartés de l'esprit à aucun moment. Les mots « cerveau », « nerf », « organe des sens » ne sont que des termes employés par lui pour décrire ses propres expériences. Ce sont eux-mêmes des objets perçus ! L'ensemble du corps physique de l'homme n'est qu'une perception, nous en avons connaissance parce que nous en voyons des parties, que nous touchons sa surface, etc., mais tout cela n'est que simples sensations intérieures.

Finalement, à ceux qui éprouveraient de la difficulté à admettre ces vérités, effectivement fort difficiles, nous indiquerons qu'ils peuvent en trouver une illustration précieuse en étudiant l'expérience du rêve.

Aussi longtemps que les hommes adopteront des conclusions prématurées, insuffisamment réfléchies, au sujet de cet acte si familier de faire l'expérience d'une chose extérieure, acte qui se produit continuellement au cours de leur vie éveillée, ils resteront incapables de comprendre son importance immense et capitale en tant que clef de la compréhension exacte du mystère de la vie.

Soulignons bien que ce chapitre n'a pas été écrit du poin de vue pratique de la vie quotidienne mais du point de vue plus subtil de ce qui est ultimement vrai. Notre critère de la vérité n'est pas le toucher par la paume de notre main, qui suffit au profane, mais ce que le raisonnement et la puissance de jugement de l'esprit vérifient et que le philosophe peut seul considérer comme satisfaisant. Personne, quoi qu'on fasse, ne pourra jamais déloger la raison de ce fait central du mentalisme.

Que sont les choses? — Le moment est venu d'aborder l'un de nos derniers problèmes. Qu'advient-il de la chose extérieure autonome que nous avons en quelque sorte laissée en dehors de nos considérations en essayan t de déterminer comment nous en formions l'idée ? Il nous a semblé qu e nous entrions en rapport étroit avec ces objets extérieurs mais nous savons maintenant que nous n'avons jamais eu de rapports qu'avec des idées. Nous avons cru faire l'ex périence immédiate des choses matérielles mais il est absolument impossible de prouver leur présence *immédiate* dans notre expérience. Nous pouvons uniquement certifier l'existence d'images dans l'esprit et le fait que l'objet autonome n'a jamais été révélé réellement à nos sens, nous l'avons seulement pensé, comme nous pensons les sens eux-mêmes. Nous ne pouvons faire aucune déclaration vraie à son sujet pour la simple raison que notre expérience en est complètement coupée. Nous ne pouvons nous placer à côté de lui.

Faut-il donc baisser humblement la tête et admettre q ue cette chose mystérieuse en elle-même demeure extérieure, à l'autre bout de la chaîne œil-nerf-cerveau, apparemment inconnue et inconnaissable ?

Nous acceptons l'existence des choses parce que nous les percevons. Arrêtons-nous là, il est nécessaire d'examiner de plus près cet acte de perception. Quand nous prêtons attention à des sensations et à des perceptions, nous tenons habituellement comme allant de soi que c'est à des choses matérielles que nous prêtons attention et que nous sommes informés d'objets existant indépendamment de nous-mêmes. Le philosophe ne peut rien accepter comme allant de soi. Il essaye en réfléchissant aussi profondément que possible de comprendre ce qui se passe effectivement, rejetant toutes les suppositions et les déductions en cours de cheminement.

Tout d'abord il faut bien établir, sans le moindre doute possible, que le *fait* de sentir l'existence d'un porte-plume est un acte de l'esprit, de la conscience, et non pas l'effet d'une vibration nerveuse ou d'une modification moléculaire du cerveau, ce n'est en aucune façon un processus physique. L'explication physiologique de la sensation rend compte de tout sauf de cette illumination de la conscience où nous prenons connaissance du porte-plume, de l'acte mental séparé de l'acte supposé physique d'entrer en rapport avec lui. En outre, l'acte de juger les impressions reçues des objets constitue lui-même une activité mentale que ne peut expliquer aucun processus physique. Ainsi, au lieu de séparer la perception de l'objet, ce qu'il faut séparer c'est la prise de conscience de la perception elle-même, les deux étant mentales, au lieu de séparer le subjectif de l'objectif il vaut mieux séparer la prise de conscience de l'objet de la conscience, c'est-à-dire de l'idée.

Quand nous étudions ce symbole verbal « idée », nous constatons qu'il exprime une connaissance immédiate, infuse, directe et évidente, alors que celle des choses est indirecte, incluse et interprétée, en un mot déduite.

C'est parce que nous voyons l'image mentale d'un homme extérieur autonome que nous pensons automatiquement et inconsciemment qu'il existe une personne à laquelle cette image correspond. Néanmoins, la relativité de la pensée est telle que la seule présence d'une idée nous oblige à préjuger de la réponse et à penser qu'il existe bien une chose matérielle et extérieure qui a donné naissance à l'idée. Nous ne connaissons directement que la perception d'un homme. Toute autre perception doit être construite mentalement. La prise de conscience des sensations est certaine et indubitable. La connaissance d'une cause extérieure produisant ces sensations est entièrement déduite et supposée.

Nous voyons, nous goûtons, nous touchons des choses extérieures comme étant absolument autonomes parce que nous *partons* d'une croyance innée qu'elles sont absolument autonomes. Si A et B sont en relations causale, A vient toujours en premier. La cause précède l'effet. Qu'expérimentons-nous en premier lieu dans les objets extérieurs ? Eh bien, nous prenons connaissance d'une impression mentale d'eux, de rien d'autre. Si l'impression mentale vient en premier lieu, elle doit donc être la cause ! Faire de l'objet extérieur la cause de la sensation intérieure cela revient à dire que la sensation est la cause de la sensation, c'est-à-dire faire une pétition de principe, tenter ce qui est impossible et inconcevable.

Il faut bien souligner ce qui n'apparaît qu'au prix d'une très sérieuse réflexion analytique, à savoir que l'expérience mentale précède l'expérience physique, que celle-ci vient en second lieu parce qu'elle est une déduction. L'image est antérieure à la déduction que l'objet existe. Inconsciemment et presque instantanément nous décidons que l'objet est extérieur *après* en avoir perçu l'image, c'est un acte subséquent. Mais, en admettant que la connaissance de l'objet existant d'une manière autonome vient après la connaissance de la perception, comment prouve-t-on que c'est seulement une déduction ? C'est que tout ce qui ne peut être directement connu tel qu'il est en soi-même, doit nécessairement être porté à notre connaissance par le jeu de l'imagination. Nous devons nous le représenter grâce à la faculté qu'a l'esprit de construire des images. Et pour savoir quelle image particulière est à construire il faut passer par le canal du raisonnement subconscient jusqu'à ce que nous arrivions à une conclusion finale qui ne peut être qu'une déduction, même si elle était correcte, ce qu'elle n'est pas.

La pensée est primordiale alors que la chose est secondaire. L'idée est réelle alors que l'objet est déductif. *Avant* que l'esprit ne révèle la perception à lui-même, il n'y a pas de connaissance d'objet extérieur. Cet objet n'entre en scène qu'*ultérieurement*, jusque-là nous ne pouvons rien dire de lui. C'est cette distinction importante qui constitue la véritable base du mentalisme. Et ce n'est pas une spéculation née d'une métaphysique imaginative, elle devient peu à peu la découverte positive de savants comme Eddington et Jeans qui sont à l'avant-garde de la science moderne. La signification de cette distinction c'est que l'objet dépend, pour exister, de l'idée qu'on en a, et non pas l'idée de l'objet. Personne ne peut prouver qu'il possède une existence autonome. L'esprit est la base et le soutien de cette existence, celle-ci est une dérivée mentale.

Il faut avoir le courage de faire face à la vérité au sujet de ces objets extérieurs. Nous avons constaté en effet, en étudiant les illusions que le *pouvoir* qu'a une illusion de nous leurrer, disparaît si nous prenons la peine de la scruter, même si son *existence* persiste. Semblablement nous avons découvert, après avoir pris la peine d'y réfléchir, que les objets extérieurs étaient déduits, quoiqu'ils continuassent à rester dans notre expérience. La déduction est une imagination, c'est-à-dire une idée. Nos objets extérieurs sont donc aussi des idées, exactement comme la connaissance que nous avons d'eux est une idée. Qu'est-ce que cela signifie ? De même que, dans le cas de l'illusion, l'esprit crée un objet et suppose ensuite sa réalité, dans l'expérience quotidienne, il crée une chose extérieure et en suppose l'existence ; de même que, dans l'illusion, la chose supposée était indiscutablement vue, et à plusieurs reprises, l'objet déduit est également vu de façon nette et persistante. Qu'une perception soit une affaire de conscience, c'est indubitable, que l'objet soit extérieur c'est simplement une idée. La première chose est un fait, mais la seconde n'est pas prouvée et n'est pas prouvable. Un objet autonome n'est jamais vu séparément mais seulement déduit psychologiquement. Nous pouvons lui accorder l'attention la plus poussée, concentrer sur lui notre conscience nous ne parviendrons jamais à le séparer de l'idée. Car son existence même repose sur des déductions et comporte des suppositions. Or la vérité ne peut se fonder sur des déductions, il lui faut se maintenir sur le terrain plus solide des faits prouvés et vérifiés.

Si quelqu'un a éprouvé de l'impatience au cours de cette incursion dans ce qui peut sembler des abstractions, il a eu tort. Tant qu'il ne se sera pas formé une idée correcte de la façon dont nous prenons connaissance du monde extérieur des choses qui sont immobiles ou se déplacent dans l'espace, il restera incapable d'en pénétrer la réalité. Tant qu'il n'aura pas analysé ce que contient la conscience du monde, il ne pourra comprendre comment elle a été construite. Nous considérons ordinairement le mur qui se trouve devant nous comme complètement indépendant de la sensation que nous avons de son existence. Nous croyons, sans réfléchir, que nous le voyons en premier lieu et nous formons alors dans notre esprit une image représentant son apparence. C'est le mur qui prend la première place et l'image mentale la seconde dans la prise de conscience supposée par nous. Nous avons vu combien cette conception était erronée. Nous allons maintenant arriver à la conception exacte, elle sapera les bases de notre certitude, aussi vieille que l'homme, au sujet de la nature du monde, de la position du corps et des dimensions de l'esprit.

Comment continuer à admettre que si nous ne pouvons connaître directement l'objet, l'idée que nous nous en faisons est une image qui le reproduit plus ou moins fidèlement, une sorte de photographie prise par l'esprit ? Comment cette croyance pourrait-elle subsister après toutes nos précédentes découvertes ? Se peut-il que l'objet soit réellement à l'extérieur et que sa perception soit seulement une image, quoique mentale ? Se peut-il que notre conception superficielle d'un univers matériel soit correcte, que cet univers soit exactement ce qu'il paraît être, qu'il n'ait pas besoin d'être analysé ? Car tous les faits rencontrés par nous démontrent que nous avons inconsciemment commencé avec l'idée de l'objet et fini consciemment avec elle, que la perception est un acte psychologique, qu'en prenant conscience d'un porte-plume nous ne voyons pas simplement sa réplique mentale mais le voyons littéralement lui-même parce qu'il est identique à la perception mentale et non pas seulement en relation avec elle. La théorie selon laquelle, s'il est vrai que nous connaissons seulement nos constructions mentales, ces constructions n'en sont pas moins des répliques, des représentations de quelque objet inconnu, matériel et extérieur est complètement erronée. L'objet fait lui-même partie de la construction et nous n'avons aucun autre droit de le séparer de la totalité de la perception que celui que nous donne un préjugé ancien et général. Ceux qui croient à la théorie de la « réplique mentale », qui placent l'idée et l'objet à des extrémités différentes du même axe, fondent entre elles des choses absolument incompatibles.

Les choses matérielles ne sont pas seulement aussi mentales que leurs perceptions soi-disant « subjectives », mais sont intrinsèquement ces perceptions. Ce serait une grave erreur de croire qu'une perception est une simple réplique mentale d'un objet matériel. Ce dernier est aussi subjectif que la première. La chose matérielle supposée et son enregistrement conscient sont tous deux des constructions mentales et rien d'autre. La conception selon laquelle la construction est conforme à la chose matérielle est une pure hypothèse.

L'idée d'un mur est la seule chose que nous connaissions d'une manière certaine, parce que c'est la seule dont nous avons réellement l'expérience, le reste n'est qu'une déduction inconsciente, un jugement automatique et erroné. Toute notre attention est fixée, en effet, sur le mur extériorisé, et non sur la conscience de ce qui se passe effectivement durant sa perception. Les gens ordinaires commettent donc l'erreur facile de prendre cette idée pour une chose extérieure. L'idée, la réplique mentale, supposée avoir pris naissance en conséquence de la présence du mur matériel, est la première chose que nous connaissons réellement, la matière ne venant qu'ensuite. Mais celle-ci n'a pas l'avantage d'être connue, elle est seulement déduite et, en tant que déduction, n'est qu'une copie de la première idée, c'est-à-dire que nous avons multiplié la construction elle-même. Nous pourrions très bien nous en tirer sans cette multiplication.

La leçon à retenir c'est qu'il faut donner la préférence et accorder la priorité à la perception elle-même plutôt qu'à l'objet perçu, parce qu'il est indispensable de tracer une limite bien définie entre ce qui est réellement perçu et ce qui est simplement déduit.

Nous n'en sommes pas quittes avec notre critique. Il peut très justement nous demander : « S'il n'existe vraiment pas de chose extérieure, autonome, comment en concevons-nous l'idée puisqu'il n'y a rien pour la provoquer ? » Nous sommes malheureusement obligés d'attendre pour répondre à cette question comme à d'autres objections qui sont susceptibles d'être formulées contre le mentalisme, d'avoir exposé plus complètement la doctrine et de l'avoir finalement prouvée dans notre prochain volume. Les réponses sont liées à des problèmes plus avancés. Tant que nous n'aurons pas compris complètement la nature de l'Esprit, le mystère du sommeil, la signification du rêve, le secret du Moi et l'explication de la création, nous ne pouvons saisir définitivement la vérité du mentalisme ni mettre son extraordinaire apport en relation avec notre vie quotidienne. D'une façon générale la philosophie a jusqu'ici soulevé bien des questions et apporté peu de solutions, alors que l'enseignement caché fournit la clef parfaite permettant de comprendre le TOUT. Il aborde tous ces torturants mystères pour les résoudre mais leur solution découle de ses principes les plus avancés, elle ne peut être saisie qu'après de difficiles études préparatoires et ne peut être dégagée sans causer un trouble profond à cause des étranges faits qu'elle dévoile. Telle est, malheureusement, la situation où nous nous trouvons et il faut passer outre pour le moment.

En attendant, en réponse à la question de savoir pourquoi l'objet autonome contribue à notre sensation de la vue, de l'odorat ou du toucher et pourquoi il fait naître ces sensations par sa seule présence, nous répondrons que puisque la perception construite à partir de ces sensations constitue l'objet lui-même, la question tombe d'elle-même car elle ne se pose pas. La chose et la pensée sont identiques. Essayer de faire une distinction entre la chose considérée comme séparée de notre esprit et la chose en relation avec nous, c'est tenter l'impossible, car elles sont aussi inséparables que le soleil et ses rayons. La pensée *est* la chose, la perception est l'objet, et non l'inverse. Chaque objet, en même temps que ses relations avec l'espace et le temps, est perçu dans la conscience et nulle part ailleurs, il dépend donc d'elle. Ce que nous appelons objet matériel est en réalité la perception d'un objet matériel construit dans notre esprit, et la projection à l'extérieur de cette perception est en réalité cet objet-lui-même. Ce qui existe directement et indiscutablement pour nous c'est la perception construite. Nous ne devons pas hésiter à appliquer ce principe avec la plus grande hardiesse. Les locomotives comme les gratte-ciel, les vastes lacs comme les majestueuses montagnes, ne sont que des constructions mentales comme tout ce que nous voyons dans la fourmilière des villes ou dans les paisibles campagnes.

Il est difficile au début mais très aisé à la fin de bien saisir ce fait primordial que les prétendus résultats de l'activité des sens, c'est-à-dire les sensations, sont eux-mêmes les objets à quoi nous avons affaire dans nos rapports avec le monde. En y réfléchissant bien nous découvrirons que la chose et la pensée se rencontrent, que l'objectif et le subjectif se fondent, que toute distinction entre eux est arbitraire, qu'elle est faite par l'homme et non par la nature. Ainsi les éléments subjectifs et objectifs se confondent dans l'unité, dans une identité radicale. Il est impossible d'imaginer la chose et la construction séparément quand nous étudions profondément ce qu'elles sont en réalité. La réflexion exige que nous les amalgamions. C'est une loi de fer de la pensée contre laquelle ne peut prévaloir aucune convention artificielle.

Quelle différence y a-t-il entre une chose telle que nous la voyons et telle qu'elle est en elle-même ? Pour nous il n'y en a pas. Le but des activités de la vie pratique nous autorise parfaitement à ne pas aller au-delà de l'opinion courante qui ne considère pas la pensée comme la chose. Mais cette opinion ne résiste pas à la critique philosophique qui exige toute la vérité et qui découvre, en conséquence, que la chose n'est rien d'autre que la pensée qu'on en a. Pour les fins philosophiques nous sommes donc contraints de supprimer la distinction entre la pensée et la chose. Elle existe peut-être dans la nature mais elle n'existe pas dans la connaissance. Il est impossible de prouver que c'est un fait, il est également impossible de prouver que c'est une fiction, car la chose en elle-même est hors de notre portée comme tout ce qui n'est pas pensé.

La conception d'une activité matérielle par opposition à l'activité mentale repose sur la fausse notion d'un monde contenant à la fois des choses extérieures et des pensées intérieures. La foule ne va pas au delà de cette discrimination mais pour qui réfléchit suffisamment cette thèse absurde n'est pas défendable. Les ignorants et les irréfléchis croient avoir la conscience directe des objets extérieurs, car c'est ainsi qu'ils appellent la construction mentale. Mais le psychologue doublé d'un philosophe sait que les opérations mentales sont les *premières* à entrer dans le champ de la conscience, comme elles sont aussi les dernières.

Tant que nous nous obstinerons à tracer une limite entre les choses et notre perception de ces choses, nous ne parviendrons pas à en comprendre le véritable caractère. Tant que nous séparerons les unes de l'autre, nous nous trouverons dans un cul-de-sac qui rendra le problème complètement insoluble. Mais si nous rejetons cette erreur originelle, ce faux jugement fondamental et fatal, en les faisant passer au crible de la réflexion, nous pouvons espérer découvrir la vérité au sujet de notre connaissance du monde, mais pas auparavant. La foule croit tout naturellement que les choses extérieures viennent en premier, que les images mentales n'en sont que des répliques qui naissent ensuite. Il ne faut pas lui en vouloir, car la nature cache son or dans les profondeurs de la terre et sa vérité dans les profondeurs de la réflexion. L'habitude nous force à établir cette séparation entre la pensée et la chose, mais la réflexion nous oblige à réparer cette erreur. Ceux qui ne veulent pas se donner la peine de chercher leur voie par cette enquête difficile, ne peuvent espérer d'entrevoir la vérité au sujet des choses qui les entourent. Qu'un porte-plume ou une cavalcade soient mentaux est une vérité qui s'oppose directement à leurs impressions premières. Seuls l'examen le plus sévère de lui-même et l'emploi de sa pensée la plus subtile pouvaient révéler à l'homme cette étonnante vérité.

En poussant ce raisonnement jusqu'à ses dernières conséquences nous arrivons forcément à conclure que s'il a converti les objets en idées il ne s'arrête pas là mais reconvertit les idées en objets !

CHAPITRE XII

L'ÉCROULEMENT DU MATÉRIALISME

Revenons à notre locomotive. Même lorsque vous tendez la main pour constater qu'elle se trouve là, dans l'espace, séparée de vous, l'événement se passe entièrement dans votre conscience et nulle part ailleurs, car l'espace est aussi mental que le temps.

La locomotive n'est qu'une construction mentale. Essayez d'en avoir connaissance sans ces caractères qui produisent la sensation de son existence dans votre esprit. Vous constaterez que c'est impossible. Enlevez-lui sa couleur, sa forme, sa robustesse, son poids, dépouillez-la en fait de toutes ses propriétés, que reste-t-il ? Rien, puisque c'est en additionnant toutes ces propriétés que vous êtes capable de percevoir la locomotive.

« C'est entendu, direz-vous, la locomotive doit disparaître pour moi dès que je n'en reçois aucune sensation ; mais n'avons-nous pas oublié la substance dont elle est faite, la matière à laquelle appartiennent ces propriétés, la racine de tous ces caractères ? »

Réfléchissons. Pouvez-vous voir cette substance ? « Oui, répondez-vous, elle est verte. » Mais ce que vous voyez vert est une couleur et nous avons déjà vu que les couleurs n'adhèrent pas aux choses elles-mêmes. Si votre substance supposée était réellement présente elle devrait ne posséder aucune couleur. Pouvez-vous voir une substance incolore dans la locomotive ? Vous êtes obligé d'avouer que c'est impossible et que lorsque vous y pensez sans penser simultanément à une couleur, vous êtes contraint d'imaginer que quelque couleur doit y subsister et que, par conséquent, cette couleur fait partie de la matière. C'est une illusion de votre part, la science ayant démontré que les couleurs de tout objet que nous voyons, avons vu ou sommes susceptibles de voir, ne constituent pas une partie de cet objet et n'existent que par le jeu des rayons lumineux sur celui-ci. En d'autre termes, la couleur est une interprétation optique de la lumière elle-même et non de l'objet révélé par la lumière. L'analyse physiologique du phénomène de la vision prouve que la production de la couleur est l'ouvrage des yeux, tandis que la sensation de la couleur est l'ouvrage de l'esprit. Il est impossible d'imaginer une matière sans couleur, quelque effort que puisse faire l'esprit il aboutira toujours à assigner une couleur ou une autre à toute substance aperçue parce que les deux doivent coïncider. Il est donc impossible de séparer complètement la couleur de tout objet perçu.

Nous aboutissons ainsi à une étrange situation. Car la couleur ne peut exister à l'intérieur de nous alors que la chose elle-même existerait en dehors de nous. Elles doivent se trouver ensemble, et comme nous constatons que la couleur a finalement une existence mentale, la substance de l'objet, ou « matière » doit également ment posséder une existence mentale. Toutes les deux sont construites par l'esprit et uniquement par lui.

« Mais comment ces couleurs varient-elles si elles ne sont que des interprétations ? Quelle est la cause de ces variations ? » Cette question soulève le problème complexe de la cause et de l'effet. Emmanuel Kant signale que ce rapport est une forme naturelle de la pensée humaine, que c'est l'esprit qui commence par croire qu'il existe quelque chose comme la cause et qui, en conséquence, la recherche, qu'il y a une mystérieuse et inabordable substance-en-elle-même dont la présence nous donne l'idée de la substance matérielle. Nous expliquerons ici ce que l'enseignement caché peut dire au sujet d'une telle substance, mais le plus difficile problème de la cause et de l'effet doit être réservé un autre ouvrage.

« Mais, riposterez-vous, si je ne peux pas voir cette substance je peux toujours la toucher avec mes doigts. » Ce que vous sentez c'est la solidité, la rondeur, la résistance, l'impénétrabilité. Mais ces caractères vous parviennent sous la forme de sensations musculaires et, par conséquent, relèvent de votre esprit. Ils en sont parties intégrantes. Ils ne sont nullement cette substance non mentale que vous croyez qu'ils sont. Il est impossible de séparer l'aspect d'un objet de la couleur et du sentiment qu'il procure quand on le touche. C'est-à-dire que nous ne pouvons placer le premier à l'extérieur de l'esprit et les seconds à l'intérieur. Ils existent tous et, de par leur nature, ne peuvent exister qu'ensemble. Nous sommes capables d'identifier une forme par son toucher et sa couleur, mais si nous mettons ceux-ci en un endroit, la masse ou le volume en un autre, nous faisons violence à l'acte de perception lui-même et le rendons impossible. La conclusion est que l'objet tout entier et non seulement une de ses parties, toute la matière dont il est composé, ne peut exister que mentalement.

L'objection déjà faite selon laquelle, si cette doctrine de la perception est exacte, la grosse locomotive peut-être ni lourde, ni dure puisqu'elle serait composée uniquement de substance mentale, doit de nouveau, être repoussée comme inacceptable.

Car nous pouvons maintenant apercevoir combien elle a embrouillé les questions et mal saisi la nature véritable de la doctrine. Personne ne pense à nier la lourdeur et la solidité de la machine. Nous les acceptons toutes les deux parce qu'elles nous parviennent sous la forme de sensations. Nous constatons effectivement que nous pouvons toucher la locomotive mais que nous ne pouvons la pousser, qu'elle est lourde et dure. Cependant cette dureté, cette lourdeur, cette résistance dont nous avons conscience ne sont connues que par l'esprit et se trouvent à l'intérieur de celui-ci. Cela prouve que l'esprit est capable d'éprouver tous les genres de sensations, celle de la dureté comme celle de la douceur, celle de la légèreté comme celle de la lourdeur. Il est donc faux de déclarer que ce qui est mental ne peut être éprouvé sous la forme de sensations substantielles et tangibles. Si c'était exact, nous ne pourrions jamais avoir de rêves !

Peut-être, en ce point, vous retirerez-vous, lassé, ou, si vous restez, maintiendrez-vous obstinément qu'il y a, qu'il doit y avoir quelque chose de plus dans la substance de la locomotive de que simples sensations, qu'aucun délicat enregistrement nerveux comme une sensation ne peut raisonnablement ressembler à une chose substantielle telle que la matière.

Nous sommes alors obligés de poser une question directe et de réclamer une réponse également directe : « A quoi ressemble la matière ? » Torturez-vous l'esprit tant que vous voudrez, vous ne serez jamais capable d'en parler autrement qu'en termes de sensations. Il vous sera impossible de citer un seul exemple montrant que la matière est différente de la sensation. Quelle que soit la façon dont vous vous y prendrez vous la rendrez nécessairement visible, palpable, audible, odorante ou sapide, c'est-à-dire vous la ferez résider dans vos sensations et par conséquent dans votre esprit. Dépouillez la locomotive de toutes vos sensations, vous n'aurez plus connaissance d'aucune locomotive, il ne restera absolument rien de matériel. Pourquoi donc faudrait-il croire à cette matière mystérieuse ? Nous pouvons croire aux sensations parce que nous savons qu'elles existent, mais cette prétendue matière ne peut être vraiment saisie ni par la main, ni par l'esprit. La substantialité existe en tant que sensation de l'esprit, alors que la substance en elle-même n'existe que dans l'imagination. La matière dont parle le critique n'est qu'une addition non indispensable à ses sensations, elle est fictive. Quand on l'examine attentivement elle s'évanouit comme une pure invention de l'esprit humain. L'esprit véritable, pur, est en lui-même aussi loin de la vue, aussi étranger au toucher et aussi dérobé à la perception humaine que la matière. *Mais alors que nous connaissons ses effets en pensées, en idées, en images, c'est-à-dire en conscience, nous ne connaissons absolument aucun effet de la matière elle-même.*

Selon le dictionnaire la matière est la substance dont une chose physique est faite, et c'est dans ce sens que nous l'utilisons ici. Mais si nous feuilletons encore ce dictionnaire nous apprenons que la substance est l'essence ou partie la plus importante d'une chose, dire que c'est physique signifie que c'est fait de matière. Le résultat de toutes ces définitions c'est que toutes les choses qui nous entourent sont essentiellement matérielles et que la matière est la matière ! La consultation du dictionnaire a été inutile. Ce que nous y avons appris ce sont, pour parler comme Hamlet : « Des mots, des mots, des mots ! » L'application de l'analyse sémantique est fort importante ici. Nous sommes fréquemment conduits par l'habitude d'employer des mots innocents d'apparence à croire qu'ils représentent des faits, alors qu'ils représentent uniquement des sons. L'analyse nous montre en effet que le mot « matière » n'a pas de signification. Nous sommes en droit de le marquer d'un point d'interrogation et de demander : Quelqu'un a-t-il pu observer la matière en elle-même, à part des objets dans lesquels elle est supposée s'envelopper ? A-t-elle été jamais accessible aux cinq sens de l'homme ? Quelqu'un a-t-il jamais constaté son existence avant d'en former l'idée ? Ainsi donc, définir exactement la matière, c'est la nier.

L'existence de la matière ou de la substance dépouillée de tous les caractères qui permettent à un objet d'exister pour nos sens, n'est pas concevable. C'est la totalité de ces caractères qui constitue l'objet, nous savons cela, mais la connaissance de la matière elle-même est psychologiquement impossible. En dehors des perceptions, on ne trouve aucune trace, nulle part, de ce qu'on appelle une substance matérielle. Nous ne pouvons saisir aucun objet, que ce soit une canne ou une pierre, sans le saisir dans notre expérience *consciente*, c'est-à-dire mentalement.

La matière, en tant qu'entité autonome, est l'antithèse directe de l'esprit, à moins que nous ne reconnaissions qu'elle est l'esprit lui-même. La conception de l'immatérialité de celui-ci entrera éternellement en conflit avec celle de la substantialité *autonome* de celle-là. Nous n'avons pas le droit de considérer ce qui se présente devant la conscience comme plus réel que la conscience elle-même. La matière ne diffère pas de l'esprit, en dépit de ce que croient ceux qui n'y ont pas réfléchi profondément. C'est aussi vrai des locomotives que des rails sur lesquels elles courent. Le mental explique non seulement l'existence de la matière mais encore sa propre existence, alors qu'il est absolument impossible d'expliquer irréfutablement le mental par le matériel. On peut être déconcerté d'apprendre que la matière est uniquement une idée mais aucun esprit n'a jamais été capable de se former une conception de ce fantôme en lui-même, il a seulement *pensé* qu'il était. C'est le fait d'un enfant d'accepter les rapports des sens comme étant les rapports d'un monde matériel, le devoir du penseur est de les discuter. Si la matière est théoriquement séparée de l'esprit, elle devient quelque chose de faux, une chimère que nous pouvons éternellement chercher sans jamais la découvrir. Le penseur en répudiera donc impitoyablement l'existence.

Il y a plusieurs milliers d'années, par la concentration d'esprit la plus intense, les sages de l'Inde ont perçu ce que les savants de l'Occident ont simplement *commencé* à apercevoir à notre époque : à savoir que la matière n'est pas la substance autonome qu'elle paraît être. On entendait parler dans les cours de physique, il y a seulement une génération, d'une matière qui a disparu, depuis, des calculs scientifiques, mais là où elle a disparu que connaît réellement le savant ? Car son esprit se débat contre l'incompréhensible tant qu'il n'accepte pas de se changer en philosophie. Le désagréable dilemme devant lequel la science se trouvera bientôt et dont elle ne pourra se dégager, est le suivant : comment sait-elle qu'il y a un objet matériel répondant à l'idée qu'elle en a, si elle n'a jamais vu d'objet matériel, si elle ne peut jamais avoir l'expérience d'un tel objet ?

Car l'un des grands résultats théoriques de la science, au cours du présent siècle, a été de dématérialiser la matière ! La conception de cette matière a subi une transformation si rapide et si radicale qu'aucun savant n'ose plus dogmatiser au sujet de son existence. La notion que la matière est une substance a été remplacée par celle que la matière est de l'énergie ondulatoire. Néanmoins cette dernière notion, quoique beaucoup plus plausible, est autant une déduction que la première. Ce que l'homme ordinaire tient pour de la matière et que l'homme de laboratoire a transformé en ondes de force, est changé en esprit par le philosophe. Nous n'en connaissons que des sensations, et les sensations relatives à la lumière, à la pierre ou au fer, sont entièrement d'origine mentale.

Nous touchons et étreignons quelque chose fermement, nous contractons nos muscles pour tenir la chose solide entre nos mains, et nous paraissons ainsi nous rassurer nous-mêmes sur l'existence de la matière, mais nous ne faisons que démontrer notre ignorance, afficher notre préjugé. Ceux qui considèrent la matière comme réelle et qui, comme l'impatient Dr Johnson, frappent impulsivement le sol du pied pour prouver son existence, prouvent uniquement qu'ils prennent leurs muscles pour le plus sûr critère de la vérité ! Leur triomphe est ridicule et illusoire. Car les sensations musculaires de résistance et de pression restent des sensations et les sensations, au bout du compte, ne sont que des événements dans le champ de leur conscience : c'est-à-dire en eux-mêmes et non pas dans la matière. Parmi les sensations le genre musculaire est tout aussi mental que le genre visuel.

Ceux qui considèrent un monde perçu comme spectral n'ont pas compris ces explications. Car *c'est* le monde solide et tangible dans lequel nous vivons quotidiennement. La supposition ordinaire que quelque sorte de mystérieuse substance appelée matière, dont toutes les choses sont composées, existe en dehors de ce monde perçu, les trompe. Ils ne comprennent pas qu'ils ont admis son existence alors qu'ils auraient dû la discuter. On ne peut fournir la plus petite preuve que dans cet univers construit par l'esprit, il existe quelque chose qui ne soit pas entièrement mental. Il est donc bien évident maintenant que lorsque nous prononçons le mot « matière » nous parlons de quelque chose de trompeur, que ne peuvent saisir les sens, d'une abstraction et non d'un objet concret, d'une illusion plutôt que d'une réalité, car ce quelque chose ne peut être ni représenté par l'imagination, ni justifié par la raison.

Néanmoins, notre croyance en la matière — la plus imprécise des abstractions — est à peu près indéracinable. C'est parce que nous réduisons habituellement l'esprit au volume de la tête, pensant à tort qu'il est localisé dans les cellules phosphorées du cerveau au lieu de l'étendre à toutes les choses perçues. Nous pensons que nous voyons et touchons la matière et même que nous la déplaçons parce que nous ne comprenons pas ce principe fondamental que l'esprit n'a ni dimensions, ni mesure. Le mentalisme est ainsi basé sur un fait prouvé et non sur une simple déduction comme le matérialisme. Il a l'assurance positive de ne pas affirmer une supposition ou une déduction comme ce dernier mais un fait assuré et irréfutable. Le matérialiste nous demande d'accepter pour réel quelque chose qu'il avoue

lui-même ne pas connaître en soi, de considérer comme autonome et extérieur quelque chose qui n'existe vraiment qu'intérieurement comme un objet de conscience et qui ne peut nous
être pleinement intelligible que par l'activité de la conscience ;
c'est absurde.

Le matérialisme n'explique pas d'une manière convaincante la vie mentale de degré supérieur. Il n'éclaire pas complètement la façon dont nous pouvons former des idées abstraites,
le pouvoir que nous possédons de conduire la pensée tout au
long d'un raisonnement pur, la capacité de juger entre la vérité
et l'erreur, l'imagination créatrice de l'artiste, la faculté d'invention du savant, la possibilité de construire des idées générales
la pensée métaphysique du philosophe et, surtout, il ne dit pas
pourquoi nous pouvons réfléchir sur notre propre conscience
comme étant une chose immatérielle. Le matérialisme ne touche
jamais même le bord du voile qui enveloppe la conscience

La pauvreté intellectuelle de l'humanité est cependant telle
qu'elle répudie avec colère la vérité du mentalisme en la tenant
pour illusoire, en acceptant avec empressement l'erreur du matérialisme comme une vérité. Le matérialisme ne parvient à
résoudre ses nombreux problèmes mineurs qu'en fermant les
yeux sur un problème capital : celui qu'il constitue par lui-
même ! Car personne n'a jamais vu la matière, personne ne l'a
touchée, personne n'a jamais su où elle pouvait se trouver. Son
existence n'est qu'un leurre. La matière devient ainsi purement
et simplement une entité illégitime servant à notre explication
du monde, une fiction qui convient parfaitement pour les buts
de la vie pratique mais qui devient sans signification pour la
recherche de la vérité philosophique. Quand cette notion erronée
est vue sous son véritable jour, elle s'évanouit tout simplement.
On continue à agir dans le monde des choses mais celles-ci ne
sont plus des morceaux « de matière », elles sont des idées.
Elles ne s'opposent plus à l'esprit, elles s'y intègrent.

Nous sommes loin de l'opinion courante selon laquelle la
matière est si évidente qu'elle n'entre même pas en discussion.
Nous lui avons donné une apparence plus significative, montrant
que l'esprit constituait sa réalité cachée. C'est cependant une
des plus extraordinaires anomalies de la raison humaine que la
conscience, l'esprit, soit considéré couramment comme ayant
beaucoup moins de réalité que la matière, quoique, lorsqu'on y
réfléchit suffisamment, il ait droit à un statut de réalité unique
et primordiale.

La croyance populaire, n'ayant jamais mis en discussion la

vérité de ses credos intuitifs, s'effare en entendant formuler cet
extraordinaire principe du mentalisme qui met en doute une
chose tenue jusqu'ici pour indiscutable. Car il n'y a pas moyen
de concilier la conception ordinaire du monde avec le fait philosophique du mentalisme.

Dans notre étude des illusions et des hallucinations nous avons
attribué leur origine à la tendance naturelle qu'a l'esprit d'exté-
rioriser ses propres images et de les voir comme des entités
autonomes. Il est extrêmement important de se rappeler que
même lorsque nous avons reconnu des illusions comme telles,
quand nous avons découvert et mentalement corrigé des erreurs
sensorielles, nous ne pouvons nous empêcher de les percevoir
exactement de la même façon que précédemment. Leur apparence persiste malgré notre connaissance. Nous pouvons percer
à jour la tromperie par le pouvoir de notre raison mais cela ne
la fait pas disparaître. La réflexion peut nous apprendre que
l'apparence qu'elle présente à la conscience est illusoire et cependant nous sommes impuissants contre le pouvoir qu'elle a
de poursuivre son existence, contre le charme de sa réalité.

C'est une démonstration positive du caractère complexe de
nos perceptions, du mystérieux pouvoir qu'a l'esprit d'imposer
ses créations à nos sens sans que nous nous en apercevions et
sans que nous puissions en exercer le contrôle, exactement
comme il le fait pendant le rêve.

La possibilité et la prévalence de ces illusions constituent un
avertissement pour les hommes et les amènent à se demander
s'ils ne sont pas également sujets à des illusions en d'autres
domaines où ils croyaient jusqu'ici en être affranchis. Elles
doivent aussi mettre en garde contre une confiance exagérée
conduisant à nier avec indignation que la *matérialité* du monde
dans son ensemble pourrait bien, après tout, n'être qu'une illusion plus vaste. En outre, les performances publiques des presti-
digitateurs, les succès des illusionnistes qui nous obligent à
voir des choses contraires à la réalité, prouvent que les illusions peuvent être partagées simultanément par un grand nombre
de gens, suggérant que l'humanité tout entière peut être également sujette à une illusion générale. N'est-il pas possible que
les illusions collectives de l'extériorité et la matérialité du monde
soient nées dans l'esprit de tous les hommes parce que tous sont
semblables psychologiquement et physiologiquement ? En constatant à quel point les hallucinations peuvent dérouter les individus nous sommes préparés à découvrir qu'elle peuvent dérouter et tromper l'humanité dans son ensemble. Il est de fait que

les illusions de l'extériorité et de la matérialité sont partagées par tous les hommes dans le monde entier. C'est pourquoi les anciens sages de l'Inde comparaient les ignorants à une race endormie et rêvant, et les sages aux gens éveillés et pleinement conscients.

Bref, croire à la matière c'est croire à une illusion grossière mais hypnotique. Tel est le message énergique envoyé par l'enseignement caché à un âge matérialiste, message qui fournit également une mise en garde contre l'inutile poursuite de purs fantômes. Nous détruisons la puissance d'un effroyable cauchemar ou d'un rêve désagréable quand nous nous éveillons et constatons son irréalité. Semblablement nous détruisons la puissance sur l'esprit de l'illusoire matière — cette idole aux pieds d'argile que des myriades d'adorateurs aveugles ont si longtemps révérée, quand nous nous éveillons à la vérité. Mais l'extraordinaire difficulté de cette tâche révélatrice de la philosophie peut être illustrée en la comparant à celle qui consiste à convaincre un rêveur *pendant la durée de son rêve*, que le monde dans lequel il s'agite est illusoire. Dans notre état éveillé nous vivons aussi dans un monde illusoire mais cette affirmation nous paraît aussi incroyable, *dans cet état éveillé*, qu'elle le serait pour l'hypothétique rêveur.

Les sages de l'ancienne Grèce disaient que la philosophie était la mort. Nous pouvons interpréter ces mots comme bon nous semble. Beaucoup de mourants, presque tous ceux qui se noient, revoient leur passé dans un rêve extrêmement rapide. Dans la mesure où la vie humaine est mentale c'est une série d'images, c'est-à-dire qu'elle est de la même nature que les rêves. La philosophie essaye de faire comprendre à l'homme que toute la texture de la vie est de la pensée pure, mais elle désire qu'il le voie tout de suite, non pas au moment de mourir. Car s'il est éveillé à la vérité au moment où il en a le plus besoin, c'est-à-dire tandis qu'il travaille et qu'il peine, qu'il souffre ou qu'il éprouve du plaisir, qu'il est bien portant ou malade, il saura mieux se comporter envers ces vicissitudes auxquelles personne ne peut échapper.

N'allons pas croire, cependant, que nous deviendrons alors de simples rêveurs ; bien au contraire, quand nous aurons pénétré la vérité cachée derrière et à l'intérieur à la fois du rêve et de l'état éveillé nous pourrons en finir avec les rêves et apprendre à agir vraiment et incessamment, non seulement à notre propre bénéfice mais également à celui des autres. Alors que l'ignorant vit aveuglément nous vivrons dans la lumière, alors qu'il chérit ses illusions, nous chérirons la vérité. Nous ne nous évaderons pas de ce rêve de la vie terrestre, car nous ne le pouvons pas : ce n'est pas notre esprit individuel fini qui a donné l'existence à ce rêve et ce n'est pas notre esprit individuel fini qui peut y mettre un terme. Nous l'accepterons avec sa pleine signification et n'essaierons plus vainement de le nier. Nous encouragerons fermement l'action au lieu de la décourager, mais au milieu de notre rêve nous serons en quelque sorte semblables à un homme endormi qui sait à la fois qu'il est endormi et qu'il rêve. Ainsi nous ne nous laisserons plus emporter par d'amers cauchemars ou d'agréables rêveries, nous chercherons toujours la paix au lieu de l'agitation.

De l'Irréel au Réel. — Nous avons peiné pour franchir une frontière difficile mais, en divers points de notre route, nous avons rencontré le même problème. Il faut l'aborder maintenant. La question se pose nécessairement de savoir si les choses expérimentées extérieurement n'étant que des pensées, existent vraiment. Tous les objets sont-ils irréels ? S'il en est ainsi, comment se fait-il que notre expérience journalière contredise d'une manière aussi flagrante une telle possibilité ?

Personne n'a besoin de s'alarmer. Nous ne nions l'existence d'aucune des choses qui font partie de notre expérience du monde. Mais il faut bien éclairer nos esprits à ce sujet.

Les expériences de Michelson et de Morley qui précédèrent celles d'Einstein démontrèrent que la vitesse de la lumière demeurait constante alors que la pratique, le bon sens et la raison scientifique proclament qu'elle aurait dû augmenter. Ce fut une surprise extraordinaire, car ce n'était pas une simple spéculation métaphysique, c'était bel et bien une œuvre scientifique, effectuée avec des instruments appropriés. Les résultats contredirent ce qu'on attendait, ce qui aurait dû se produire. La science aurait pu essayer de se débarrasser de cette paradoxale constatation en l'attribuant à une illusion des sens. Mais, et c'est tout à son honneur, elle a eu le courage d'accepter cette « illusion » comme une réalité.

Le brigand aperçu dans un fourré par le voyageur attardé est-il réel ou non, et s'il ne l'est pas qu'est-il donc ? Puisque ce brigand a été vu c'est qu'il existe, même si c'est seulement sous la forme d'une illusion. Nous arrivons ainsi à formuler une importante différence, celle que présente la signification des mots *réel* et *existant*. La leçon apprise au chapitre six nous sera profitable ici où il est nécessaire d'analyser les mots pour trouver leur signification effective plutôt que leur signification apparente. Il est indispenable d'étudier la question et de découvrir ce que veulent dire ces termes, la relativité la pose également. Pour le faire il faut tout d'abord revenir à notre précédente étude des illusions.

Le brigand et le fourré possèdent en commun la propriéte d'avoir fait l'objet d'une expérience, ils certifient leur existence de cette seule façon. Mais une enquête plus poussée nie le premier et confirme le second. C'est seulement lorsque nous constatons l'impossibilité de concilier la fausse connaissance d'une telle illusion avec ce que donne l'expérience normale que nous commençons à avoir des doutes et sommes conduits à découvrir que c'est illusoire. Tant que nous nous satisfaisons de la connaissance que nous possédons, nous acceptons nos premières impressions sur les choses et sur les gens pour ce qu'elles paraissent être, mais quand nous entrons en conflit direct avec d'autres faits qui surgissent au cours d'une expérience subséquente, la question de leur validité se pose à nous. Nous éprouvons le besoin de les mettre à l'épreuve et, si nécessaire, de les corriger.

Si nous reconnaissons une illusion, comme telle, l'évidence des sens est à rejeter, mais si nous acceptons cette évidence, nous sommes devant deux « réalités » co-existantes, prétendant être une seule et même chose. Cette situation absurde signifie que nous ne devons pas nous fier entièrement à ce que nos sens nous disent de la réalité d'une chose, quoique nous puissions avoir confiance en eux quand ils nous signalent l'existence d'une chose. Cela signifie également qu'il est douteux et dangereux de qualifier quelque chose de réel. Qu'advient-il par exemple de la « matière », objet de notre expérience quotidienne, quand elle est contredite par la raison pure ? *Paraître* est donc une chose, *être* en est une autre. Il faut apprendre à bien distinguer entre les deux. Les troublantes contradictions de l'illusion s'évanouissent quand nous comprenons que deux points de vue différents donnent des perceptions différentes, que du point de vue de la raison réfléchie nous pouvons percevoir autrement que du point de vue de l'expérience sensorielle, que c'est une attitude grossière de considérer cette dernière comme constituant une sanction décisive. L'existence d'une illusion telle que celle de la vue d'un brigand dans le fourré n'est pas niable. Il serait absurde de rejeter l'expérience qui en a été faite par quelqu'un, car nier une illusion c'est nier le contenu d'une expérience, nier ce qui a été fourni à la conscience. Tout ce que nous avons le droit de faire c'est de rejeter une interprétation parti-

culière, c'est-à-dire de rejeter sa réalité. Cela *existe* mais ce
n'est pas *réel*.

En fait nous avons à distinguer entre les divers genres d'existence ; car nous voyons maintenant que quelque chose peut
exister et être réel alors que quelque chose d'autre peut exister
et être irréel. Ici encore la nécessité de pénétrer derrière la fa-
çade d'un mot se manifeste avec évidence. Nous avons montré
dans un chapitre précédent que le mot *fait* était susceptible
de recevoir des interprétations insoupçonnées, et l'analyse des
termes *existant* et *réel* se montre précieuse, bien que tous ceux
qui n'y ont jamais réfléchi, vous assureront faussement qu'ils
connaissent parfaitement cette signification.

Ces mots trompent les gens parce que ceux-ci croient que
tout ce qui leur *apparaît* ou qui ressemble à la réalité doit nécessairement être réel. Leur erreur est d'admettre que du seul fait
qu'ils perçoivent des choses celles-ci sont forcément réelles.
La perception n'est pas la preuve de la réalité, car nous pouvons
en rencontrer de fausses et d'imaginaires même parmi celles
qu'on prétend *réelles*. Des hommes en délire voient des serpents
bleus et personne n'osera nier qu'ils ne les perçoivent pas. On
doit donc dire que ces serpents existent, car ils existent vraiment dans l'esprit du malade pour qui ils sont indiscutablement
réels. Semblablement, personne ne peut nier que les choses objectives existent, car elles sont perçues par l'esprit des hommes qui
les considèrent également comme indiscutablement réelles.
Dans les deux cas le philosophe est en droit de mettre en question non pas leur existence mais leur réalité.

Tout le monde peut voir, personne ne peut contester qu'il
existe un mur de briques devant nous, par exemple. Quand nous
disons que ce mur ne peut avoir qu'une existence mentale, il est
tout à fait injuste, tout à fait faux et tout à fait stupide de
déformer cette affirmation pour lui faire dire que le mur n'a pas
d'existence. Quand nous disons que nous touchons ce mur
nous ne voulons pas dire que nous touchons l'ombre d'une
chose réelle appelée idée, mais que le toucher est lui-même une
idée, que les diverses sensations mentales reçues du mur sont
tout ce que nous en saurons jamais, et non pas que c'est une
copie du mur matériel et réel qui paraît se trouver quelque part
au dehors de notre corps. Il serait absurde de prendre à contre
sens le résultat de cette analyse en déclarant qu'un mur nettement aperçu n'est qu'une ombre du mur réel, que la chaise
sur laquelle nous sommes assis n'est qu'une copie de la chaise
véritable qui existe en un autre endroit de l'espace. La chaise

et le mur existent tout autant pour le philosophe mentaliste que pour le matérialiste, la différence étant simplement que le premier, par une réflexion plus profonde, a pénétré la véritable nature de leur existence. Assurément il ne les a jamais niés. Si ce philosophe pensait que la chaise sur laquelle il est assis, que le stylographe avec lequel il écrit, n'existaient pas réellement, il ne prendrait pas la peine d'écrire un livre. A ceux qui objectent qu'une réalité mentale n'équivaut à aucune réalité, il répond que les êtres humains ne peuvent en connaître d'autres.

Le mot « réel » n'a de signification que par opposition à « irréel» de même qu'une couleur ne peut être distinguée que par son contraste avec une autre. On ne peut donc trouver de définition satisfaisante pour la réalité tant que nous n'avons pas découvert la signification véritable de son contraire. Les gens commettent souvent l'erreur de croire que si une chose est irréelle elle doit être forcément invisible. Les illusions prouvent l'inverse. Le monde est visible à la fois pour le philosophe et pour l'ignorant, mais alors que celui-ci le prend tel qu'il le voit, celui-là le juge physiquement irréel mais mentalement construit.

Les objets sont vus physiquement et extérieurement mais ils ne peuvent exister en dehors de l'idée construite d'eux par l'esprit. On ne nous demande pas de douter de l'apparence réelle des choses que nous voyons ou de renoncer à croire à leur existence, on nous demande de bien vérifier le genre de cette existence, de savoir si elle est illusoire ou réelle, on nous demande de distinguer entre la réalité prétendue de ce qui n'est qu'une idée et la réalité véritable de ce qui est immuable — point que nous ne tarderons pas à étudier.

Il existe une différence capitale entre les termes « irréel » et « inexistant ». Examinons-la un moment, car il faut être très précis quand nous avançons une telle affirmation. Nous avons le droit de dire que le « fils d'une femme stérile » est inexistant. Mais nous ne pouvons pas employer le même terme pour le brigand aperçu dans le fourré, nous dirons seulement qu'il était irréel. Il a en effet acquis l'existence du seul fait qu'il était perçu, mais non la réalité. Les deux catégories ont une signification complètement différente l'une par rapport à l'autre ; elles ne doivent pas être confondues. Il faut soigneusement distinguer les choses inexistantes des choses existantes quand nous les classons les unes et les autres comme des illusions. Une licorne et un cercle carré appartiennent à la première catégorie parce que vous ne pouvez même pas les penser ou les imaginer. Ce sont des mots sans signification, alors que le mirage aperçu dans le désert appartient à la seconde catégorie parce que c'est une fausse apparence. Les premiers ne peuvent être observés en aucun cas ; le second peut l'être dans certaines circonstances.

Il faut donc prendre bien garde de ne pas confondre une existence purement mentale avec l'inexistence totale. Tout ce que nous voyons et touchons existe. Il n'y a pas, il ne peut y avoir le moindre doute à ce sujet, mais cela peut ne pas exister de la façon que nous croyons. Cela peut exister mentalement sans exister physiquement.

Voyons maintenant de plus près ce que nous voulons dire quand nous employons le mot « réel ». Pouvons-nous former dans notre esprit une image qui lui corresponde ? Si oui, nous nous trouvons dans la curieuse situation que d'autres personnes peuvent aussi se former une image, et le feront certainement, mais qu'elle sera différente, qu'elles lui donneront une autre définition.

La conception postulant le réel comme ce qui peut être pesé et mesuré, et impliquant que toutes les choses mentales sont une sorte de halo lumineux flottant au-dessus du monde physique « réel », incapable d'affecter celui-ci, est, comme nous l'avons précédemment montré, de la mauvaise science et une philosophie pire, il faut protester contre elle. Quels sont donc les caractères de la réalité ? Répondre avec la plupart des gens que l'expérience du monde extérieur des choses est seule réelle ou affirmer avec quelques-uns que l'expérience du monde intérieur des pensées est seule réelle, c'est ignorer que ces opinions se fondent sur le sentiment de la réalité et oublier que nous avons ce sentiment durant le rêve que toutes les deux dénoncent comme irréel. Il est donc incorrect de juger par le sentiment. Il faut trouver une définition qui soit constamment valable. Peu de gens se soucient de définir avec autant de scrupules, ils préfèrent juger uniquement selon leur sentiment ou leur tempérament. La conséquence est qu'ils *imaginent* la réalité, ils n'étudient que *l'idée* qu'ils s'en font, et aboutissent lamentablement à se leurrer en n'acceptant que ce qui leur plaît et non la vérité.

A une certaine époque, la science disait que la réalité au delà du monde était faite d'atomes, elle a déclaré ensuite que la véritable substance était faite de molécules, plus récemment elle a proclamé que les choses étaient en réalité des électrons. Elle commence à bredouiller autre chose, avouant qu'elle n'est plus du tout sûre d'avoir atteint le *dernier* secret de la prétendue substance du monde. Ne devrait-elle donc pas rejeter le mot *reel* de son vocabulaire, et nous avec elle ? Car, la science et nous-mêmes ne traitons que ce qui nous apparaît, que ce qui nous est représenté, et non pas ce qui se cache finalement derrière toutes ces présentations d'atomes, de molécules, d'électrons et quoi encore. Mais, s'étant brûlé les doigts, la science a appris à conserver de la souplesse à sa conception de la réalité. Aussi n'avance-t-elle plus de définition ferme au sujet de ce mot trompeur. Ainsi le progrès de la connaissance humaine est-il un éveil progressif de choses illusoires qui *existent* mais qui, au bout du compte, sont *irréelles*.

Le fait, finalement connu pour ce qu'il est, constitue la réalité, alors que la connaissance finale de la chose constitue la vérité. Ceci n'est correct que du point de vue pratique et jusqu'à ce que nous atteignions l'Ultime. Alors il n'y aura plus deux choses mais une seule, donc plus de distinction entre la vérité et la réalité. Les métaphysiciens européens ont élaboré une doctrine plausible qui multiplie les degrés de réalité. Ils auraient serré de plus près la vérité s'ils avaient déclaré qu'il existe des degrés dans la *compréhension* de la réalité. Dans cette unité qui est le réel immuable, il ne peut y avoir de graduation. Car, comme les anciens philosophes de l'Inde — pas les mystiques — l'ont dit très justement : *Est réel ce qui non seulement nous donne la certitude de son existence par lui-même, en dehors de toute possibilité de doute et indépendamment de l'idéation individuelle de l'homme, mais encore ce qui peut rester immuable au milieu d'un monde constamment changeant. Cette réalité est, après la poursuite de la vérité définitive, le but principal de la philosophie, qu'elle soit appelée « Dieu », « Ame », « Absolu » ou autrement.*

Qu'est-il advenu des milliards de créatures humaines qui sont mortes ? Qu'est-il advenu des palais préhistoriques de rois inconnus ? Qu'est-il advenu de ces rois eux-mêmes ? Tout a croulé en poussière et disparu. Mais qu'est-il advenu de CE qui apparut sous la forme de ces hommes et de ces édifices ? Quiconque a pensé que c'était de la matière, a ignoré qu'il avait affaire à de l'esprit. Notre étude doit nous conduire non seulement au delà des apparences de la matière mais aussi au delà des œuvres de l'esprit. Telle est la façon d'atteindre la réalité définitive et permanente, telle est la philosophie.

Quand nous aurons la bonne fortune de parvenir à la parfaite compréhension de cette réalité, nous découvrirons, comme les anciens sages, que ce monde énigmatique ne présente pas la déroutante contradiction que nous supposions. Car, à un sens plus subtil que nous ne pouvons encore comprendre, l'un n'est pas moins réel que l'autre. Le monde n'est pas essentiellement une illusion. Finalement il est aussi réel que le monde de cette unicité qu'on ne peut nommer qui est le vrai Dieu. Les choses ne sont pas illusoires en elles-mêmes, c'est leur compréhension, telle que la fournissent nos sens, qui l'est. Personne ne doit s'inquiéter de la perte de la matière. C'est quelque chose que nous n'avons jamais possédé et, par conséquent, la perte n'est pas réelle. Le monde qui a été révélé par nos pensées est le seul que nous ayons connu, bien qu'il ne soit pas le monde ultime que nous connaîtrons. Donc la vérité ne nous vole rien. Celui qui fuit le monde par dédain ascétique fuit la réalité, il lui faut se corriger d'abord lui même et apprendre ainsi à comprendre correctement ce qu'est cette chose qui parait être le monde. Ce que c'est, ce que cette réalité ultime signifie pour la vie de l'homme, est la seconde recherche de la philosophie après celle de la vérité, parce que nous découvrons bientôt que les deux recherches se confondent. Telle est la seconde récompense que la philosophie réserve à l'homme : il apprendra à vivre en pleine conscience dans la réalité au lieu de vivre en aveugle dans l'illusion.

Le monde en tant que pensée. — Nous avons examiné les cas d'objets simples, de choses isolées, et avons constaté qu'ils n'étaient finalement que des idées. Mais il faut nous rappeler que ces faits fragmentaires que sont les idées paraissent continuellement dans notre vie quotidienne. Il devient nécessaire de les coordonner dans le cadre du monde, de les rapporter à ce monde où nous vivons. Nous avons découvert que toute chose inanimée, que tout être vivant, étaient des constructions mentales. Or, le monde n'est que l'assemblage de la totalité des choses et des êtres. Aurons-nous le courage d'accomplir le saut intellectuel, la hardiesse d'aller tout droit à la conclusion logique que le monde entier n'est lui-même qu'une idée ?

C'est un monde de rapports, un ensemble de couleurs, de sons, d'espaces, de temps, où les choses existent en relation avec d'autres, mais ces rapports ne sont, finalement, que des idées. Le panorama infini du monde est mental. Telle est l'extraordinaire constatation devant laquelle nous nous trouvons : les systèmes solaires roulant dans l'espace ne sont que des constructions mentales exactement comme le porte-plume que nous avons analysé au point de le considérer uniquement comme une perception. L'univers dans son immensité n'est, au bout du compte, qu'une construction de l'esprit. Telle est l'image psychologique de notre monde extérieur : c'est une gigantesque construction mentale et rien de plus, car l'expérience perceptive s'étend à sa totalité et rien de ce que connaît l'homme ne peut exister en dehors d'elle.

Seul le mentalisme nous fournit une explication complète. Il expose la manière par laquelle l'esprit construit son propre espace pour contenir tous les objets également créés par lui. L'espace est une idée comme les choses qui paraissent s'y trouver. Si comme la relativité a commencé à le montrer, l'espace-temps est le continuum du monde des objets matériels, quelle que puisse être cette quatrième dimension mystérieuse cela ne peut être que quelque chose qui se trouve à l'intérieur de l'esprit et qui, par conséquent, est également mental. Ainsi donc, alors que nous avons commencé par considérer l'univers comme *présenté* à l'esprit, nous finissons par le tenir comme *construit* par l'esprit.

Qu'il existe un monde autour et à l'extérieur de notre corps c'est une certitude et non une duperie. Que ce monde existe autour et à l'extérieur de notre esprit c'est une duperie et non une une certitude, car il n'y a pas d'existence à l'intérieur ou à l'extérieur de l'esprit. Les idées peuvent être intérieures ou extérieures les unes par rapport aux autres mais toutes sont dans un rapport non spatial avec l'esprit. Il n'existe pas de monde d'objets extra-mental. Cependant tous les hommes sont convaincus de son existence ! Le corps humain est une partie du monde, le monde est une idée et le corps doit être une idée comme lui. Si le monde existait en dehors de l'esprit qui le perçoit il ne pourrait pas être perçu du tout, car l'esprit ne va pas au delà de son domaine, celui des idées.

Le rôle joué par les organes des sens est donc de procurer les conditions dans lesquelles l'homme participe à la perception des objets comme extérieurs au corps. Les sens sont les moyens par lesquels il obtient les idées d'un monde matériel qui subsiste dans l'esprit sans dimensions. La fonction du corps serait donc de produire les conditions nécessaires à l'éveil de la conscience individuelle finie, dans ces conditions l'esprit demeure finalement ce qu'il est : le fait mystérieux et unique de toute l'existence.

En cet instant où la conscience procède à l'idéation, le silence de l'esprit se rompt. *Non pas qu'il ait besoin de voix ni d'auditeurs mais c'est là un mystère qu'il faut encore réserver pendant un certain temps.* Le tic-tac du temps et l'impressionnant spectacle de l'univers n'existent que mentalement. Ce monde qui pèse si lourdement sur nous n'est qu'une apparence, une ombre

sortie de ce qui est sans fin. Nous aboutissons ainsi à cette conclusion finale : nous ne pouvons nier la nature mentale des
choses ni parce qu'elles se trouvent en dehors de notre corps,
même très loin, ni parce qu'elles possèdent d'énormes dimensions, ni parce qu'elles sont extrêmement nombreuses, ni parce
qu'elles sont composées d'éléments divers. En dernière analyse
la notion du monde est fabriquée par l'esprit. C'est une construction mentale éphémère.

Quand nous regardons un paysage, observant une chaîne de
hauteurs dans le lointain avec un petit bois au premier plan,
nous ne nous imaginons pas un seul instant que nous contem-
plons une scène reconstruite. Les hauteurs sont si élevées et si
substantielles, les arbres si verts, si touffus, que nous les prenons pour des choses solides ne pouvant en aucune façon se
comparer aux tableaux que l'esprit bâtit en rêvant. Mais la
psychologie nous apprend que tout ce paysage est fabriqué par
l'esprit exactement comme les images qui naissent dans notre
conscience pendant la rêverie. Chaque fois qu'une perception
se manifeste à l'esprit, elle doit être nécessairement reconstruite
de nouveau, par conséquent aucune chose ne peut avoir une
existence continue ni apparaître deux fois dans la même expérience. Ce qui paraît c'est une reconstruction incessante de
ce qu'on croit être la même chose, et c'est là le véritable secret
du *maya* qui célèbre la doctrine indienne mais la déforme. Nous
tirons ainsi la grande leçon de l'illusion, leçon qui s'applique
non seulement à notre perception des choses isolées mais à celle
du monde tout entier.

> Cette voûte du ciel sous laquelle nous nous mouvons
> Est comme une lanterne magique ainsi constituée :
> Le Soleil est la flamme, le monde la lampe
> Et nous les figures qu'on y fait passer.
>
> *Omar Khayyam*

Cependant le monde objectif et solide n'est pas détruit par le
mentalisme. Il reste exactement où il est. Ses cinq continents
subsistent, son impressionnante grandeur ne lui est pas arrachée.
Mais, pour la première fois, il commence à être interprété
correctement.

L'ensemble de notre passé n'est qu'une pensée. L'ensemble
de notre avenir n'est qu'une pensée semblablement. Le présent
est insaisissable et indéterminable, ainsi que nous l'avons montré
dans un précédent chapitre. Même si nous pouvions le saisir,
le passé le réclamerait instantanément et il se trouverait con-

verti en une idée. Par conséquent *toute* notre vie — qui englobe tout le monde panoramique lui servant de cadre — n'est qu'une pensée ! Si nous ne disposions d'aucune autre preuve, celle-là serait suffisante !

Si vous ne comprenez pas que le monde est seulement une idée vous êtes un matérialiste, quelque pieux, quelque religieux, quelque « intellectuel » que vous vous imaginiez être. Vous prenez la matière pour ce qu'elle n'est pas. Vous ne vous libérerez du matérialisme qu'en constatant que l'univers matériel est seulement une expérience mentale.

Mais la présence des idées postule la présence fondamentale de l'esprit, de ce qui nous donne conscience des idées. Le tableau matérialiste du monde explique donc tout sauf le monde lui-même, car il ignore notre prise de conscience du monde, prise de conscience qui est tout ce que nous connaissons de celui-ci. Tout autre monde ne peut être que déduit. De même que vous ne pouvez pas enlever le centre d'un cercle et conserver ce cercle, vous ne pouvez enlever l'esprit de l'univers et conserver la matière. Ils sont indissolublement liés. Toutes les théories matérialistes font fatalement naufrage sur cet écueil. Quoique nous examinions dans le monde, l'esprit est présent dès le tout début, car cela n'existe que dans la conscience. En outre, l'esprit est également l'entité ultime. Il ne peut être exclu d'aucune connaissance.

Nous approchons de la première étape de notre recherche. Nous avons ramené le monde à l'état d'une vaste apparence. Tout spectacle implique la présence d'un spectateur. Quel mystère dissimule cette apparence du monde ? La faiblesse du mentalisme, pourrait-on penser, est de nous conduire à cette position que le monde est une création mentale personnelle, position dont on peut démontrer l'absurdité. Elle impliquerait, en effet, que nous pourrions créer de nouvelles étoiles à volonté, simplement en les imaginant, ou bâtir des villes entières par le seul jeu de notre fantaisie. En outre, le monde existait avant notre entrée dans la vie et continuera probablement d'exister quand nous en serons sortis, alors que nos étoiles et nos villes imaginaires s'évanouissent rapidement. L'Himalaya se dresse toujours devant quelqu'un, que nous le pensions ou non, son existence est, relativement tout au moins, permanente, alors que la pensée que nous avons de lui est éphémère. Notre esprit ne peut le faire ou le défaire. Comment donc le mentalisme peut-il hardiment prétendre que le majestueux Himalaya n'est qu'une idée, un état mental chez de pauvres humains bien incapables de créer par la pensée même un arbre bien moins encore une puissante chaîne de montagnes ?

Cette critique est parfaitement justifiée mais elle part d'une complète incompréhension. S'il doit être rigidement maintenu que toutes les choses physiques doivent exister sous la forme de pensée, il ne faut pas commettre l'erreur profonde de considérer ces pensées comme prenant leur origine dans l'esprit fini d'un *individu*. Cela n'est pas. Cela ne peut pas être. Nous arriverions à la conception qu'il n'existe aucune chose, aucune personne, aucun monde en dehors de l'individu lui-même. Telle est la conclusion erronée qu'on pourrait tirer de nos déclarations. Mais telle n'est pas la constatation de l'enseignement caché. Celui-ci ne constitue pas une individualité limitée comme seule réelle, tout le reste n'étant qu'illusion. Cette erreur porte techniquement le nom de « solipsisme ». C'est de la folie pure. S'il en était autrement, notre propre cerveau deviendrait le créateur de l'univers !

Tout objet est une idée, une idée présente à l'esprit humain, mais elle n'est pas créée par l'esprit individuel et autonome de l'homme. Celui-ci ne fait qu'y prendre part. Car en allant plus profondément nous découvrirons que cet esprit individuel fait finalement partie d'un esprit universel et c'est *là* que nous devons chercher l'origine de cette idée. Nous ne dirons pas que l'homme *crée* les idées des objets matériels mais nous pouvons dire qu'il les *a*, car une idée n'appartenant pas à un esprit est inconcevable. La myriade des manifestations de l'esprit constitue un contraste frappant avec l'unité parfaite et originelle de l'esprit lui-même. La multitude des choses individuelles qui sont véritablement des idées, doivent finalement être des idées d'un esprit englobant tout. Il faut pénétrer au delà de l'esprit individuel et nous découvrons qu'un esprit universel constitue sa réalité cachée et l'origine de ses idées des objets matériels. Le mentalisme ne prétend pas voir dans le monde une création individuelle. Il proclame que le monde est la création de l'esprit non pas celle de « mon » esprit. Il n'enseigne pas que le monde est le produit d'un esprit particulier, d'une individualité. L'expérience courante suffit pour détruire une telle conception. Elle ne peut être adoptée par un philosophe qui a étudié la nature de l'esprit et du moi, étude qui sera faite au moment voulu, quand, dans un autre ouvrage, seront dévoilés les plus hauts mystères de l'esprit.

Nous pouvons, en ce point, nouer entre eux le yoga et la philosophie. Lorsque l'on comprend mieux l'esprit, il est plus facile de comprendre la véritable place du mysticisme et les extraordinaires pratiques du yoga. Il est beaucoup plus aisé à celui qui s'est livré à ces pratiques, de saisir la vérité du mentalisme. Il a déjà *senti* l'irréalité du monde, mais les autres ont de la peine à y croire au premier abord. « Comment ce monde tangible, s'exclameront-ils, peut-il n'être qu'une idée ? C'est une absurdité ! » La solidité de la matière les leurre mais le yogi peut plus facilement convertir cette matière solide en imagination et le monde entier en pensée.

Le yoga a été en partie conçu comme un moyen de préparer l'esprit à accueillir l'enseignement du mentalisme, car lorsque l'esprit est devenu plus subtil, plus détaché, plus concentré par les pratiques d'un système de yoga, il peut plus facilement adopter cette doctrine ardue. Le pouvoir d'abstraire l'attention de l'environnement physique pour la concentrer sur des états ou des idées intérieurs, pouvoir que développent ces pratiques, démontre leur valeur comme auxiliaires de la philosophie en rendant la vérité du mentalisme plus aisée à accueillir. L'esprit qui n'a jamais pratiqué la méditation ou ne s'est jamais trouvé engagé dans le travail de la création artistique, trébuche inévitablement au seuil de cette grande doctrine, alors que la souplesse et le pouvoir d'abstraction de l'esprit qui s'est discipliné au préalable au point de se concentrer entièrement sur ses idées dans un oubli complet de l'environnement, l'aident à franchir facilement ce seuil et, par conséquent, à percevoir l'idéalité cachée des choses.

L'universalité de l'esprit et les implications du mentalisme nous permettent aussi, à nous, Occidentaux, de *commencer* à comprendre comment d'étranges facultés, connues depuis longtemps par l'Asie millénaire, peuvent obéir parfaitement aux lois scientifiques, comment la télépathie, les apparitions, la lecture de la pensée, les faits d'hypnotisme, tout le merveilleux magique et miraculeux de l'histoire antique et médiévale, religieuse, mystique et yogique, peuvent être basés sur des réalités, comment l'énergie si mal connue du « karma » peut être aussi universellement et aussi éternellement présente que l'énergie également mystérieuse de l'électricité, aussi précise dans son action et ses effets.

Nous sommes arrivés au point où le monde est pour nous une idée mais, nous y sommes parvenus par une analyse très poussée de l'expérience, avec un esprit aiguisé par la concentration de la réflexion sur des faits assurés et vérifiables. Le yogi qui réussit dans ses pratiques de méditation, arrive au même point mais par la rêverie ou la transe basée sur la subtilité du sentiment. Le sentiment n'est pas un critère pour les autres. Ses conclusions sont purement personnelles et n'ont par conséquent pas beaucoup de valeur pour eux. Quand il est plongé dans sa méditation il perçoit nettement le caractère, analogue à celui du rêve, du monde, combien celui-ci est réellement semblable à une grande pensée. Mais quand il essaye d'aller plus loin et de pénétrer la réalité qui s'exprime ainsi, il ne parvient pas à saisir le véritable rapport entre les deux et tombe dans la confusion. Il sous-estime le monde comme n'étant qu'un moyen de produire les créatures à l'intérieur de lui. Il se détache donc du monde dont il considère les activités pratiques comme dépourvues de sens (1).

L'un des résultats du yoga non philosophique, en dehors d'une paix intermittente, est d'amener l'homme à voir le monde comme il verrait un objet de rêve et à sentir avec acuité que les expérience de la vie quotidienne manquent de réalité. D'où l'attachement du mystique à l' « évasion », son dégoût de toute activité utile, sa crainte du monde pratique. Mais c'est s'arrêter à mi-chemin. Ce n'est assurément pas le but de la philosophie, car le résultat suprême de celle-ci est de faire *sentir* à l'homme que la forme de ce monde est analogue à celle du rêve mais de lui faire *connaître* qu'il est réel à un sens plus élevé, son essence n'étant autre que la réalité elle-même.

Le mystique qui n'a pas atteint la maturité éprouve l'illusion de pénétrer cette réalité et aussi d'abandonner son moi. Cela se produit au cours de la méditation, et par conséquent d'une manière intermittente, ou d'une manière plus permanente dans le monde extérieur par le développement d'un complexe du martyre ou par la pratique d'une non résistance *externe* au mal. Le philosophe, par contre, perd d'abord le sens de la réalité du moi en pénétrant ses relations avec le tout, puis il y renonce dans le monde extérieur en servant l'humanité. Le véritable sage ne renonce donc pas à l'action parce qu'il cherche à servir.

Le yoga n'est qu'une étape, pas une fin. Quand nous serons plus instruits nous verrons en lui une borne importante sur notre

(1) Il y a vingt-cinq ans, en conséquence de la pratique de la méditation dans la solitude, l'auteur du présent livre connut en Europe la série d'exaltations mystiques dans l'état de transe profonde dont il a parlé dans le premier chapitre. Il revint ensuite à la vie sociale mais constata que toutes les activités lui paraissaient vides et sans but, toutes les personnes des apparitions spectrales. Ce déséquilibre avait été causé par le mysticisme non corrigé par la philosophie. Le philosophe, par contre, ne perd absolument rien de son équilibre.

route, mais rien de plus qu'une borne. Ses délices ne doivent
pas nous leurrer. Il reste encore beaucoup plus de chemin à
parcourir. Ceux qui ont l'esprit mystique ou religieux auront
lu inévitablement avec peine les pages précédentes et mur-
mureront devant leurs détails semi-scientifiques. C'est parce
qu'ils ne comprennent pas que nous sommes engagés dans un
voyage extraordinaire et que, si nous utilisons la science, nous
n'y resterons pas confinés. Ils soupirent après des extases intérieures de l'âme ou de nouvelles révélations de la Divinité.
Qu'ils sachent que nous sommes sur la bonne route. Si nous
nous sommes ainsi enfoncés dans le mentalisme c'est parce qu'il
n'est pas d'autre voie possible pour accomplir la tâche entreprise
par nous, à savoir de les conduire *intellectuellement* au véritable
Dieu, à l' « Esprit » réel, et à cette compréhension satisfaisante
de l' « Ame » qui peut seule persister. La route vers la terre promise passe à travers les étendues sauvages de faits qui paraissent
arides, mais cela ne nous oblige pas à renoncer aux joies des
méditations apportant la paix. Car une réflexion correcte sur
ces faits en donnera l'entendement qui, combiné avec la concentration mystique, la ré-éducation morale et la vénération
pieuse, constitue le yoga du discernement philosophique. Nous
ne nous écartons pas de Dieu comme l'ignorant pourrait le
croire à tort, nous nous en rapprochons au contraire. Nous
n'avons pas à abandonner les grandeurs de l'extase mystique
pour l'intellectualisme obtus et sec, nous pouvons les conserver,
tout en découvrant une satisfaction permanente qui ne sera
pas intermittente comme ces extases.

Ne nous laissons pas atteindre par ces critiques, ne leur permettons pas de nous aveugler sur la valeur véritable du yoga,
à la place qui lui revient et dans ses limites licites. Il peut nous
aider beaucoup. Nous pouvons comprendre maintenant la sagesse profonde et pratique des anciens maîtres indiens qui prescrivaient le yoga à ceux dont la puissance intellectuelle n'était
pas assez grande pour leur faire comprendre la vérité du mentalisme par le seul raisonnement, ces hommes devenant alors
capables d'aboutir au même but par le sentiment et non plus
par la connaissance. C'est pour la même raison que ces maîtres
prescrivaient l'étude des illusions aux gens ordinaires parce que
la physique, la physiologie et la psychologie étaient alors trop
primitives pour permettre l'analyse détaillée présentée au cours
des pages précédentes. Cependant, le yogi ignorant de la discipline philosophique court toujours le danger de perdre sa conviction que le monde est idée parce que, s'appuyant sur le sen-

timent, il est soumis à la loi d'après laquelle les sentiments sont toujours susceptibles de changer. D'un autre côté, le philosophe instruit dans le yoga ne perdra jamais l'introspection profonde obtenue par l'emploi de la synthèse. C'est quelque chose qui s'est développé en dedans de lui jusqu'à atteindre la maturité. Il ne peut pas se « défaire » pas plus qu'un enfant d'un an ne peut se «défaire» et retourner dans le sein de sa mère. La certitude permanente viendra par l'assimilation de la vérité du mentalisme, prenant une rigidité qui se passe de l'appui de toute autorité faillible ou de toute émotion éphémère. Une telle certitude peut naître quand cette vérité est comprise non pas comme une théorie scientifique mais uniquement comme un fait scientifique.

Nous ne devons toutefois jamais oublier que le mentalisme n'est qu'une étape conduisant à la vérité définitive. C'est un obstacle qui se dresse sur la route du chercheur. Il faut l'escalader. Cette escalade est de la plus haute importance au moment où elle se produit. C'est aussi un terrain que l'esprit doit occuper provisoirement tout en consolidant sa première victoire, celle qu'il a remportée sur la matière. Cette consolidation effectuée il lui faut reprendre son mouvement en avant, quitter le mentalisme. La réalité définitive ne peut consister en pensées parce que celles-ci naissent et s'évanouissent, elle doit avoir une base plus permanente. Néanmoins nous devons voir dans les pensées auxquelles nous avons réduit toutes les choses, une indication de la présence de cette réalité, sans laquelle elles sont aussi illusoires que la matière. La nouvelle et ultime bataille doit conduire à une victoire sur l'idée elle-même. Le matérialisme comme le mentalisme sont des points de vue provisoires qu'il faut abandonner pour atteindre le point de vue définitif. Alors seulement nous pourrons dire « *Voici le réel.* » Si nous devons malheureusement terminer cette étude actuelle sans répondre aux deux questions : « Qu'est-ce qu'une pensée ? » et « Qu'est-ce que l'esprit ? », c'est parce que leur solution appartient à la dernière étape de notre voyage, que non seulement les nécessités de l'espace et les contraintes du temps mais d'autres raisons beaucoup plus importantes nous obligent à reporter à un volume ultérieur. En attendant, il est essentiel de bien étudier cette base du mentalisme parce que c'est sur elle que s'élèvera plus tard l'édifice d'une révélation étonnante mais raisonnée.

Les insensés qui s'accrochent à ce qui est personnel alors que les angoisses d'une époque d'épreuves enseignent que c'est

futilité, seront épouvantés par le vide apparent de ces enseignements et pourront les repousser avec un frisson. Mais les intelligents qui ont beaucoup appris, profondément pensé et souffert
longtemps, seront prêts à les accepter, vide compris. Ils comprendront que ce faisant ils acceptent la vérité après le mensonge, la paix après la souffrance, la vue après la cécité, la
réalité après l'illusion. S'ils vont jusqu'au bout et atteignent
à la compréhension complète, ils couleront dès lors le rythme
de leurs jours dans une harmonie intérieure qui sera plus sainte,
plus sacrée que le rite de n'importe quelle religion, plus sereine
que n'importe quelle expérience yogique.

Jusqu'ici nous n'avons pas dépassé, sauf en certaines sugges-
tions légères, la culture occidentale la plus évoluée. Si ceux
qui ont suivi des cours techniques de philosophie trouvent
que certains de ces principes leur sont déjà familiers, nous réclamons leur indulgence en leur rappelant que ces pages sont avant
tout écrites pour quiconque cherche la vérité, qu'il possède
ou non quelque connaissance conventionnelle de la philosophie.
L'Occident connaît déjà des rameaux de cette doctrine sous
le nom technique d' « idéalisme ». Il faut toutefois signaler
que c'est un terme générique couvrant des principes contradictoires. Si l'on étudie complètement l'idéalisme absolu de
Hegel, l'idéalisme subjectif de Berkeley, l'idéalisme objectif
de Kant, et l'idéalisme nihiliste de Hume, par exemple, on
n'aboutit qu'à la confusion, car ce serait comme si on étudiait
la religion, mot qui peut aussi bien signifier les singeries des
nègres de l'Afrique centrale autour d'une grotesque figure de
bois que les sereines méditations des Quakers chrétiens. Personne ne semble connaître ce que l'idéalisme a de vrai ou de
faux. Certains idéalistes acceptent Dieu, d'autres le rejettent,
de même que certains admettent l'existence de la matière et
que d'autres la nient. De toute façon, la réflexion n'aboutit qu'à
la demi-obscurité puis à la nuit totale en poussant au delà
de l'idéalisme, car même ses défenseurs ne perçoivent que le
mystère. Chaque pas qu'ils essayent de faire dans ce mystère
les fait s'égarer dans l'hypothèse et la spéculation. Seul l'enseignement caché des Indiens a hardiment exploré avec succès
les terres qui s'étendent au delà de l'idéalisme jusqu'à la vérité
définitive.

L'évêque Berkeley pensait assez curieusement que ceux
qu'il appelait des idolâtres auraient pu être amenés à renoncer
à adorer le soleil s'ils avaient pu apprendre que c'était uniquement une idée. Son pieux esprit ne lui indiqua jamais que les

sages, parmi ces adorateurs du soleil, avaient une connaissance
de l'idéalisme aussi profonde que la sienne mais que, en partie,
parce qu'ils ne pouvaient pas élever la masse à cette conception
métaphysique, ils estimaient que le soleil était, en ce bas monde,
la seule chose pouvant supporter la comparaison avec Dieu.
Nous n'avons ni le temps, ni la place de nous livrer ici à une
discussion académique. Le présent livre n'est pas un traité de
métaphysique, il veut être le testament définitif de la vérité.

Il peut cependant être utile de signaler à ceux qui craignent
de voir l'enseignement caché les conduire à l'athéisme, que le
mot « Dieu » ne nous plaît pas, car il peut signifier toute sorte
de choses. En descendant à un plan non philosophique on peut
affirmer que nous trouverons Dieu au terme de notre recherche,
mais ce sera le Dieu véritable. Ce ne sera ni l'homme glorifié
de la religion, ni la construction éthérée de la métaphysique.
Il sera toutefois encore le Dieu que les hommes adorent dans
les temples orientaux et dans les églises occidentales, dans les
mosquées écrasées de soleil et dans les chapelles de briques
grises, mais qu'ils foulent aux pieds et essayent de torturer
avec leurs haines absurdes et leurs persécutions intolérantes.
Nous découvrirons le Dieu dont la caricature est à juste titre
rejetée par les rationalistes méprisants ou les athées amers,
contre la cruauté duquel ils se révoltent avec raison mais qu'ils
nient à tort parce qu'Il n'est autre chose que leur propre moi.
Nous découvrirons le Dieu que les ascètes cherchent sans
atteindre dans de lugubres grottes, avec leur corps émaciés,
sur lequel les sensualistes blasés referment la porte dans les
boîtes de nuit et les salles de jazz, et qui pourtant, paradoxalement, se trouve à la fois dans la grotte et dans la boîte de
nuit, invisible et ignoré. Nous découvrirons le Dieu que les
mystiques méditatifs et les yogis au cours de leurs transes
cherchent à l'aveuglette dans leur cœur, ils ne touchent
que le nimbe de lumière pacifiante, car la flamme elle-même
consumerait en un instant leur moi qui ne cherche que l'extase ;
mais dès qu'ils n'auront obéi à l'ange dont l'épée flamboyante
les rejettera tôt ou tard dans le monde qu'ils voulaient abandonner, dès qu'ils apprendront ce qu'est réellement ce qui les
entoure, la recherche du moi leur livrera bientôt le secret définitif ainsi que l'ont indiqué les anciens sages. Tous ces hommes
qui ont vainement mais inconsciemment essayé de déplacer
la réalité, qui ont mis au centre de leur culte un Dieu né de
leur imagination, une simple idole entièrement taillée par eux,
la philosophie les conduira au vrai Dieu qu'ils adoreront par la

suite dans la pleine conscience de ce qu'ils font. Finalement nous découvrirons cette évasive essence du monde qu'ignorent aujourd'hui les savants et qu'ils pensent être quelque forme d'énergie.

Nous pouvons maintenant commencer à comprendre pourquoi l'ultime partie du chemin a toujours été enseignée dans le secret. Le maître conservait les livres et les textes pour ne les révéler et les enseigner que lorsque les élèves auraient parcouru. toutes les autres étapes. Il aurait été dangereux d'en parler au grand public. Les hommes ne peuvent supporter d'apprendre la vérité au sujet de la véritable nature de ce monde, ils la fuient dès qu'ils en aperçoivent les premières lueurs pour se réfugier dans le confort d'une existence illusoire. Car la notion qu'il existe un monde matériel en dehors d'eux est instantanée, immédiate, irrésistible. Ce n'est pas quelque chose qu'ils atteignent par un travail laborieux de raisonnement logique à partir de quelque chose d'autre : c'est une perception intuitive et toute puissante qui semble indiscutable et qui, en apparence, ne dépend d'aucune construction susceptible d'être renversée. Seule une série de questions habiles posées tout au long d'un enseignement personnel peut parvenir à montrer à l'homme sans réflexion que son matérialisme réaliste est sans fondement et qu'au contraire le mentalisme raisonné du philosophe s'appuie sur le roc des faits.

La grande peur qui s'empare de chacun en apprenant que la matière, l'espace et le temps n'existent pas en dehors de l'homme lui-même, ne se justifie pas, car cette inexistence ne nous prive pas de la *sensation* de la matière, de l'espace et du temps. N'est-ce pas suffisant de voir un monde, objectif en apparence, s'étendre dans l'espace, de contempler le déroulement de ses événements dans le temps, de sentir sa solidité ? Le mentalisme ne dépouille personne de ces sensations, il les explique simplement. Quelle importance y a-t-il vraiment à abandonner ses illusions à cet égard ? Pourquoi ne pas se contenter de la simple vérité ? Car la philosophie doit se borner aux faits, la sensation est un fait, mais la matière, l'espace et le temps ne sont que des hypothèses. La philosophie se montre ici beaucoup plus rigoureuse que la science. Elle n'apporte aucun changement tangible à la vie pratique mais seulement la rectification de certaines conceptions erronées dans la vie mentale. Pour le philosophe le chocolat conservera un goût aussi délectable quand il saura que ce n'est qu'une série de sensations et non une substance matérielle comme il le croyait précédemment, et le moteur de sa voiture ronronnera aussi bruyamment qu'au.

paravant. Il ne perdra aucune des choses qu'il aime, ne renoncera à aucune des joies de la vie, mais il en comprendra le véritable sens. Les rues, les maisons et les gens ont exactement le même aspect pour le sage et pour l'ignorant. Mais le premier, éclairé par la réflexion, sait que tout cela n'existe qu'à l'état mental, il sait que l'esprit constitue la substance de toutes ces sensations qu'il en tire, alors que l'ignorant reste aveugle à cette vérité. Le mentalisme fait chanceler l'esprit simple avec sa profondeur et sa complexité apparentes, cependant quand il a été bien réfléchi et par conséquent bien compris, rien ne peut sembler plus simple et plus clair.

Les anciens sages de l'Inde ont laissé ainsi un enseignement qui annonce certaines des dernières découvertes des plus grands savants de l'Occident. La même science qui nous avait fourni, au siècle dernier, la morne désespérance de la mort et du matérialisme nous donnera au cours de celui-ci la magnifique espérance du mentalisme. La vérité s'établira sur une base démontrée, prouvée, elle n'aura plus besoin de rien de mystique pour la soutenir. Le temps est mûr pour que le monde connaisse cet âge de la vérité, il faut cependant qu'il le reçoive en conceptions scientifiques du xxe siècle. Il a ignoré cette doctrine trop longtemps. Mais il ne suffit pas de traduire son enseignement dans les langues occidentales, il faut aussi l'interpréter de façon constructive.

Nous vivons une époque de transition. Les rois, les gouvernements, les constitutions ont été jetés bas de leurs piédestaux, les conceptions scientifiques familières ont été jetées au vent par les fenêtres des laboratoires. Mais la plus grande transition dans la connaissance du xxe siècle est celle que les savants de l'avant-garde sont en train d'effectuer sous nos yeux. Ce tournant fondamental dans les conceptions des hommes cultivés consistera à ramener le monde entier dans le domaine de la pensée et à transformer ainsi la matière en idée. De même que l'étude des substances radio-actives a ouvert de nouveaux horizons à la science quand ses anciennes lignes de recherche paraissaient être parvenues à leur extrémité, de même l'étude des rapports entre le monde et l'homme, entre la matière et l'esprit, aboutira avant longtemps à découvrir que tout le panorama de l'univers depuis la lointaine étoile aperçue au télescope jusqu'à la cellule infiniment petite discernée au microscope, n'est en réalité qu'une construction mentale. Elle détruira le matérialisme des racines aux rameaux, ouvrant tout grand les portes conduisant à la réalité infinie dont la connaissance est la *Vérité*.

LA VIE PHILOSOPHIQUE

Si cet enseignement est demeuré ignoré, négligé, incompris pendant tant de siècles dans des monastères endormis ou des grottes perdues dans les montagnes, ce n'est pas sa faute, mais celle des hommes. Ceux qui pouvaient comprendre son immense portée pratique, son caractère immédiat et vital, étaient forcément peu nombreux. Cette compréhension ne pouvait être atteinte qu'au prix de difficiles efforts intellectuels qui n'étaient pas à la portée de la plupart des hommes. D'une façon générale il faut payer le prix de ce qu'on obtient. Le prix de l'enseignement capable de conduire l'humanité à la solution de difficiles problèmes est à calculer en conséquence. C'est un diamant pur et non un morceau de verre.

Nous vivons dans un monde pratique. Les hommes peuvent théoriser tant qu'ils voudront, il leur faut quand même agir, travailler et avoir affaire à leurs semblables. On doit donc se poser la question : cet enseignement modifiera-t-il la façon dont les gens vivent sur la terre ?

C'est en effet une croyance très largement répandue que la philosophie se retranche avec hauteur des préoccupations de l'existence quotidienne, que le philosophe — si on ne le prend pas pour un original, voire pour un fou ! — est un homme manquant désespérément de sens pratique, ne s'occupant que de problèmes artificiels, que la poursuite de la vérité n'est qu'un passe-temps à l'usage de ceux qui ne portent pas un fardeau de responsabilités, pour des rats de bibliothèque, pour des rêveurs désireux de s'évader de l'action. Il est admis de façon courante que le philosophe adopte arbitrairement une attitude différente envers la vie intérieure ou de pensée et la vie extérieure ou d'action.

C'est peut-être vrai quand il s'agit de la spéculation métaphysique ou des ratiocinations théologiques qui se prétendent de la philosophie, mais ce n'est pas vrai quand il s'agit de la philosophie véritable, telle que celle qu'observaient certains Grecs d'autrefois, et ce l'est encore beaucoup moins quand il s'agit de la philosophie cachée de l'Inde. Si la prétendue philosophie a perdu contact avec la vie c'est parce qu'elle s'est égarée dans un brouillard de longs mots techniques ou qu'elle entretient le culte de subtilités logiques n'intéressant que des dialecticiens, au point d'avoir oublié sa véritable base : les faits de

l'expérience humaine. Il n'existe sans doute pas une seule autre
discipline où les hommes soient aussi égarés par des mots redon-
dants ou des noms polysyllabiques qui dissimulent des erreurs
et cristallisent l'illusion, aucune autre, en tout cas, n'a créé
sans nécessité une terminologie aussi rébarbative. Un philosophe qui ne peut exprimer ce qu'il a à dire avec un minimum
de mots longs, difficiles, peu courants, mais se voit entraîné
à les employer au maximum, risque non seulement de se
laisser emporter dans des contre-vérités cachées, mais est
certain d'arrêter bon nombre de disciples sincères au seuil
même de la philosophie.

Si celle-ci a quitté le domaine de la vie quotidienne pour se
réfugier dans une verbosité vide, si elle est tombée de la plus
haute considération dans le mépris, c'est de la faute des soi-
disant philosophes. [Ils rédigent leurs pensées en un jargon
technique qui en dissimule la signification, blesse la clarté, et
construit des remparts revêches d'inintelligibilité autour des
plus hautes vérités. Ils bâtissent des systèmes de réflexions au
sujet du monde et de la vie qui ne tiennent pas compte des faits
essentiels de ce monde et cette vie. Ils ignorent l'aide puissante
de la science et se trouvent réduits à jouer avec leurs seules
imaginations. Ils amorcent leurs raisonnements avec les idées
arbitraires d'autres philosophes au lieu de partir sur les données
vérifiées fournies par le monde qui les entoure. A cet égard ils
sont curieusement semblables aux mystiques. Ils s'imitent
les uns les autres et se laissent engluer dans l'histoire littéraire
de la philosophie au lieu de la créer eux-mêmes.

Quelle est la compétence de la philosophie ? Quel but précis
poursuit-elle ? Quelle est la véritable vocation d'un philosophe ?
Quelles sont ses enseignements pratiques ? La plus courte
réponse à toutes ces questions est la suivante : la véritable
philosophie montre aux hommes la façon de vivre ! Si elle ne
peut le faire, si elle n'aboutit à aucune leçon pratique, elle ne
vaut même pas la peine qu'on s'y intéresse. Elle ne doit pas
disséquer les fibres les plus profondes de la pensée pour s'abstraire du monde qui souffre. Elle ne doit pas aboutir à l'abstraction mais à l'action. Les fruits de la philosophie doivent être
cueillis sur cette terre et non pas dans quelque lointain empyrée
métaphysique. Elle comporte un travail social et individuel
qui doit manifestement contribuer au bien-être de notre race
et se faire sentir dans l'histoire vivante, sinon ce n'est pas la
véritable philosophie. Elle doit justifier son existence par ce
qu'elle peut faire et non par ce qu'elle peut imaginer. Elle doit

montrer aux hommes non seulement ce qu'ils sont en réalité mais également quelle attitude ils ont à prendre envers la vie.

De fait, la philosophie apporte un changement révolutionnaire quand elle s'applique à l'existence humaine, s'exprime en actions humaines et intervient dans les rapports humains. Le profond désir de ceux qui sont les gardiens vivants de l'enseignement caché à notre époque tourmentée, est de voir disparaître le divorce artificiel qui existe entre la philosophie et la vie pratique. Leur vœu ardent est d'amener les hommes à comprendre que la philosophie est intimement liée à la vie et utile en tant que guide, inspiratrice et juge. L'un des buts de notre prochain volume sera de contester l'affirmation courante d'après laquelle les philosophes s'occupent de choses trop éloignées de la vie quotidienne pour être de quelque utilité à quiconque. Nous montrerons que la vérité est justement l'inverse en ce qui concerne l'enseignement caché, *car sa leçon finale réagit sur tous les instants d'une existence terrestre.*

La philosophie n'est pas en effet une fiction à l'usage des seuls rêveurs, elle est avant tout destinée aux hommes vivant dans le monde de l'action. Elle s'intéresse au cycle entier de l'existence et non pas seulement à l'une de ses parties. Du moment où nous commençons à réfléchir à la vie, à chercher une signification ou une explication au monde où nous vivons, à examiner les leçons de l'expérience, nous devenons provisoirement des philosophes. Le philosophe spécialisé va plus loin que nous en demandant que *toute* l'expérience soit prise comme base de réflexion, qu'on médite sur l'expérience de l'existence entière. Mais le critique demandera comment cela peut se faire puisque l'histoire n'a pas écrit son dernier mot, que l'expérience s'élargit sans cesse, que la vie ne finit pas. Nous répondrons que, de même qu'un cercle peut être élargi indéfiniment sans cesser d'être un cercle, l'expérience peut indéfiniment s'étendre sans que sa *vérité* cesse d'être la vérité. Et c'est celle-ci qui constitue le but ultime du philosophe. C'est pourquoi il doit travailler méthodiquement, établir d'abord la signification véritable de l'expérience universelle et essayer de transcrire cette expérience en termes d'activité concrète. Ses actions visibles doivent être d'abord justifiées par ses réflexions invisibles.

Le monde n'a que faire d'une doctrine qui traite la vie ordinaire des hommes comme quelque chose d'étranger et d'à part, et il a raison. Le philosophe ne connaît pas un seul point de l'univers d'où la vérité doive être bannie. Il considère donc que ses principes sont applicables partout et en tout temps et que quiconque les néglige le fait à ses risques et périls. La philosophie est exploitable, elle entre dans la pratique ou bien elle n'est qu'une demi-philosophie. Elle croit à l'action inspirée et aux services éclairés. Les dilettantes qui jouent un jour avec des théories académiques et les oublient aussitôt, en ignorent la valeur. Elle peut être mise en action, elle peut être utile à ceux qui travaillent, à ceux qui souffrent, à ceux qui dirigent la société, elle montre à chacun comment il doit vivre dans les circonstances particulières où il se trouve. Chaque acte du véritable philosophe découle directement de ces idées de vérité pour lesquelles il a lutté si durement. Il apprend les véritables règles du jeu de la vie et s'arrange pour les suivre.

La philosophie est donc la même pour l'homme condamné à monter à l'échafaud que pour celui qui l'y condamne. Elle révèle une vérité dont l'application à la vie quotidienne éteint la peur, chasse le doute, fournit l'inspiration et anime la force mentale. Que nous soyons des laboureurs à la charrue, des chirurgiens le scalpel à la main, des direceturs assis devant un grand bureau, nous connaissons tous des moments critiques où nous avons besoin d'un guide sûr, du doigt indicateur que seule la philosophie peut nous procurer car seule elle se préoccupe de la vérité profonde d'une situation sans la laisser déformer par l'émotion ou par l'intérêt égoïste. La valeur de la philosophie est donc la valeur de sa contribution pratique à la vie de chaque jour. La liaison entre le bureau, l'usine, la ferme, le théâtre, le foyer et la philosophie est directe et patente. La philosophie est le guide de toute la vie. Elle nous dit comment vivre, comment traiter et maîtriser nos difficultés et nos tentations.

L'étude de l'enseignement caché exige qu'on se soumette à une discipline intellectuelle sévère qui peut s'étendre sur plusieurs années en fonction de la faculté de raisonnement de l'élève. On ne peut certainement l'acquérir à la course. Mais quand il est acquis il prouve sa valeur pratique en supportant victorieusement toutes les épreuves. La sagesse qu'il confère, la morale qu'il entretient, la force qu'il procure, la paix qu'il dispense et la capacité intellectuelle qu'il développe — tout se combine pour donner une valeur très supérieure à l'homme qui l'a suivi jusqu'au bout, qui est passé de l'ignorance à la connaissance. S'il s'occupe de politique, il rendra des services de haute qualité. Si c'est un fabricant, ses produits seront honnêtes et du meilleur aloi. L'homme entraîné aux labeurs et aux peines de la réflexion philosophique abordera tous les problèmes pratiques à mesure qu'ils se présenteront, avec une vision très claire — et toutes choses égales d'ailleurs — il sera le plus capable de juger correctement une question.

Toutes nos idées sont muettes tant que nous n'essayons pas de les mettre en pratique. Elles prennent alors de la voix et transmettent aux gens notre message. La vie philosophique ne se mène pas dans une bibliothèque poussiéreuse, c'est une expérience permanente qui se poursuit au foyer, au bureau, au cabinet du ministre comme à la ferme. Un homme deviendra un meilleur citoyen du fait qu'il est un philosophe, de même qu'il sera un meilleur philosophe du fait qu'il est un citoyen. Si ses études l'isolent *extérieurement* de la vie générale de sa collectivité, quelles qu'elles soient, elles ne sont assurément pas philosophiques car le philosophe doit mettre le contenu de son action désintéressée dans toutes les phrases adroites ou belles qu'il écrit ou prononce, sous peine de ne pas être complet. Il ne peut être un véritable philosophe que lorsque les principes de la philosophie sont littéralement entrés dans son sang.

La vérité est de caractère dynamique et non pas soporifique.

Le philosophe se montrera toujours rationnel, intelligent, pratique et bien équilibré dans toutes ses actions de la vie courante. Il comprend très bien que les deux ailes d'un oiseau doivent battre pour permettre un vol harmonieux et que les deux faces d'un homme — la pensée et l'action — doivent se combiner pour lui donner une existence équilibrée. Ce n'est pas tout. Dans le tumulte et la précipitation de la société moderne il conserve son calme intérieur. Sa paix est si profonde qu'elle n'est pas troublée quand il sort de son sanctuaire philosophique et se retrouve dans l'animation de la rue.

La discipline philosophique éduque l'esprit et, par l'esprit, réagit sur tous les actes. Les pensées poursuivies d'une manière constante et intense, tendent, tôt ou tard à s'exprimer en actions. C'est parce que les hommes n'ont pas compris le pouvoir qu'a la concentration de pensée d'aider ou de blesser les autres qu'ils ont amené la hideuse époque où nous sommes nés. Sans rejoindre ceux qui nuisent à une juste cause par pauvreté de logique et manque de philosophie, quand ils nient le pouvoir de l'environnement, nous pouvons dire cependant que la ligne de pensée générale et habituelle tend finalement à se reproduire largement dans les caractéristique de l'environnement de chacun. L'esprit a des qualités qui attirent et d'autres qui repoussent. Il attire les autres esprits et les conditions matérielles d'une nature analogue à la sienne, il repousse ceux qui sont en discordance. Cette activité se poursuit d'une manière permanente dans le subconscient, on n'a pas toujours besoin d'en avoir conscience pour l'exercer. Cette influence silencieuse ne cesse jamais. C'est seulement quand nous la voyons se manifester avec évidence dans la vie des hommes animés d'un bon ou d'un mauvais génie, que nous comprenons obscurément toute la puissance que renferme la pensée contrôlée et concentrée.

C'est son intérieur de pensées et de sentiments qui dicte à l'homme ses actions et ses réactions quotidiennes, qui le confronte quand il est seul, qui vit d'une existence secrète mettant en péril ou protégeant toute son existence extérieure. Les pensées qui occupent le plus fréquemment son esprit, les sentiments qui emplissent le plus fréquemment son cœur sont ses maîtres invisibles et, par comparaison avec son corps de chair, constituent son moi le plus important. Les jeunes races de l'Occident regardent la stature de quelqu'un quand elles veulent le jauger, alors que les gens de l'Asie savaient il y a déjà plusieurs millénaires, que c'est dans son esprit que réside sa faculté de faire le bien ou le mal. Les anciens sages, assis sur leurs jambes croisées dans les forêts de l'Himalaya, le visage bienveillant, enseignaient cette vérité capitale à leurs disciples respectueux. Cet enseignement se justifie donc amplement par les raisons les plus utilitaires.

Sur la conduite et sur l'art. — Toutes les choses, tous les gens sont en rapports avec d'autres choses, d'autres gens. Rien ni personne ne se trouve isolé. La vie de chaque être s'entremêle à la vie des autres : sa prétendue autonomie n'est qu'une illusion. Ces rapports sont particulièrement étroits entre les hommes. Le philosophe est aussi un membre de la société. Il ne peut s'y soustraire, s'en détacher complètement. Même s'il se retire dans une grotte il lui faut quelqu'un pour le ravitailler, un chien pour l'accompagner, une vache pour lui donner du lait, et voilà déjà une société constituée ! La façon dont il se comporte dans cette société dépend de principes de morale qui restent précisément les mêmes qu'il s'agisse de millions d'êtres ou seulement de deux. La philosophie apporte-t-elle sa contribution à la morale, aux valeurs sociales, à ce qui montre la juste voie du devoir ?

Il faut répondre que la philosophie est justement la seule chose au monde qui apporte cette contribution avec toute l'ampleur que réclame l'existence humaine. Dès que nous avons pris conscience de cette grande vérité toutes les questions les plus importantes qui troublent l'humanité prennent une apparence entièrement nouvelle. Alors, mais alors seulement, de vieux et embarrassants problèmes peuvent recevoir leur solution. L'atmosphère dans laquelle elles seront cherchées sera complètement transformée. Nous serons contraints, que nous le voulions ou non, de donner une nouvelle forme aux anciennes questions, parce que l'échelle de référence aura changé du tout au tout. C'est là que l'apprenti philosophe constate la valeur véritable de ses études et se voit récompensé par la pénétration plus profonde qui lui montre comment agir correctement, sagement et bien. Le philosophe ne peut jamais être un raté dans la vie, même s'il ne parvient pas à la fortune.

La philosophie se doit non seulement d'expliquer le monde mais aussi de l'améliorer, car elle poursuit les idées jusqu'à leur conclusion pratique. L'idéalisme social ou personnel doit se fixer un but accessible, sans quoi il est pernicieux. La philosophie fournit une boussole à ceux qui errent. Elle est donc aussi utile à ceux qui ont conscience de manquer d'une direction morale dans leur vie qu'à ceux qui cherchent seulement la connaissance. Ils y trouveront un grand secours pour prendre les décisions correctes que réclame la vie pratique. Y a-t-il quelque chose de plus utile dans tout le champ de la culture humaine ?

Il ne se passe pas une seule minute de la journée où nous ne soyons occupés à faire ou à penser quelque chose et il en est ainsi pendant toute notre vie éveillée, c'est une activité sans fin. Le problème consistant à savoir si ce que nous faisons ou pensons est juste ou faux, excellent ou mauvais, c'est-à-dire le problème moral, est l'un des plus fondamentaux et des plus importants que nous puissions poser.

Deux questions confrontent l'homme chaque jour : Quelle est pour moi la bonne façon d'agir ? Quelle est le juste but que je dois atteindre ? D'autres problèmes s'y rattachent et tournent autour de celui de savoir ce qui constitue le devoir de l'homme, en voici quelques-uns : a) quel est mon devoir le plus élevé par opposition à mon devoir immédiat ? b) comment se justifie la notion que le devoir existe et n'est pas un produit de l'imagination humaine ? c) quel est l'étalon de mesure qui me permet de classer les devoirs selon une certaine graduation ?

Ce sont là uniquement des problèmes philosophiques, ce qui indique bien que la philosophie pure a des répercussions considérables sur la vie pratique. Tout ce qu'un homme considère comme bon ou mauvais, juste ou erroné, est le reflet conscient ou inconscient de sa philosophie consciente ou inconsciente. Sa conception générale de l'univers, c'est-à-dire sa conception philosophique consciente ou inconsciente, lui fournit une échelle pour mesurer ou reconnaître le devoir ou le désir. Quand elle s'applique à la conduite, la philosophie se préoccupe moins de formuler des règles particulières que de poser des principes fondamentaux. Elle s'intéresse surtout aux plus vastes façons de vivre.

La conduite humaine est ordinairement gouvernée par le désir. Les émotions, les passions, les convoitises, les sympathies, les antipathies commencent à se régulariser lorsque nous les connaissons mieux, lorsque nous nous connaissons mieux nous-mêmes, lorsque nous connaissons mieux le monde. La valeur de cette étude pour rétablir l'équilibre psychique s'exprime même en termes physiques. Elle normalise la pression artérielle, règle les secrétions glandulaires. Plus encore, elle harmonise les fonctions neurophysiologiques. Elle discipline les passions, détruit les mauvaises habitudes, élimine les troubles nerveux. Elle repose le cœur, met de la raison dans la tête et donne un sens à la vie. Elle a une importance particulière pour les hommes d'État et, à un degré moindre, pour certains professionnels tels que médecins, juristes, éducateurs, directeurs d'entreprise. Ses bienfaits touchent à la fois les côtés personnels et professionnels de l'existence.

C'est une erreur de croire que le philosophe doit être un ascète, un partisan du renoncement à la vie, se tenant très à l'écart des intérêts et des plaisirs humains. Il n'y a pas de place dans la véritable philosophie pour les incurables antinomies du conflit entre l'ascétisme et l'hédonisme. L'ascète fuit la vie et considère le monde comme un piège dangereux alors que le philosophe y voit une école où il peut apprendre beaucoup et vivre intelligemment. L'expérience ne fournit pas seulement un aliment théorique à sa pensée mais aussi un entraînement pratique à sa sagesse.

Néanmoins, Cupidon et les convoitises doivent être bien tenus en rênes. Tout homme sensé qui essaye de donner plus de force à sa vie est un ascète jusqu'à un certain point. Le pouvoir que lui donne l'empire sur soi-même, du point de vue mental, moral et physique, lui est d'un très grand secours. Et si cet homme se consacre à la recherche de la vérité, il a encore plus besoin de cette force intérieure. Le faible qui cède à la moindre impulsion ignore la joie d'être indépendant, la profonde satisfaction de n'être l'esclave de rien ni de personne. Mais cette saine restriction ne doit pas être confondue ¦avec le rejet total de tout ce qui est humain, rejet malsain et contraire à la nature. Nous sommes ici-bas pour vivre et non pour fuir la vie. Nous devons découvrir une façon de le faire qui soit raisonnable et équilibrée et non fanatique et distante. Tout excès est une erreur, un excès dans le bien engendre un mal, un excès de vertu fait naître un vice.

Le philosophe ne s'effraie d'aucun aspect de la vie. Il transforme le contradictoire en complémentaire. C'est pourquoi il n'a nul besoin de fuir le monde comme l'ascète. S'il estime une fuite nécessaire il l'effectue secrètement, dans son cœur, il n'a pas besoin de l'annoncer ostensiblement en revêtant la robe du moine. La désertion du monde ne peut, à ses yeux, le conduire à la sagesse, parce qu'il sait qu'il est venu au monde pour en apprendre les leçons. Il n'en partage pas moins le désir du moine de se libérer de l'esclavage du désir et de dominer ses sentiments. Mais il ne peut suivre l'ascète fanatique au delà. Son principal effort est dirigé vers le contrôle de la pensée, la discipline de l'intellect, s'il réussit, sa récompense sera d'éprouver l'agréable et le désagréable avec assez de détachement pour conserver toute sa sérénité d'esprit, de travailler au milieu du tumulte du monde sans se départir de son calme intérieur.

La vie ascétique est un commencement excellent et nécessaire mais elle est mauvaise si elle tourne à la frigidité, si elle devient une profession. Le sage n'hésite pas à souscrire la généreuse parole de Térence : « Je suis un homme, rien de ce qui appartient à l'humanité ne m'est étranger. » Il avancera sans être troublé à travers l'agitation de la foule, alors que le timoré se réfugie dans une grotte ; il conservera toute sa sérénité dans le travail comme dans les loisirs, car son renoncement ascétique est caché dans les profondeurs de son esprit. Il n'aura pas besoin d'écraser l'attachement humain pour écraser l'égoïsme. Il n'aura pas besoin d'ignorer les trésors artistiques ou de rester aveugle aux charmes de la Nature pour conserver l'équilibre de ses émotions.

Mais les problèmes de l'action et de la conduite ne constituent pas tous les rapports de l'homme avec la société et le monde. Il en cherche aussi la beauté. L'art prend ainsi naissance. La philosophie doit également lui trouver une place et examiner sa contribution à l'ensemble. En fait, l'art est un aliment pour la recherche philosophique. Pourquoi l'homme est-il attiré vers la musique, la peinture, l'architecture, la poésie, la littérature, tous les autres arts ? Quelle est cette beauté qui séduit l'esprit humain ? La culture de la sensibilité artistique est elle une étape de la recherche philosophique ? Ils ont tort ceux qui pensent que la philosophie éloigne de tout ce qui est chaud et beau dans la vie. Le parfum du jasmin cause autant de plaisir au philosophe qu'aux autres hommes, la merveilleuse beauté d'un soleil couchant ne le laisse pas indifférent, la voix harmonieuse d'un violon ne manque pas de l'émouvoir. La différence avec les autres hommes c'est qu'il n'abandonne jamais le point de vue supérieur qui donne à ces expériencs leur véritable place, qu'il ne leur permet pas de le dominer.

L'œuvre d'un véritable artiste est avant tout de caractère imaginatif. Il ne peut se considérer comme un créateur que dans la mesure où cette œuvre est d'abord réalisée dans le premier moyen d'expression dont il dispose, à savoir l'*imagination*. S'il ne peut agir que par son second moyen d'expression, c'est-à-dire reproduire, photographiquement en quelque sorte, par le pinceau, le ciseau, le mot ou le son ce que d'autres ont ainsi créé, nous disons que c'est un artiste de talent mais non un créateur. Des critiques compétents sont allés jusqu'à faire une distinction entre les deux catégories, refusant d'accorder le titre d'artiste à celui qui manque d'imagination, l'appelant seulement un artisan. Habituellement les œuvres d'un génie contiennent suffisamment d'indication sur sa puissance imaginative.

L'imagination, en elle-même, n'est finalement qu'un tissu d'images mentales, c'est-à-dire de *pensées*. Mozart, qui était un génie dès l'enfance, a décrit le processus de sa composition musicale dans une phrase révélatrice : « Toute la découverte et la composition s'effectuent en moi comme dans un rêve extrêmement vivace. » Dans ce monde créé par lui, l'artiste doit être si complètement absorbé que le souci de se nourrir lui devienne un ennui, l'arrivée d'un ami une gêne. C'est pourquoi Balzac s'enfermait jour et nuit dans sa chambre. Quand il écrivait ses merveilleux romans il était dans un état de demi-transe, exactement comme un yogi indien. Il comprenait fort bien le caractère mystique de son art car il a écrit : « Aujourd'hui l'écrivain a remplacé le prêtre... il console, condamne, prophétise. Sa voix ne résonne pas sous la nef d'une cathédrale, elle tonne d'un bout du monde à l'autre. » Les réalisations de l'art véritable ne sont pas différentes des pratiques du véritable yoga. L'artiste est sur le même plan que le mystique, mais il cherche la beauté mémorable tandis que le mystique cherche la paix.

L'inspiration signifie tout simplement que l'artiste est tellement emporté par une série d'*idées* que, pour le moment, il se trouve complètement dominé par leur réalité. Pour lui, la pensée est temporairement devenue ce qu'il ressent comme étant le réel. A cet égard c'est un véritable mystique. Comme celui-ci il a une foi fervente en la réalité de ses constructions mentales. Tous deux parviennent inconsciemment à la vérité du mentalisme par le même chemin : une concentration intense sur une idée unique et dominante ou sur une série de pensées. Tous deux sont finalement des fidèles conscients, demi-conscients ou inconscients du mentalisme. Le peintre Whistler voyait une grande beauté à la Tamise ouatée de brume, oubliant ses chalands sales, ses estacades infestées de rats, les remorqueurs à la voix rauque, la beauté aperçue par lui se trouvait donc à l'intérieur de son esprit. L'artiste pour être un créateur doit être un mentaliste. Il doit croire à cette doctrine subtile et raffinée qui ne convient qu'aux caractères eux-mêmes subtils et raffinés. Il ment autrement à sa propre expérience, il reste aveugle à la véritable signification de celle-ci.

Nous entendons souvent parler de l'extase exaltante dans laquelle il crée son œuvre et de la prostration qui lui succède le plus souvent. Il plane pendant un certain temps puis se retrouve sur la terre, chaussé de plomb, regrettant de ne pas savoir comment conserver son exaltation. Ne l'envions pas, il paie cher ses extases, il les paie en découragements, en dépressions.

Les biographies de tous les génies nous livrent deux explications de ce fait. La première c'est que durant le travail de création, l'artiste s'oublie lui-même, perd son moi, parce que c'est seulement dans la concentration parfaite qu'il peut réaliser une œuvre parfaite. S'il ne peut s'abstraire de son moi, il ne lui est pas possible de devenir un artiste complet. Ou bien il s'unit en sentiment à son futur public, il fond son individualité *dans d'autres*, perdant encore ainsi son moi pour une autre cause. La seconde explication est qu'il tire de ces précieuses minutes où il se perd dans son imagination, le même plaisir que son public en tirera ultérieurement. Mais pour signifier quelque chose cela veut dire que l'artiste au moment précis de la réalisation dans le feu de l'inspiration, comme le public au moment où il s'adonne à la contemplation ou à l'audition de l'œuvre, se trouvent plongés profondément l'un et l'autre dans le monde de l'imagination. En cet instant sacré ils donnent à la pensée toute l'importance et la réalité qu'ils accordaient jusque-là au monde matériel de leur croyance. En outre, l'artiste, dans l'effort pour trouver la parfaite expression de ses idées sur la toile ou sur le papier, cherche inconsciemment à rompre la barrière illusoirement dressée entre la pensée et la chose, entre l'esprit

354 LA VIE PHILOSOPHIQUE

et la matière. Autrement dit, il essaye de construire une seconde idée qui soit une copie parfaite de la première.

Nous comprenons maintenant la souffrance éprouvée par l'artiste quand l'inspiration créatrice s'est évanouie. Il revient alors, psychologiquement, à l'état égocentrique habituel, à la vie ordinaire, où la pensée n'est plus concentrée. Le contraste est aussi frappant qu'entre le noir et le blanc et agit en conséquence sur ses sentiments. Telles sont quelques-unes des leçons élémentaires que la philosophie peut enseigner relativement à l'art.

La doctrine du Karma. — Du fait qu'elle négligeait le fait primordial selon lequel l'esprit est la base de toute la vie humaine, la culture scientifique du siècle dernier s'est trouvée dans la position d'un matérialisme, moralement dangereux, qui transforme l'homme en un bipède agissant mécaniquement. Bien que les savants d'avant-garde sortent actuellement de cette phase matérialiste, l'assaut de leurs prédécesseurs a porté une grave atteinte à l'autorité religieuse, diminué grandement l'influence des églises. La popularité rencontrée à l'Occident par la science a rendu les masses moins dociles aux contrôles et aux disciplines imposées par la piété. En outre, les périodes qui suivent les guerres voient presque toujours se produire un déclin de la foi religieuse et un dédain des lois morales.

Nous approchons en conséquence d'une époque où la principale justification sociale de la religion — son pouvoir de contenir le comportement des masses entre certaines limites — sera définitivement compromis. L'exemple de la Russie qui, à la suite de la guerre et de la révolution, a violemment rejeté la religion organisée est un phénomène à étudier calmement et impartialement. Il ne doit pas être admiré avec enthousiasme par les irresponsables et les déséquilibrés, ni violemment dénoncé par les réactionnaires et ceux qui ne veulent rien apprendre. Nous arrivons à un moment où la disparition des sanctions morales, le relâchement des liens sociaux, la diminution des standards individuels et la tendance générale à ébranler et à défaire la société se combinent pour créer une situation morale extrêmement dangereuse. Ceux qui se préoccupent du bien de l'humanité doivent comprendre qu'on ne peut affronter cette situation d'une manière satisfaisante en recourant à d'antiques sanctions qui ont perdu la plus grande partie de leur force. La religion est incapable de résoudre le véritable problème, elle ferait mieux pour elle-même et pour l'humanité d'y faire face avec courage et bon sens. Sa contribution est toujours nécessaire mais elle doit s'adapter.

Toute religion orthodoxe institutionnelle peut survivre à la crise dont des grondements annoncent l'approche, et même étendre son influence si, premièrement, elle a le courage de renoncer à des coutumes mauvaises, si nécessaire, et de découvrir une vie meilleure pour l'homme, secondement, si elle veut demeurer sur son plan moral le plus élevé en abandonnant le plan inférieur, troisièmement, si elle consent à renoncer à des dogmes enfantins et à adopter une attitude intellectuelle progressiste. Elle doit faire naître de nouvelles croyances, ou bien modifier et adapter son système partout où c'est nécessaire. Il lui faut progresser parallèlement à l'esprit de l'homme, se mouvoir dans notre époque mouvante, ne pas demeurer une foi inflexible et obstinée. Quelques ecclésiastiques parmi les plus intelligents ont déjà fait capituler certaines de leurs idées anciennes et brutes devant la progression de la connaissance, mais la plupart de leurs autres conceptions demeurent des fragments de superstitions conventionnelles, en un faisceau solide affublé d'un chapeau et d'une soutane. Le Très Révérend Inge n'a pas hésité à réclamer des modifications rationnelles de la doctrine chrétienne et quelques ministres mahométans, hindous et bouddhistes ont fait de même, à un degré moindre, en Asie et en Afrique. Mais tant que les dignitaires les plus élevés n'auront pas hardiment promulgué des conceptions plus acceptables par la raison et plus épurées, fixé une foi plus défendable, tant qu'ils n'auront pas préféré la morale vivante à l'histoire agonisante, les tendances actuelles saperont leurs dogmes périmés et, ce qui est pis, les soutiens moraux de leurs fidèles.

On peut excuser les illusions du troupeau, mais non l'ignorance ou l'obstination des pasteurs. Le monde est gros d'idées nouvelles. Les douleurs de l'enfantement ont commencé, il faut s'attendre à entendre bientôt des cris. L'univers entier est soumis à la loi de l'évolution, l'histoire n'est faite que d'une adaptation continuelle à l'environnement ; si les chefs d'une religion se soumettent volontairement à cette loi, ils recueilleront des fruits abondants dans tous les domaines. Ceux qui s'y plieront au bon moment pratiqueront la sagesse, ceux qui résisteront au mauvais moment agiront d'une manière insensée. A une époque où l'instruction est si développée, la religion doit dégager d'elle-même le labyrinthe de ses niaiseries traditionnelles et se réorganiser sur une base plus intellectuelle. Le mystère et la tradition ont fait des religions organisées de puissantes institutions, la science et l'esprit de recherche sont en train de les défaire. Le conseil de tous ceux qui leur veulent du bien mais ne sont ni fermés à l'esprit du temps, ni aveugles à la crise du monde, est que la religion doit se développer parallèlement au développement de l'esprit humain. La position prise par une institution religieuse non progressiste qui gouverne rigidement ses fidèles, les oblige à tout jamais à accepter des croyances puériles, décourage l'intérêt pour la science contemporaine, ressemble fort à celle d'un professeur qui, tout en accueillant de nouveaux élèves, empêche les anciens de passer dans la classe au-dessus, prétendant les maintenir éternellement sous sa férule. La religion ne doit jamais oublier sa mission suprême qui est de faire accéder les plus évolués de ses fidèles au degré supérieur. Elle devrait, en conséquence, ne pas se révolter contre l'individualisme des mystiques mais au contraire se réjouir de leurs progrès. C'est la façon de rendre le plus de services aux autres et à elle-même. Finalement tous les espoirs lui sont encore permis, car on a besoin d'elle, à condition qu'elle suscite de nouvelles énergies et se reconstruise courageusement elle-même.

Même si cet événement assez peu probable se produisait, la situation moralement si dangereuse de la période d'après-guerre ne serait pas résolue pour autant. Beaucoup de gens resteront définitivement perdus pour la foi même si elle s'adapte. Car lorsque les ignorants pensent que la religion est illusoire, ils en viennent très souvent à conclure faussement que la morale est un mythe. L'histoire montre qu'il est désastreux, aux époques de grands changements sociaux, d'identifier la morale avec une croyance religieuse particulière. Quand la croyance subit des atteintes la morale en subit aussi.

Ceux que préoccupent le sort de la race ne peuvent pas ne pas s'inquiéter devant cette sombre perspective. Que faut-il faire ? Il faut se rappeler que ceux qui ont adopté l'attitude moderne ne cèderont aux exhortations morales que si celles-ci possèdent une base scientifique. Est-il possible de la leur donner ? Existe-t-il une morale rationnelle capable de les élever et non de les abaisser, de leur fournir un motif raisonnable pour bien se conduire ? La réponse est qu'une doctrine extrêmement raisonnable existe depuis longtemps en Asie. Malheureusement elle n'a pas conservé sa pureté originelle et le temps lui a ajouté beaucoup de superstitions sans rapports avec elle, tandis que l'imagination humaine a lié de nombreux dogmes religieux à ce qui est la base fondamentalement saine et scientifique d'un code moral en tout point satisfaisant. Le nom indien de cette vénérable doctrine est *karma*.

Son essence est la *réaction* psychologique, c'est-à-dire que les pensées habituelles se constituent en tendances, affectant ainsi notre caractère, ces tendances, à leur tour, s'expriment tôt ou tard en actes qui, de même, affectent non seulement les autres personnes mais aussi nous-mêmes par un mystérieux principe de réaction. Le jeu de ce principe implique, en second lieu, la *renaissance* physique, c'est-à-dire la persistance de la pensée dans le domaine de l'Esprit Insconscient, ainsi que, tôt ou tard, la réapparition plus ou moins complète du même « caractère » ou de la même personnalité sur la terre. Le karma crée le besoin d'ajustements et conduit inévitablement à une nouvelle naissance, pour servir d'expansion aux éléments dynamiques qui ont été mis en mouvement. La conséquence de ce principe c'est la *sanction* personnelle, c'est-à-dire que les actes par lesquels nous causons du tort aux autres se réfléchissent inévitablement sur nous-mêmes et nous font du tort, alors que les actes profitables aux autres nous le sont aussi.

Cette doctrine, comme celle du mentalisme, fut découverte par les subtils sages de l'Inde grâce à la puissance révélatrice de la concentration de pensée intense, employée pour aiguiser une intelligence consacrée aux déroutants problèmes de l'inégalité des caractères et de la condition des êtres humains. Ils en vinrent ainsi à discerner l'existence d'un certain rythme sous le flux et le reflux incessants du sort de l'homme.

Il n'existe pas de loi naturelle au sens d'un commandement arbitraire et autoritaire donné par quelque être suprême. L'homme crée une loi dans sa pensée afin de décrire comment se comporte une partie constitutive de la nature. Le karma est une loi parfaitement scientifique. Il s'intègre très exactement dans les trois grandes découvertes dont la vérification et la proclamation au cours du xixe siècle émurent profondément les hommes de pensée par les extraordinaires possibilités qu'elles ouvraient, ainsi que dans deux autres dont le retentissement n'a pas été aussi considérable. Les deux premières de ces découvertes furent celle de l'évolution des formes humaines et animales, et la conservation ou l'indestructibilité de l'énergie. Celle-là fondit les myriades d'espèces que contient la nature dans une sorte de processus continuel d'amélioration, donnant au moins une froide justification à l'atroce immolation de l'individu sur l'autel de sa classe, tandis que celle-ci ramenait les différentes manifestations de l'énergie dans un système unique. Bien que les conceptions modernes aient largement modifié l'explication originelle de la méthode de ces processus, et quoique la raison profonde des deux demeure encore cachée en grande partie, leurs principes fondamentaux n'ont pas été entamés. Le caractère évolutif des grandes modifications de la Nature et la persistance de l'énergie s'adaptent toujours mieux que n'importe quelles autres hypothèses aux faits connus du mouvement universel.

Il faut encore mentionner un troisième enseignement scientifique, celui de l'hérédité. Les caractères du corps charnel se transmettent.

Si nous remontons plus loin dans le temps nous en trouvons un quatrième d'importance. La troisième loi de Newton nous apprend qu'à toute action correspond une réaction qui lui est égale et opposée.

Ce n'est pas tout. Une cinquième découverte scientifique — qui ne peut rester ignorée — établit que la vie est, finalement, unitaire. L'univers constitue une entité simple. Toutes les sciences se touchent en quelque point, aucune ne peut rester complètement autonome. L'unité de l'univers est la loi fondamentale de son existence.

Si nous harmonisons toutes ces théories scientifiques avec le karma nous constatons qu'elles le confirment par analogie. La loi de l'évolution révèle que la vie est la continuation de tout ce qui a précédé. Nous ne sommes que les anneaux d'une très longue chaîne. Nous commençons sous forme de molécule primitive pour finir en homme complet. Nous nous hâtons vers un but invisible parce que nous sentons le besoin d'un achèvement. Nous avons déjà parcouru une bien longue route depuis l'argile planétaire jusqu'à notre être d'aujourd'hui. Mais il nous reste à parcourir une route encore plus longue, car la fin de ce voyage sera la sublime découverte que l'homme n'est pas un simple numéro dans un recensement statistique, non pas la glorification d'un singe de la jungle, mais l'inconsciente parcelle d'une Réalité sacrée et ineffable.

Le principe de la conservation de l'énergie signifie qu'aucune partie de cette énergie ne peut disparaître au cours de ses transformations. De la même manière, les pensées et les actions humaines sont des énergies qui ne peuvent être détruites mais qui reparaissent sous la forme de leurs effets sur les autres et sur nous-mêmes. Ce sont des semences qui poussent par la suite, se manifestant dans le temps et dans l'espace.

Par la doctrine de l'hérédité la science admet que chaque corps a possédé une sorte d'existence avant la naissance. Semblablement, l'esprit doit aussi avoir un antécédent. Les caractères mentaux se transmettent et ne peuvent provenir que d'une existence terrestre antérieure.

La loi de Newton sur l'égalité de l'action et de la réaction reparaît dans le monde moral où le même rapport existe. Tout ce que nous faisons aux autres nous revient sous quelque forme et à quelque instant. La vie nous rend la monnaie de notre pièce. Nos mauvaises actions se paient quelque jour. Les bonnes présagent notre bonne fortune future. Nous recevons ce que nous donnons.

Le caractère unitaire de l'univers doit également inclure la vie humaine. Chaque violation de cette loi par l'homme doit, par réaction et tôt ou tard, amener sa sanction sous la forme de la souffrance ou du trouble. Toute action qui la confirme doit pareillement être récompensée par l'harmonie et le bonheur. En outre, cette même unité individuelle indique que la renaissance est inévitable à cause de la continuité du monde, parce que chaque apparence de vie doit sortir de ce qui a disparu précédemment, parce que le présent ne peut être séparé du passé.

Ainsi la vie humaine, devient, d'une façon générale, une éducation de l'esprit, du caractère, des facultés. Cette éducation s'étend sur de longues périodes dans une série de réincarnations physiques en rapport les unes avec les autres, et dont chacune procure les leçons convenables par les expériences et les réflexions qu'elle engendre. La vie n'est qu'un apprentissage. Chaque incarnation est un enseignement. Prendre un nouveau corps, c'est prendre une nouvelle place à l'école de la vie. Le développement de l'esprit est la véritable biographie d'un homme. Toute l'histoire devient une allégorie. De même que l'éducation première de l'enfant comporte trois éléments : lire, écrire, compter, l'éducation d'un adulte dans la grande école de la vie en comporte également trois : réaction, renaissance, sanction. Mentalement, les luttes de l'existence tendent tout d'abord à développer puis à aiguiser la raison ; moralement, la notion selon laquelle nous récoltons ce que nous avons semé, s'impose lentement à nous ; techniquement, la compétence naît de la médiocrité non instruite et se concentre graduellement le long de certaines lignes pour culminer dans le génie spontané.

La loi du karma est la seule qui explique raisonnablement les malheurs qui affligent une existence et qu'il faut, autrement, accepter comme les fruits amers de la malchance ou les injustices d'une Divinité arbitraire. Sans le karma il faut renoncer à résoudre ces problèmes et les considérer définitivement comme des énigmes. Le bébé qui naît aveugle, l'enfant qui est élevé dans un taudis infect, le jeune homme tourmenté par la faim, qui lutte vainement pour être en mesure de montrer ses talents, la femme dont toute la vie est ruinée par un mariage malheureux, le gagne-pain d'une famille qui passe sous une automobile — voilà des exemples de tragédies qui font ressembler l'existence soit à un effroyable jeu de hasard, soit à l'ingrate manifestation d'un dieu cruel. Mais le karma donne un aspect plus rationnel à ces énigmes en considérant dans ces malheurs le châtiment d'actions mauvaises commises dans la même vie ou dans une incarnation antérieure. Il répond donc à ce profond désir de justice que possède tout cœur humain.

Une interprétation erronée de ce principe place les répercussions des pensées et des actions présentes uniquement après les futures naissances et dans les réincarnations. Il faut bien se convaincre que les conséquences de nos actions peuvent être ressenties dès notre vie actuelle, que la bonne ou la mauvaise conduite au cours d'une incarnation peut déterminer le bonheur ou le malheur de celle-ci, qu'il n'est pas nécessaire d'attendre les existences futures pour recueillir le bénéfice de nos vertus, ou payer pour les torts causés aux autres. Le karma couvre *à la fois* la naissance actuelle et les naissances futures. Sa réaction peut se produire le jour même où une action est commise, ou la même année, ou au cours de la même existence sans attendre une réincarnation. Il existe un rapport assuré entre un acte mauvais et son châtiment inévitable, mais le moment où se manifeste celui-ci reste obscur et varie nécessairement avec chaque individu.

Cette doctrine n'implique cependant pas que toutes nos souffrances soient méritées, car l'humanité est si étroitement liée que nous ne pouvons toujours échapper aux effets des actions mauvaises accomplies par d'autres au contact desquels nous sommes malheureusement amenés. Mais dans ce cas, nous pouvons avoir l'assurance que l'effet compensateur du karma nous procurera quelque avantage que nous n'aurions pas obtenu autrement.

Le karma ne nous condamne donc pas au fatalisme total. Ce n'est seulement qu'une *partie* de la vie. L'élément de liberté reste présent. Il n'y a pas de liberté absolue dans la vie, mais il n'y a pas non plus de fatalité absolue. Le karma nous rend personnellement responsables de nos pensées et de nos actes. Nous ne pouvons rejeter nos mauvaises actions sur d'autres hommes ou sur des dieux.

Nous reprenons nos anciennes tendances à chaque nouvelle naissance dans notre frêle enveloppe charnelle, nous retrouvons de grandes amours et de grandes amitiés, nous avons à faire face à de vieux ennemis, nous souffrons ou jouissons selon nos mérites, et buvons jusqu'à satiété à la coupe de l'expérience de la vie. Mais la satiété oblige à la réflexion qui, à son tour, apporte la sagesse. Quand nous avons parcouru de bas en haut l'échelle des conditions humaines, depuis celle du mendiant en haillons jusqu'à celle du roi couvert de joyaux, nous apprenons au moins à nous y comporter correctement. Quand nous avons été éprouvés, tentés, déçus, quand nous nous sommes brûlé les doigts pour avoir mal agi ou avons recueilli les bénéfices d'une bonne action, nous finissons par comprendre la meilleure façon de nous conduire dans nos rapports avec les autres. Nous sommes tous les produits de notre expérience passée invisible, de notre existence oubliée, c'est-à-dire du temps. Nous ne sommes pas à blâmer pour ce que nous sommes, nous n'y pouvons rien, mais nous sommes à blâmer si nous n'essayons pas de devenir meilleurs. Le temps est donc le maître suprême. Aucun mortel ne peut nous donner les leçons qu'il place sous nos yeux. Il apporte la richesse des expériences les plus variées, il transforme l'erreur en sagesse, la souffrance en paix, la désillusion en discipline, la haine en bonne volonté. Le temps tourne pour nous des pages autrement précieuses que celles des livres, et nous parle plus sagement que n'importe quelles lèvres humaines. Il nous enseigne à tirer des leçons de nos faiblesses et non à pleurer sur elles.

C'est une erreur de placer le karma uniquement sur le plan moral. Il opère également sur le plan intellectuel. Ainsi, un homme de bien aux prises avec un méchant à l'intelligence supérieure peut souffrir pendant un certain temps bien qu'il soit moralement meilleur. Il lui faut apprendre, en effet, à se constituer une personnalité bien équilibrée. De même, de pieuses personnes, affligées d'un excès de sentimentalité, ne comprennent pas que la charité n'est une vertu que si elle faite au bon moment, à la bonne personne, qu'elle devient un vice quand elle s'exerce à tort ou intempestivement. Le karma nous donne l'assurance qu'aucun effort n'est jamais perdu. Nous en supportons les justes conséquences dans cette vie ou dans une autre. Lorsque l'hérédité ne parvient pas à expliquer pourquoi des parents insensés ont un fils intelligent, le karma intervient pour rendre le problème moins insoluble. Nous héritons nos caractères physiques de nos parents mais nos qualités mentales des an-

362   LA VIE PHILOSOPHIQUE

ciennes personnalités que nous avons possédées sur la terre.
Ceci explique pourquoi il y a des enfants déjà adultes par l'esprit et des adultes demeurés au stade de l'enfance. Il met l'ordre
et la justice là où ne régnaient auparavant que le chaos et la
cruauté.

Ceux qui rejettent le karma rejettent ce qui est patent autour d'eux. Leurs propres vies sont inexorablement prédesti-
nées jusqu'à un certain point. La naissance dans une bonne
ou dans une mauvaise famille, la richesse ou la pauvreté dont
ils héritent, la peau blanche ou noire qu'ils possèdent, ils ne
peuvent rien choisir de tout cela, ils n'ont été que les récepteurs
passifs de l'action du karma. Dans une certaine limite, par conséquent, mais pas au delà, le karma rive un anneau d'acier
autour de chaque homme.

D'autres soulèvent la vieille objection que si l'on ne se rappelle pas des vies antérieures on ne peut tirer aucun profit des
joies ou des peines qui en découlent dans la présente. Ils négligent deux points. Premièrement la constitution de l'esprit
lui-même qui présente à notre vue sa double nature consciente
et inconsciente. La connaissance la plus élémentaire de la psychologie nous l'apprend. Quelle partie de l'expérience actuelle
a déjà disparu dans les réserves de l'inconscient ! Le second
point est qu'on ne pourrait avoir la mémoire d'une incarnation
antérieure sans avoir celle des milliers qui l'ont précédée. Qui
pourrait supporter même un seul jour l'ouverture de ces livres
clos de l'expérience humaine ? Qui pourrait tolérer ce film comprenant une myriade d'épouvantales horreurs et une myriade
de joies primitives qui n'en sont plus ? Une telle expérience
aurait de quoi rendre fou. Il faut au contraire remercier la
nature de nous avoir fait ce cadeau de l'oubli comme nous
devons lui être reconnaissants du don du sommeil. Si nous ne
l'avions pas reçu nous serions complètement incapables de nous
concentrer sur le présent.

Le karma, bien compris, ne tue pas l'initiative mais la favo-
rise. Ce que nous voulons puissamment actuellement contribue
à forger notre avenir, quoi que nous ayons fait au cours de notre
passé déjà oublié ou encore en mémoire. En conséquence il
existe toujours un certain degré d'espoir pour chacun. Nous
sommes à la fois les infortunées créatures de notre passé et les
heureux créateurs de notre avenir. Ce que les hommes ne
comprennent pas dans le destin c'est que bien que certains
événements de la vie aient été plus ou moins prédéterminés
par le karma à la naissance, une modification du caractère peut

encore y changer quelque chose dans une certaine mesure. Car le caractère est la semence, la racine de tout le destin. Si nous sommes obligés de nous mouvoir à l'intérieur des limites fixées par la destinée, nous possédons la liberté d'agir à notre guise entre ces limites. La vie juste concilie les deux éléments et les adapte l'un à l'autre.

Il convient sans doute de signaler ici que l'enseignement indien déclare que les dernières pensées d'un mourant se joignent à ses tendances générales et subconscientes pour déterminer les caractères qu'il recevra dans sa réincarnation suivante. Il serait bon que cela soit mieux connu et plus largement utilisé, car nous pouvons ainsi retrouver plus rapidement ceux que nous aimons, imaginer mentalement et obtenir un domaine particulier où nous désirons servir, et le disciple peut ainsi se lier plus étroitement à son maître.

Il y a des moments où il faut lutter contre le destin et d'autres où il faut le supporter. Dans ce dernier cas il est sage de recourir à la technique chinoise du cycle de malchance, exposée par les textes classiques de la Chine. Elle se fonde sur le principe d'une adaptation patiente et bénévole aux épreuves du cycle et sur leur anticipation volontaire. Regardez un jongleur recevoir sur une assiette de porcelaine des œufs qui tombent, sans les casser. Comment opère-t-il ? Au moment de la rencontre entre les deux objets, il imprime un léger mouvement descendant à l'assiette, avec une vitesse correspondant à la vitesse de chute de l'œuf, réduisant ainsi le choc au contact. Examinez encore la technique de boxeurs très entraînés. Quand l'un des deux lance un coup vigoureux l'autre se rejette fréquemment en arrière comme s'il cédait sous le choc. Il diminue ainsi la force du coup. C'est de la même façon qu'il faut subir les coups du karma en sachant nous adapter avec souplesse à l'inévitable, sans nous lancer toutefois dans de nouvelles entreprises au cours d'un cycle malheureux, par exemple.

Ici encore nous pouvons invoquer la confirmation de la science. La théorie des quanta et le principe d'incertitude ont jeté une lumière étonnante sur la physique. Les anciennes conceptions scientifiques étaient favorables à la foi dans le karma, les nouvelles sont favorables à la foi dans le libre-arbitre. Les anciennes se basaient sur une structure du monde saisie dans l'étau de fer de la loi naturelle. Le déterminisme et le fatalisme étaient les conséquences inéluctables d'un tel univers. La science récente a abandonné cette rigidité et pénétré dans l'étrange spontanéité de la vie sous-atomique. Ses découvertes complètent le cercle. La vérité est que l'univers a la liberté en son centre mais la fatalité à sa circonférence, en sorte que l'homme est une créature des *deux* influences.

Voici ce qu'il faut en retenir pratiquement : la teneur dominante de vos pensées et de votre volonté contribue à modifier, en temps voulu, la condition principale de votre situation. Corrigez vos erreurs mentales et morales et cette correction tendra à se manifester par une amélioration du caractère et de l'environnement. C'est dans une mesure considérable que l'homme peut édifier et modifier cet environnement, construire l'histoire de sa vie, modeler sa propre condition par le seul pouvoir de sa pensée, car la destinée, *finalement*, est méritée par l'individu et faite par son esprit. Le karma explique comment et la doctrine du mentalisme indique pourquoi il en est ainsi.

Enfin, nous devons apprendre par la pratique du yoga et par la réflexion philosophique à conserver notre sérénité. Les épreuves viendront mais elles s'en iront de façon analogue. Le même pouvoir qui les avait fait paraître, les fera disparaître. La fortune est une roue en mouvement. En attendant, l'esprit doit demeurer fermement ancré là où il doit être : dans la vérité et non dans l'erreur.

Bien que le karma soit une loi scientifique, les religions asiatiques de même que le paganisme de l'Europe primitive se l'approprièrent. Sans ce qui paraît être un accident de l'histoire, il aurait également pu faire partie des principes du christianisme moderne, car il vécut dans la foi chrétienne encore cinq cents ans après Jésus. Le concile de Constantinople l'exclut à cette époque, de l'enseignement chrétien, non pas parce qu'il entrait en conflit avec la morale du Christ (n'est-il pas en parfaite harmonie avec la déclaration du Maître lui-même : Vous récolterez ce que vous avez semé ?), non pas parce qu'il blessait l'intégrité du Christianisme (où trouver une meilleure plaidoirie en sa faveur que dans les écrits du grand patriarche Origène ?), mais parce qu'il entrait en conflit avec les mesquins préjugés personnels des membres du concile. Ainsi un petit groupe d'hommes insensés, réunis sur les bords de la mer de Marmara, 550 ans après l'apparition de Jésus sur la terre, se permirent de proscrire un principe chrétien qui ne leur plaisait pas personnellement. Ils ont spolié l'Occident d'une croyance religieuse qui, aujourd'hui, la roue de l'Histoire ayant tourné, doit être reprise par le monde moderne pour la vérité scientifique qu'elle est en réalité.

Le devoir de ceux qui gouvernent les nations, qui guident

la pensée, qui déterminent l'enseignement et qui mènent les religions, est de procéder à cette restauration (1). La vérité le commande dans tous les cas, mais le salut et la survivance de la civilisation occidentale le réclament impérieusement. Quand les hommes sauront qu'ils ne peuvent échapper aux conséquences de ce qu'ils sont et de ce qu'ils font, ils deviendront plus attentifs à leur conduite, plus prudents dans leurs pensées. Quand ils comprendront que la haine est comme un boomerang qui blesse non seulement celui qui est haï mais celui qui hait, ils hésiteront fortement avant de céder à ce qui est le pire de tous les péchés humains. Quand ils auront conscience que leur vie, dans cet univers, doit être une évolution vers une compréhension intelligente, ils classeront correctement leurs valeurs physiques, morales et mentales. De cette compréhension découlera naturellement une vie morale saine. L'Occident a le grand et urgent besoin d'accepter le karma et la réincarnation parce qu'ils donnent, plus ǀque n'importe quels dogmes irrationnels ou incohérents, la conscience de leur responsabilité morale aux individus et aux nations. La connaissance scientifique moderne peut facilement intégrer ces doctrines dans le cadre de son savoir pourvu qu'elles soient convenablement présentées, car elles seules expliquent comment le Hottentot primitif peut se transformer en un Hegel à l'esprit subtil.

Nous vivons dans une tour de Babel extraordinairement discordante. Presque tous les hommes ont quelque chose à dire, ils le crient de toutes leurs forces et cependant bien peu parviennent à faire entendre des paroles valant la peine d'être écoutées parce que bien peu nous disent pourquoi nous sommes sur la terre. D'où la nécessité de répandre largement la doctrine du karma.

Le bonheur du monde. — Nous n'avons parlé du karma, jusqu'ici, que du point de vue scientifique et pratique. Ce que la philosophie cachée a également à dire à cet égard jette une lumière complètement différente sur la question mais c'est encore un sujet réservé. En fait nous avons momentanément délaissé le philosophe pour nous occuper des besoins beaucoup plus urgents des masses non philosophiques, contaminées par le ferment interrogateur de notre époque. Notre étude du mentalisme nous ayant montré que la substance première de ce monde

(1) Le Rév. Sigurgeir Sigurdsson, évêque d'Islande et ami personnel de l'auteur, en a courageusement fait l'expérience. Les résultats ont été remarquablement brillants parmi la génération la plus jeune, qui y a répondu avec enthousiasme.

étant la pensée, que la matière n'était elle-même que l'esprit, nous pouvons concéder à l'esprit une permanence dans l'actualité et l'universalité dont nous refusons normalement de le doter. Nous devons également admettre, du fait que la vie entière de l'homme est purement mentale, que ses pensées peuvent s'évanouir dans les profondeurs de l'inconscient sans être perdues pour cela. L'esprit, en effet, ne cesse de reprendre ses constructions, sans se laisser restreindre par le temps ou par l'espace, ceux-ci étant également des constructions de son cru. Les courants d'idées individuels peuvent donc reparaître ou réagir les uns sur les autres à travers de longs intervalles de temps et de vastes espaces. La doctrine du karma peut trouver ainsi une justification par le mentalisme.

Mais le philosophe découvre une base encore plus haute pour sa morale personnelle et sociale quand il atteint la vérité et la réalité. Pour le comprendre il faut anticiper un peu dans notre étude et considérer pour un moment que la paix extatique ressentie par l'artiste durant la création, n'est pas différente de de celle que reçoit le mystique. Nous avons montré que c'était dû en grande partie à ce qu'ils s'affranchissaient temporairement de leur moi. Ce moi supporte un lourd fardeau, que celui-ci soit fait de terribles épreuves ou de joies. Peu de gens savent que l'oubli de soi-même est la porte conduisant à un bonheur plus grand. C'est un idéal que la philosophie, après avoir vérifié tous les faits, considère comme une de ses conclusions rationnelles. On découvre aussi qu'un fil secret relie l'homme à l'homme, la créature à la créature, et que la constitution cachée du monde est si indivisible que quiconque se croit capable d'assurer son propre bonheur sans se soucier de ce qui arrive aux autres, est voué à tout jamais aux désillusions les plus amères. Tant que le *moi* et le *toi* resteront séparés par un fossé aussi large et aussi profond, le *moi* et le *toi* seront condamnés à souffrir. En outre, l'une des conséquences philosophiques du principe de la relativité est qu'aucune chose dans l'univers tout entier n'est complètement isolée de toutes les autres, que rien n'est complètement autonome. Un réseau d'interrelations couvre le monde. L'interdépendance des sociétés modernes — avec leurs rapports économiques, politiques, et sociaux d'un bout de la terre à l'autre — suffit pour le démontrer. Il n'existe pas un seul homme d'instruction moyenne, sur tout le globe, qui ne soit aujourd'hui plus au courant des affaires internationales que ne l'était l'homme d'éducation supérieure avant 1914. C'est un signe manifeste de cette interdépendance.

La philosophie prêche le contrôle de soi-même et préconise le service de l'humanité non parce que cela peut être bon pour le prochain ou bon pour le philosophe lui-même, mais parce que c'est bon pour les *deux*. Elle voit l'homme sous l'angle de la société tout entière. Elle enseigne et prouve que tout individu ne peut atteindre qu'un bonheur illusoire tant que les autres sont malheureux. La vieille conception selon laquelle le philosophe restait indifférent aux faits de chaque jour, est périmée. Il s'y intéresse, car il s'intéresse au bonheur de tous ses prochains, mais il ne leur permet pas de troubler son jugement ou de menacer sa sérénité, car il conserve constamment son calme philosophique et sa raison impartiale.

Le haut privilège de se voir accorder cette sagesse confère automatiquement de nouveaux devoirs, le philosophe se doit de pratiquer la plus haute de toutes les morales. En découvrant l'unité finale des choses et des êtres, en naissant à nouveau, comme l'a dit Jésus, en comprenant que le « Moi suprême » (1) dont il alors conscience, est semblable à celui de toutes les autres créatures vivantes, il est contraint de constater que le bonheur du monde équivaut au sien propre. Dans son cœur, il sera dès lors au service du TOUT et non plus de son moi individuel. Ses actes doivent non seulement le satisfaire lui-même mais être profitables à autrui, ils doivent constamment poursuivre ce double but. C'est pourquoi le véritable sage ne peut se transformer en ermite.

Ce sage découvrira que la Règle d'Or : faire aux autres ce que nous voudrions qu'ils fissent à nous-mêmes, est la plus haute morale qu'une religion ait jamais enseignée, qu'aucune expérience n'en a jamais suggéré de plus raisonnable. Dans la conduite de sa vie, cette maxime de Jésus et de Krichna, de Confucius et du Bouddha, aidera plus que n'importe quelle autre l'homme à marcher sur les chemins raboteux et escarpés de l'existence. C'est une règle au jeu très sûr, applicable à tous les hommes, à tous les moments, dans toutes les circonstances. Elle vaut aussi bien pour des Orientaux à la peau brune que pour des Occidentaux à la peau blanche, pour des parias en haillons que pour des milliardaires bien vêtus, et son importance est hors de toute proportion avec sa simplicité. Car nous sommes tous les enfants de la Vie Infinie et unique, les membres de la même famille humaine. Agissons donc noblement, géné-

(1) Ce terme forgé par l'auteur est déjà familier aux lecteurs de ses autres ouvrages. Il veut signifier la réalité ultime à la fois de l'homme et de l'univers.

reusement, charitablement chaque fois que nous le pourrons et non mesquinement, égoïstement ou cruellement, afin que le karma nous soit favorable.

Peut-être se demandera-t-on pourquoi l'homme qui applique cette règle envers ses prochains, a besoin d'apprendre ou de définir la vérité ? C'est parce que, premièrement, il ne *saurait* pas que c'est la vérité, il pourrait donc changer ses dispositions, cesser d'être moral. Il agit selon des sentiments qui, comme on sait, sont essentiellement changeants. Deuxièmement, les affaires humaines sont extraordinairement compliquées, et le mal et le bien y sont parfois curieusement entremêlés. Troisièmement, la philosophie apporte seule la garantie d'une vie morale et altruiste entièrement fondée sur la raison et ne conduisant ni à l'égoïsme ni à la perversité.

Lorsque le Bouddha enseignait la compassion ce n'était pas sur la base du simple sentiment mais d'une connaissance profonde. L'homme qui abandonna une femme aimante et un palais de marbre pour rechercher des choses aussi intangibles que la paix et la vérité, n'était pas un sentimental.

Ce serait cependant une profonde erreur de croire, comme on le fait habituellement, que si le Bouddha prêchait aussi la doctrine de la non violence (rendue célèbre par Gandhi à notre époque) il l'étendait à tous les hommes. Elle ne valait, dans son esprit, que pour les moines et les ascètes qui ont renoncé aux responsabilités du monde. Comme tous les vrais sages il savait qu'il n'existe pas de code de morale universel, qu'il existe des degrés dans le devoir, des stades dans la moralité. Aussi lorsque le général Simha l'interrogea sur ce point, désireux de savoir s'il lui fallait abandonner son métier de soldat, le Bouddha lui répondit : « Celui qui mérite d'être châtié doit l'être. Quiconque doit être puni pour les crimes qu'il a commis, subit son châtiment non pas à cause d'un mauvais vouloir du juge mais à cause de ses mauvaises actions elles-mêmes. Le Bouddha n'enseigne pas que ceux qui font la guerre pour une juste cause après avoir épuisé tous les moyens de sauvegarder la paix, sont à blâmer. Seul est à blâmer celui qui est à l'origine véritable de la guerre. Le Bouddha enseigne de renoncer complètement au moi, mais non pas de céder quoi que ce soit aux puissances du mal. »

Nous n'avons cité ces paroles que parce qu'elles expriment exactement le point de vue de l'enseignement caché sur cette même question. Il n'est pas niable que les moines et les mystiques ne doivent en aucun cas prendre la vie des autres mais bien au contraire, comme des martyrs, offrir la leur à la place, et ne causer aucun tort aux autres pas même sous la forme d'un châtiment. Gandhi, par conséquent, par sa doctrine de la non violence, représentait ce qu'il y a de meilleur dans le mysticisme indien, mais on se tromperait gravement en le considérant comme le représentant de la philosophie indienne la plus élevée. Celle-ci n'enseigne pas la morale d'un irréalisme émotif mais celle d'une action raisonnée au service de l'humanité. Elle est forte alors que l'autre est sentimentale.

La fameuse injonction de Jésus de ne pas résister au mal doit être interprétée de la même façon. Elle doit être suivie à la lettre par les mystiques et les ascètes mais intelligemment par les sages. Car si ces derniers connaissent leur identité avec les voleurs et les criminels, cela ne les empêche pas de se protéger eux-mêmes et les autres contre le vol et le crime, ni de punir ceux qui agissent mal à condition, comme le souligne encore le Bouddha, qu'ils le fassent sans haine. Car alors, enseigne le grand maître asiatique, « le criminel peut apprendre à considérer son châtiment comme la conséquence de son acte et dès qu'il arrivera honnêtement à cette connaissance, ce châtiment purifiera son âme, il ne se plaindra plus de son sort mais s'en réjouira ».

Le mysticisme qui fait d'un homme le spectateur passif d'une injustice flagrante ou d'un meurtre, l'ascétisme qui lui fait tolérer le mal commis en sa présence sous prétexte qu'il a renoncé au monde, ne représentent pas la véritable sagesse de l'Inde. Le philosophe ne peut se dérober quand les victimes d'une agression appellent à l'aide, son devoir est de les secourir, en employant la force si c'est nécessaire. Une doctrine qui prêche une inertie léthargique ou la non violence amorphe en face de violations flagrantes de la justice et de la bonté, est complètement inacceptable pour la philosophie. Cette incompréhension de l'enseignement des anciens sages, cette faiblesse du cœur et de l'esprit n'ont pas été favorables à l'Inde, bien au contraire. Le mystique qui se refuse à punir parce qu'il se refuse à causer de la souffrance, n'est guidé que par l'émotion. Le philosophe, qui ne s'effraie pas de le faire quand c'est nécessaire, sait que la souffrance est pour l'homme la meilleure façon d'apprendre, que ce qu'il ne veut pas connaître par la raison il doit le connaître par l'épreuve. Celui qui ne veut pas penser doit souffrir. Ce qu'il pourrait apercevoir en quelques minutes par la réflexion lui sera inculqué par des années de peine. Il faut frapper beaucoup de coups sur la tête d'un homme rien que pour y faire pénétrer une seule idée. Il lui faut apprendre par l'angoisse personnelle ce qu'il refuse d'apprendre par la raison. La douleur lui enseignera ce qu'il ne veut pas accepter de la philosophie par persuasion. Car le mystique désire ne pas être troublé et ne troubler personne, alors que le philosophe désire être altruiste et servir le bien de tous.

Néanmoins, le philosophe sert l'humanité à sa manière et non à la manière de celle-ci. Elle sait seulement ce qu'elle désire, lui sait ce dont elle a besoin. Il l'aide sagement, c'est-à-dire qu'il ne se conduit pas sentimentalement. Le cœur et la tête doivent se justifier mutuellement. Il préfère remonter tranquillement à la source et venir en aide à quelques-uns par lesquels il pourra venir en aide à la masse. Il économise ainsi du temps, des ressources et de l'énergie et, finalement, rend infiniment plus de services que s'il se consacrait aux individus.

Aux moments où nous sommes le plus francs envers nous-mêmes nous découvrons que nous n'avons jamais été réellement altruistes mais que nous avons recherché une satisfaction personnelle plus ou moins subtile dans tous nos actes. Le désintéressement total n'est pas naturel. Nous considérons tous la vie à travers notre moi. « Pourquoi ferais-je du bien aux autres ? » peut-on se demander très naturellement. La philosophie répond : « Parce que secrètement, finalement, l'humanité ne constitue qu'une seule famille. Parce que la pleine conscience de ce fait est le but suprême de toute l'évolution humaine. Parce que la vie est beaucoup plus sainte que ne l'imaginent les personnes pieuses. Parce que cette réalité inconnue que les hommes, dans leur ignorance, appellent Dieu et que nous pouvons plus justement appeler le « Moi suprême » est à la fois notre moi secret et le moi secret du monde. En comprenant cette unité de conscience on comprend simultanément que le devoir du fort est d'aider le faible, de l'avancé d'assister l'arriéré, du saint de guider le pécheur, du riche d'alléger le fardeau du déshérité, du sage d'éclairer l'ignorant. » Et du fait que l'ignorance est à la base de tout le mal, le Bouddha enseignait qu' « expliquer et répandre la vérité constitue la charité suprême ».

La plupart d'entre nous doivent travailler à quelque chose que cela nous plaise ou non, que nous soyons ou non des philosophes. La philosophie n'y change rien mais elle peut modifier le but ultime pour lequel nous travaillons. Ce peut être simplement pour assurer notre subsistance, ce peut être pour nous faire une vie vraiment digne. Pour la plus grande partie des gens la vie consiste en quelques plaisirs et en beaucoup plus d'épreuves. Ils pensent et agissent cependant comme si elle consistait en quelques épreuves et en beaucoup plus de plaisirs. Il faut amener les hommes à réfléchir sur la valeur de ce qu'ils désirent obtenir de la vie. Veulent-ils seulement gagner leur pain ? Veulent-ils s'amuser ? Veulent-ils connaître la vérité sur la signification du monde et le but de l'existence ? Ils peuvent avoir tout ensemble parce que rien n'est contradictoire, à condition qu'ils sachent toujours conserver le sens des proportions et l'équilibre qui convient. Les possibilités sont extrêmement vastes d'une vie gouvernée par la règle philosophique, animée par le désir désintéressé d'améliorer son coin particulier du monde, inspirée par la connaissance du pouvoir de la concentration de pensée, guidée par la pleine lumière de la sagesse à la fois neuve et antique, occidentale et orientale. Des hommes, beaucoup moins bien armés, ont étonné le monde moderne par ce qu'ils ont accompli dans le bien ou dans le mal ; n'existe-t-il donc pas quelques êtres assez courageux pour jouer leur propre vie en vue de réaliser une destinée qui peut enrichir leur âge et être profitable aux autres, assez sages pour renoncer à cette existence mesquine et égoïste dont la fin n'est que la tombe glacée ? La vérité ne peut-elle trouver quelques amis pour la servir et lui consacrer leur vie ? Qui peut s'affranchir assez de lui-même et étendre assez loin ses mains pour saisir ce grand paradoxe ?

La crise mondiale du point de vue philosophique. — Si l'appel adressé aux hommes animés de la volonté d'être utiles non seulement à eux-mêmes mais à l'humanité tout entière résonne silencieusement et éternellement aux oreilles de ceux qui comprennent la signification véritable de la vie, il a pris à notre époque une force centuple. Jamais encore dans l'histoire du monde la misère et l'ignorance n'ont été aussi répandues. Le monde a infiniment plus besoin d'être éclairé qu'aux temps de Jésus et du Bouddha, ces grandes figures qui traversent les siècles dans une splendeur d'aurore. L'époque moderne a été à la fois la plus agréable et la plus misérable de toutes. Elle fut engendrée par Mammon, allaitée par l'incompréhension du but de la vie, voiturée dans une confortable automobile. Elle a commencé parmi les merveilleuses promesses de la science mais s'est poursuivie par les déceptions et les désillusions. Elle sombre dans une lugubre décrépitude des idéaux.

Nous avancions à une allure si vertigineuse que nous croyions faussement à la rapidité et à la réalité du progrès. Nous avons maintenant compris notre erreur. Le jour des constatations implacables s'est levé. Car notre progrès n'était que partiel. Il était surtout technologique, non pas téléologique. Lorsque les hommes cristallisent leurs façons de penser, leurs modes de vie, leurs conceptions générales, selon des lignes matérialistes, ils deviennent inconscients du danger moral, du gaspillage de la précieuse opportunité de l'incarnation. Seul un puissant choc venant de l'extérieur peut les ramener à la conscience de la futilité, de la vanité d'une telle vie. Ce choc s'est produit sous la forme des deux guerres mondiales et des cauchemars nationaux.

Le karma est constamment à l'œuvre dans l'histoire de toutes les nations et de tous les individus. Il n'opère pas uniquement parmi ces derniers, il peut prendre une forme collective et opérer parmi des groupes tels que les familles, les tribus, les peuples entiers. Mais leur destin est créé par eux. Il ne leur est imposé par aucune puissance extérieure. Le bonheur ou le malheur d'un pays n'est pas uniquement dû à la compétence ou à la sottise de ceux qui le gouvernent. Il réfléchit en partie la compétence ou la sottise du peuple lui-même. Il ne faut jamais oublier que le peuple et les dirigeants d'un pays contribuent ensemble, dans le passé comme dans le présent, à créer, souvent inconsciemment, les causes et les circonstances qui culminent dans les grandes crises nationales. Tant qu'ils ne changeront pas leurs façons de penser, ils se retrouveront devant des conflits, avec les souffrances que ceux-ci entraînent.

Ceux qui, d'eux-mêmes ou du fait des circonstances, se trouvent en situation de diriger, contrôler et influencer les peuples, ont le devoir absolu de s'en rendre dignes. Aussi longtemps que la confusion règne dans leur esprit, tant qu'ils restent incapables de se placer au point de vue de la postérité pour regarder notre époque à travers le télescope du temps, il leur est impossible de guider ou de gouverner les autres correctement. La connaissance de la philosophie, l'étude de ses pensées libératrices, les aideront à le faire.

Ce sont de dures paroles mais l'éclatement des bombes, le déchaînement des fléaux, ont commencé à dissiper les illusions des hommes, à réduire en poussière les mensonges dans lesquels ils vivaient. La crise mondiale fait naître le pessimisme de la déception, jette dans les têtes les ferments du mécontentement. Il est bon de se rappeler que la philosophie fit son apparition en Grèce à une époque où, selon les mots de Socrate, rien ne semblait possible que se coucher derrière un mur pour attendre que l'ouragan fût passé.

Ce sont les façons de penser erronées qui ont perdu et ruiné l'Europe. C'est la juste façon de penser qui la sauvera. Sa situation actuelle est seulement l'expression de ce que le sentiment concentré et effréné — pour le bien ou pour le mal — peut produire.

Les antipathies raciales, les antagonismes économiques, les haines nationales, les horreurs militaristes de notre malheureuse planète témoignent effroyablement que nous avons oublié la grande tâche pour laquelle nous sommes sur la terre : arriver au cours de notre vie individuelle à découvrir quelque chose de ce qu'est sa réalité fondamentale, dissiper l'ancienne illusion selon laquelle l'ego est notre seul moi, notre corps notre seule existence. Nous pourrions nous attrister au spectacle de cette humanité insensée, préoccupée de tous les soucis sauf de celuilà qui est fondamental, si nous ne savions que la souffrance est elle-même le grand maître. Le monde a parcouru sa *Via dolorosa* et appris d'amères vérités en abattant ce qu'il avait construit dans son esprit abusé. Une grande guerre concentre l'expérience de plusieurs dizaines d'années en une seule, amenant, par la force, des changements dans les hommes et dans leur esprit, dans la société et dans ses régimes. Le malheur apporte la sagesse et pousse les peuples dans la voie où ils auraient dû s'engager librement. Leurs souffrances et leurs déceptions engendrent donc la sagesse. La guerre les arrache à leur contentement de soi-même, tue leurs faiblesses, agit comme un cruel correctif. Les grands conflits qui nous précipitent dans la détresse, provoquent aussi un éveil mental. Le chaos et la guerre engendrent par compensation de nouvelles idées. Les révolutions historiques jouent ordinairement le rôle d'un prélude aux révélations spirituelles. C'est une erreur de considérer toujours l'adversité comme un adversaire, elle peut quelquefois être une amie déguisée.

Il est vrai que l'étude théorique de la philosophie ne fleurit pas pendant les grandes crises, mais sa pratique demeure. Ses disciples recueillent alors les bénéfices de leur compréhension plus développée, ils peuvent rester sereins, imperturbables sous les épreuves, montrer la sûreté de leur décision et de leur jugement quand ils parviennent à des postes de responsabilité, leur pensée se retranche alors dans une citadelle de paix intérieure, tandis que leurs corps agissent énergiquement et sans peur parmi les effroyables difficultés extérieures.

Nous perdons notre assurance quand éclate une guerre, nous commençons à voir que la vie est essentiellement transitoire, affligée par les déceptions et les peines. En temps ordinaire les gens ne remarquent pas cette instabilité de l'existence, ne voient pas que tout se transforme ou s'évanouit continuellement. Mais l'époque contemporaine — avec la rapidité de son déroulement, ses brutales surprises — a mis ces faits en évidence. Une telle souffrance est instructive, elle provoque des pensées qui ne nous seraient jamais venues autrement. Elle nous démontre l'instabilité de l'existence purement sensuelle, le caractère successif de la vie personnelle, élargissant ainsi nos conception étroites et égoïstes, les purifiant par l'effort de chercher quelque chose de stable, d'immuable, d'éternel. Cet effort ne peut aboutir que dans la poursuite d'une réalité différente de celle d'une existence purement matérielle. En devenant conscients de notre faiblesse nous commençons à rechercher une source plus fraîche de force intérieure. En constatant que nous sommes incapables d'ordonner correctement notre vie nous entreprenons de découvrir sa signification. En nous apercevant que nous avons été déçus par des apparences nous nous disposons à apprendre quelque chose au sujet de la réalité.

La guerre nous enseigne de la plus cruelle manière combien tout est transitoire, demandons-nous donc ce que cela signifie. Où sont la jolie maison écrasée par une bombe, l'enfant chéri massacré, la modeste fortune évanouie ? Que sont-ils aujourd'hui ? Uniquement des souvenirs qui paraissent des rêves. Mais que sont les souvenirs ? Des constructions mentales, c'est-à-dire des pensées ! Que seront ces choses dans le futur ? Des pensées ! Si nous avons donc le courage de parcourir complètement le cercle nous sommes obligés de conclure que ce qui est purement mental à la fois dans le passé et dans l'avenir doit avoir été également mental dans ce qui tient à la fois de l'un et de l'autre, c'est-à-dire dans le présent. Les vicissitudes de la vie enseignent ainsi le mentalisme aux gens les plus ordinaires.

Nous pouvons demeurer plus calmes, plus sereins au milieu des épouvantes de notre temps, si nous conservons la vérité du mentalisme, si nous considérons ces épouvantes comme des expériences dont la substance est finalement aussi mentale que celle des rêves. De même que ceux qui souffrent de cauchemars, souffrent plus encore s'ils croient à la réalité de ceux-ci mais moins s'ils peuvent avoir conscience qu'ils rêvent, nous pouvons de même adoucir nos épreuves physiques en restant éveillés à la vérité que ce sont seulement des idées que nous ressentons et qu'elles disparaîtront comme elles sont venues.

Le philosophe est plus que n'importe qui en mesure d'indiquer la bonne route aux autres alors qu'ils sont tous déconcertés, que le monde entier se trouve à un croisement.

Il y a toujours une voie de libération.

C'est la voie du repentir et du retour.

Rien ne paraît plus simple et pourtant rien n'est aussi difficile. Il n'y a pas d'autre voie. Celle de la souffrance non tempérée est encore bien plus pénible à parcourir.

Il n'est cependant pas faux que la nuit soit plus sombre avant l'aube. Nous avons traversé une période inoubliable. L'histoire est en train de se faire avec tous ses drames terribles, avec tout son tragique intérêt. Car notre âge n'est qu'une transition. Il est unique en ce qu'il prépare la voie à une renaissance unique. Nous aurons à réparer les dommages de la guerre. Il faut apprendre à affronter les temps difficiles avec des idées meilleures. Il faut lutter pour une nouvelle ère d'une universalité sincère. Nous avons à déchiffrer l'énigme de l'avenir avec des lettres tirées de l'alphabet du présent. Il faut comprendre les mouvements décelés par l'Histoire et en suivre la logique de fer. C'est à nous de tirer la leçon des siècles révolus pour notre profit matériel et notre orientation morale.

La leçon primordiale est que nous vivons à la fin d'un cycle où le karma est en train d'arrêter les comptes des nations, de régler des arriérés. Nous assistons à la disparition d'une ère. Le cercle est fermé. Le monde ancien s'écroule. Cette transition doit nécessairement être remplie de conceptions confuses, de convulsions, de conflits d'idéaux, de sentiments révoltés, de fanatismes.

La seconde leçon plus facile à saisir, est qu'un processus au déroulement extraordinairement rapide s'effectue sous nos yeux, d'une nature que personne n'avait encore jamais vue. La conséquence pratique est que si la société doit être stable elle doit être également souple. Un fossile aussi est stable, mais il n'est pas souple. L'enseignement fourni par le spectacle de pays comme la Chine montre que la souffrance naît quand on ignore la loi de l'évolution. Le dualisme entre ces deux forces, stabilité et évolution, persistera toujours mais on doit constamment pratiquer l'art de les concilier. Dans des périodes comme la nôtre, l'accent doit être placé sur l'évolution.

Cela ne veut pas dire que nous préconisons des révolutions soudaines et violentes. La révolution, dans sa brutalité est génératrice de déséquilibres émotionnels et d'aberrations intellectuelles. Chacune d'elles fait naître la croyance mystique à l'avènement d'un Messie, espoir qui ne s'est jamais réalisé historiquement. Quiconque utilise des méthodes mauvaises ruine les buts les plus élevés. Quiconque abuse de la liberté réclame

la contrainte, car il abrège la période d'adolescence de l'humanité
en essayant d'aller trop vite, communiquant à la société un
redoutable virus psychologique, celui de la haine.

D'un autre côté quiconque ne sait pas s'adapter à l'esprit
de l'époque — c'est une rénovation iconoclaste progressant avec
une grande rapidité — et y résiste stupidement, s'expose aux
plus graves périls.

Il y a bien des façons de réaliser le progrès social. On peut
attaquer violemment son prochain, c'est la façon révolutionnaire. On peut aussi le persuader de considérer d'une manière
plus rationnelle, moins égoïste, les problèmes sociaux, c'est la
façon raisonnable. Mais, dans un cas comme dans l'autre on
peut être conduit par la même conception d'un monde meilleur.
Les deux tendances sont néanmoins antagonistes et doivent
fatalement entrer en conflit. Les hommes peuvent parfaitement,
en tous lieux, parvenir à une existence plus belle. Il suffit, pour
cela, de prendre une attitude constructive de collaboration
altruiste. Quand elle fait défaut, quand les hommes tiennent
à entrer en conflit avec les intentions du destin, on voit inévitablement surgir les misères d'une lutte inutile. Les hommes
doivent donc s'adapter d'eux-mêmes à ces changements irré-
sistibles ou souffrir de leur sottise. Il est dangereux et faux de
s'obstiner à révérer des valeurs appartenant à un passé disparu.
Ceux qui détiennent l'autorité doivent comprendre que des
forces iconoclastes sont à l'œuvre pour abroger les lois antiques,
que des idées nouvelles sont en fermentation, qu'on réclame
d'eux des vues nouvelles, nobles et généreuses. Ne nous lamen-
tons pas sur la disparition de ce qui a fini son temps. Il est impossible d'endiguer la marée impérieuse et grondante du XXe
siècle. Il faut céder devant elle mais ne pas lui permettre de
détruire ce qui est digne de subsister. La hardiesse de la pensée,
alliée au courage dans l'action, ouvrira d'immenses possibilités.
Envisageons l'intégration des idéaux les plus élevés de l'Orient
et de l'Occident, la réunion de deux courants de découverte,
l'un venant de la plus haute antiquité et l'autre de la science
la plus moderne.

Mais conservons en attendant toute notre rectitude de jugement. Nous commettrions une terrible erreur en abandonnant
l'héritage culturel de la religion, du mysticisme, de la philosophie, de la morale, de l'intuition qui nous vient de nos ancêtres.
Ce serait renoncer aux plus précieux éléments de l'existence
humaine. Simplifions et purifions seulement cet héritage si nous
le désirons. Séparons les doctrines saines des croyances su-

perstitieuses. N'oublions jamais que la vie devient cendre et poussière quand elle ne contient ni la sérénité intérieure de la morale, ni le soutien de la vérité dont notre époque tourmentée a plus besoin que n'importe quelle autre.

Ne pouvons-nous voir dans la terrible situation des victimes de l'affliction mondiale un ascétisme forcé, une renonciation involontaire, l'abandon obligatoire de tous les désirs ? Ne pouvons-nous considérer l'appauvrissement soudain de capitales d'empire jadis si riches, telles que Londres et Paris, comme une mortification imposée, l'obligation de se vêtir d'un sac et de se couvrir de cendres ? Ne pouvons-nous penser que si des millions de gens ont été réduits à la mendicité, la seule signification possible est que l'humanité, contre son gré, passe par une période de purification d'une ampleur encore inconnue dans l'Histoire ? Ne pouvons-nous imaginer que la catastrophe financière de 1929, qui engloutit en un instant les économies de millions d'Américains, est de même nature ? Ne nous a-t-on pas enseigné à tous que la terre n'était qu'un passage et non une demeure éternelle ? N'est-il pas évident que ce que le sage apprend par une réflexion profonde et un oubli volontaire de soi, le paysan et le citadin sont en train de l'apprendre par les plus terribles malheurs et les pertes les plus directes, à savoir que rien ne peut devenir le centre de notre être *tout entier* sauf les aspirations vers la vérité, la signification de la vie, la réalité — le royaume des cieux annoncé par Jésus — qui sont toutes au-dedans de nous ? Le sage a cherché et trouvé son bonheur fondamental dans l'Esprit qui est sa propriété inaliénable, dont aucune catastrophe ne peut le dépouiller. Nous constatons de toute part que l'humanité est poussée aveuglément à chercher dans la même direction parce que tout le reste a échoué. Cela ne signifie pas que la richesse doive être ascétiquement repoussée du pied, qu'il faille se débarrasser de tous ses biens et ne parler de l'argent qu'avec une horreur hypocrite. Une telle attitude ne convient qu'au moine, pas au sage. Nous pouvons augmenter notre richesse, posséder des biens, apprécier l'utilité de l'argent, de l'amour, de la famille, des amis, mais si nous permettons à tout cela d'absorber notre esprit, d'accaparer notre temps, au point de n'avoir plus d'esprit ni de temps à consacrer à la recherche de la vérité pour laquelle nous sommes ici-bas, cela devient une calamité déguisée, une source de souffrances latentes.

Nous n'avons pas besoin de la guerre pour confesser notre esprit et purifier notre cœur ; la vie, avec son panorama de la pensée et de l'action toujours changeant, ses incessantes luttes

personnelles, peut parfaitement nous aider à le faire. Mais
souvent la guerre constitue la crise visible du conflit cosmique
entre les tendances altruistes et égoïstes des conceptions de
l'homme, entre ce qui tend vers l'unité et ce qui cherche à provoquer la désintégration. Dans l'intervalle, l'humanité accé-
dera à une conception de plus en plus élevée de ce qui constitue
le mal, abandonnant ses œillères et ses brutalités anciennes avec
une honte sans cesse plus profonde. Les horreurs de la guerre
sanglante disparaîtront, les soldats quitteront leur casque d'acier
quand la bête humaine sera domptée, mais nous aurons à la
place un conflit des esprits. La lutte durera autant que la terre,
cependant, graduellement, elle se raffinera, se purifiera, se dé-
barrassera de toute sa brutalité physique. Il faut donc admettre
avec Socrate : « Le mal, ô Glaucon, ne disparaîtra pas de la
terre. Comment le pourrait-il si c'est le nom de l'imperfection
dont la défaite donne leur valeur aux êtres parfaits ? » et avec
le Bouddha : « La lutte doit exister, car la vie tout entière
n'est qu'une lutte d'un genre ou de l'autre. » Toutefois le Bouddha signalait aussi que le conflit de la vie ne se livrait pas en
réalité entre le bien et le mal, mais entre la connaissance et
l'ignorance. Rappelons-nous que les sages refusent de reconnaître
au mal une existence autonome, qu'ils le considèrent seulement
comme un aspect limité et transitoire de l'existence. Notre
tâche consiste à tirer la sagesse de *toutes* les expériences, de la
souffrance comme du plaisir, de la cruauté comme de la bonté,
et de traduire dans l'arène de la vie quotidienne ce que nous
avons appris. De cette façon tout ce qui survient augmente la
solidité de notre base dans la suite de l'existence.

La quatrième et dernière des leçons à retenir c'est que l'intelligence, aiguisée de façon adéquate, courageusement acceptée
et impartialement appliquée, demeure finalement l'élément
dominant. Ceux qui considèrent la force et non l'esprit comme le
pouvoir social capital n'ont pas su tirer la leçon offerte par la
sereine perspective de l'Histoire. Si la force était vraiment prédo-
minante le gigantesque dinosaure serait devenu le roi de ce
monde, les monstres préhistoriques se seraient assuré depuis
longtemps l'héritage de la terre. Et pourtant les troupeaux de
ces animaux ont disparu sans laisser de trace. Pourquoi ? Parce
qu'il existe quelque chose de plus puissant que la force : la
pensée. L'homme — si chétif en comparaison de ces monstres —
les a tous vaincus. Il ne l'a pas fait par la force mais par l'intelligence. Rien ne lui sera impossible quand il aura définitivement
conquis ce merveilleux pouvoir de la pensée, si méconnu qu'il

soit. La science n'est qu'un stade dans cette évolution. Certains s'en effrayent parce qu'ils s'épouvantent du mal que la guerre scientifique cause à l'homme. Mais la science n'est qu'une épée. Elle permet de percer à jour les problèmes ou de se percer la gorge. Quoi que vous fassiez c'est vous qui en portez la responsabilité, non l'épée. L'intelligence est la fleur de la pensée bien raisonnée, elle produit graduellement le fruit de la perspicacité spontanée. Ce qui commence chez le sauvage comme une curiosité purement locale se termine chez l'homme évolué sous forme d'un brûlant désir de connaître la signification de toute l'existence. Les innombrables vies qui se sont succédé entre ces deux hommes n'ont été que des leçons à l'école de l'intelligence. Quand celle-ci est partiale, larvaire, incomplète, elle enseigne à l'homme la ruse, l'égoïsme et le matérialisme. Quand elle est complète et parfaite elle lui enseigne la sagesse, le désintéressement et la vérité.

Nous revenons ainsi à l'idée centrale que ce dont le monde a le plus besoin ce n'est pas de découvrir une nouvelle merveille scientifique ou un nouveau plaisir éphémère, mais une nouvelle compréhension de la vie. Ce n'est pas assez de rechercher les choses qui compliquent l'existence, il faut encore les saisir. Il faut décider si nous voulons apprendre la vérité par les souffrances qu'engendre la folie ou bien par la paix que donne la philosophie. Nous qui avons parcouru notre étrange planète et gardé ses leçons dans notre cœur, nous savons intérieurement que notre véritable foyer n'est ni dans les sites paisibles et primitifs créés par la nature dans l'Orient coloré, ni dans les villes bruyantes et compliquées de l'Occident sans couleur. Nous savons qu'il se trouve dans quelque lieu lointain où n'aborde aucun paquebot, où nul moteur trépidant, nulle charette à bœufs grinçante, ne viennent troubler notre paix. Car il se trouve dans les espaces infinis et vierges du Moi suprême.

La restauration de la philosophie à la place d'honneur dans le monde des vivants et non dans celui des morts, est encore à venir. Après tout, ce dont le monde doit s'inquiéter ce n'est pas d'hommes qui meurent mais de vérités qui vivent éternellement. La philosophie rassemblera quelques dévots parce que nous pensons qu'elle peut être rendue intelligible à tout homme intelligent, même s'il ne l'a encore jamais abordée, mais non aux égoïstes car, étant imbus de préjugés, ils ne se préoccupent pas de la vérité. Le moi est comme le chas d'une aiguille à travers lequel ne peut passer le chameau de la vérité, et celle-ci est le but ultime de toute philosophie véritable. Cette philosophie ne nous débarrasse que de l'égoïsme et de l'illusion et elle offre beaucoup en revanche. Le poète voit l'irradiaton du soleil couchant mais ignore les conditions atmosphériques qui la provoquent. Le savant voit ces conditions atmosphériques mais ignore l'irradiation. Le philosophe voit les unes et l'autre et encore quelque chose de plus qui reste caché au poète et au savant, car il sait comment vivre au milieu du courant décevant de l'évanescent, dans la sérénité immuable du RÉEL.

Le philosophe est celui qui est parvenu à la compréhension de *lui-même*, tandis que sa philosophie est son expérience ordinaire du monde parvenue à la compréhension de *celui-ci*. Le fait que nous nous arrêtions sur cette réaffirmation d'une antique doctrine sans avoir relié la pensée et la découverte, que nous ayons desserré le nœud du problème du monde sans le dénouer complètement, ne doit pas conduire les lecteurs à formuler d'impatients jugements sur ce problème. Car il n'y a rien d'irrésolu pour la philosophie cachée. Tout s'y tient parfaitement et celui qui la possède accède à une position définitive. Les éléments pour les enseignements du dernier volume de notre œuvre, dans lequel nous essaierons humblement d'escalader les plus hautes cimes de la pensée humaine, ont été rassemblés. Les fondations sur lesquelles pourra s'élever l'édifice de la vérité définitive ont été préparées. La complète intelligence de ces hauts principes au seuil desquels nous nous arrêtons à regret, jettera une lumière puissante sur les énigmes les plus troublantes de l'humanité, répondra à des questions comme : quel est le mystère de l'Esprit, quelle est la signification de la mort, qu'est-ce que Dieu, qu'est-ce que l'homme, pourquoi la nature nous a-t-elle donné le rêve et le sommeil, etc.

Ne nous laissons pas aller au désespoir du fait que le monde nous paraît si mauvais. Il mûrit lentement malgré des régressions apparentes et des défaillances périodiques. Son enfance malheureuse tire vers sa fin inévitable sous nos yeux, ses angoisses ne sont que celles de l'adolescence. Ceux d'entre nous qui ont pu regarder l'homme et la vie en-dessous de la surface, peuvent conserver leur assurance en affirmant avec l'Américain Emerson : « L'âge du quadrupède va disparaître. L'âge du cerveau et du cœur va le remplacer. » Si nous avons été les témoins des souffrances d'une époque se débattant dans les convulsions de l'agonie, nous serons aussi les témoins de l'avènement d'une ère nouvelle où les êtres humains pourront vivre d'une vie plus humaine.

Nous avons honnêtement le droit d'être convaincus qu'à tra-

vers la succession incessante des arrêts et des réveils de la
morale, au cours du long et pénible voyage que l'homme doit
accomplir entre l'ignorance et la vérité, le bien prévaudra à la
fin non seulement parce que nous avons besoin de nous consoler
nous-mêmes mais parce que le principe fondamental de la vie
est l'*unité*.

Depuis sept mille ans, selon les affirmations des historiens
modernes, mais depuis deux fois plus de temps, selon les nôtres,
le sphinx est tapi au seuil du désert d'Égypte, proposant son
énigme à l'humanité inattentive, dans un silence aussi profond
que celui du Christ debout devant Pilate et, déjà dans l'ombre
de la sinistre croix.

« Quelle est la vérité ? » demanda le gouverneur romain,
faisant ainsi écho à la plus vieille question de l'homme. Le
Christ savait-il ? Il ne répondit cependant pas. Ses lèvres ne
remuèrent pas. Mais il ne cessa de plonger ses yeux dans ceux
de Pilate pendant ce terrible silence.

Ce qu'il ne pouvait révéler par les lèvres et la langue — ni les
unes ni l'autre n'en étant capables — personne ne peut le faire.
Mais la route qui conduit à cette sublime compréhension peut
être tracée devant celui qui brûle d'y parvenir. C'est à cette
entreprise difficile que se consacreront humblement une plume
ardente et des pages encore vierges.

Ce caractère d'éternité de la vérité s'imposa puissamment aux
méditations de l'auteur, un soir, dans un pays de jungles épaisses
et de forêts touffues, où des sages indiens maintenant oubliés
avaient longtemps auparavant médité également. Il se trouvait
parmi les ruines, immenses et désertes, de l'ancienne Angkor, au
Cambodge, regardant la nuit assiéger le jour, attendant de voir
s'allumer les étoiles au-dessus de son plus vaste temple, si étendu
que le périmètre de son mur de clôture atteint près de quatre kilomètres. Ici et là le grand monument montrait des lézardes si-
nistres, les statues mutilées des dieux du Ramayana jonchaient
le sol, les mousses et les plantes grimpantes envahissaient les
sculptures de déesses, les épines s'épaississaient autour de lui
comme des avant-gardes de la jungle envahissante, les lézards
rampaient ignominieusement sur le visage paisible des Bouddhas
abattus, des chauves-souris emplissaient les sanctuaires de leurs
excréments nauséabonds, les constellations de la voûte du ciel
contemplaient cette scène de désolation pathétique, les gloires
du peuple khmer s'étaient évanouies mais les vérités sacrées
enseignées par leurs sages vivaient toujours bien que leurs
lèvres fussent closes et leurs corps réduits en poussière par le

temps. N'était-il pas merveilleux que la sagesse immémoriale de ces hommes, qui donnaient leurs leçons au moment où l'Europe était encore plongée dans les ténèbres du Moyen Age, pût être connue et étudiée aujourd'hui, qu'elle le serait encore quand notre planète aurait deux mille ans de plus ?

Cette sagesse n'est pas restée enclose dans l'urne funéraire du passé. Mais du fait qu'elle a été moulée sous une forme ultra-moderne pour convenir à notre époque et à nos besoins, son authenticité peut n'être pas pleinement reconnaissable par ses héritiers indiens actuels. Il n'existe cependant pas un seul principe important qui ne puisse être trouvé dans les vieux documents sanscrits. Nous ne sommes que les héritiers et non les découvreurs de ce savoir antique et toujours nouveau. L'auteur s'incline donc profondément devant l'intelligence hima-layenne de ces sages qui, depuis un âge immémorial, ont conservé la vie à la vérité.

ANNEXE

ÉCLAIRCISSEMENTS AU SUJET DE CERTAINS MALENTENDUS

Mon nouveau livre, sortant considérablement de la ligne primitivement adoptée par moi, a soulevé tant de commentaires, de controverses et de critiques parmi ceux qui connaissaient mes précédents ouvrages que je leur dois — aussi bien qu'à moi-même — une explication. Comme celle-ci touche à des principes d'une importance capitale pour tous les chercheurs de la vérité, elle a une telle valeur, même pour ceux qui ignorent ou ne s'intéressent pas à mes ouvrages, que j'ai surmonté mes hésitations à descendre dans une atmosphère troublée et troublante.

Je dois avouer tout d'abord franchement que le livre renferme certains défauts et certaines obscurités qui ont indiscutablement contribué à créer cette atmosphère. Il sont dus aux circonstances difficiles dans lesquelles l'ouvrage a été écrit, mais leur cause principale se trouve peut-être ailleurs. Depuis trois ans un groupe nombreux de disciples internationaux attendaient impatiemment ce livre que je leur avais promis et les échos de leur impatience me parvenaient constamment. La nécessité de les aider à prendre une attitude juste envers la guerre était également impérieuse et urgente. Je décidai finalement de ne pas les faire attendre plus lontemps, de livrer à la publication ce que j'avais déjà préparé, bien que ce fût imparfait et incomplet, et de remettre le complément à un autre ouvrage. L'enseignement caché n'a donc été présenté que sous une forme fragmentaire et élémentaire.

Il faut admettre que ce nouvel ouvrage est d'un caractère et d'un ton si différents de ceux des volumes qui l'ont précédé que le lecteur est susceptible de rencontrer des difficultés s'il l'aborde avec la même gaîté de cœur que les autres. J'ai eu beaucoup de peine à écrire ses pages, nul doute qu'elles n'en procurent encore plus à la lecture. Elles réclament une attention constante et concentrée, exigent une profonde réflexion et posent des problèmes de pensée. Elles fournissent en effet une nourriture difficile à digérer, traitant plutôt de questions métaphysiques que d'expériences mystiques. Aussi sont-elles plus spécialement destinées au petit nombre de ceux qui ont fait de la vérité leur étoile polaire au milieu des conflits de doctrines et des tentations des préjugés naturels. Très peu nombreux sont ceux qui sont jamais parvenus sans aide à s'assimiler cette doctrine élevée. Qu'on le sache ou non, tous ceux qui y ont réussi ont été soutenus par un professeur personnel et compétent. La difficulté de se frayer un chemin d'un bout à l'autre de ces subtilités métaphysiques n'est pas moindre que celle de franchir une sombre forêt par une nuit sans lune. La doctrine est si abstraite, si peu familière, que l'esprit de la plupart des élèves se blesse fatalement aux épines des questions. Ils réclament inévitablement des éclaircissements constants une élucidation continuelle de leurs perplexités.

Le très grave inconvénient de présenter quelque chose d'aussi ardu sous une forme aussi imparfaite est que de sérieux malentendus sur l'enseignement lui-même peuvent facilement prendre naissance. Peu me sert de savoir que si un premier jugement peut être précipité, le second sera meilleur. Les malentendus se sont déjà produits, il importe donc de les faire disparaître. Le manuscrit était déjà imprimé, et il était trop tard, du fait que j'étais aux Indes, pour que je pusse le modifier profondément quand j'eus la possibilité de le regarder d'un peu plus près. Je m'aperçus alors de la facilité avec laquelle certains passages pouvaient faire naître ces mauvaises impressions.

Tout d'abord j'ai révélé les limites du yoga et du mysticisme (les deux termes peuvent être pris sensiblement dans le même sens pour le but qui nous occupe), *tels qu'ils sont ordinairement connus*, et déclaré qu'ils ne permettraient pas d'atteindre la dernière expérience accessible à l'homme, on en a déduit que c'étaient des poursuites vaines et des activités illusoires, que, par conséquent, tout le plaidoyer fait dans mes livres précédents en faveur de la méditation devenait sans fondements. Une telle interprétation est étrange et fantastique. La vérité est exactement le contraire. Je considère la pratique de la méditation comme essentielle pour tout le monde et j'y vois l'une des voies les plus profitables où l'on puisse s'engager. On verra, quand l'ouvrage complémentaire dont j'ai parlé paraîtra, que certaines techniques de méditation constituent une de ses parties les plus importantes. Mais comme ces techniques sont impersonnelles en esprit et universelles par leur but, parce qu'elles visent plutôt à atteindre la vérité définitive que la satisfaction individuelle, parce qu'elles sont différentes du mysticisme ordinaire par la discipline métaphysique (indiquée en grande partie par les études du premier volume), j'ai été contraint de les appeler « ultra-mystiques » et « philosophiques » afin d'éviter une confusion avec les pratiques plus connues mais plus élémentaires. Si, par conséquent, je me suis hasardé à critiquer ces dernières, c'est seulement pour préparer la révélation de ces techniques supérieures et presque inconnues. Il ne faut pas en déduire que tout ce qui a été fait en yoga antérieurement l'a été en vain. Bien au contraire, cela reste de la plus haute valeur, car on ne peut atteindre au plan supérieur sans avoir passé par ce stade préparatoire. Imaginer que je puisse désavouer mon expérience mystique c'est se tromper complètement sur mon but. En dépit de contradictions apparentes, les doctrines fondamentales exposées dans mes œuvres précédentes restent entièrement valables, même si je juge qu'elles ne conduisent pas assez loin.

C'est précisément pour la même raison que j'ai délibérément souligné les insuffisances du mysticisme habituel, les défauts des yogis ordinaires, les erreurs communément commises par les méditateurs. C'est pour mettre les élèves en garde contre certaines exagérations que je les ai prévenus qu'ils n'en étaient pas quittes avec la réception de messages, avec des visions ou des voix. Lequel d'entre eux n'a pas commis l'erreur complaisante de prendre la première exaltation extatique comme une communion directe avec Dieu, ou encore un message d'oracle comme une parole divine définitive ? On en connaît trop qui se sont transformés en visionnaires abusés, qui sont tombés dans un égocentrisme outrancier ou dans un sentimentalisme exagéré, ou encore qui ont créé un culte pour exploiter la crédulité publique. Ce sont des dangers très réels qui menacent le yogi, le mystique, l'occultiste et qui font des victimes dans le monde entier. Ils proviennent de ce que les élèves ne comprennent pas suffisamment ce qui se produit en eux au cours de leurs rêveries mystiques, de leurs transes yogiques, de leurs clairvoyances ou de leurs concentrations extatiques.

Le chercheur commence avec la foi, c'est vrai, mais c'est pour finir dans la connaissance. Dieu ne demande pas seulement qu'on croie en lui, de loin, il réclame d'être connu véritablement, de près. C'est seulement quand les idées du chercheur se sont précisées, clarifiées, quand ses sentiments s'appuient sur une clairvoyante connaissance, quand ses expériences peuvent être interprétées sans ambiguïté à leur valeur exacte, qu'il peut espérer échapper à ces dangers.

La meilleure façon de bien comprendre ce point est de faire la comparaison avec un grand voyage effectué simultanément par un enfant et par un homme mûr. Tous les deux connaîtront les mêmes changements d'environnements, de véhicules, d'expériences mais seul le second en appréciera complètement la signification, l'enfant n'en prenant qu'une vague idée. Quand ce dernier va toucher à la banque l'argent du voyage, toute la série de transactions qui aboutissent à ce geste lui demeure inconnue, alors que l'homme mûr en a la pleine conscience. Par suite de son ignorance, l'enfant peut froisser ou déchirer un chèque au chiffre très important, n'y voyant qu'un banal morceau de papier, alors qu'il serre précieusement une pièce de cuivre parce que le poids de celle-ci lui semble indiquer une valeur supérieure. Semblablement le mystique peut connaître de remarquables expériences ou des méditations exaltées sans en comprendre exactement la valeur. Il peut, comme nous le constatons si fréquemment dans l'histoire du mysticisme, prendre pour l'important, l'essentiel, le permanent, ce qui ne l'est nullement. Par exemple, les secondes vues, les expériences occultes, les messages d'oracles qui lui parviennent peuvent lui paraître d'une valeur beaucoup plus grande que le sentiment de l'immatérialité du monde et de la paix intérieure qu'il éprouve simultanément. Il sera ainsi conduit à sous-estimer ce qui devrait être magnifié, et à magnifier ce qui devrait être négligé. En outre, il peut toujours commettre de grossières erreurs s'il ne peut préciser l'origine des visions, des voix, des messages, des faits. Finalement, il est également porté à exagérer l'importance de son moi parce qu'il a eu la bonne fortune de connaître ces expériences, et à grossir ainsi l'obstacle qui se dresse entre lui et le but définitif. Il découvrira en effet un jour qu'il avait exagéré son exaltation, qu'il avait connu l'atroce expérience de « la sombre nuit de l'âme », de la « stérilité spirituelle ». Il n'avait pas compris qu'en accordant trop d'importance à ses extases, qu'en flattant exagérément son moi, il s'affaiblissait. Il s'apercevra qu'il ne suffit pas de posséder l'innocence d'un enfant mais qu'il est également indispensable d'avoir toute la sagesse du serpent. Car l'existence universelle, dont il n'est qu'une parcelle, doit être *comprise*, il faut développer les facultés qui permettent d'y parvenir. C'est pourquoi le roi Malinda ayant demandé au sage bouddhiste Nagasena pourquoi les enfants ne pouvaient atteindre le Nirvana, s'entendit répondre : qu'un enfant « ne peut pas avec son esprit limité comprendre ce qui est infini. »

Le mystique qui s'imagine parvenu au « Moi suprême » n'en a atteint que le bord et non pas le centre. Car s'il ne s'est pas soumis à une certaine discipline, s'appliquant à la dernière phase, son effort demeurera vain. En tout cas il lui sera impos-

sible de se maintenir dans l'état d'extase qu'il s'imagine ingé-
nument avoir définitivement obtenu. En fait, les forces qu'il a
évoquées le rejetteront elles-mêmes tôt ou tard, et cette réaction lui apportera cette terrible dépression que presque tous les
mystiques *très évolués* ont connue. Saint Jean de la Croix l'a
appelée « la sombre nuit de l'âme », sainte Thérèse « le grand
abandon », les mystiques indiens du Moyen Age, tels que Dadou,
« la phase de séparation ». Le bienheureux Suso — saint chrétien
du Moyen Age — a raconté combien il souffrit pendant dix ans
en se croyant abandonné par Dieu ; l'auteur du *Brouillard de
l'Ignorance* nous parle de cette terrible période pendant laquelle
le mystique « ne peut ni Le voir clairement à la lumière de l'intelligence, ni Le sentir dans la douceur de l'amour ». Les soufis
persans ont décrit avec éloquence « l'angoisse de la séparation »
et les étudiants occidentaux du mysticisme, tels Underhill,
Inge, de Sanctis et Barbanson, la décrivent comme une période
de lassitude, de stagnation, de stérilité, de sécheresse de l'esprit
succédant à une autre d'intense activité mystique et d'expérience
extatique. Mais il importe de bien remarquer que seuls les mystiques très avancés connaissent cette « sombre nuit », car c'est
une réaction automatique de la nature pour rétablir l'équilibre,
c'est une indication envoyée au mystique d'avoir à prendre la
voie finale qui le ramènera au monde dédaigné ou négligé par
lui. Il faut évidemment quelque chose pour parer aux extra-
vagances du mysticisme, pour rabattre les tendances à la trop
grande crédulité de ses dévôts, pour leur enseigner à séparer,
dans leurs expériences, ce qui est essentiel de ce qui ne l'est
pas ; ils peuvent y parvenir par la discipline métaphysique. Il
leur faut le courage de disséquer chaque expérience intérieure,
d'user impitoyablement d'une intelligence aiguisée à l'extrême.
Ils ne doivent pas considérer leurs intuitions comme allant de
soi mais prendre la peine de les vérifier. Il leur faut la patience
d'étudier la véritable signification métaphysique de l'univers
et du « Moi suprême », d'explorer les mystères du temps, de
l'espace, de la matière et de l'esprit, de pénétrer la constitution
du moi humain, de découvrir le fonctionnement le plus secret
de leurs pensées, de leurs paroles, de leurs actes. Grâce à la
connaissance ainsi acquise ils pourront aborder l'épreuve de la
vérité, jauger et régler le cours de leur développement intérieur.
En faisant passer celui-ci au crible purifiant de l'examen métaphysique rationnel, ils découvriront combien il est facile de
créer des fictions dans la ferme croyance que ce sont des faits
réels, combien il est difficile de suivre le chemin étroit qui con-

duit au sublime « Moi suprême ». Un pionnier comme Blavatsky, dont on invoque souvent le nom en faveur du mysticisme, de l'occultisme et du yoga, a admis lui-même, par les prudentes indications données dans *La Doctrine secrète*, que la philosophie pouvait à elle seule « jeter une lumière absolue et finale », et qu' « aucune philosophie occulte, aucun ésotérisme n'est possible en dehors de la métaphysique », bien que son œuvre monumentale ne s'occupe pas de l'univers considéré de ce point de vue définitif. Le raisonnement métaphysique possède donc une double utilité. Il est nécessaire non seulement comme correctif à l'expérience mystique mais encore pour indiquer le cours à donner ultérieurement à la méditation. Et ce cours doit s'orienter vers l'harmonie avec le TOUT impersonnel et universel.

Tout ceci veut seulement exprimer que l'harmonie avec le tout, l'unité avec le monde, que le mystique éprouve assurément, sont senties mais non comprises, temporaires et non permanentes, indirectes et non immédiates, provisoires et non définitives. Tant que le moi reste actif la cessation de l'expérience égotiste reste forcément temporaire. Le moi *peut* être dominé, l'expérience mystique, en émoussant les sentiments égotistes, procure une intuition puissante de cette vérité, nécessaire et lourde de signification, mais ce n'est qu'une intuition tant que la raison n'intervient pas pour démontrer de façon irréfutable et établir en connaissance définitive ce qui est seulement senti et pressenti au cours de la méditation. C'est pourquoi la métaphysique doit être liée à celle-ci. Le « moi » ne peut être définitivement vaincu que d'une seule façon : en franchissant le pas ultime. Il faut pour cela suivre une double procédure: premièrement, étudier et comprendre sa nature véritable en arrivant à l'intelligence de son véritable caractère par une analyse constante ; deuxièmement, pratiquer les exercices de contemplation ultra-mystiques qui élèvent la conscience au-dessus de l'intellect et de l'ego simultanément. La connaissance devient ainsi une arme qui permet de vaincre le moi avec certitude. Le yoga du discernement philosophique doit rejoindre celui de la dévotion et de la concentration mentale, ils sont tous deux nécessaires pour obtenir la connaissance durable de l'unité cachée de tout ce qui existe.

Les critiques que je formule, qu'on s'en souvienne, n'émanent pas d'un adversaire du yoga mais, bien au contraire, de quelqu'un qui le pratique pieusement chaque jour ; ce sont les observations d'un ami et seuls les amis ont le courage de nous dire la vérité sur nous-même. On se tromperait donc grossièrement sur mon nouveau livre en prétendant qu'il conseille à l'élève d'abandonner sa pratique du yoga alors qu'il lui demande simplement d'améliorer cette pratique. Il ne faut pas renoncer à la méditation. Il faudrait être fou pour cela, car elle conduit dans la bonne direction, mais il faut l'approfondir et l'élargir. C'est ce qui constitue le pas ultime. Du fait que nous avons atteint un plan supérieur de la pensée et de l'expérience nous ne devons pas, dans notre enthousiasme, commettre l'erreur de considérer comme sans valeur ce que nous avons déjà obtenu et d'y renoncer. Du fait que nous sommes parvenus à une plus grande intelligence des choses nous ne sommes pas obligés de rejeter ce qui est vrai et utile, même si cette utilité est réduite. Nous avons donc souligné la nécessité d'atteindre à un niveau encore plus élevé et on ne peut y parvenir que par le pas ultime. Notre premier volume a préparé le terrain à recevoir les semences du second qui apportera la suprême clef de voûte métaphysique s'ajoutant aux pratiques de la méditation ultra-mystique.

Un second malentendu doit être dissipé, et c'est le plus dangereux de tous. Il s'est surtout produit parmi les lecteurs européens et américains, car les lecteurs asiatiques comprennent plus facilement ce point. En dépit des nombreuses indications contraires et même de déclarations sans ambiguïté données dans le premier volume, j'aurais affirmé, prétendent-ils, que la faculté de raisonner est suffisante par elle-même pour atteindre la vérité suprême. C'est une erreur très grave et je n'ai bien certainement jamais avancé quelque chose de semblable. J'ai expliqué dans le livre la différence qui existait entre l'intellect et la raison, insistant sur la supériorité de cette dernière mais montrant qu'elle ne pouvait atteindre son développement complet que si elle pouvait s'élever du plan concret de la science pour s'exercer plus vigoureusement sur le plan abstrait de la métaphysique. J'ai souligné la nécessité de vérifier par la raison tout ce que fournissaient l'intuition, l'intellect et l'expérience mystique, mais je n'ai pas proclamé sa suprématie définitive. Cette position suprême doit être réservée à une faculté encore plus haute. Si j'ai donné l'impression que cette voie finale est purement intellectuelle, je ne suis pas parvenu à faire comprendre ce que j'avais réellement à l'esprit. Au début elle est rationnelle, c'est exact, mais à la fin elle est ultra-mystique.

La métaphysique peut, en effet, tomber dans autant d'erreurs et de dangers que le mysticisme si elle n'est pas contrôlée par la pénétration ultra-mystique. La plus grave erreur qu'elle

pourrait commettre serait d'isoler une partie de l'être humain :
la raison, et de lui attribuer un pouvoir unique, de ramener
toutes les expériences sur le plan logique et rationnel, d'intellec-
tualiser l'ensemble de l'existence en la renfermant dans une
formule desséchée. La vie est beaucoup plus complexe. Car si
le yogi ordinaire est semblable à un aveugle capable de se déplacer mais non de savoir où il va, le métaphysicien ordinaire
ressemble à un paralytique qui voit suffisamment clair mais ne
peut se mouvoir.

La métaphysique, à cause de sa base intellectualiste, de son
défaut rationaliste, de son dédain pour les sentiments, ne peut
aboutir qu'à des abstractions partielles. Les sentiments font
intégralement partie de l'existence humaine et la véritable
intelligence doit en tenir compte. Nous avons besoin d'une intégration beaucoup plus vaste que celle de la métaphysique, parce
qu'elle passe tout au crible de la raison et ne rend pas justice
à ce qui est extra-rationnel. Dans sa conception la plus subtile
elle est incapable d'interpréter le réel, c'est-à-dire le « Moi suprême ». La métaphysique, bien certainement, indique le chemin de la réalité mais la considère comme inaccessible. Elle
conçoit la vérité mais ne l'explore pas. La métaphysique doit,
finalement, aller au delà de soi-même. Ce n'est qu'une étape
vers l'ultra-mysticisme.

La raison ne peut donner qu'une connaissance médiate. Elle
ne peut s'affranchir de cette limitation, ne pouvant pénétrer
que l'ordre rationnel des choses, comme je l'ai montré dans le
huitième chapitre, se trouvant ainsi à tout jamais confinée
dans le cercle de la relativité. Telle est la triste constatation
faite par la raison elle-même dans son enquête impartiale, et
c'est un résultat de la plus haute importance pour ceux qui
aiment la vérité — quelque humiliant qu'il puisse être pour
ceux qui placent follement la raison sur le piédestal le plus
élevé — ainsi que l'ont clairement montré Kant en Occident
et Shankara en Orient. Le vrai nous parle du réel, nous dit qu'il
existe, nous le fait connaître objectivement, mais il ne l'introduit pas dans notre conscience, il n'en fait pas une actualité
ne nous permet pas de l'éprouver comme un contenu d'expérience. Le réel, en effet, ne peut être connu ni par la pensée
finie, ni communiqué par elle. Le « Moi suprême » ne peut être
défini en termes concrets. Ne pas comprendre cela, insister pour
l'exprimer sous une forme rationaliste, c'est tomber dans le
piège intellectualiste tendu derrière toute prétention de la métaphysique à connaître la vérité définitive. Elle rencontre sa

Némésis au point culminant de son activité, quand il lui faut avouer catégoriquement son impuissance à atteindre le réel. Elle place ses limitations sur un piédestal comme si elles étaient des vertus, et elle les adore. Le premier service rendu par la pensée raisonnée est d'attirer notre attention sur l'existence du « Moi suprême », mais son ultime service est de percevoir son incapacité à le révéler. Entre les deux elle nous dit ce que la réalité immatérielle est et ce qu'elle n'est pas, mais nous pouvons penser au « Moi suprême » sans le connaître réellement. Une telle connaissance ne peut luire qu'en dehors du raisonnement, c'est-à-dire uniquement par quelque sorte d'intelligence mystique. La raison atteint son plan métaphysique le plus élevé, lorsque, comprenant ses frontières, elle s'élimine elle-même en disant : « Moi aussi je ne suis qu'un instrument de l'Etre et non l'Etre lui-même. »

La conception du « Moi suprême » n'est ainsi qu'une intellectualisation de la réalité et ne peut remplacer l'actualisation de ce « Moi suprême ». Elle indique et anticipe cette pénétration et nous prépare ainsi à recevoir l'illumination ineffable, mais ne nous l'apporte pas. Ce que la raison établit comme étant la vérité ne peut devenir réel que par la pénétration ultra-mystique. L'une des fonctions primordiales de la métaphysique est de découvrir ce que la vérité ne peut pas être et d'en corriger la conception. Elle apporte ainsi une garantie à l'esprit du chercheur et l'empêche de s'égarer. Mais si elle essaye de saisir la réalité elle-même, elle constate son inaptitude. Au point où elle s'arrête, elle doit persuader l'esprit qu'il faut recourir à l'ultra-mysticisme. Ce n'est pas supprimer la raison mais en reconnaître les limites. Elle sait parfaitement ce qu'elle peut atteindre et ce qu'elle ne peut pas. Car la métaphysique développe cet esprit critique de la froide analyse, essentiel pour séparer le faux du vrai, l'illusoire du réel. Cette critique ne peut détruire ce qui est vrai dans le mysticisme mais seulement le confirmer, alors qu'elle empêche celui qui la pratique d'être la dupe de conceptions erronées.

On comprend maintenant combien se trompent ceux qui ont pensé que je substituais le simple raisonnement à la pénétration mystique. J'espère qu'une telle erreur n'est pas possible désormais. Si mon livre a donc prôné le pouvoir qu'a la raison de juger de la vérité des idées, de vérifier les expériences de l'autorité, de la pseudo-intuition et des visions mystiques, c'était uniquement pour préparer les voies à mon futur ouvrage qui présentera au lecteur la grande doctrine du « Moi suprême », où la raison sera contrainte d'avouer son impuissance devant la subtilité des problèmes posés. Alors apparaîtra le besoin des facultés supérieures, premièrement de l'intuition, deuxièmement de la pénétration, mais c'est seulement alors qu'elles pourront pleinement être décrites. En outre, je n'ai pas poussé le présent volume plus loin que la doctrine du mentalisme, et la raison y suffisait. Cependant, en relisant mon manuscrit à loisir ce que je n'avais pu faire aussitôt après l'avoir écrit, j'avoue bien franchement que les parties du chapitre VII relatives à l'intuition et à la raison sont susceptibles de conduire le lecteur à des malentendus sur ma position envers ces sujets. Par suite de mes critiques sur ce qu'on appelle communément l'intuition mais qui, le plus fréquemment, n'est que de la pseudo-intuition, il aura de la peine à concilier ce que je dis avec force au sujet de la raison avec d'autres remarques dans le même passage, par exemple que « la méthode de raisonnement sur tous les faits disponibles, élevée par la concentration extrême au plan de la pénétration immédiate, est une précaution et un prélude à cette source qu'est la pénétration, transcendante au raisonnement ». J'ai spécialement choisi cette phrase parce qu'elle contient une erreur de plume, erreur que j'essayai de corriger mais vainement parce que j'étais dans l'Inde alors que le livre était imprimé en Occident et que la guerre rendait les communications difficiles. La phrase correcte doit se lire ainsi : « la méthode de raisonnement sur tous les faits disponibles, portée à son plan le plus élevé par la concentration extrême, est une précaution et un prélude à cette source qu'est la pétration immédiate, transcendante au raisonnement. » Le simple fait que cette phrase se termine par ces mots : *transcendante au raisonnement* aurait dû montrer au lecteur perspicace que la raison n'était pas considérée comme la faculté ultime pour la découverte de la vérité. Des confusions et des doutes naîtront cependant du fait que je n'ai pas essayé de définir cette faculté de la pénétration immédiate, me contentant de signaler son existence, alors que je m'étendais longuement sur les vertus de la raison. C'est parce que, dans le présent ouvrage, j'étais obligé de m'en tenir à celle-ci, la nature de la pénétration et les méthodes ultramystiques pour y atteindre, ainsi que la source mystérieuse et les lois de la véritable intuition, appartiennent à l'exposé final de l'enseignement caché et doivent donc être réservées pour le second volume. Elles constituent une partie de la révélation concernant à la fois l'esprit et le « Moi suprême ». Il aurait été très utile, pour mes lecteurs, d'ajouter quelques pages en expliquant brièvement la différence entre la raison et la pénétration aussi bien qu'entre l'intuition et la pénétration. Je regrette infiniment de ne pas l'avoir fait et vais maintenant en dire quelques mots.

Pourquoi ai-je refusé de baptiser du nom d' « intuition » ce processus final bien que j'admette qu'il est de nature ultra-mystique ? Pourquoi, suivant en cela le Bouddha, l'ai-je appelé « pénétration ? » C'est tout d'abord parce que l'intuition n'est pas souvent absolument pure et doit être contrôlée par la raison, en second lieu parce que l'intuition ne reste pas en permanence à nos ordres, elle peut être là aujourd'hui mais s'être envolée demain. Mais la réponse la plus importante c'est que l'intuition traite des choses et des événements à l'intérieur de notre monde temps-espace-matière, alors que la pénétration s'occupe seulement du monde sacré du Réel, ignorant du temps. La première s'étend aux pensées et aux choses, alors que la seconde se borne à la connaissance et à un seul objet : la réalité ultime, le « Moi suprême ». Personne ne peut rabaisser la pénétration au niveau des circonstances matérielles, quelles qu'elles soient, alors que l'intuition peut indiquer le cheval gagnant d'une course, le vrai caractère d'un être humain, ou la valeur d'une doctrine.

La pénétration partage avec l'intuition la qualité de naître d'une façon spontanée, de l'intérieur et de l'inattendu, mais c'est la seule comparaison possible, car elle opère à un niveau différent et beaucoup plus profond.

J'appelle pénétration une faculté ultra-mystique pour indiquer que sa nature est plus proche de l'intuition que l'intellect, qu'elle ne peut être définie par la pensée, quelle surgit beaucoup plus de la méditation que du raisonnement. Les mystiques qui ne peuvent comprendre ce point admettront que leur propre expérience admet des degrés de profondeur et des zones de compréhension plus ou moins vastes. La pénétration est le degré ultime, la zone la plus vaste.

Il est cependant facile de se tromper sur mon attitude véritable envers l'intuition. Je n'ai pas songé un seul instant à nier son existence, je n'aurais pu le faire qu'en reniant ma propre expérience journalière et celle de beaucoup d'autres. Ce que je veux dire c'est que, ordinairement, on ne peut jamais être *certain* qu'une intuition particulière est absolument pure ou non. C'est pourquoi j'ai essayé de purifier l'emploi de ce terme si mal compris, de mettre en garde contre la pseudo-intuition, de bien montrer les limites à l'intérieur desquelles opère la véritable intuition. Une telle certitude ne peut être obtenue que par

le sage, c'est-à-dire par l'homme qui a compris la vérité définitive au sujet de l'univers. Un tel homme est extrêmement rare.
C'est pourquoi j'ai préféré appeler « pénétration » la faculté
qu'il possède pour la différencier de cette incertitude qui enveloppe l'intuition de l'homme ordinaire. La pénétration du sage
lui permet d'agir constamment dans la certitude que ses conclusions sont justes. Ce n'est pas une faculté capricieuse, elle
est toujours à sa disposition, alors que l'homme ordinaire ne
peut commander l'intuition à sa volonté ni avoir toujours
pleine confiance en elle. La pénétration est infaillible, elle peut
donc servir à vérifier le raisonnement, alors que l'intuition doit
être contrôlée par la raison. L'intuition est aveugle, elle peut
être exacte mais sans savoir pourquoi. La pénétration, au contraire, est le fruit de la compréhension totale, de la plénitude
de la perception.

Il y a donc deux sortes de mysticisme : l'ordinaire et l'ultra-
mysticisme. Le premier n'est qu'une préparation et une discipline, alors que l'autre est définitif. Le premier ajuste l'esprit
et forme le caractère, alors que le second transforme le méta-
physicien-mystique en philosophe, ce qui est le grand aboutissement de toutes ces préparations. Il ne faut pas confondre les
deux, ils sont séparés par la discipline métaphysique. La méditation est pratiquée dans les deux cas, mais les exercices sont
très différents. Ces exercices plus élevés et jadis secrets qui
complètent les doctrines métaphysiques seront révélés dans
un autre ouvrage qui répondra pour la première fois de la
façon la plus complète possible dans un langage occidental à
cette question : comment pouvons-nous connaître le « Moi
suprême » tel qu'il est ? Car la pensée ne fournit qu'une vue
indirecte de l'expérience, et le sentiment qu'une vue personnelle.
La solution de cette difficulté consiste à acquérir la *pénétration*.
On y parvient seulement lorsque le sentiment abandonne l'ego,
lorsque la pensée s'apaise elle-même dans la quiétude, quand les
indications du sentiment épuré par la méditation paisible,
sont vérifiées, scrutées et confirmées par la pensée suffisamment
aiguisée dans le sens de la rationalité, lorsque la métaphysique
et le mysticisme ont accompli leur tâche et se sont effacés. Cette
pénétration n'est plus de l'intellect ni de l'intuition au sens ordinairement donné à ces mots, c'est une faculté ultra-mystique.

Ce que je m'efforce de dire c'est qu'il ne convient pas de chercher la connaissance et l'expérience finales du « Moi suprême »
dans le mysticisme à demi-évolué, mais bien dans le mysticisme
arrivé à maturité, philosophiquement développé, et que ce que

l'on croit ordinairement être l'expérience mystique définitive est en réalité suivi par un autre stade beaucoup plus avancé. Il faut une longue maturation pour amener une plante à porter toutes ses fleurs. C'est seulement à ce stade final que la métaphysique, qui fut l'octave la plus élevée de la science, peut et doit être transposée elle-même en son octave supérieure : la philosophie. Il faut faire la différence entre la métaphysique et la philosophie, entre la spéculation rationnelle et sa vérification objective ultra-mystique. Un homme peut être un métaphysicien de valeur dans son bureau et un sot quand il se promène dans la rue. Un philosophe, par contre, essaye de vivre comme il convient à ce nom, c'est-à-dire sagement, que ce soit dans la vie de la pensée ou dans celle de l'action.

Mais si nous sommes obligés de faire une distinction très nette entre le mysticisme et la métaphysique au cours des premiers stades de notre recherche, il faut faire disparaître cette distinction lorsque son but a été atteint, lorsque notre expérience mystique a été purifiée, guidée, disciplinée, vérifiée par la réflexion métaphysique. En cet ultime stade ils ne sont plus contraires, ils ne s'excluent pas l'un l'autre, mais se fondent dans la révélation ultra-mystique qu'est la pénétration. De même, les courants du sentiment et du raisonnement qui divergeaient précédemment, se rejoignent et s'harmonisent. Cette pénétration ne pouvait naître d'une autre façon que du mariage de l'inspiration mystique et de l'activité métaphysique. Il est aussi indispensable à un métaphysicien de devenir un mystique pour atteindre le but, qu'à un mystique de devenir métaphysicien. Leur séparation traditionnelle se justifie à l'origine mais devient ultérieurement artificielle. La distinction entre la vérité obtenue par le raisonnement et la vérité obtenue par le sentiment se trouve supprimée par la mystérieuse expérience subséquente de la pénétration qui englobe et amalgame les élément les plus profonds de l'un et de l'autre tout en leur étant transcendante.

L'homme peut se convertir en un instant à une religion, le mysticisme peut lui procurer des heures d'extase au bout de quelques années, mais la philosophie est le but d'une vie entière.

La réflexion m'a enseigné et l'expérience m'a confirmé qu'il est mauvais de choisir un élément particulier de l'existence, de l'isoler et de l'exalter au-dessus des autres. Je crois impossible de parvenir à une vue saine de la vie autrement que sous une forme générale, suffisamment bien renseignée, pour attribuer à tous les éléments leur véritable place et leur donner les rapports convenables entre eux et avec l'ensemble.

Ne nous perdons pas dans les extrêmes d'une doctrine fanatique, rappelons-nous que la sagesse consiste à picorer ici et là
les parcelles de vérité dans l'immensité des théories. C'est une
erreur, par exemple, de considérer avec dédain le yoga de la
discipline du corps. Il a pour but de purifier, de fortifier, d'apaiser cette partie si importante du moi : le corps. Aucun élève
ne pourra jamais par la pensée ou par quelque sortilège métaphysique faire disparaître ce corps. Il existe, il faut compter
avec lui. Il est donc insensé de mépriser une méthode visant à
le mettre en état de ne pas gêner les aspirations mentales du
yogi. Aucun des trois groupes conventionnels de yogas ne
s'exclut donc, aucun n'est véritablement autonome, ils sont
indissolublement liés et doivent se compléter simultanément
ou successivement dans l'étude et la pratique.

Les divers yogas : physique, émotionnel, intellectuel et ultra-
mystique, se succèdent ordinairement et les élèves passent
habituellement de l'un à l'autre. Mais il vaudrait mieux, les
conditions de l'époque moderne ayant changé, qu'ils pratiquasent
les trois premiers aussi simultanément que possible. Seul le
quatrième — à cause de son caractère unique et supérieur —
doit être abordé séparément.

Il est déplorable que cette conception plus large du yoga se
soit perdue avec le temps dans l'Inde, au point que les pandits
en sont venus à exagérer la valeur de l'intellect, les ascètes à
se perdre dans les pratiques physiques, et les mystiques à se
plonger dans l'émotion sans contrôle, tout en se méprisant
profondément les uns les autres. Le philosophe ne doit pas
commettre la même erreur. Il sait que la vie humaine repose
sur le trépied de la pensée, du sentiment et de l'action, que la
croissance véritable ne peut se faire partiellement, qu'elle doit
être équilibrée et intégralement accomplie. Il est aussi absurde
et chimérique de prendre séparément le yoga intellectuel que
le yoga émotionnel. Les trois voies doivent être parcourues pour
se préparer sainement à la philosophie — distincte de la métaphysique — et, en outre, il faut les parcourir aussi simultanément que possible. C'est sur l'être humain tout entier et non
sur un de ses éléments qu'il faut agir. Tous ses constituants
doivent être harmonieusement développés. La philosophie ne
s'occupe donc pas seulement de l'esprit mais aussi du sentiment
et de la chair. On n'atteint la sagesse que lorsque l'on a bien
compris et dominé ces trois éléments.

L'exposé reste consistant de bout en bout en dépit des apparences. Le Dieu que nous trouvons dans notre cœur par la médi-

tation est le premier pas vers le Dieu que nous trouvons dans l'univers entier. La force qui nous entraîne loin du monde dans notre effort ascétique pour nous détacher de tout est inévitablement suivie par celle qui nous ramène vers lui pour le servir dans le désintéressement.

Je n'ai pas abandonné les principes préconisés dans mes livres précédents mais j'en ai acquis une connaissance plus profonde. Mon développement intérieur a eu un caractère organique, les branches et les feuilles sont désormais beaucoup plus étendues, les racines n'ont pas été coupées, elles se sont au contraire enfoncées plus profondément dans le sol. Personne ne doit donc abandonner ces principes et se plaindre, comme certains l'ont fait, que j'ai sapé les degrés qu'ils avaient commencé à gravir sous prétexte que je leur en ai indiqué de nouveaux à escalader. D'autres ont eu le sentiment que ce qu'ils avaient considéré jusque-là, comme sacro-saint avait été relégué parmi les choses illusoires et inutiles, et que leur base la plus ferme s'était dérobée sous leurs pieds. Je leur répondrai simplement qu'ils ne m'ont pas compris. Je ne leur ai pas demandé de rejeter toutes leurs intuitions personnelles ou leurs sentiments mystiques, mais simplement de les clarifier. Je ne leur ai pas demandé de renoncer au yoga mais seulement de procéder à un ajustement des valeurs livrées par leurs expériences yogiques. La méditation leur demeure aussi indispensable que jamais. Dieu n'est pas illusion mais bien la plus grande réalité de l'existence humaine ; il faut simplement purifier les idées que nous avons de Lui. Admettons que le « Moi suprême » du mystique n'est pas le même que celui du philosophe. Le Dieu du sauvage africain n'était pas le même que celui du premier ministre Gladstone, et, cependant l'un et l'autre avaient raison de l'adorer. Ce que j'ai précédemment écrit au sujet du « Moi suprême » et de la voie pour y parvenir, reste entièrement valable pour tous ceux qui n'ont pas franchi avec succès le deuxième degré, et ils sont la grande majorité. S'ils sentent qu'ils n'ont pas le désir ou l'occasion d'accomplir cette nouvelle étape, qu'ils n'essayent pas de l'aborder, qu'ils se contentent de savoir qu'elle existe et que, de temps en temps, ils lisent quelque chose à son sujet. Cela aussi portera ses fruits le temps venu. Mais les moins nombreux, ceux qui veulent monter plus haut avec moi, ont maintenant la possibilité de le faire. Ils en éprouveront le besoin parce qu'ils comprendront que j'ai préparé les voies à la révélation qui doit venir et qui sera essentiellement beaucoup plus « spirituelle » que tout ce dont j'ai parlé jusqu'ici dans mes livres. Je ne saurais mieux conclure que par ces mots écrits il y a cent cinquante ans par l'illustre François Louis de Saint-Martin :

La seule initiation que je prêche et recherche avec toute l'ardeur de mon âme, est celle qui nous fait pénétrer dans le cœur de Dieu et fait pénétrer le cœur de Dieu en nous.

Achevé d'imprimer en Suisse
en janvier 1986